西门子 S7-1200 PLC 编程从入门到实战

李方园　编著

電子工業出版社
Publishing House of Electronics Industry
北京·BEIJING

内容简介

本书针对西门子S7-1200 PLC和博途软件进行了深入浅出的解说，共6章、31个实战案例，详细介绍了S7-1200 PLC独有的OB、FC和FB模块化编程，包括梯形图和结构化控制语言SCL，借助工业以太网技术，实现PROFINET IO、S7协议通信、MODBUS TCP通信和多种组态，完成变频、步进和伺服驱动功能，助力构建一体化智能控制平台。

本书在相关部位提供微视频讲解。读者通过手机扫描二维码，可边看视频讲解边看书学习。

本书提供的源程序请到华信教育资源网 http://www.hxedu.com.cn 下载。

本书图文并茂、案例纷呈，适合广大自动化技术人员、中高级电工人员作为工程指导用书，也适合高职院校的电气自动化技术、工业机器人技术、智能控制技术、机电一体化等相关专业作为辅助教材和指导书。

图书在版编目（CIP）数据

西门子S7-1200 PLC编程从入门到实战/李方园编著. --北京：电子工业出版社，2022.1
ISBN 978-7-121-42414-4

Ⅰ. ①西… Ⅱ. ①李… Ⅲ. ①PLC技术-程序设计 Ⅳ. ①TM571.61

中国版本图书馆CIP数据核字（2021）第240190号

责任编辑：富　军
印　　刷：北京天宇星印刷厂
装　　订：北京天宇星印刷厂
出版发行：电子工业出版社
　　　　　北京市海淀区万寿路173信箱　邮编 100036
开　　本：787×1 092　1/16　印张：18.5　字数：473.6千字
版　　次：2022年1月第1版
印　　次：2023年8月第2次印刷
定　　价：89.00元

凡所购买电子工业出版社图书有缺损问题，请向购买书店调换。若书店售缺，请与本社发行部联系，联系及邮购电话：（010）88254888，88258888。

质量投诉请发邮件至 zlts@phei.com.cn，盗版侵权举报请发邮件至 dbqq@phei.com.cn。

本书咨询联系方式：（010）88254456。

前　言

PLC是在传统顺序控制器的基础上，通过引入微电子技术、计算机技术、自动控制技术和通信技术而形成的新型工业控制装置。作为先进的中小型PLC，S7-1200 PLC除了具有继电器、计时、计数等顺序控制功能，还独有OB、FC和FB来完成模块化程序编程，采用梯形图和SCL结构化编程语言，借助工业以太网技术，可实现PROFINET IO、S7协议通信、MODBUS TCP通信，完成变频、步进和伺服驱动功能。

博途软件具有自动控制系统进行控制的软件平台和开发环境，使用灵活的配置方式，为用户提供快速构建一体化功能，实现PLC、触摸屏、运动控制等对象的变量共享，同时还独有服务器功能，通过组态技术，实现手机端和PC端的现场设备控制。

本书共6章：第1章介绍S7-1200 PLC的硬件和软件、PLC控制实现过程、位逻辑编程、定时器和计数器，并采用博途软件对CPU 1215C DC/DC/DC进行编程；第2章主要概述用户程序的功能指令与块编程，包括数据类型及寻址、功能指令、数据块、组织块、函数块与函数，并用SCL来实现块编程；第3章围绕PROFINET IO通信、S7协议通信、MODBUS TCP通信，介绍数字量和模拟量的信号传递实例；第4章主要介绍组态与仿真技术应用，包括KTP精简触摸屏、MCGS触摸屏和云组态；第5章介绍变频器的PROFIBUS控制和PROFINET控制；第6章介绍高速脉冲输入/输出与运动控制、高速脉冲输入HSC、步进控制、V90 PN伺服的两种控制模式。

本书由浙江工商职业技术学院李方园副教授编写，在编写过程中，借鉴了西门子公司、宁波市自动化学会等相关人员提供的典型案例和实践经验，并参考和引用了国内外许多专家、学者最新发表的论文和著作等资料，在此一并表示衷心感谢。

编著者

目　　录

第1章

西门子 S7-1200 PLC 入门

【导读】

PLC 是在传统顺序控制器的基础上，通过引入微电子技术、计算机技术、自动控制技术和通信技术而形成的新型工业控制装置，最初是用来取代继电器、计时、计数等顺序控制功能的，最终建立柔性远程控制系统。西门子 S7-1200 PLC 作为中小型 PLC 的佼佼者，无论在硬件配置上还是在软件编程上都具有强大的优势。本章将介绍 S7-1200 PLC 的软件、硬件功能，深入阐述位逻辑编程、用来控制负载工作时长和逻辑时序的定时器，以及对脉冲测量、计数和控制的计数器等。

1.1 S7-1200 PLC 的硬件和软件

1.1.1 PLC 的定义

PLC 是 Programmable Logic Controller 的简称，又称可编程逻辑控制器。它是以微处理器、嵌入式芯片为基础，综合了计算机技术、自动控制技术和通信技术发展而来的一种新型工业控制装置，是现代工业的主要控制手段和重要的基础设备之一。

国际电工委员会（IEC）曾于 1982 年 11 月和 1985 年 1 月颁布了 PLC 标准的第一稿和第二稿，对 PLC 做如下的定义：PLC 是一种数字运算操作的电子系统，专为工业环境的应用而设计，可采用可编程序存储器在其内部存储执行逻辑运算、顺序控制、定时、计数和算术运算等操作命令，通过数字式、模拟式的输入和输出，控制各种类型的机械和生产过程。PLC 及其有关设备都应易于与工业控制系统联成一个整体，易于扩充功能。

图 1-1 是 PLC 工作示意图。PLC 含有 CPU，可以执行数字运算操作，将输入部分和输出部分通过指令集合进行逻辑运算、顺序控制等，实现对电动机 M 的控制。

1.1.2 S7-1200 PLC 的 CPU 模块

在西门子工厂自动化系统中，最核心的就是 PLC。它通过在现场层、控制层和管理层分别部署硬件产品和对应软件，实现管理控制一体化。西门子目前主流的 PLC 产品为 S7 系列 PLC，包括 S7-200SMART、S7-1200、S7-300、S7-400、S7-1500 等。其中，S7-1200 PLC 作为中小型 PLC 的典型代表，具有外观轻巧、速度敏捷、标准化程度高等特点，借助优异的网络通信能力和标准，可以构成复杂多变的控制系统。如图 1-2 所示，西门子 S7-1200 PLC 模块包括 CPU、电源、输入信号处理回路、输出信号处理回路、存储区、RJ45 端口和扩展模块接口等。

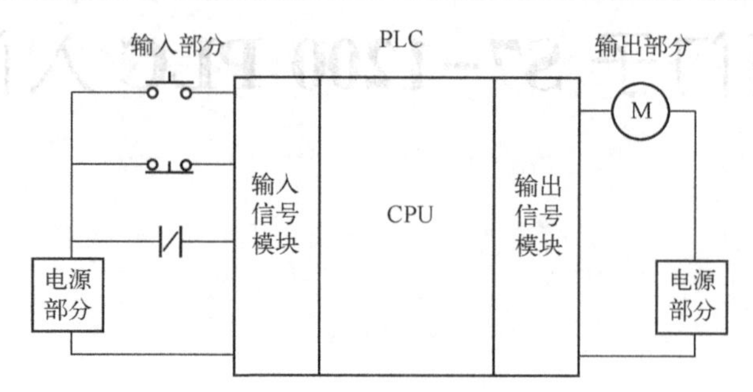

图 1-1　PLC 工作示意图

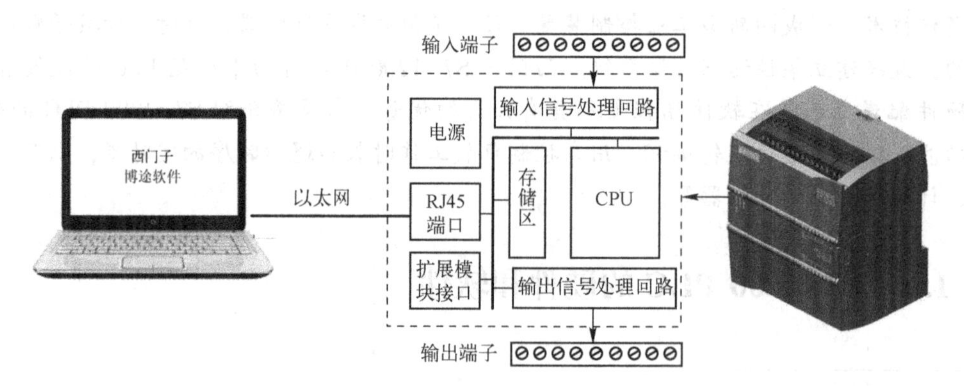

图 1-2　S7-1200 PLC 模块

从 PLC 的定义可以得出，S7-1200 PLC 的本质为一台计算机，负责系统程序的调度、管理、运行和自诊断，并将用户程序做出编译解释处理以及调度用户目标程序运行。与之前西门子 S7-200 系列 PLC 模块的最大区别在于，它标准配置了以太网端口 RJ45，可以采用一根标准网线与安装有博途软件的 PC 进行编程组态和工程应用。图 1-3 为 S7-1200 PLC 系统，包括 CPU 模块、SM 信号模块、CM 通信模块、电源模块和其他附件等。

目前，西门子公司提供 CPU 1211C、CPU 1212C、CPU 1212FC、CPU 1214C、CPU 1214FC、CPU 1215C、CPU 1215FC、CPU 1217C 等多种类型的 CPU 模块。

这些 CPU 模块的共同指标包括 1024 个字节输入（I）和 1024 个字节输出（Q）、扩展 3 个左侧通信模块、SIMATIC 存储卡（选件）、实时时钟保持时间通常为 20 天（40℃ 时最少 12 天）、实数数学运算执行速度 2.3μs/ 指令、布尔运算执行速度 0.08μs/ 指令等。

不同型号 CPU 模块的技术指标见表 1-1，包括用户存储器、本地集成 I/O、信号扩展、高速计数器、脉冲输出、PROFINET 接口等，如 CPU 1215C 有 125KB 工作存储器、4MB 装载存储器、10KB 保持型存储器、8192 个字节位存储器，可以扩展 8 个模块，具有 4 路 100kHz 脉冲输出和 2 个 PROFINET 接口等。

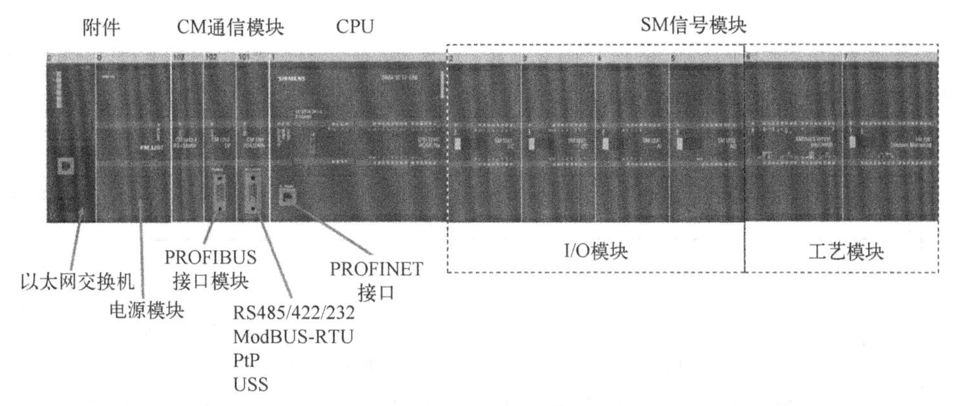

图 1-3　S7-1200 PLC 系统

表 1-1　不同型号 CPU 模块的技术指标

型　号		CPU 1211C	CPU 1212C	CPU 1212FC	CPU 1214C	CPU 1214FC	CPU 1215C	CPU 1215FC	CPU 1217C
标准 CPU		DC/DC/DC，AC/DC/RLY，DC/DC/RLY							DC/DC/DC
故障安全 CPU		—	DC/DC/DC，DC/DC/RLY						—
用户存储器 • 工作存储器 • 装载存储器 • 保持型存储器		• 50KB • 1MB • 10KB	• 75KB • 2MB • 10KB	• 100KB • 2MB • 10KB	• 100KB • 4MB • 10KB	• 125KB • 4MB • 10KB	• 125KB • 4MB • 10KB	• 150KB • 4MB • 10KB	• 150KB • 4MB • 10KB
本体集成 I/O • 数字量 • 模拟量		• 6 点输入/4 点输出 • 2 路输入	• 8 点输入/6 点输出 • 2 路输入		• 14 点输入/10 点输出 • 2 路输入		• 14 点输入/10 点输出 • 2 路输入/2 路输出		
位存储器（M）		4096 个字节			8192 个字节				
信号扩展		无	2		8				
最大本地 I/O・数字量		14	82		284				
最大本地 I/O・模拟量		3	19		67		69		
高速计数器	总计	最多可组态 6 个使用任意内置输入或 SB 输入的高速计数器							
	差分 1MHz	—							Ib. 2 到 Ib. 5
	100/80kHz	Ia. 0 到 Ia. 5							
	30/20kHz	—			Ia. 6 到 Ia. 7		Ia. 6 到 Ib. 5		Ia. 6 到 Ib. 1
		使用 SB 1223 DI 2×24V DC，DQ 2×24V DC 时可达 30/20kHz							
	200/160kHz	使用 SB 1221 DI 4×24V DC、200kHz，SB 1221 DI 4×5V DC、200kHz，SB 1223 DI 2×24V DC/DQ 2×24V DC、200kHz，SB 1223 DI 2×5V DC/DQ 2×5V DC、200kHz 时最高可达 200/160kHz							

续表

<table>
<tr><th colspan="2">型　号</th><th>CPU 1211C</th><th>CPU 1212C</th><th>CPU 1212FC</th><th>CPU 1214C</th><th>CPU 1214FC</th><th>CPU 1215C</th><th>CPU 1215FC</th><th>CPU 1217C</th></tr>
<tr><td rowspan="7">脉冲输出</td><td>总计</td><td colspan="8">最多可组态 4 个使用 DC/DC/DC CPU 任意内置输出或 SB 输出的脉冲输出</td></tr>
<tr><td>差分 1MHz</td><td colspan="7">—</td><td>Qa. 0 到 Qa. 3</td></tr>
<tr><td>100kHz</td><td colspan="7">Qa. 0 到 Qa. 3</td><td>Qa. 4 到 Qb. 1</td></tr>
<tr><td rowspan="2">20kHz</td><td colspan="3">—</td><td colspan="2">Qa. 4 到 Qa. 5</td><td colspan="2">Qa. 4 到 Qb. 1</td><td>—</td></tr>
<tr><td colspan="8">使用 SB 1223 DI 2×24V DC、DQ 2×24V DC 时可达 20kHz</td></tr>
<tr><td>200kHz</td><td colspan="8">使用 SB 1222 DQ 4×24V DC、200kHz，SB 1222 DQ 4×5V DC、200kHz，SB 1223 DI 2×24V DC/DQ 2×24V DC、200kHz，SB 1223 DI 2×5V DC/DQ 2×5V DC、200kHz 时最高可达 200kHz</td></tr>
</table>

<table>
<tr><td colspan="2">PROFINET 接口</td><td colspan="5">1 个以太网通信接口，支持 PROFINET 通信</td><td colspan="3">2 个以太网接口，支持 PROFINET 通信</td></tr>
</table>

图 1-4 是 CPU 模块后缀说明。

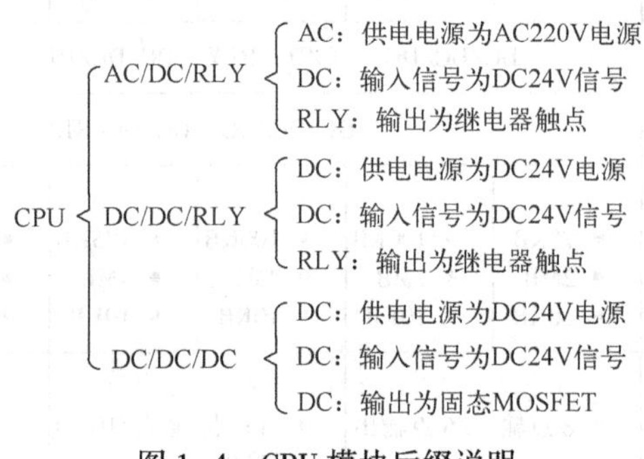

图 1-4　CPU 模块后缀说明

1.1.3　S7-1200 PLC 的扩展模块

S7-1200 PLC 的扩展模块设计方便并易于安装，无论安装在面板上还是标准 DIN 导轨上，其紧凑型设计都有利于有效地利用空间。使用模块上的 DIN 导轨卡夹将设备固定到导轨上，导轨卡夹还能掰到一个伸出位置以提供将设备直接安装到面板上的螺钉安装位置，如图 1-5 所示。

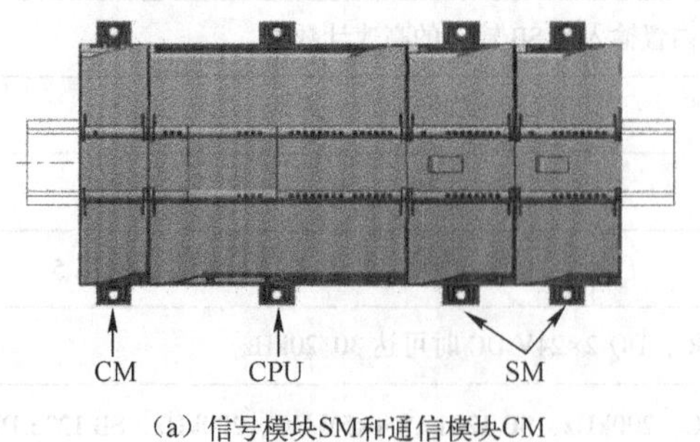

（a）信号模块SM和通信模块CM

（b）信号板SB

图 1-5　扩展模块的安装

S7-1200 PLC 有三种类型的扩展模块：

（1）信号板（SB），仅为 CPU 提供几个附加的 I/O 点，SB 安装在 CPU 的前端。

（2）信号模块（SM），提供附加的数字或模拟 I/O 点，连接在 CPU 的右侧。

（3）通信模块（CM），为 CPU 提供附加的通信端口（RS232 或 RS485），连接在 CPU 的左侧。

表 1-2 为常见 S7-1200 PLC 扩展模块的类型。

表 1-2　常见 S7-1200 PLC 扩展模块的类型

类　型	扩 展 说 明
信号模块（SM）	8 点、16 点 DC 和继电器型（8I、16I、8Q、16Q、8I/8Q）
	模拟量型（4AI、8AI、4AI/4AQ、2AQ、4AQ）
	16I/16Q 继电器型（16I/16Q）
通信模块（CM）	CM 1241 RS232 和 CM 1241 RS485

1. 信号模块（SM）

信号模块用于扩展 PLC 的输入和输出点数，可以使 CPU 增加附加功能，连接在 CPU 模块的右侧，如图 1-6 所示。

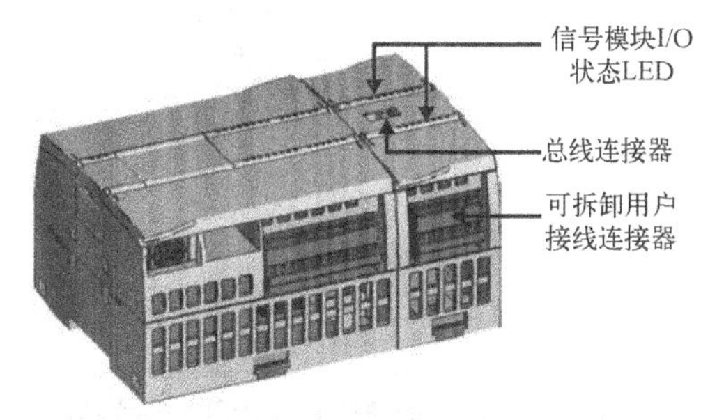

图 1-6　信号模块实物图

2. 信号板（SB）

信号板（Signal Board）是 S7-1200 PLC 特有的，可以给 CPU 模块增加输入和输出点数。每一个 CPU 模块都可以添加一个具有数字量或模拟量 I/O 的 SB。SB 连接在 CPU 的前端，如图 1-7 所示。

3. 通信模块（CM）

通信模块安装在 CPU 模块的左侧，用于 RS232、RS485、MODBUS 通信，连接示意图如图 1-8 所示。

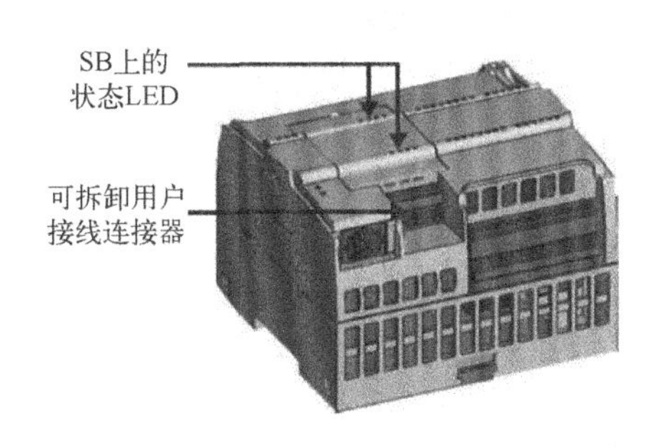

图 1-7　信号板实物图

图 1-8　CM 连接示意图

4. 内存模块

内存模块主要用于存储用户程序，有的还为系统提供辅助工作内存。在结构上，内存模块都是附加在 CPU 模块中的，功能如下：

（1）作为 CPU 的装载存储区，用户项目文件可以仅存储在卡中，CPU 中没有项目文件，离开存储卡无法运行。

（2）在有编程器的情况下，作为向多个 S7-1200 PLC 传送项目文件的介质。

（3）忘记密码时，清除 CPU 内部的项目文件和密码。

（4）24M 卡可以用于更新 S7-1200 CPU 的固件版本。

要插入存储卡，首先需要打开 CPU 顶盖（见图 1-9），然后将存储卡插入插槽，推弹式连接器可以轻松地插入和取出。存储卡要求正确安装。

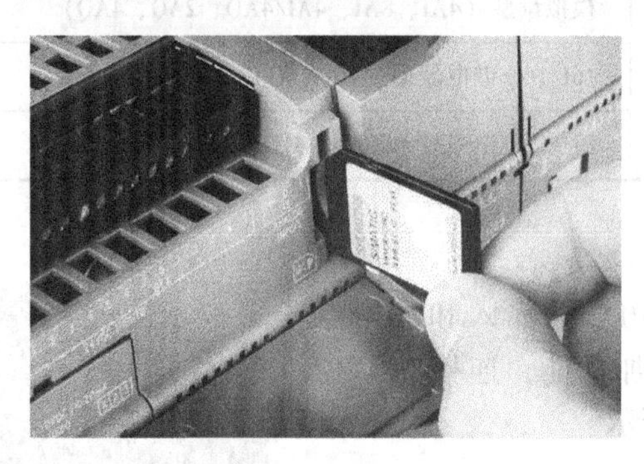

图 1-9　插入存储卡

1.1.4　S7-1200 PLC 的订货号描述

采购西门子产品时采用非型号参数订购（专有订货号订购），订货号是唯一的，可通过选型样本或选型软件查询订货号。图 1-10 为目前 S7 系列 PLC 产品的订货号描述。

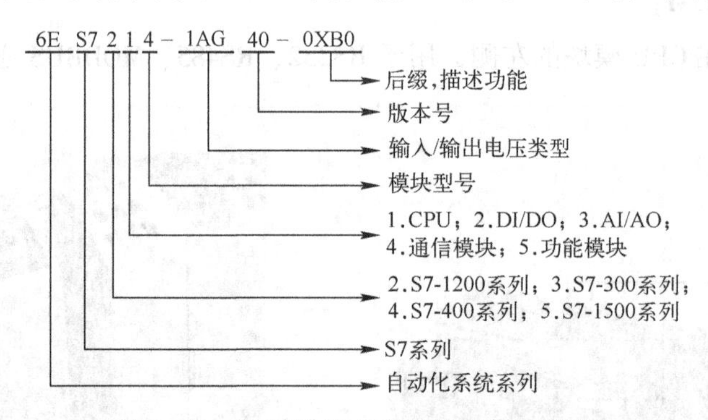

图 1-10　S7 系列 PLC 产品的订货号描述

1.1.5　博途软件简介

S7-1200 PLC 使用博途软件进行编辑、编译、调试、模拟。自从 2009 年发布第一款 SIMATIC STEP7 V10.5（STEP 7 basic）以来，已经发布的博途软件版本有 V10.5、V11、

V12、V13、V14、V15、V16、V17等，支持西门子SIMATIC S7-1200/1500系列PLC，并向下兼容S7-300/400等系列PLC和WinAC控制器。

西门子的所有项目文件都有TIA图标，且高版本兼容低版本。本书程序均以V16版本为编程环境，可以应用在大部分版本中。

1.2　初次使用S7-1200 PLC

1.2.1　PLC控制实现过程

PLC最常用的编程语言是梯形图。梯形图是最接近继电器、线圈等电气元件实体的符号表示方法。以如图1-11所示为例，左边是电源线，经过I0.0常开触点、I0.1常闭触点后，由线圈Q0.0输出。当I0.0所对应的开关动作，I0.1对应的开关不动作时，线圈Q0.0闭合；此时若I0.1对应的开关动作，则线圈Q0.0断开。

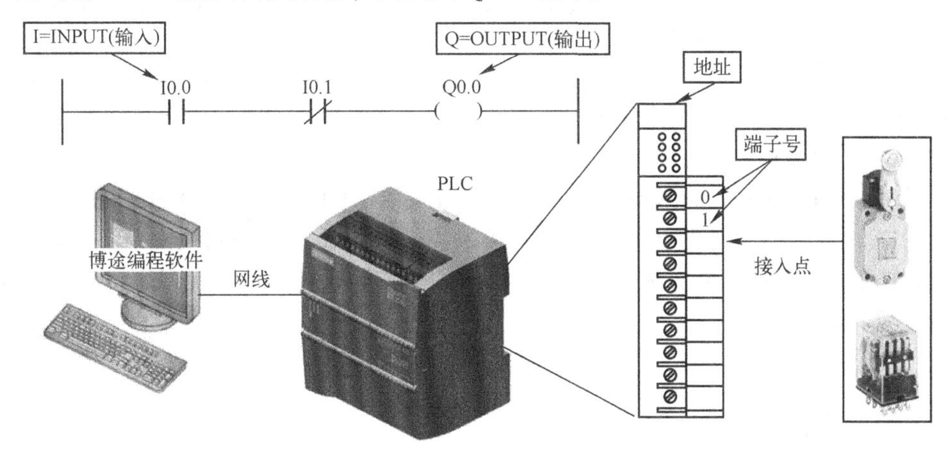

图1-11　PLC的梯形图控制示意

由图1-11可知，在PLC的端子上接入行程开关、继电器等外部元件（I0.0、I0.1和Q0.0所对应的电气元件），用户可以在博途编程软件平台上编写梯形图，通过网线下载到PLC，PLC就可以按照用户的逻辑和如图1-12所示的能流（电流）方向进行控制了。

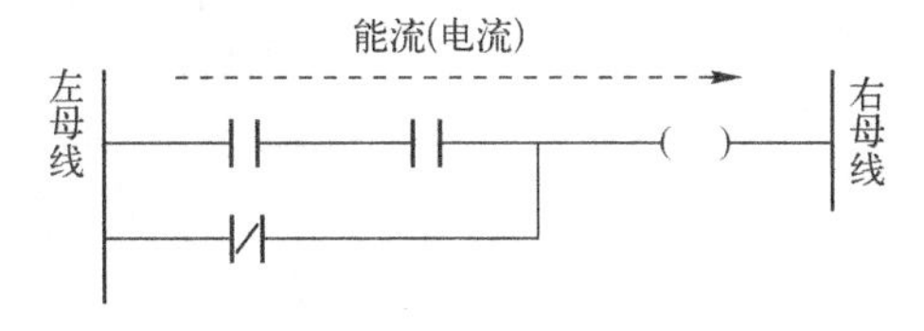

图1-12　能流（电流）方向

1.2.2　PLC常见的三种元件

PLC常见的三种元件是输入继电器、输出继电器和内部辅助继电器，见表1-3。根据IEC61131-3标准，PLC元件用百分数符号%开始，随后是位置前缀符号；如果有分级，则用整数表示分级，并用小数点符号“.”分隔。

表 1-3　PLC 常见三种元件的种类、功能与符号

种　类	功　能	符　号
输入继电器	输入继电器是 PLC 与外部输入点（用来与外部输入开关连接并接受外部输入信号的端子）对应的内部存储器储存基本单元，由外部送来的输入信号驱动，使其为 0 或 1。用程序设计的方法不能改变输入继电器的状态，即不能对输入继电器对应的基本单元改写。输入继电器的接点（常开或常闭接点）可无限制地多次使用	%I0.0,%I0.1,…,%I0.7,%I1.0,%I1.1,…,%I11.7，元件符号用 I 表示，顺序以 8 进制编号
输出继电器	输出继电器是 PLC 与外部输出点（用来与外部负载连接）对应的内部存储器储存基本单元，可以由输入继电器接点、内部其他装置的接点以及自身的接点驱动，使用一个常开接点接通外部负载，接点也像输入接点一样可无限制地多次使用	%Q0.0，%Q0.1，…,%Q0.7，%Q1.0，%Q1.1，…,%Q1.7，元件符号用 Q 表示，顺序以 8 进制编号
内部辅助继电器	内部辅助继电器与外部没有直接联系，是 PLC 内部的一种辅助继电器，功能与电气控制电路中的辅助（中间）继电器一样。每个辅助继电器也对应着内存的基本单元，可由输入继电器接点、输出继电器接点以及其他内部装置的接点驱动，自己的接点也可以无限制地多次使用	M 也是 8 进制，如%M0.0，%M0.1，…，%M0.7，%M1.0，%M1.1，…,%M1.7

需要注意的是，在本书后续讲述中，为了简洁，一般把%省略。用户在编辑梯形图程序时，软件会自动补全%符号。

有了如图 1-13 所示的输入电气元件（如按钮、选择开关、行程开关、接近开关等）、S7-1200 PLC、输出电气元件（如指示灯、接触器、蜂鸣器、电磁阀线圈等），就可以组成最基本的 PLC 控制系统，来完成如图 1-14 所示的分拣输送应用等，实现逻辑控制、顺序控制、定位控制等。

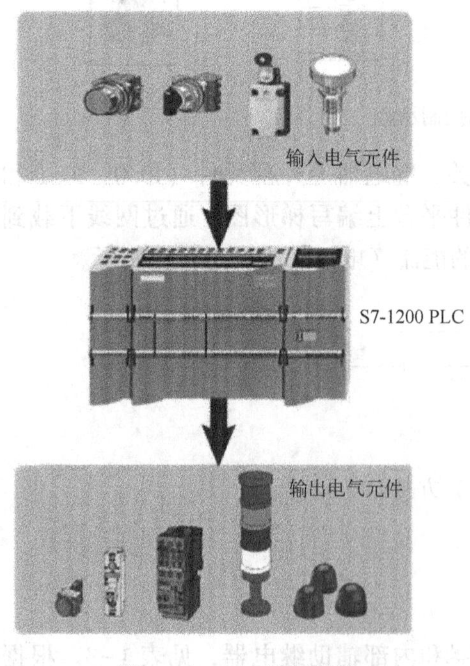

图 1-13　PLC 控制系统

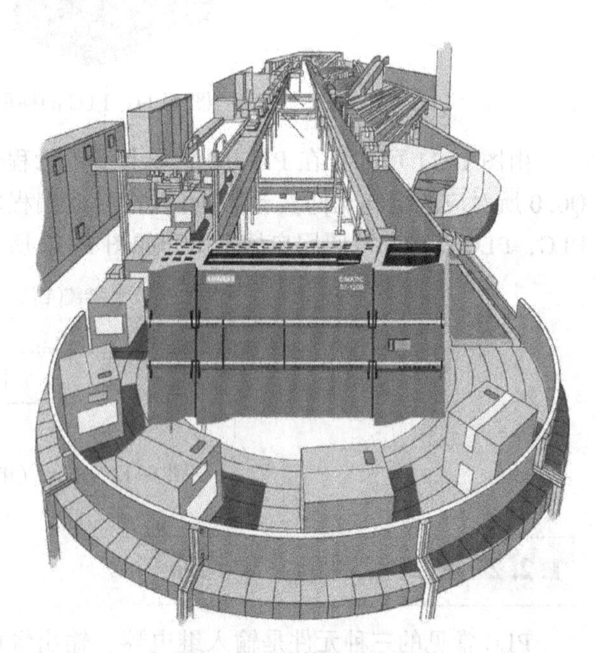

图 1-14　分拣输送应用

1.2.3 【实例 1-1】液位自动控制

实例说明

图 1-15 是某泵站采用 S7-1200 CPU 1215C DC/DC/DC 进行液位自动控制示意图，当下液位开关检测到 ON 时，启动水泵，进行注水；当水位达到一定值时，上液位开关检测到 ON，则停止水泵。请设计电气线路，并进行 PLC 编程和下载。

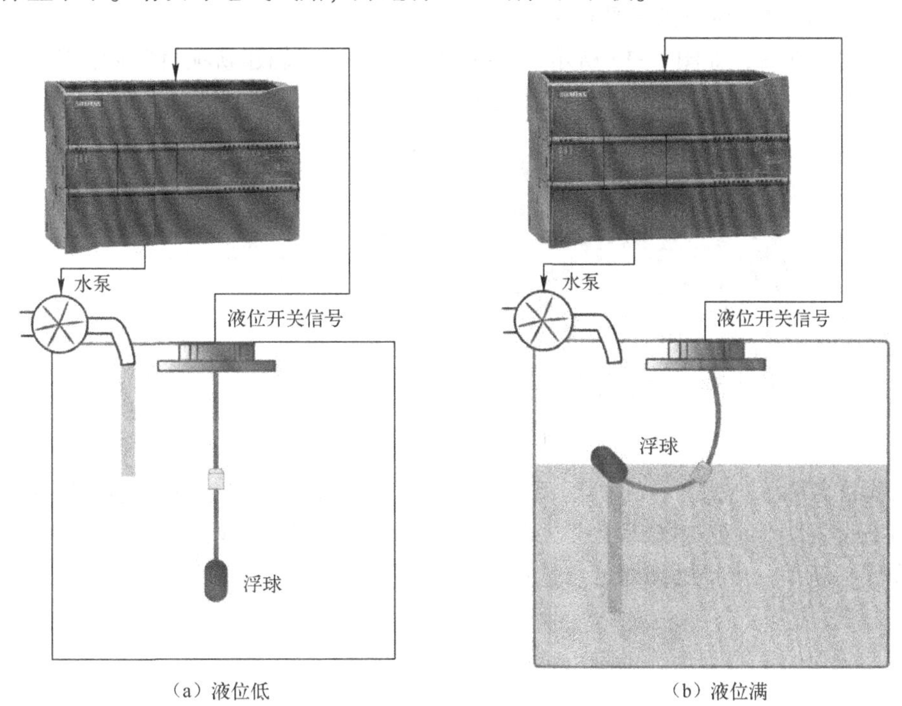

（a）液位低　　（b）液位满

图 1-15　液位自动控制示意图

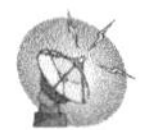

实施步骤

步骤 1：电气接线和输入/输出定义

根据实例说明可以得出，液位开关信号有 2 个，分别是下液位开关信号和上液位开关信号，分别定义为 I0.0、I0.1；输出为水泵接触器，定义为 Q0.0。本实例选用 CPU 1215C DC/DC/DC，进线电源部分为 DC24V，输入部分可以采取漏型接法，输出部分采用 DC24V 线圈的水泵接触器，表 1-4 为输入/输出定义，电气线路如图 1-16 所示。

表 1-4　输入/输出定义

	PLC 元件	电气元件符号/名称
输入	I0.0	SQ1/下液位开关
	I0.1	SQ2/上液位开关
输出	Q0.0	KM/水泵接触器

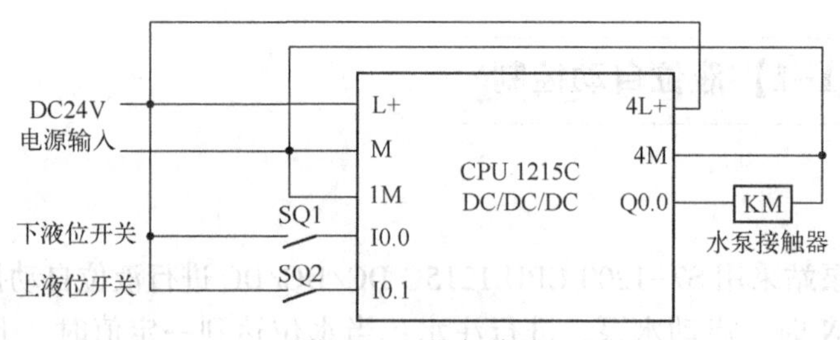

图 1-16　电气线路

步骤 2：在博途软件中创建新项目

进入博途软件后，如图 1-17 所示，选择“启动”→“创建新项目”后，输入项目名称（如本实例的“液位控制”），单击 ... 图符输入存放路径。

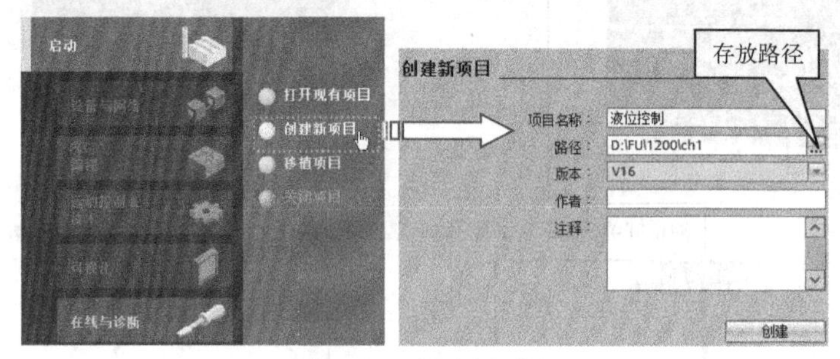

图 1-17　创建新项目

输入项目名称后，就会看到“新手上路”提示（见图 1-18），包含创建完整项目所必需的“组态设备”“创建 PLC 程序”“组态工艺对象”“组态 HMI 画面”或“打开项目视图”等步骤。新手一步步操作即可。这里先选择“组态设备”。

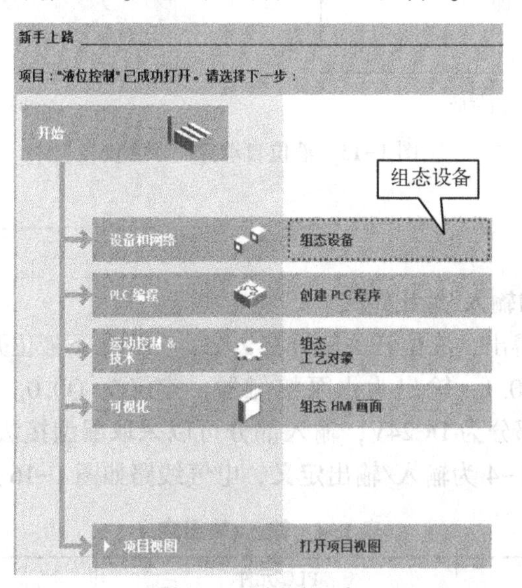

图 1-18　新手上路

S7-1200 PLC 提供了控制器、HMI、PC 系统等设备，选择“SIMATIC S7-1200”，依次单击 CPU 类型（本案例为“CPU 1215C DC/DC/DC”），最终选择订货号 6ES7 215-1AG40-0XB0，其中版本号可根据实际情况来选择，如 V4.2，如图 1-19 所示。

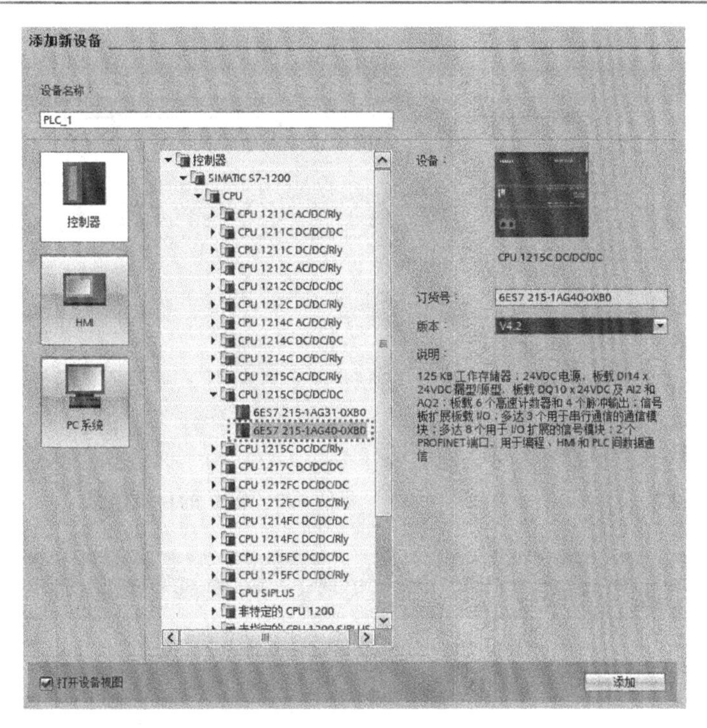

图 1-19　添加新设备

单击“添加”按钮后，就会出现如图 1-20 所示的完整设备视图。

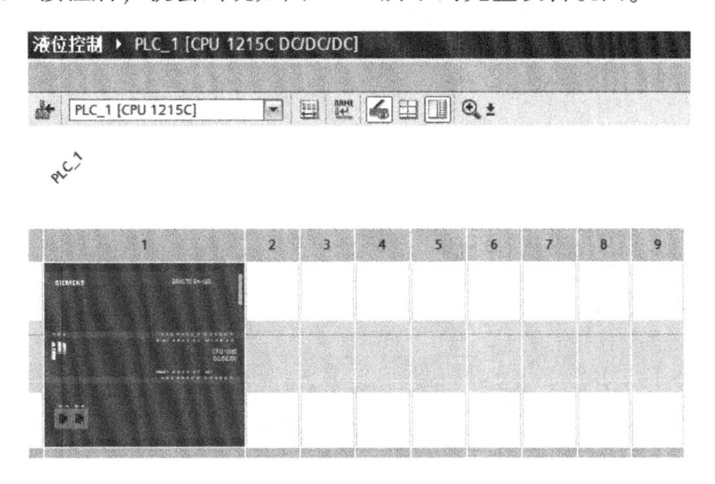

图 1-20　完整设备视图

步骤 3：硬件配置

在设备视图中，单击 CPU 模块，按右键就会出现很多菜单，这里选择“属性”，如图 1-21 所示。

CPU 的属性内容非常丰富，包括常规、PROFINET 接口、DI 14/DQ10 等。图 1-22 为 CPU 的目录信息，可以看到版本号，还设有“更改固件版本”按钮用于升级。

图 1-23 是 PROFINET 接口属性。这里选择默认值 192. 168. 0. 1。

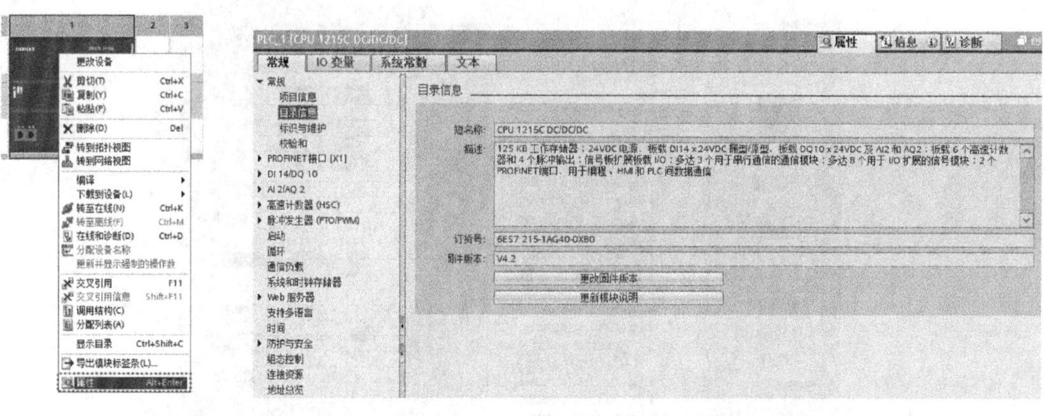

图 1-21　选择“属性”　　　　　　　　　　图 1-22　CPU 的目录信息

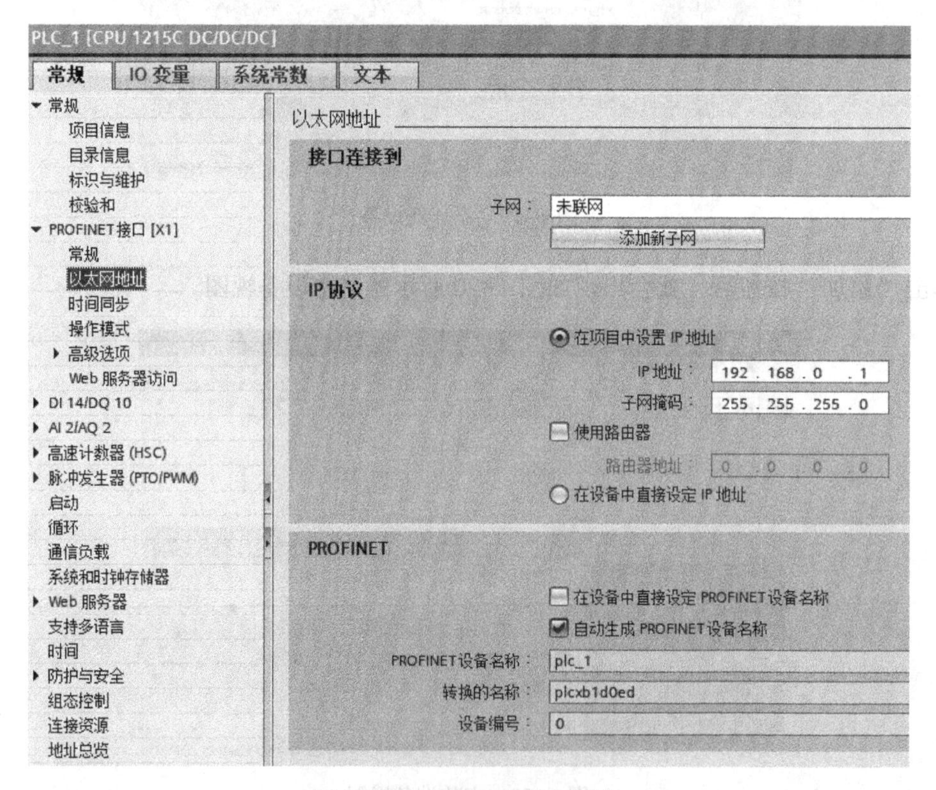

图 1-23　PROFINET 接口属性

S7-1200 PLC 提供了自由地址功能，如图 1-24 所示，可以对 I/O 地址进行起始地址的自由选择，如 0-1022（因为输入地址最多到 I1023.7，本机地址就有 2 个字节，因此到 1022 为止。）

步骤 4：梯形图编程

图 1-25 为项目树全貌，找到“液位控制”→“PLC_1”→“程序块”→“Main”，就是梯形图编程的地方。图 1-26 是 Main 空程序块。

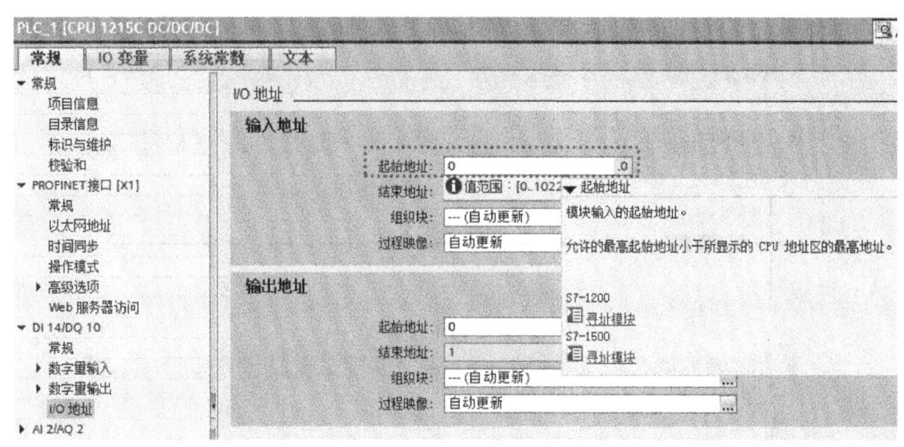

图 1-24　I/O 地址

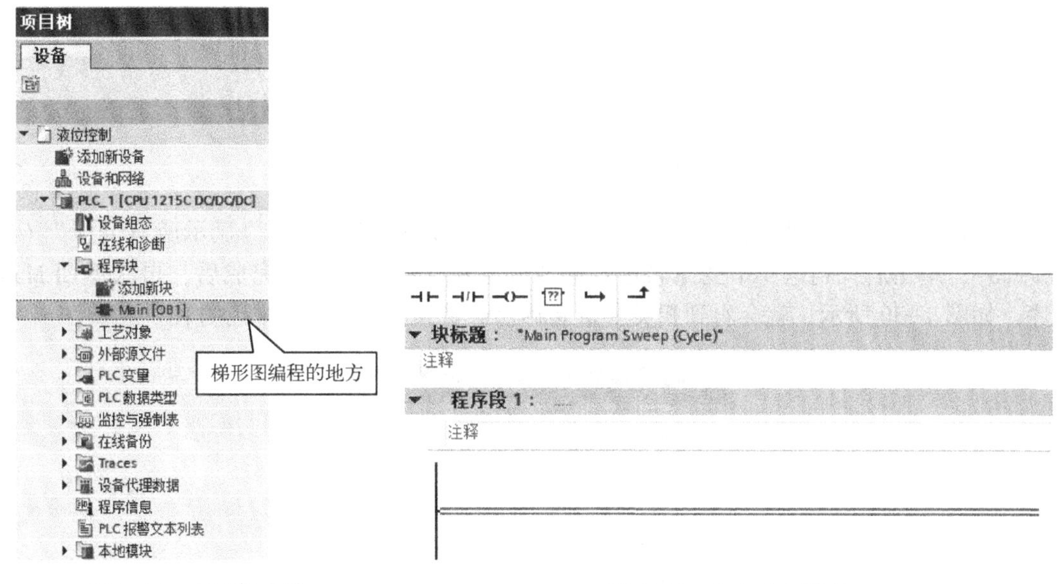

图 1-25　项目树全貌　　　　图 1-26　Main 空程序块

用户要创建程序，只需将指令拖到程序段即可，比如本实例首先要使用常开触点，则从收藏夹中将常开触点直接拉入程序段 1，如图 1-27（a）所示，程序段 1 出现符号，表示该程序段处于语法错误状态，尚未完成编辑过程；然后，在<??. ?>处输入“%I0. 0”或“I0. 0”；根据梯形图的编辑规律，使用图符打开分支，输入接触器自保触点“%Q0. 0”或“Q0. 0”，并用图符关闭分支；同理，使用图符、完成后续编辑过程。完成后的梯形图如图 1-27（b）所示，此时符号已经消失。

从这里可以看出，变量名称自动变成“Tag_1”“Tag_2”“Tag_3”，不便于阅读，因此需要对变量名称进行重新定义。变量是 PLC I/O 地址的符号名称。用户创建 PLC 变量后，博途软件将变量存储在变量表中。项目中的所有编辑器（如程序编辑器、设备编辑器、可视化编辑器和监视表格编辑器）均可访问该变量表。

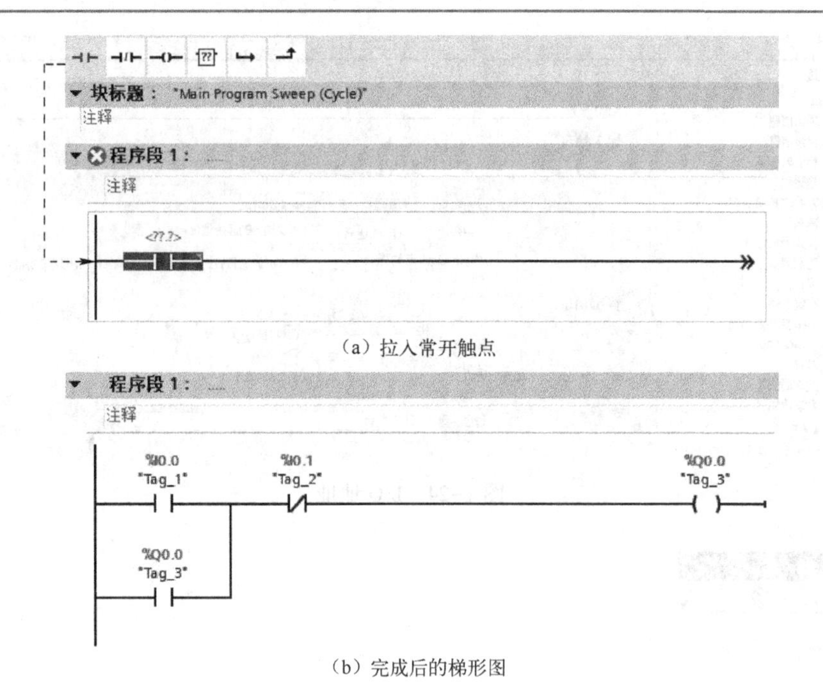

块标题： "Main Program Sweep (Cycle)"
注释
程序段 1： ......
注释
<??.?>

（a）拉入常开触点

程序段 1： ......
注释
%I0.0
"Tag_1"
%I0.1
"Tag_2"
%Q0.0
"Tag_3"
%Q0.0
"Tag_3"

（b）完成后的梯形图

图 1-27　创建梯形图

在项目树中找到“液位控制”→“PLC_1”→“PLC 变量”→“显示所有变量”（见图 1-28），单击后找到这 3 个变量名进行修改（见图 1-29）。修改完成后，再次返回 Main 程序，如图 1-30 所示，就会看到相关变量名称已经替换，阅读起来非常方便。

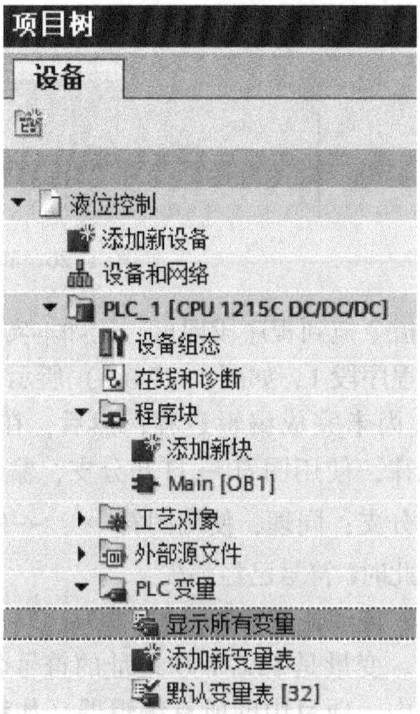

项目树
设备
液位控制
添加新设备
设备和网络
PLC_1 [CPU 1215C DC/DC/DC]
设备组态
在线和诊断
程序块
添加新块
Main [OB1]
工艺对象
外部源文件
PLC 变量
显示所有变量
添加新变量表
默认变量表 [32]

图 1-28　PLC 变量

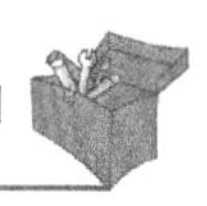

名称 ▲	变量表	数据类型	地址
Tag_1	默认变量表	Bool	%I0.0
Tag_2	默认变量表	Bool	%I0.1
Tag_3	默认变量表	Bool	%Q0.0

（a）默认名称

名称 ▲	变量表	数据类型	地址
下液位开关	默认变量表	Bool	%I0.0
上液位开关	默认变量表	Bool	%I0.1
水泵接触器	默认变量表	Bool	%Q0.0

（b）修改后的名称

图 1-29　修改 PLC 变量

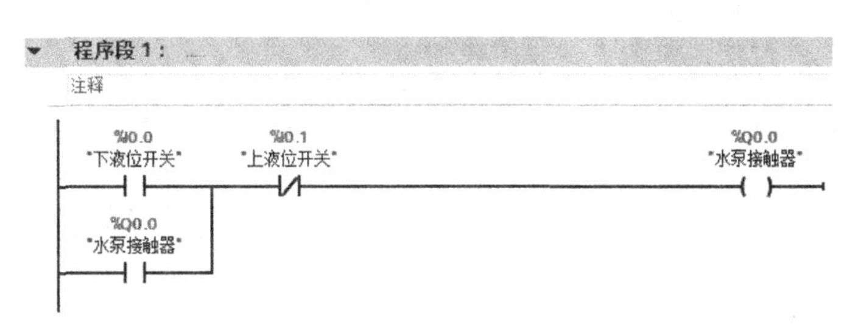

图 1-30　修改变量名称后的梯形图程序

需要注意的是，定义变量也可以在程序编辑前完成，即在编辑时，可以直接在<??.?>中选择变量，无需直接输入。这个可根据用户编辑习惯选择。

步骤 5：编译、下载、调试

在创建阶段只是完成了梯形图语法的输入验证，若要完成程序的可行性，还必须执行编译命令。如图 1-31 所示，选择项目树中的“PLC_1[CPU 1215C DC/DC/DC]”，按右键弹出菜单，用户可以直接选择下载命令，博途软件会自动先执行编译命令，当然，也可以单独选择编译命令。

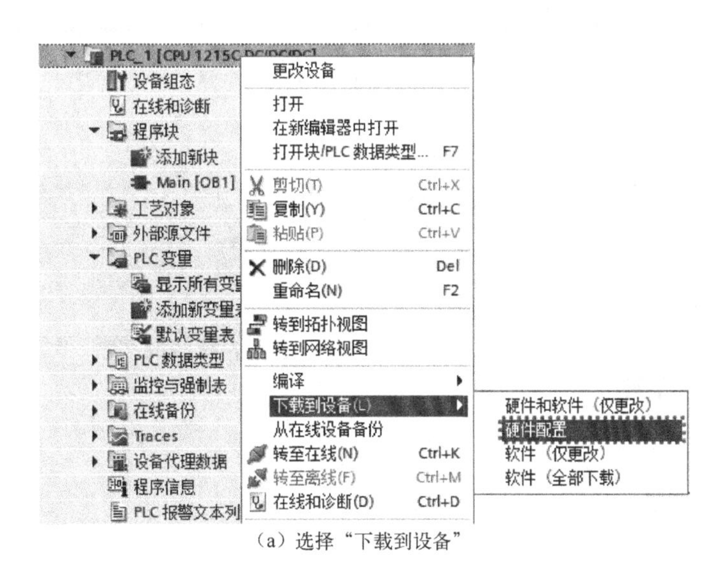

（a）选择“下载到设备”

图 1-31　执行编译

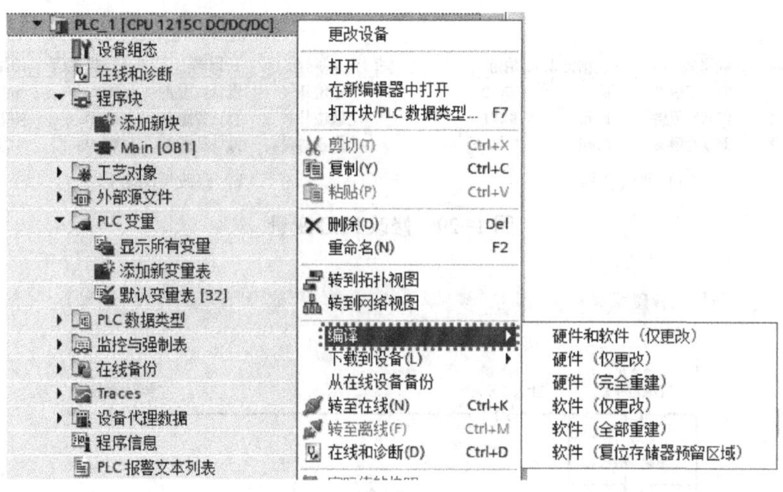

（b）选择“编译”

图 1-31　执行编译（续）

博途需要对 PLC 的硬件配置和软件分别编译，并分别下载，只有两者均正确时才能完成下载。下载之前，还需要确保 PC 与 PLC 同在 192.168.1.＊频段内，但不重复（本实例中 PLC 地址为 192.168.0.1）。图 1-32 是“扩展下载到设备”界面，在“选择目标设备”时，有 3 个选项，即“显示地址相同的设备”“显示所有兼容的设备”“显示可访问的设备”。需要注意的是，第一次连机时，存在 PLC 的 IP 地址与 PC 的 IP 地址不在同一个频段、PLC 的 CPU 第一次使用无 IP 地址等情况，因此在“选择目标设备”时，不能选择“显示地址相同的设备”，而是选择“显示所有兼容的设备”，接口类型为 ISO，访问地址是 MAC 地址，此时可以连接 CPU，等下载结束后，再次连机，就会出现正常的连机情况了。

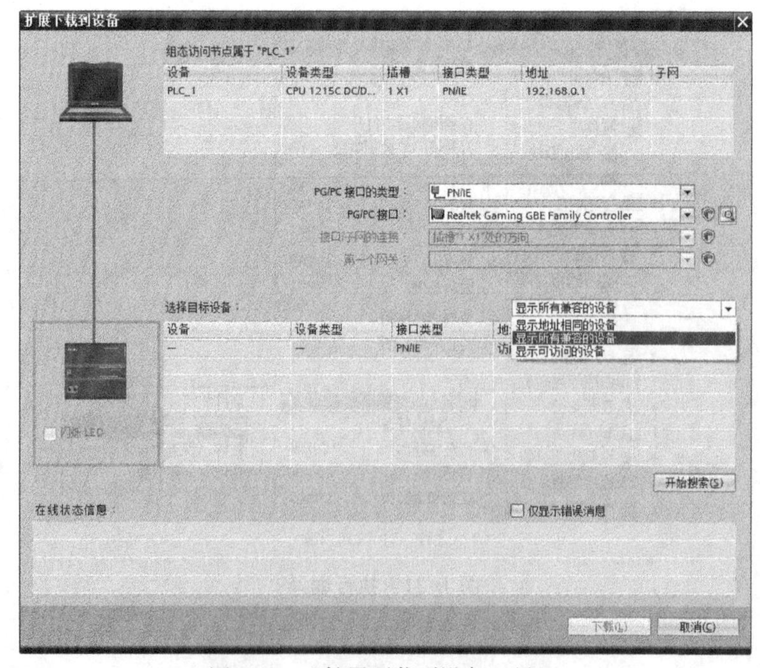

图 1-32　“扩展下载到设备”界面

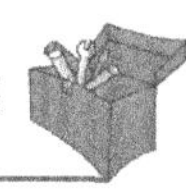

图 1-33 为下载信息反馈，描述了硬件配置下载、Main 程序下载的过程。

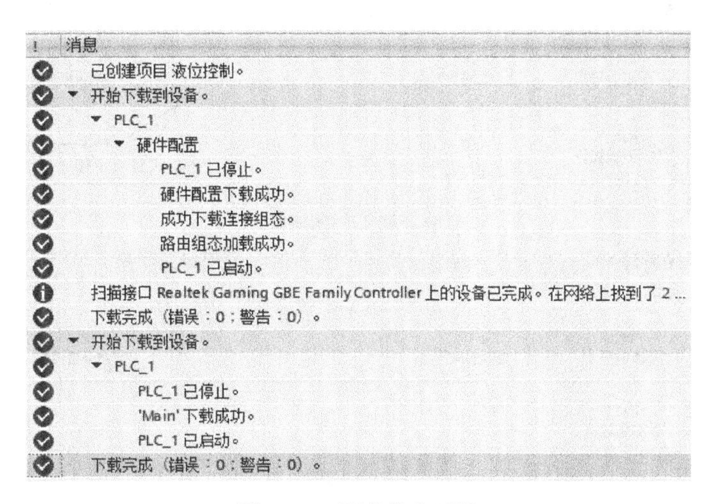

图 1-33　下载信息反馈

步骤 6：程序调试

完成以上步骤后，PLC 会自动切换到运行状态，此时选择图标栏中的进入程序块的在线监控（见图 1-34），用绿色实线表示接通、蓝色虚线表示断开。程序解释如下：

（1）液位刚好处于上、下液位开关均没有动作的时候，水泵接触器不动作，程序状态如图 1-34（a）所示。

（2）随着用水量的增加，液位不断下降，当下液位开关检测到 ON 时，水泵接触器马上接通，程序状态如图 1-34（b）所示。

（3）水泵接触器动作后，水位马上上升，下液位开关变为 OFF，根据自保原理，水泵接触器还继续接通，程序状态如图 1-34（c）所示。

（4）当水泵的送水量大于用水量，液位不断上升，直到上液位开关检测到 ON 时，水泵接触器马上断开，程序状态如图 1-34（d）所示。

（5）当液位从最高下降时，即使上液位开关为 OFF，下液位开关也不会触发，水泵接触器不动作，程序状态回到如图 1-34（a）所示状态。

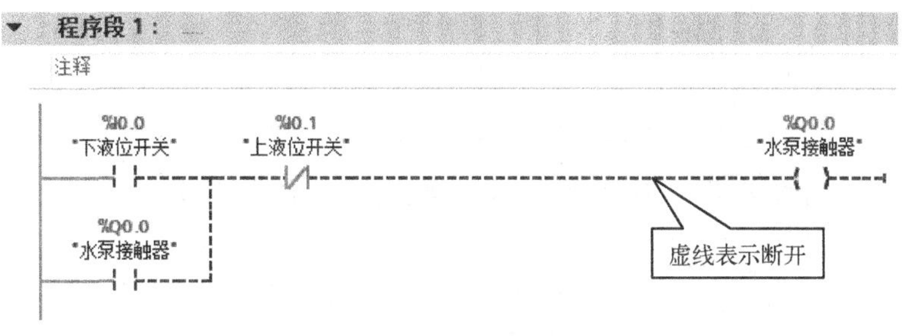

（a）停机状态

图 1-34　程序块的在线监控

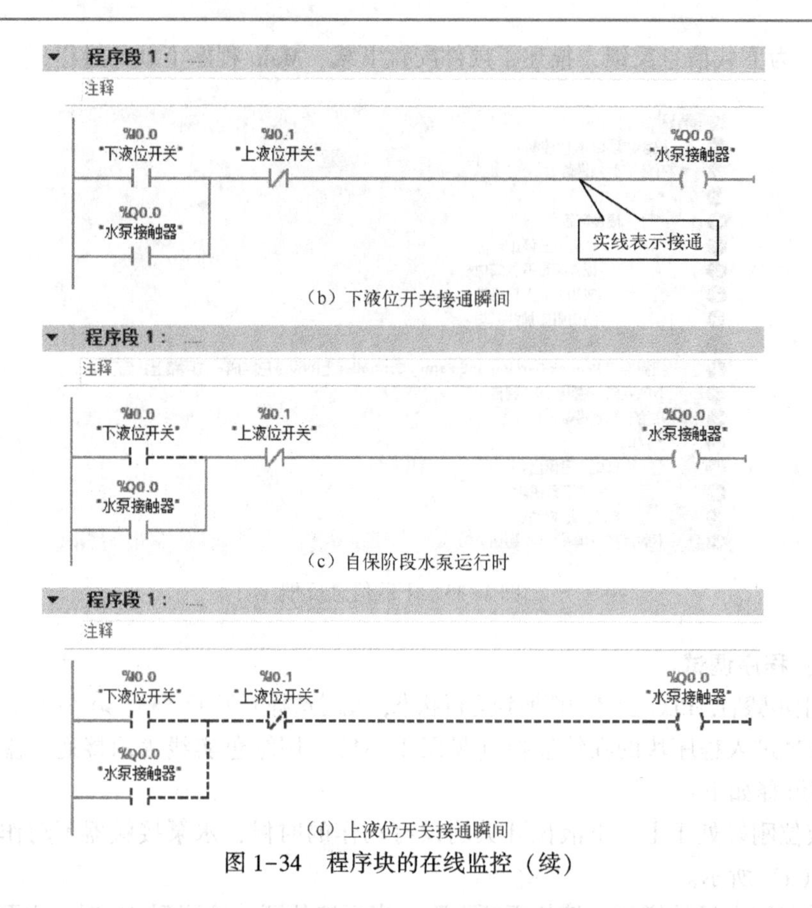

（b）下液位开关接通瞬间

（c）自保阶段水泵运行时

（d）上液位开关接通瞬间

图 1-34　程序块的在线监控（续）

小贴士

S7-1200 PLC 的输入可以接两种类型的传感器，即 PNP 型（漏型接法）和 NPN 型（源型接法），其公共点不同，如图 1-35 所示。图中，虚线框内为传感器。

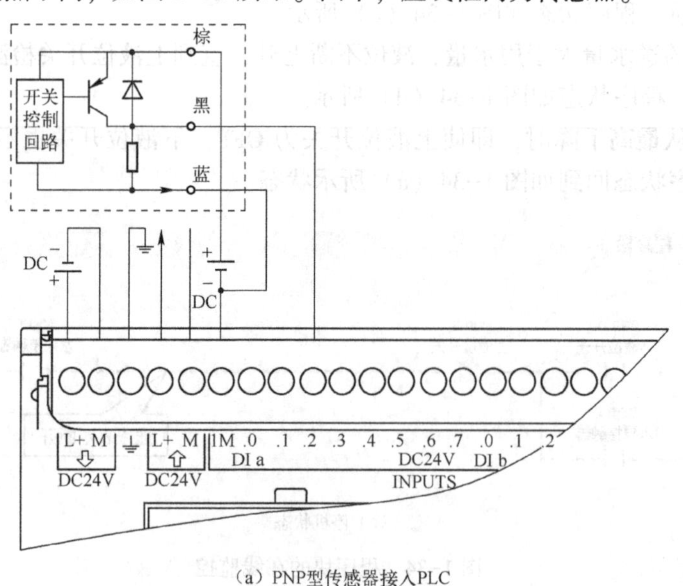

（a）PNP型传感器接入PLC

图 1-35　两种类型传感器接入 PLC 示意图

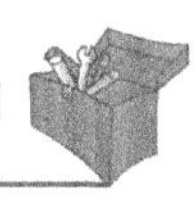

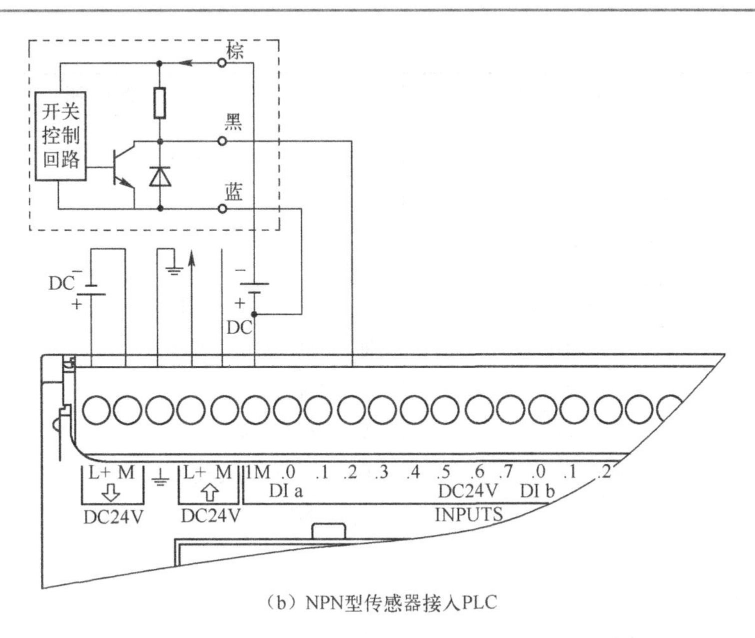

（b）NPN型传感器接入PLC

图 1-35　两种类型传感器接入 PLC 示意图（续）

1.3　位逻辑编程

1.3.1　常用位逻辑

布尔量（Bool）是指一个真或假状态，通常用 0、1 表示假或真。S7-1200 PLC 中所有的位逻辑操作就是布尔量之间的操作。它们按照一定的控制要求进行逻辑组合，构成与、或、异或及其组合。表 1-5 是常见的位逻辑类型、符号及功能说明，包括常开触点、常闭触点、上升沿、下降沿、输出线圈、取反线圈、取反逻辑、置位、复位等。

表 1-5　常见的位逻辑类型、符号及功能说明

类　　型	LAD 符号	功 能 说 明
触点指令	—| |—	常开触点
	—|/|—	常闭触点
	—|NOT|—	信号流反向
	—| P |—	扫描操作数信号的上升沿
	—| N |—	扫描操作数信号的下降沿
	P_TRIG	扫描信号的上升沿
	N_TRIG	扫描信号的下降沿
	R_TRIG	扫描信号的上升沿，并带有背景数据块
	F_TRIG	扫描信号的下降沿，并带有背景数据块

续表

类　型	LAD 符号	功能说明
线圈指令	——( )——	结果输出/赋值
	——(/)——	线圈取反
	——(R)	复位
	——(S)	置位
	SET_BF	将一个区域的位信号置位
	RESET_BF	将一个区域的位信号复位
	RS	复位置位触发器
	SR	置位复位触发器
	——(P)——	上升沿检测并置位线圈一个周期
	——(N)——	下降沿检测并置位线圈一个周期

1. 取反线圈

取反线圈是指输出“1”时断开，输出“0”时接通。图 1-36 为输出线圈与取反线圈对比。由梯形图可知，输出线圈和取反线圈除了输出刚好相反，其余均相同，从真值表可以看出两者区别。

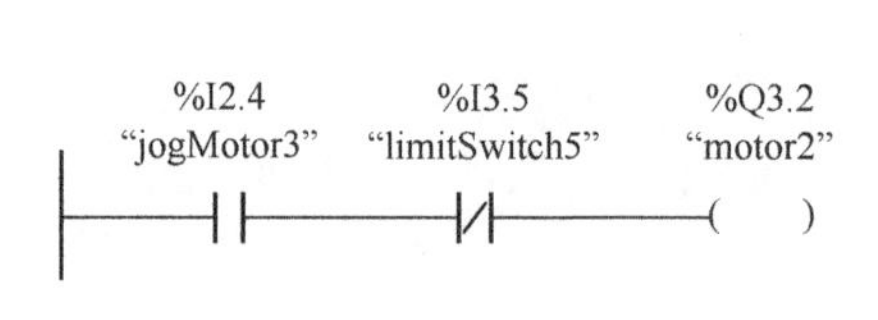

真值表

I2.4	I3.5	Q3.2
0	0	0
0	1	0
1	0	1
1	1	0

（a）输出线圈

%I2.4 “jogMotor3”　%I3.5 “limitSwitch5”　%Q4.1 “pilotLight2”

真值表

I2.4	I3.5	Q4.1
0	0	1
0	1	1
1	0	0
1	1	1

（b）取反线圈

图 1-36　输出线圈与取反线圈对比

2. “与”逻辑

“与”逻辑是指只有当两个操作数都是“1”时，结果才是“1”。“与”逻辑操作属于短路操作，即如果第一个操作数能够决定结果，那么就不会对第二个操作数求值；如果第一个操作数是“0”，则无论第二个操作数是什么值，结果都不可能是“1”，相当于短路了右边。图 1-37 是“与”逻辑及其真值表。

3. “或”逻辑

“或”逻辑是指如果一个操作数或多个操作数为“1”，则“或”运算符返回布尔值“1”，只有全部操作数为“0”时，结果才是“0”。图 1-38 是“或”逻辑及其真值表。

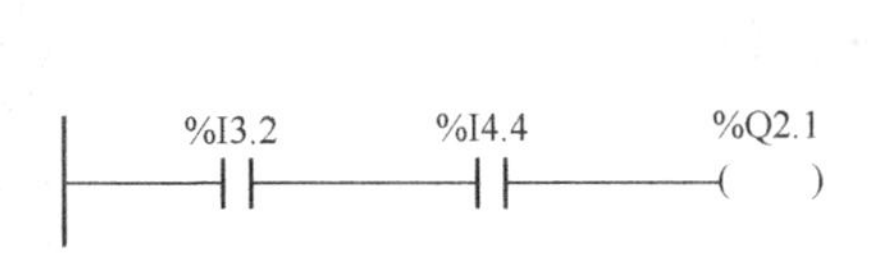

真值表

I3.2	I4.4	Q2.1
0	0	0
0	1	0
1	0	0
1	1	1

图 1-37　“与”逻辑及其真值表

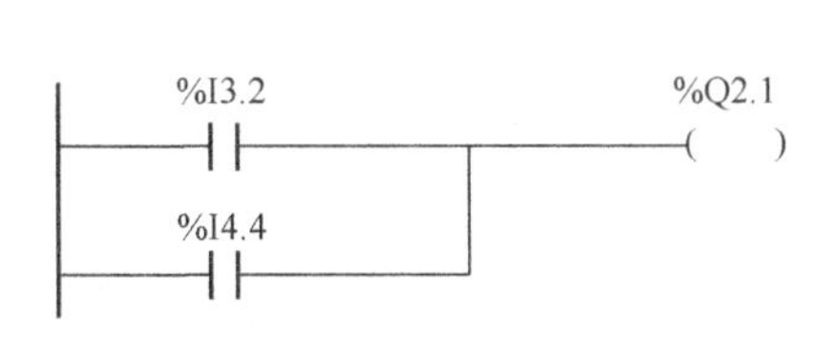

真值表

I3.2	I4.4	Q2.1
0	0	0
0	1	1
1	0	1
1	1	1

图 1-38　“或”逻辑及其真值表

4. “异或”逻辑

“异或”逻辑是指如果 a、b 两个值不相同，则异或结果为“1”；如果 a、b 两个值相同，则异或结果为“0”。异或也叫半加运算，运算法则相当于不带进位的二进制加法。图 1-39 为“异或”逻辑及其真值表。

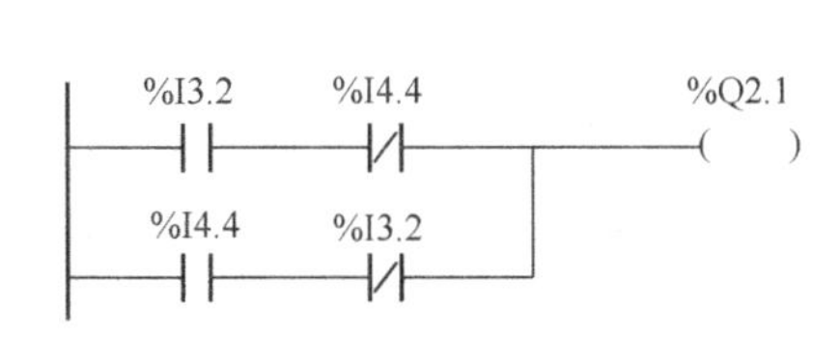

真值表

I3.2	I4.4	Q2.1
0	0	0
0	1	1
1	0	1
1	1	0

图 1-39　“异或”逻辑及其真值表

5. 边沿检测指令

边沿信号在 PLC 程序中比较常见，如电动机的启动、停止、故障等信号的捕捉都是通过边沿信号实现的。如图 1-40 所示，上升沿检测指令检测每一次 0 到 1 的正跳变，让能流接通一个扫描周期；下降沿检测指令检测每一次 1 到 0 的负跳变，让能流接通一个扫描周期。

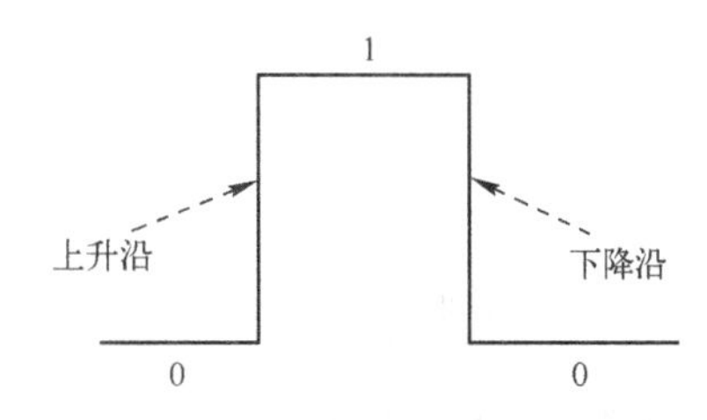

图 1-40　边沿检测示意图

6. 置位/复位指令

当触发条件满足（RLO=1）时，置位指令将线圈置 1；当触发条件不再满足（RLO=0）时，线圈保持不变，只有触发复位指令时才能将线圈复位为 0。单独的复位指令也可以对定时器、计数器的值清 0。在梯形图编程指令中，RS、SR 触发器带有触发优先级，当置位、复位信号同时为 1 时，将触发优先级高的动作，如 RS 触发器，S（置位在后）优先级高。

1.3.2 【实例 1-2】三个开关控制一盏灯

实例说明

采用 PLC 控制的方式，用三个开关 S1、S2、S3 控制一盏照明灯 EL，任何一个开关都可以控制照明灯 EL 的亮与灭。

实施步骤

步骤 1：电气接线与输入/输出定义

图 1-41 为电气原理图，为了阅读方便，与【实例 1-1】略有不同的是输出 4L+和 4M 的画法，电源输入 DC24V 与电源端 L+和 M 是同一个电源。

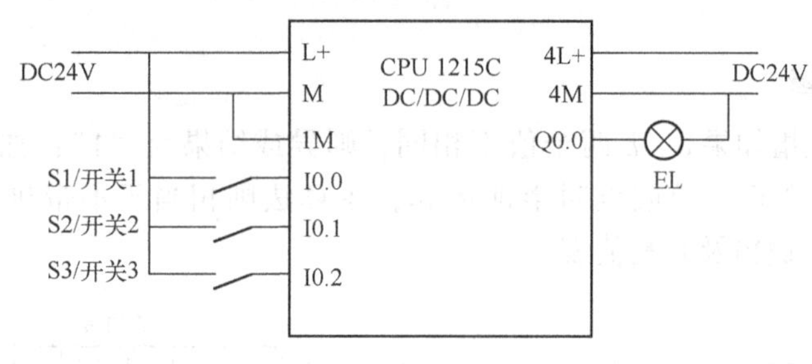

图 1-41 电气原理图

表 1-6 为输入/输出定义，包括开关 1、开关 2 和开关 3 等输入元件，以及照明灯输出元件。

表 1-6 输入/输出定义

	PLC 软元件	元件符号/名称
输入	I0. 0	S1/开关 1
	I0. 1	S2/开关 2
	I0. 2	S3/开关 3
输出	Q0. 0	EL/照明灯

步骤 2：PLC 编程

经分析可知，只有一个开关闭合时照明灯亮，再有另外一个开关闭合时照明灯灭，推而广之，即有奇数个开关闭合时照明灯亮，偶数个开关闭合时照明灯灭。根据控制要求列出真值表，见表 1-7。

表 1-7 三个开关控制一盏照明灯真值表

S_3	S_2	S_1	EL
0	0	0	0
0	0	1	1
0	1	0	1

续表

S_3	S_2	S_1	EL
0	1	1	0
1	0	0	1
1	0	1	0
1	1	0	0
1	1	1	1

根据真值表和输入/输出定义，列出 PLC 输入/输出的逻辑表达式为

$$\begin{aligned} \mathrm{Q0.0} &= \overline{\mathrm{I0.2}} \cdot \overline{\mathrm{I0.1}} \cdot \mathrm{I0.0} + \overline{\mathrm{I0.2}} \cdot \mathrm{I0.1} \cdot \overline{\mathrm{I0.0}} + \mathrm{I0.2} \cdot \overline{\mathrm{I0.1}} \cdot \overline{\mathrm{I0.0}} + \mathrm{I0.2} \cdot \mathrm{I0.1} \cdot \mathrm{I0.0} \\ &= \overline{\mathrm{I0.2}}(\overline{\mathrm{I0.1}} \cdot \mathrm{I0.0} + \mathrm{I0.1} \cdot \overline{\mathrm{I0.0}}) + \mathrm{I0.2}(\overline{\mathrm{I0.1}} \cdot \overline{\mathrm{I0.0}} + \mathrm{I0.1} \cdot \mathrm{I0.0}) \end{aligned} \tag{1-1}$$

表 1-8 为变量定义，根据式（1-1）可以画出梯形图如图 1-42 所示。

表 1-8　变量定义

名　称	变 量 表	数 据 类 型	地　址
开关 1	默认变量表	Bool	%I0.0
开关 2	默认变量表	Bool	%I0.1
开关 3	默认变量表	Bool	%I0.2
照明灯	默认变量表	Bool	%Q0.0

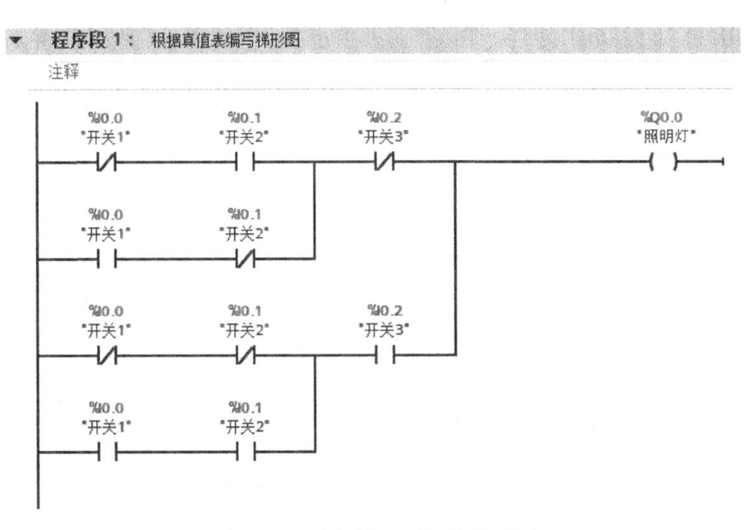

图 1-42　【实例 1-2】的梯形图

步骤 3：在线监控

将程序编译后，按照【实例 1-1】下载，并进行在线监控，如图 1-43 所示，即三个开关均为 ON 的情况下，EL 亮。

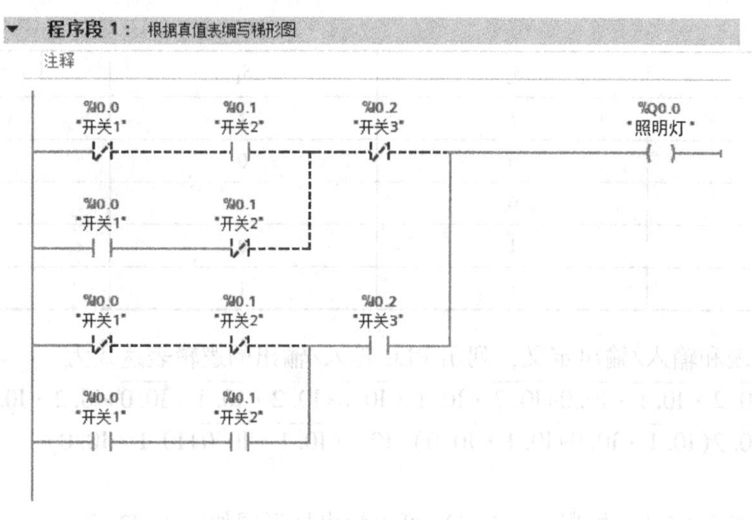

图 1-43 在线监控

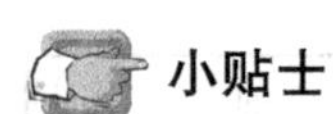
小贴士

若在本实例的基础上，用四个开关 S1、S2、S3、S4（定义为 I0.3）控制一盏照明灯 EL，任何一个开关都可以控制照明灯 EL 的亮与灭。此时可以判断：有奇数个开关闭合时照明灯亮，偶数个开关闭合时照明灯灭。根据控制要求列出真值表，见表 1-9。

表 1-9 四个开关控制一盏照明灯真值表

序号	开关 4 I0. 3	开关 3 I0. 2	开关 2 I0. 1	开关 1 I0. 0	照明灯 Q0. 0	说　明
0	0	0	0	0	0	0 个开关动作时照明灯灭
1	0	0	0	1	1	一个开关动作时照明灯亮
2	0	0	1	0	1	一个开关动作时照明灯亮
3	0	0	1	1	0	两个开关动作时照明灯灭
4	0	1	0	0	1	一个开关动作时照明灯亮
5	0	1	0	1	0	两个开关动作时照明灯灭
6	0	1	1	0	0	两个开关动作时照明灯灭
7	0	1	1	1	1	三个开关动作时照明灯亮
8	1	0	0	0	1	一个开关动作时照明灯亮
9	1	0	0	1	0	两个开关动作时照明灯灭
10	1	0	1	0	0	两个开关动作时照明灯灭
11	1	0	1	1	1	三个开关动作时照明灯亮
12	1	1	0	0	0	两个开关动作时照明灯灭
13	1	1	0	1	1	三个开关动作时照明灯亮
14	1	1	1	0	1	三个开关动作时照明灯亮
15	1	1	1	1	0	四个开关动作时照明灯灭

根据真值表，列出 PLC 输入/输出逻辑表达式为

$$
\begin{aligned}
\mathrm{Q0.0}=&\mathrm{I0.0}\cdot\overline{\mathrm{I0.1}}\cdot\overline{\mathrm{I0.2}}\cdot\overline{\mathrm{I0.3}}+\overline{\mathrm{I0.0}}\cdot\mathrm{I0.1}\cdot\overline{\mathrm{I0.2}}\cdot\overline{\mathrm{I0.3}}+\overline{\mathrm{I0.0}}\cdot\overline{\mathrm{I0.1}}\cdot\mathrm{I0.2}\cdot\overline{\mathrm{I0.3}}+\overline{\mathrm{I0.0}}\cdot\overline{\mathrm{I0.1}}\cdot\overline{\mathrm{I0.2}}\cdot\mathrm{I0.3}\\
=&\overline{\mathrm{I0.0}}\cdot\mathrm{I0.1}\cdot\mathrm{I0.2}\cdot\mathrm{I0.3}+\mathrm{I0.0}\cdot\overline{\mathrm{I0.1}}\cdot\mathrm{I0.2}\cdot\mathrm{I0.3}+\mathrm{I0.0}\cdot\mathrm{I0.1}\cdot\overline{\mathrm{I0.2}}\cdot\mathrm{I0.3}+\mathrm{I0.0}\cdot\mathrm{I0.1}\cdot\mathrm{I0.2}\cdot\overline{\mathrm{I0.3}}\\
=&(\mathrm{I0.0}\cdot\overline{\mathrm{I0.1}}+\overline{\mathrm{I0.0}}\cdot\mathrm{I0.1})\cdot\overline{\mathrm{I0.2}}\cdot\overline{\mathrm{I0.3}}+(\mathrm{I0.2}\cdot\overline{\mathrm{I0.3}}+\overline{\mathrm{I0.2}}\cdot\mathrm{I0.3})\cdot\overline{\mathrm{I0.0}}\cdot\overline{\mathrm{I0.1}}\\
&+(\mathrm{I0.0}\cdot\overline{\mathrm{I0.1}}+\overline{\mathrm{I0.0}}\cdot\mathrm{I0.1})\cdot\mathrm{I0.2}\cdot\mathrm{I0.3}+(\mathrm{I0.2}\cdot\overline{\mathrm{I0.3}}+\mathrm{I0.2}\cdot\mathrm{I0.3})\cdot\mathrm{I0.0}\cdot\mathrm{I0.1} \qquad (1-2)\\
=&(\mathrm{I0.0}\cdot\overline{\mathrm{I0.1}}+\overline{\mathrm{I0.0}}\cdot\mathrm{I0.1})(\overline{\mathrm{I0.2}}\cdot\overline{\mathrm{I0.3}}+\mathrm{I0.2}\cdot\mathrm{I0.3})\\
&+(\overline{\mathrm{I0.0}}\cdot\overline{\mathrm{I0.1}}+\mathrm{I0.0}\cdot\mathrm{I0.1})(\mathrm{I0.2}\cdot\overline{\mathrm{I0.3}}+\overline{\mathrm{I0.2}}\cdot\mathrm{I0.3})
\end{aligned}
$$

根据式（1-2）可以画出如图 1-44 所示梯形图。

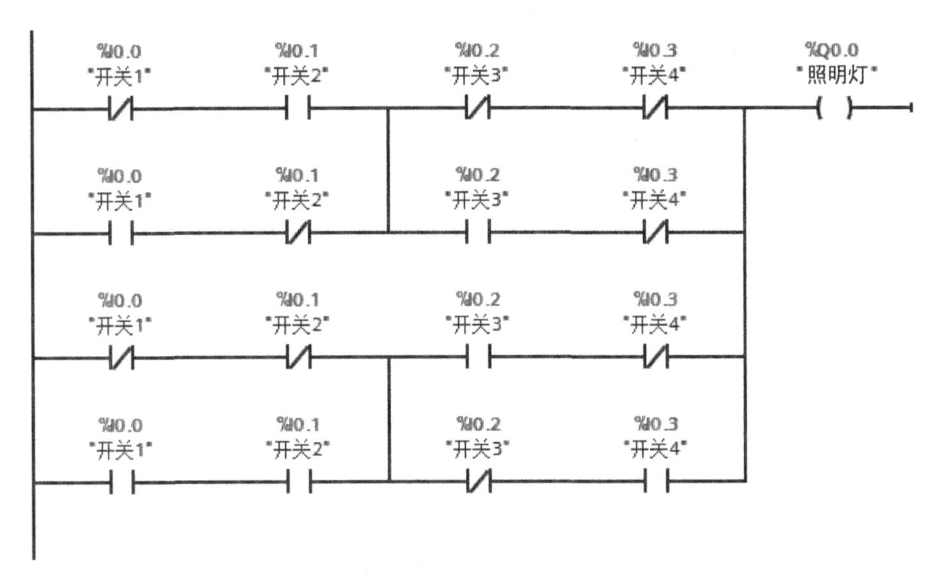

图 1-44　梯形图

1.3.3 【实例 1-3】RS 触发器控制运载小车

实例说明

如图 1-45 所示，采用 S7-1200 CPU 1215C DC/DC/DC 设计运载小车控制电路，即用左运行按钮 SB1 控制电动机左转，带动运载小车从右向左运行，当到达最左侧的感应开关 SQ1 时，电动机停止；SB2 为急停按钮，通过被按下可以随时停止电动机；SB3 控制电动机右转，带动运载小车从左向右运行，当到达最右侧的感应开关 SQ2 时，电动机停止。请用 RS 触发器进行梯形图编程，并编译和下载。

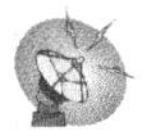

实施步骤

步骤 1：电气接线与输入/输出定义

图 1-46 为电气原理图。表 1-10 为输入/输出定义。

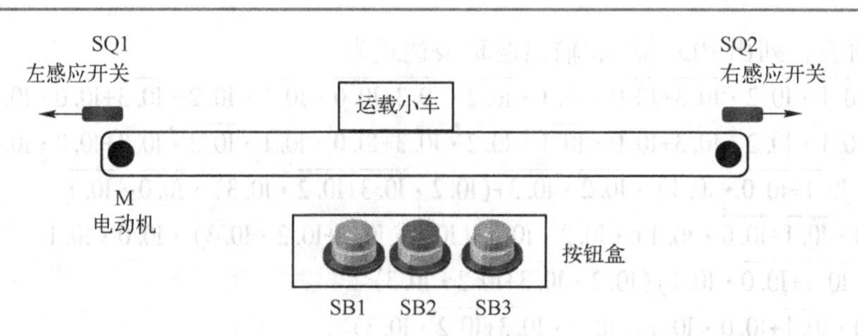

图 1-45　运载小车控制示意图

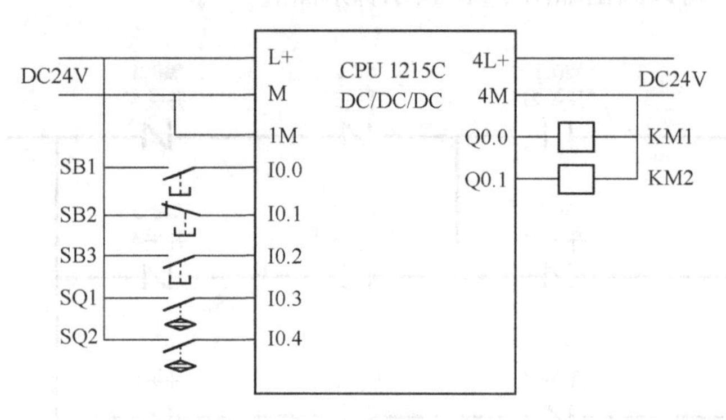

图 1-46　电气原理图

表 1-10　输入/输出定义

	PLC 软元件	元件符号/名称
输入	I0. 0	SB1/左运行按钮
	I0. 1	SB2/急停按钮（NC）
	I0. 2	SB3/右运行按钮
	I0. 3	SQ1/左感应开关
	I0. 4	SQ2/右感应开关
输出	Q0. 0	KM1/左运行接触器
	Q0. 1	KM2/右运行接触器

步骤 2：PLC 编程

表 1-11 为变量定义，除了输入和输出，增加了 SR 触发器用的中间变量 1 和中间变量 2。

表 1-11　变量定义

名　称	变 量 表	数 据 类 型	地　址
左运行按钮	默认变量表	Bool	%I0. 0
急停按钮	默认变量表	Bool	%I0. 1
右运行按钮	默认变量表	Bool	%I0. 2
左感应开关	默认变量表	Bool	%I0. 3
右感应开关	默认变量表	Bool	%I0. 4

续表

名　　称	变 量 表	数 据 类 型	地　　址
左运行接触器	默认变量表	Bool	%Q0.0
右运行接触器	默认变量表	Bool	%Q0.1
中间变量 1	默认变量表	Bool	%M10.0
中间变量 2	默认变量表	Bool	%M10.1

PLC 编程方法可以采用传统的“继电器—接触器”思路，也可以采用实例要求的 SR 触发器进行编程，如图 1-47 所示。触发器 SR 或 RS 的唯一区别是优先级。本实例是 R 优先，即使 S 端信号为 ON，当 R1（注意此时优先级多了一个数字“1”）端信号为 ON 时，输出 Q 端为 OFF。

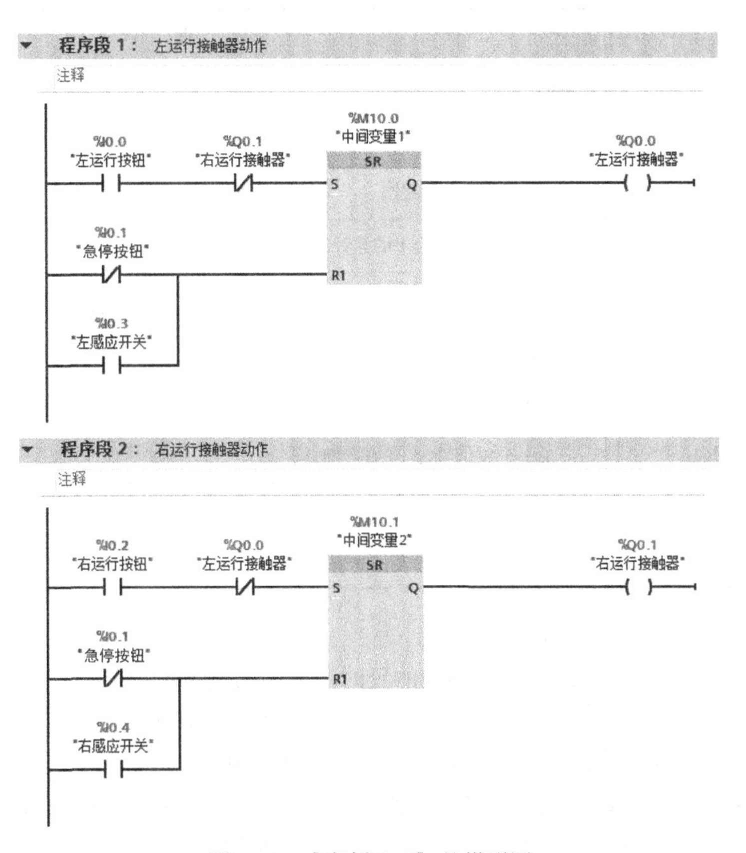

图 1-47　【实例 1-3】的梯形图

小贴士

S7-1200 PLC 有 SR 触发器和 RS 触发器。它们之间的区别如下：

(1) SR 触发器：复位优先型触发器，逻辑为：

$S=0$、$R=0$ 时，Q 保持不变（0 或 1）；$S=0$、$R=1$ 时，$Q=0$；$S=1$、$R=0$ 时，$Q=1$；$S=1$、$R=1$ 时，$Q=0$。

（2）RS 触发器：置位优先型触发器，逻辑为：

S=0、R=0 时，Q 保持不变（0 或 1）；S=0、R=1 时，Q=0；S=1、R=0 时，Q=1；S=1、R=1 时，Q=1。

 1.4 定时器

1.4.1 定时器种类

使用定时器指令可创建可编程的延时时间。表 1-12 为 S7-1200 PLC 的定时器指令。

表 1-12 定时器指令

指　　令	说　　明
TON	接通延时（带有参数）
TOF	关断延时（带有参数）
TP	生成脉冲（带有参数）
TONR	记录一个位信号为 1 的累计时间（带有参数）
——(TP)	启动脉冲定时器
——(TON)	启动接通延时定时器
——(TOF)	启动关断延时定时器
——(TONR)	记录一个位信号为 1 的累计时间
——(RT)	复位定时器
——(PT)	加载定时时间

最常用的是如下 4 种定时器指令：

（1）TON：接通延时，输出 Q 在预设的延时过后设置为 ON。

（2）TOF：关断延时，输出 Q 在预设的延时过后重置为 OFF。

（3）TP：生成脉冲，可生成具有预设宽度时间的脉冲。

（4）TONR：保持型接通延时，输出在预设的延时过后设置为 ON。在使用 R 输入重置经过的时间之前，会跨越多个定时时段一直累加经过的时间。

1.4.2 TON 和 TOF

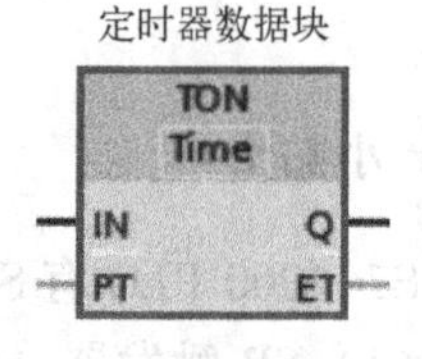

图 1-48　TON 指令形式

TON 指令形式如图 1-48 所示。TON 参数及数据类型见表 1-13。图 1-49 为 TON 逻辑时序图：当参数 IN 从 0 跳变为 1 时，启动定时器 TON，经过 PT 时间后，Q 输出；当 IN 从 1 跳变为 0 时，Q 停止输出。

表 1-13　TON 参数及数据类型

参　　数	数 据 类 型	说　　明
IN	Bool	启用定时器输入
PT	Bool	预设的时间值输入
Q	Bool	定时器输出
ET	Time	经过的时间值输出
定时器数据块	DB	指定要使用 RT 指令复位的定时器

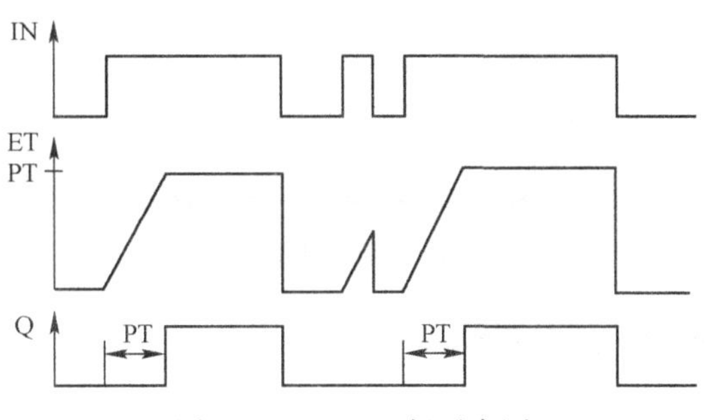

图 1-49　TON 逻辑时序图

PT 和 ET 的单位为毫秒，数据类型为有符号双精度整数，见表 1-14。TIME 数据使用 T# 标识符，以简单时间单元“T#200ms”或复合时间单元“T#2s_200ms（或 T#2s200ms）”的形式输入。

表 1-14　TIME 数据类型

数 据 类 型	大　　小	有效数值范围
TIME	32bit 存储形式	T#-24d_20h_31m_23s_648ms 到 T#24d_20h_31m_23s_647ms -2147483648ms 到+2147483647ms

如图 1-50 所示，在指令窗口中选择“定时器操作”中的“TON”指令，并将其拖入程序段，这时就会跳出一个“调用选项”界面（见图 1-51），选择“自动”选项，会直接生成 DB 数据块。也可以选择“手动”选项，根据用户需要生成 DB 数据块。

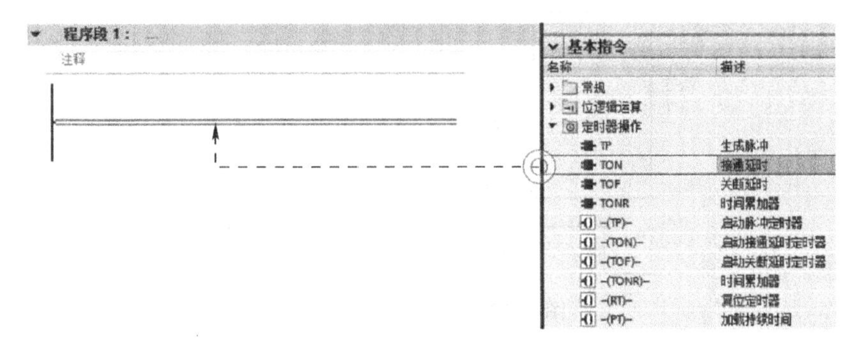

图 1-50　选择“TON”指令

在“项目树”的“程序块”中，可以看到自动生成的“IEC_Timer_0_DB[DB1]”数据块，生成后的 TON 指令调用如图 1-52 所示。

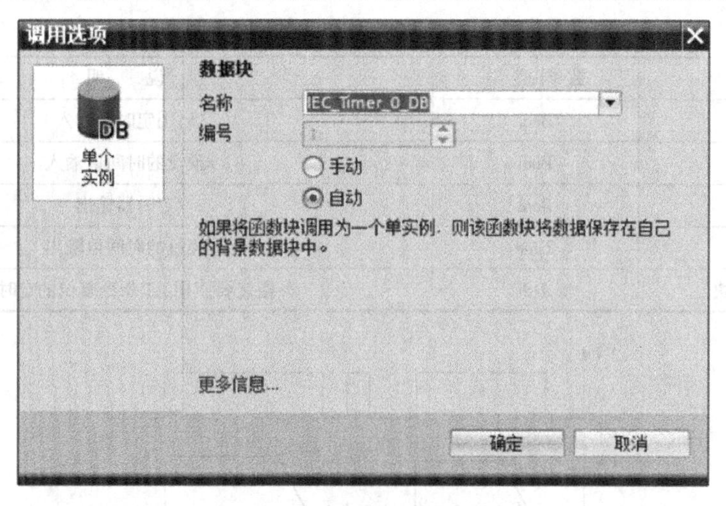

图 1-51 “调用选项”界面

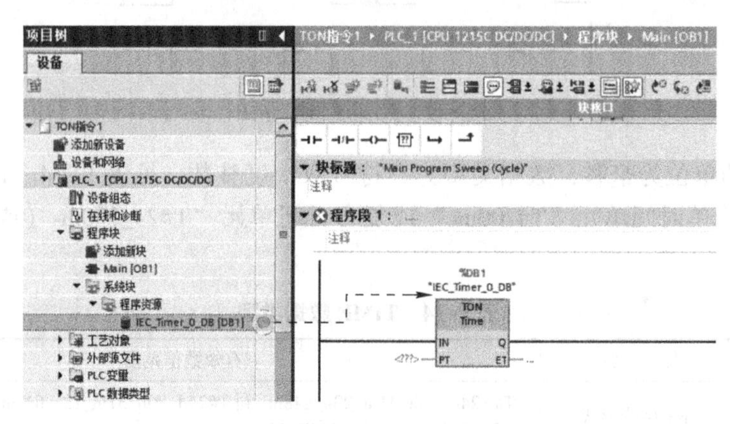

图 1-52 TON 指令调用

TOF 参数与 TON 相同，区别在于 IN 从 1 跳变为 0 时启动定时器，逻辑时序图如图 1-53 所示。

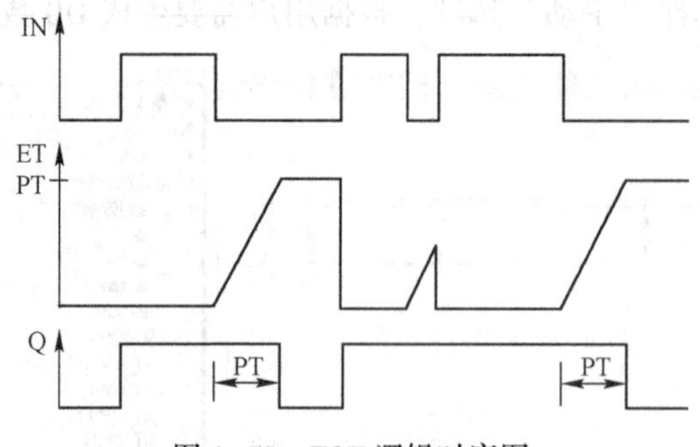

图 1-53 TOF 逻辑时序图

1.4.3 TP

TP 虽然参数与 TON、TOF 一致，但含义不同，即在 IN 从 0 跳变到 1 后，立即输出一个

脉冲信号，持续时间受 PT 控制。图 1-54 为 TP 指令应用。

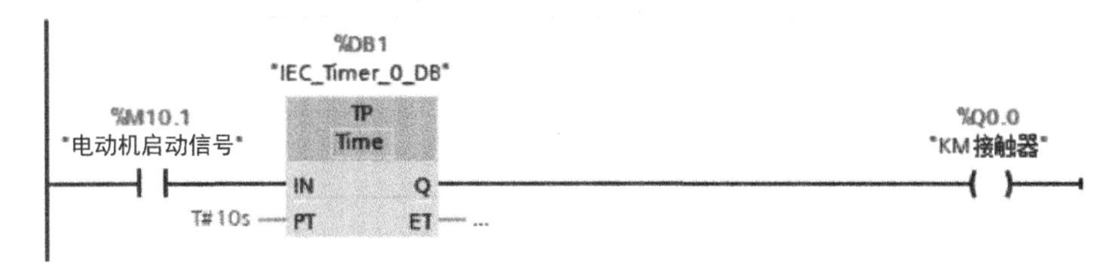

图 1-54　TP 指令应用

图 1-55 为 TP 指令时序图。由图可知，即使 IN 信号还处于“1”状态，输出 Q 在完成 PT 时长后，就不再保持为“1”；即使 IN 信号为多个“脉冲”信号，输出 Q 也能完成 PT 时长的脉冲宽度。

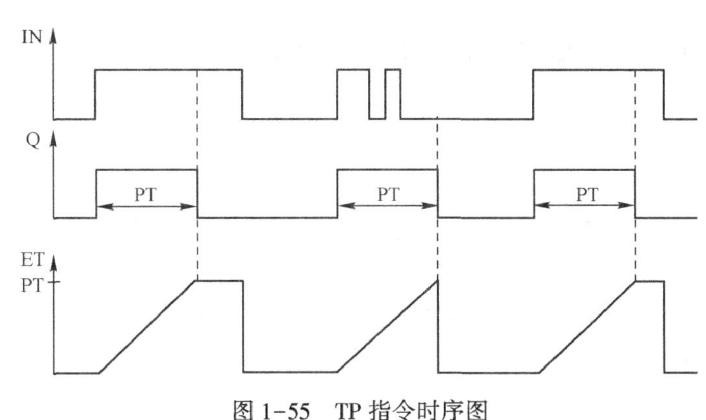

图 1-55　TP 指令时序图

1.4.4　TONR

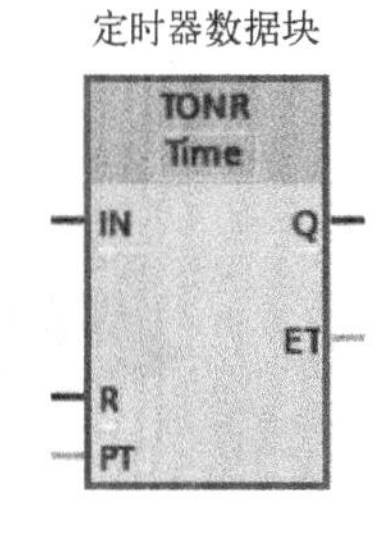

图 1-56　TONR 指令形式

TONR 指令形式如图 1-56 所示，与 TON、TOF、TP 相比增加了参数 R，相关参数及数据类型见表 1-15。

图 1-57 为 TONR 的时序图：当 IN 信号不连续输入时，ET 一直累计，直到定时时间 PT 到，ET 保持为 PT 的值；当 R 信号为 ON 时，ET 复位为 0。

表 1-15　TONR 参数及数据类型

参　　数	数 据 类 型	说　　明
IN	Bool	启用定时器输入
R	Bool	将 TONR 经过的时间重置为 0
PT	Bool	预设的时间值输入
Q	Bool	定时器输出
ET	Time	经过的时间值输出
定时器数据块	DB	指定要使用 RT 指令复位的定时器

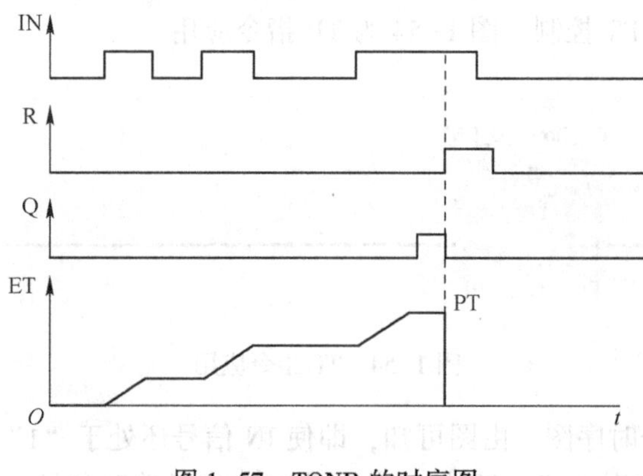

图 1-57　TONR 的时序图

1.4.5 【实例 1-4】故障警示灯闪烁模式变化

实例说明

采用 S7-1200 CPU 1215C DC/DC/DC 设计故障警示灯，共有 3 种模式：当仅有故障信号 1 出现时，警示灯为 2s 接通、2s 断开的慢闪模式；当仅有故障信号 2 出现时，警示灯为 0.5s 接通、0.5s 断开的快闪模式；当两个故障信号同时出现时，警示灯为 2s 接通、0.5s 断开的闪烁模式，如图 1-58 所示。

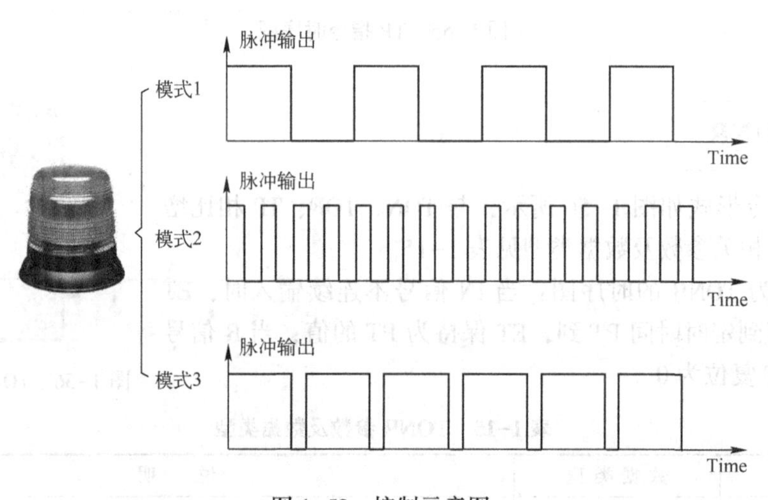

图 1-58　控制示意图

实施步骤

步骤 1：电气接线与输入/输出定义

图 1-59 为电气原理图。表 1-16 为输入/输出定义。

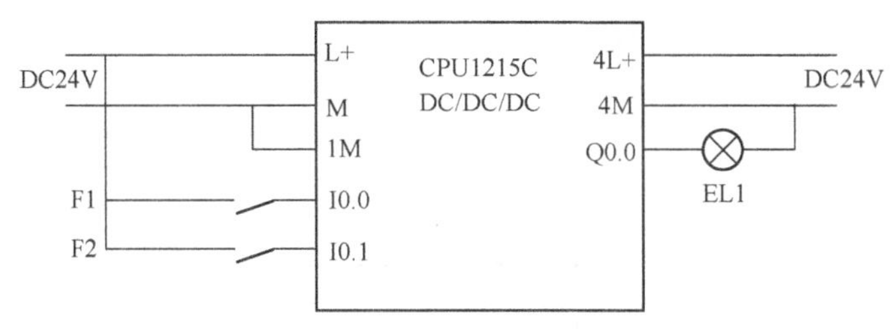

图 1-59　电气原理图

表 1-16　输入/输出定义

	PLC 软元件	元件符号/名称
输入	I0. 0	F1/故障信号 1
	I0. 1	F2/故障信号 2
输出	Q0. 0	EL1/警示灯

步骤 2：PLC 编程

表 1-17 为变量定义，除了输入、输出，还增加了中间变量（对应 M10. 0）和定时变量 1~6（对应定时变量 M10. 1~M10. 6）。

表 1-17　变量定义

名　　称	变 量 表	数 据 类 型	地　　址
故障信号 1	默认变量表	Bool	%I0. 0
故障信号 2	默认变量表	Bool	%I0. 1
故障复位按钮	默认变量表	Bool	%I0. 2
警示灯	默认变量表	Bool	%Q0. 0
中间变量	默认变量表	Bool	%M10. 0
定时变量 1	默认变量表	Bool	%M10. 1
定时变量 2	默认变量表	Bool	%M10. 2
定时变量 3	默认变量表	Bool	%M10. 3
定时变量 4	默认变量表	Bool	%M10. 4
定时变量 5	默认变量表	Bool	%M10. 5
定时变量 6	默认变量表	Bool	%M10. 6

图 1-60 为主程序，具体说明如下：

程序段 1：将中间变量 M10. 0 的常开触点和常闭触点并联，确保 TONR 定时器的 IN 始终为“1”。TONR 定时器在定时 2s 后接通 M10. 1，并作为 TON 定时器的 IN 端延时 2s。TON 延时结束后，M10. 2 接通复位 TONR 定时器，此时 TON 定时器也随之复位。这样一来，M10. 1 就变成了 2s 接通、2s 断开的方波脉冲信号，M10. 2 是 4s 接通一个扫描周期的脉冲信号。

程序段 2 和程序段 3：参考程序段 1，只需要修改 TONR 和 TON 的 PT 时间就能输出类似的 0. 5s 接通、0. 5s 断开的 M10. 3 信号，2s 接通、0. 5s 断开的 M10. 5 信号。

程序段 4：将故障信号的 3 种组合与各自的脉冲信号 M10. 1、M10. 3 和 M10. 5 串联后，输出到警示灯。

▼ 程序段 1： 2s接通2s断开的定时器组

注释

%DB1
"IEC_Timer_0_DB"
TONR
Time
%M10.0
"中间变量"
IN Q
%M10.1
"定时变量1"
ET — T#0ms
%M10.2
"定时变量2" — R
T#2s — PT
%M10.0
"中间变量"

%DB2
"IEC_Timer_0_DB_1"
TON
Time
%M10.1
"定时变量1"
IN Q
%M10.2
"定时变量2"
T#2s — PT ET — T#0ms

▼ 程序段 2： 500ms接通500ms断开的定时器组

注释

%DB3
"IEC_Timer_0_DB_2"
TONR
Time
%M10.0
"中间变量"
IN Q
%M10.3
"定时变量3"
ET — T#0ms
%M10.4
"定时变量4" — R
T#500ms — PT
%M10.0
"中间变量"

%DB4
"IEC_Timer_0_DB_3"
TON
Time
%M10.3
"定时变量3"
IN Q
%M10.4
"定时变量4"
T#500ms — PT ET — T#0ms

▼ 程序段 3： 2s接通500ms断开的定时器组

注释

%DB5
"IEC_Timer_0_DB_4"
TONR
Time
%M10.0
"中间变量"
IN Q
%M10.5
"定时变量5"
ET — T#0ms
%M10.6
"定时变量6" — R
T#500ms — PT
%M10.0
"中间变量"

%DB6
"IEC_Timer_0_DB_5"
TON
Time
%M10.5
"定时变量5"
IN Q
%M10.6
"定时变量6"
T#2s — PT ET — T#0ms

图 1-60 【实例 1-4】 的主程序

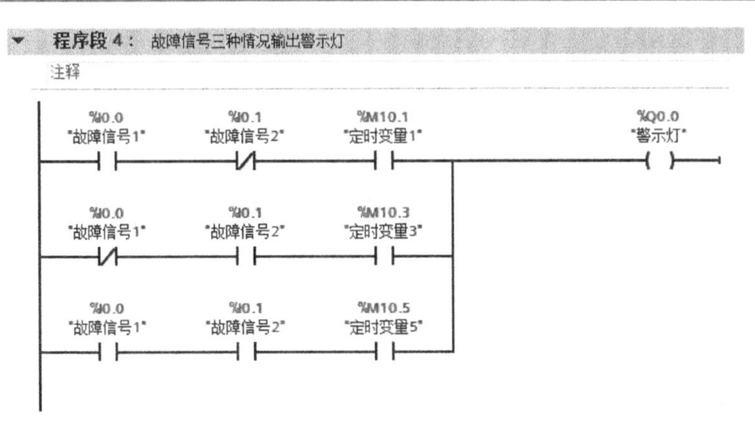

图 1-60　【实例 1-4】的主程序（续）

图 1-61 为定时器调用的 DB 块，共有 6 个，即 IEC_Timer_0_DB[DB1]等，与定时器一一对应。

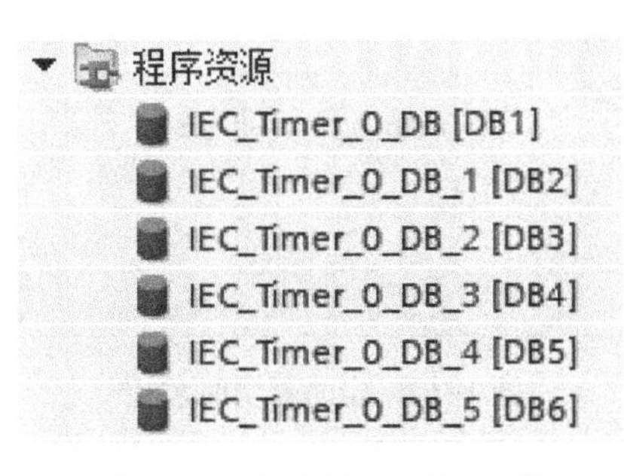

图 1-61　定时器调用的 DB 块

步骤 3：在线监控

图 1-62 为程序编译、下载后程序段 3 的定时器实时监控，即 TON 定时器 IN 接通后，当前的延时时间为 T#1S_111MS，也可以在 DB6 中实时读取。

小贴士

在报警指示中经常会碰到“闪烁”，虽然用 TON、TONR 等定时器即可完成，但更便捷的方式是采用博途软件自带的“系统和时钟存储器”实现。在图 1-63 中，选中“系统和时钟存储器”，单击右边窗口“启用系统存储器字节”的复选框和“启用时钟存储器字节”的复选框，采用默认的 MB1、MB0 作为系统存储器字节、时钟存储器字节，也可以修改地址。

（1）系统存储器位

将 MB1 设置为系统存储器字节后，该字节 M1.0~M1.3 的意义如下：

※ M1.0(FirstScan)：仅在进入 RUN 模式的首次扫描时为 1 状态，以后为 0 状态。

※ M1.1(DiagStatusUpdate)：诊断状态已更改。

※ M1.2(AlwaysTRUE)：总为 1 状态，常开触点总闭合或为高电平。在本实例中，M10.0 常开和常闭的并联就是 M1.2。

※ M1.3(AlwaysFALSE)：总为 0 状态，就是 M1.2 的取反。

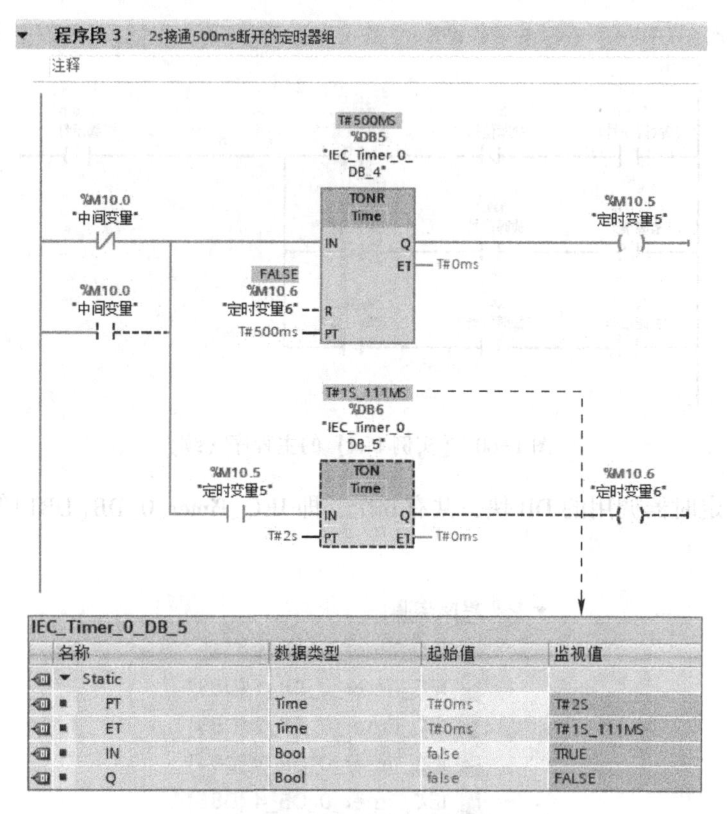

图 1-62　定时器实时监控

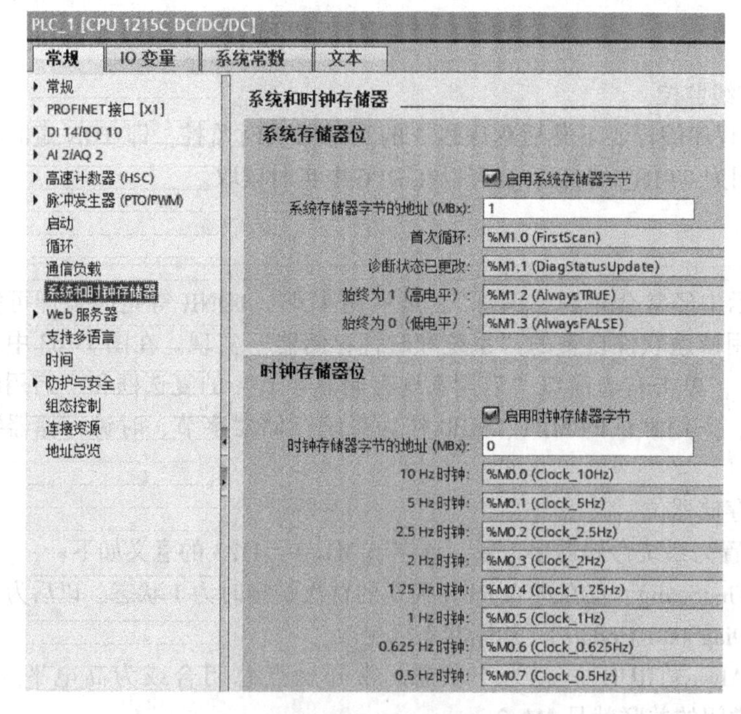

图 1-63　“系统和时钟存储器”界面

（2）时钟存储器位

时钟存储器位是一个周期内 0 状态和 1 状态所占的时间各为 50%的方波信号。以 M0.5 为例，其时钟脉冲的周期为 1s，如果用它的触点来控制接在某输出点的指示灯，则指示灯将以 1Hz 的频率闪动，即亮 0.5s、熄灭 0.5s。

因为系统存储器和时钟存储器不是保留的存储器，所以用户程序或通信可能改写这些存储单元，破坏其中的数据。应避免改写这两个 M 字节，保证它们的功能正常运行。指定了系统存储器和时钟存储器字节后，这些字节就不能再作它用，否则将会使用户程序运行出错，甚至造成设备损坏或人身伤害。

本书从下一个实例开始，都默认使用系统存储器位和时钟存储器位，且地址为默认值 MB1 和 MB0。

1.5　计数器

1.5.1　计数器种类

S7-1200 PLC 有 3 种计数器，即加计数器（CTU）、减计数器（CTD）和加减计数器（CTUD）。它们属于软件计数器，最大计数速率受所在组织块执行速率的限制。如果需要速率更高的计数器，则可以使用 CPU 内置的高速计数器。表 1-18 为计数器指令及其说明。

表 1-18　计数器指令及其说明

指　令	说　明
CTU	加计数函数
CTD	减计数函数
CTUD	加减计数函数

三种计数器指令参数及说明见表 1-19。调用计数器指令时，需要生成保存计数器数据的单个实例数据块，如图 1-64 所示。在如图 1-65 所示中，CU 和 CD 分别是加计数输入端和减计数输入端，在 CU 或 CD 由 0 变为 1 时，实际计数值 CV 加 1 或减 1；复位输入端 R 为 1 时，计数器被复位，CV 被清 0，计数器的输出端 Q 变为 0。

表 1-19　三种计数器指令参数及说明

参　数	数 据 类 型	说　明
CU、CD	Bool	加计数或减计数，按加或减 1 计数
R（CTU、CTUD）	Bool	将计数值重置为 0
LD（CTD、CTUD）	Bool	预设值的装载控制
PV	SInt、Int、DInt、USInt、UInt、UDInt	预设计数值
Q、QU	Bool	CV>=PV 时为真
QD	Bool	CV<=0 时为真
CV	SInt、Int、DInt、USInt、UInt、UDInt	当前计数值
计数器数据块	DB	—

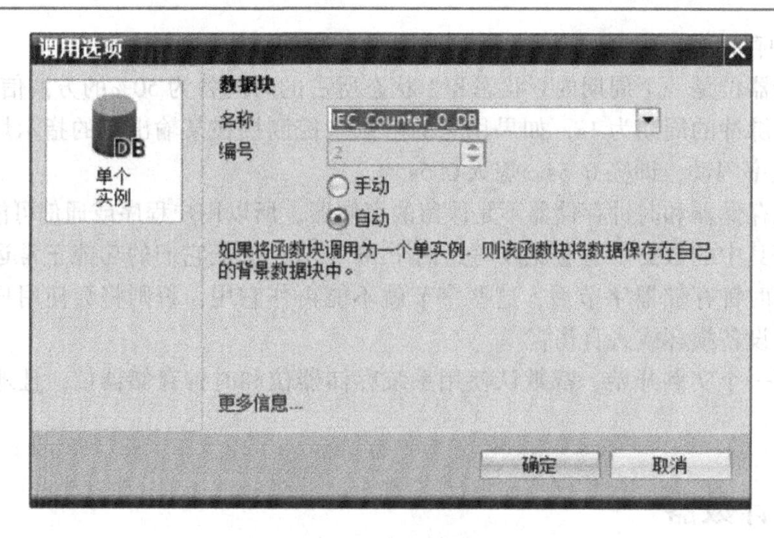

图 1-64　生成实例数据块

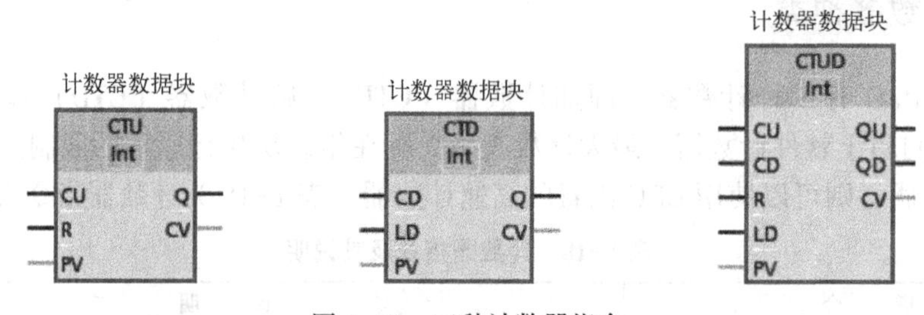

图 1-65　三种计数器指令

1.5.2　三种计数器的时序图

1. CTU 计数器

图 1-66 为 CTU 计数器指令应用。当 I0.0（参数 CU）的值从 0 变为 1 时，CTU 计数值 MW10 加 1。如果参数 CV（当前计数值）的值大于或等于参数 PV（预设计数值）的值，则计数器输出参数 $Q=1$。如果 I0.1（复位参数 R）的值从 0 变为 1，则当前计数值复位为 0。图 1-67 是 CTU 计数器时序图。

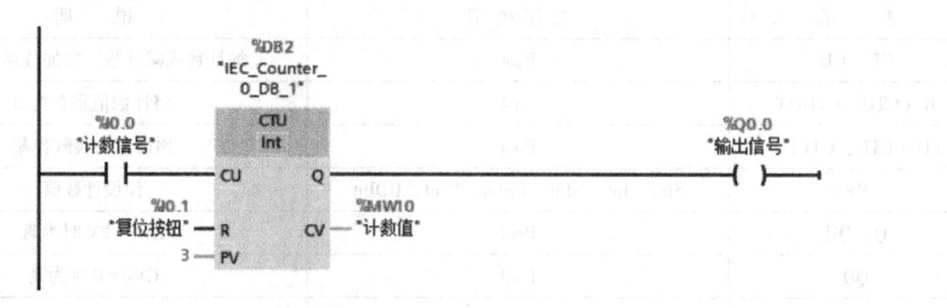

图 1-66　CTU 计数器指令应用

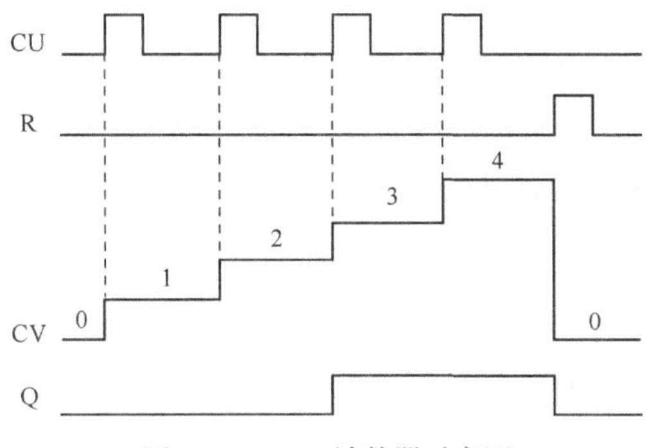

图 1-67 CTU 计数器时序图

2. CTD 计数器

图 1-68 为 CTD 计数器指令应用。当 I0.0（参数 CD 的值）从 0 变为 1 时，CTD 计数值 MW10 减 1。如果参数 CV（当前计数值）的值等于或小于 0，则计数器输出参数 $Q=1$。如果参数 LD 的值从 0 变为 1，则参数 PV（预设计数值）的值将作为新的 CV（当前计数值）装载到计数器。图 1-69 是 CTD 计数器时序图。

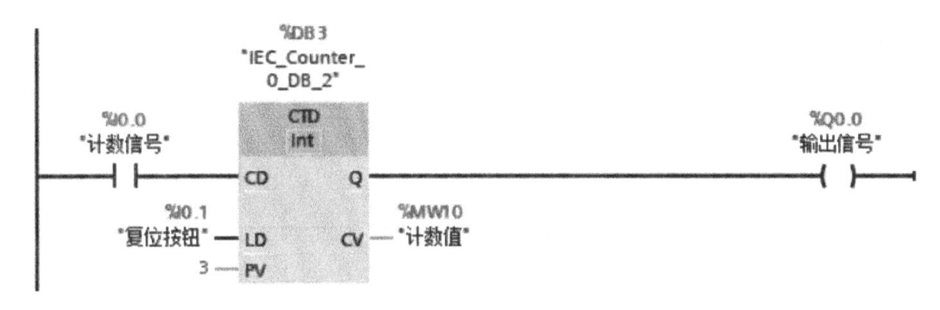

图 1-68 CTD 计数器指令应用

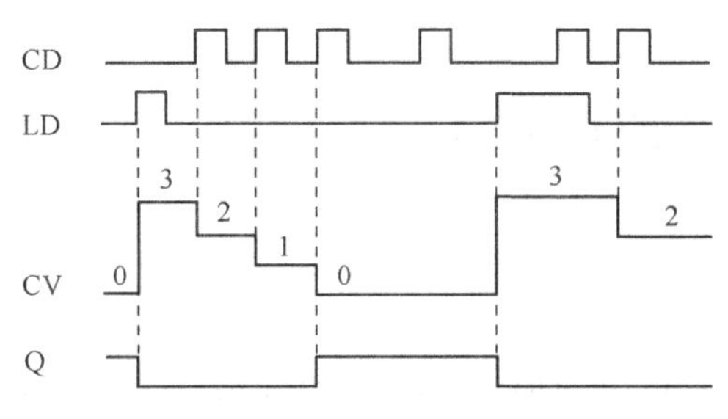

图 1-69 CTU 计数器时序图

3. CTUD 计数器

图 1-70 为 CTUD 计数器指令应用。当 I1.0 加计数信号或 I1.1 减计数信号输入的值从 0 跳变为 1 时，CTUD 计数值加 1 或减 1。如果参数 CV（当前计数值）的值大于或等于参数 PV（预设计数值）的值，则计数器输出参数 QU = 1；如果参数 CV 的值小于或等于零，则计数器输出参数 QD = 1。如果 I1.3（参数 LD ）的值从 0 变为 1，则参数 PV（预设计数值）的值将作为新的 CV（当前计数值）装载到计数器；如果 I1.2（加计数复位参数 R）的值从 0 变为 1，则当前计数值复位为 0。图 1-71 是 CTUD 计数器时序图。

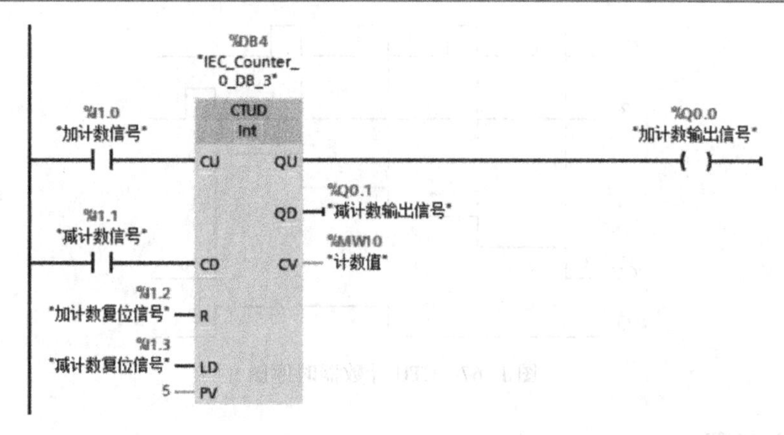

图 1-70　CTUD 计数器指令应用

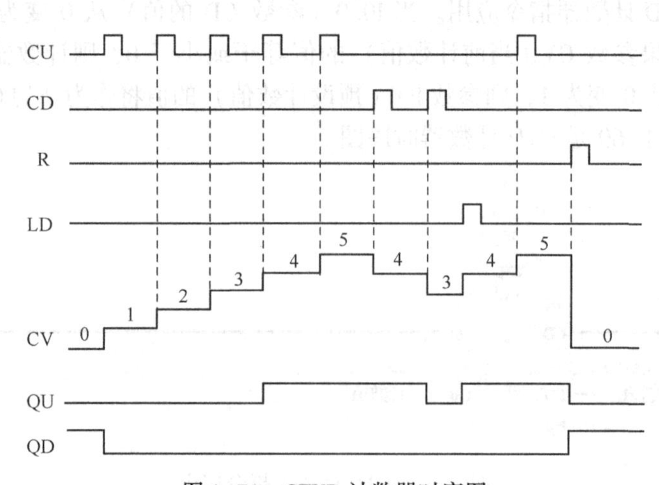

图 1-71　CTUD 计数器时序图

1.5.3 【实例 1-5】灌装计数控制

实例说明

采用 S7-1200 CPU 1215C DC/DC/DC 控制液体灌装计数，如图 1-72 所示：按下启动按钮，输送带电动机运行，将空瓶子送到灌装位置，由灌装电磁阀打开进行定量灌装，灌装指示灯按 1Hz 闪烁，当计量开关信号为 1 时，灌装电磁阀关闭，输送带电动机延时 1.5s 后启动，将满瓶向右移动，空瓶继续灌装；设定满瓶数达到 10 时，计数指示灯按 0.5Hz 闪烁，输送带电动机停止运行，进行装瓶工艺，等待下一次启动按钮动作。

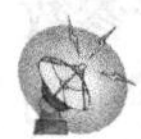

实施步骤

步骤 1：电气接线与输入/输出定义

图 1-73 为电气原理图。表 1-20 为输入/输出定义。

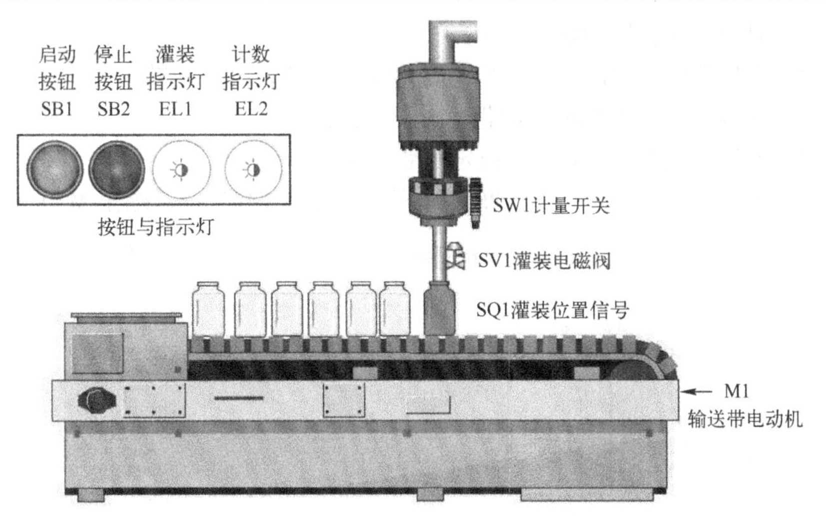

图 1-72　液体灌装计数控制示意图

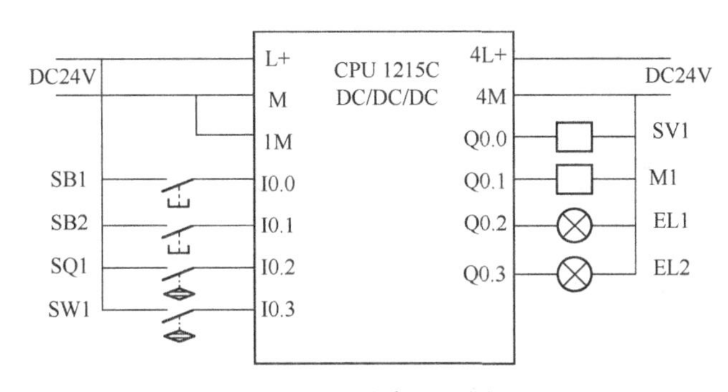

图 1-73　电气原理图

表 1-20　输入/输出定义

	PLC 软元件	元件符号/名称
输入	I0.0	SB1/启动按钮
	I0.1	SB2/停止按钮
	I0.2	SQ1/灌装位置信号
	I0.3	SW1/计量开关
输出	Q0.0	SV1/灌装电磁阀
	Q0.1	M1/输送带电动机
	Q0.2	EL1/灌装指示灯
	Q0.3	EL2/计数指示灯

步骤 2：PLC 编程

图 1-74 为【实例 1-5】的主程序，需要设置 1 个 CTU 计数器（程序段 7）和 2 个定时器（程序段 6），程序具体说明如下：

程序段 1：上电初始化采用 M1.0 变量和停止按钮动作时复位 Q0.0~Q0.3 和 M10.0~M10.4，复位指令为 RESET_BF。

程序段 2：启动按钮，置位输送带电动机。
程序段 3：到达灌装位置时，复位输送带电动机，灌装电磁阀动作。
程序段 4：计量开关为 ON 的上升沿时，停止灌装。
程序段 5：计量开关为 ON 时，置位定时变量 M10.3。
程序段 6：灌装满延时 1.5s 后启动输送带电动机，延时满 3s 后输出 M10.3 变量。

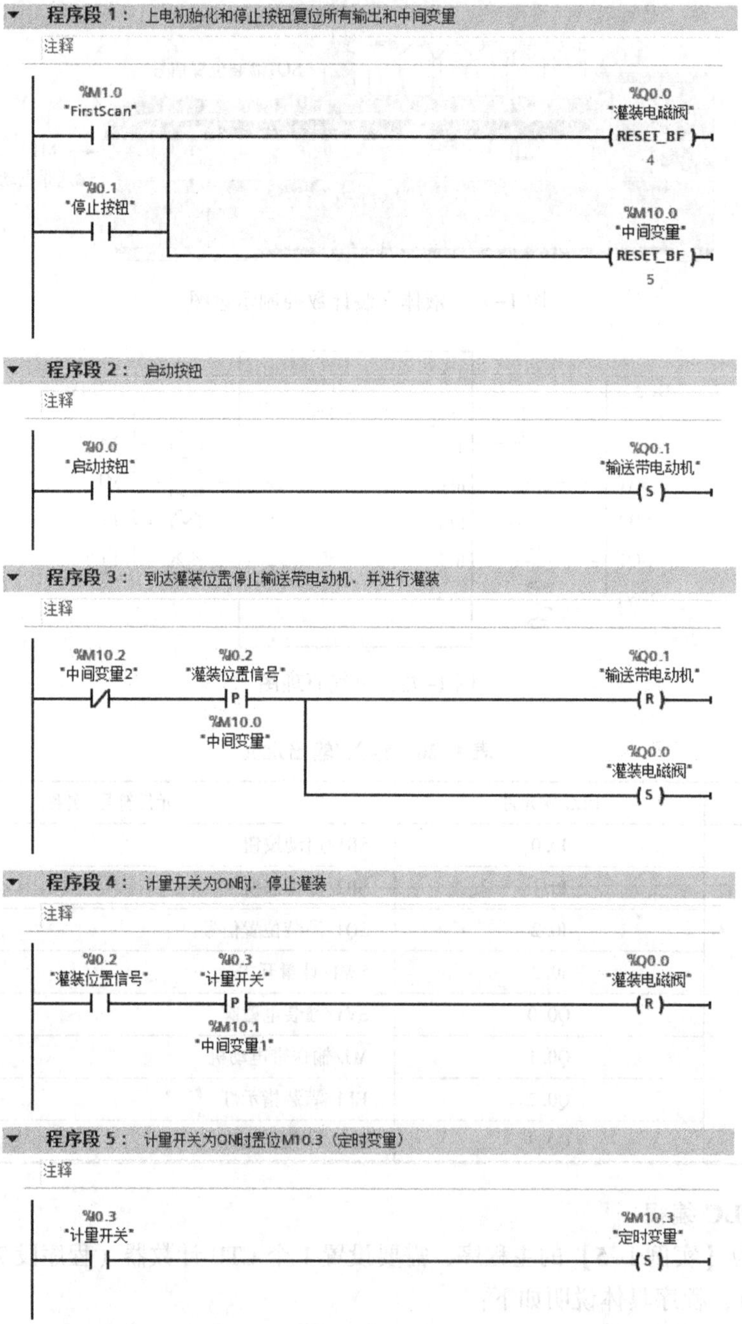

图 1-74 【实例 1-5】的主程序

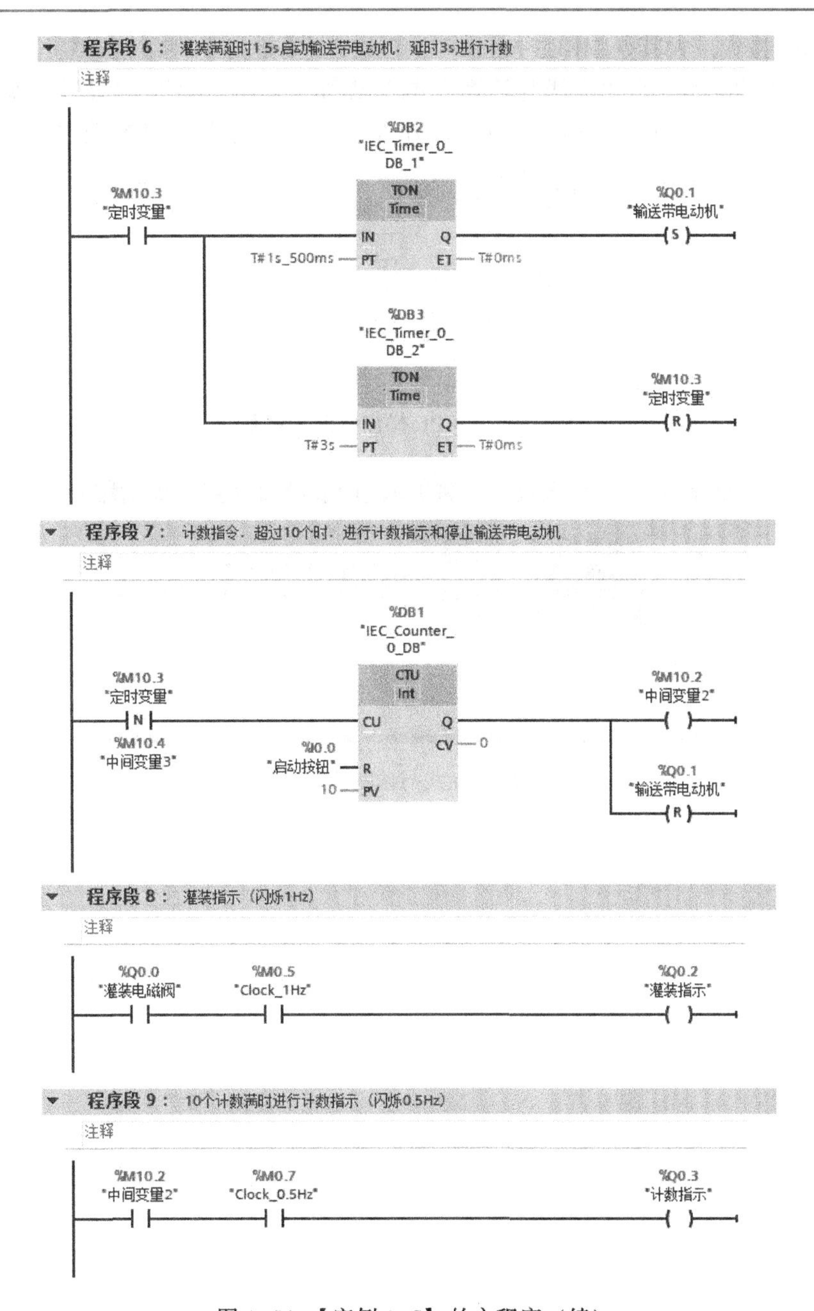

图 1-74　【实例 1-5】的主程序（续）

程序段 7：灌装计数，采用 M10.3 变量。

程序段 8：灌装指示，采用时钟存储器 M0.5。

程序段 9：计数指示，采用时钟存储器 M0.7。

小贴士

S7-1200 PLC 没有单独的运行、停止等按钮开关，如果需要重新启动处理，则需要单击博途软件中的按钮，等出现如图 1-75 所示的“CPU 操作面板”界面后，即可进行 RUN、

STOP 和 MRES 操作。尤其是 MRES 按钮非常有效，主要是由于将存储器复位，单击该按钮后会出现如图 1-76 所示的“在线与诊断功能”界面，单击“是”按钮后，就进入复位状态。等再次单击按钮时，即可在“CPU 操作面板”界面上进行 RUN 操作。

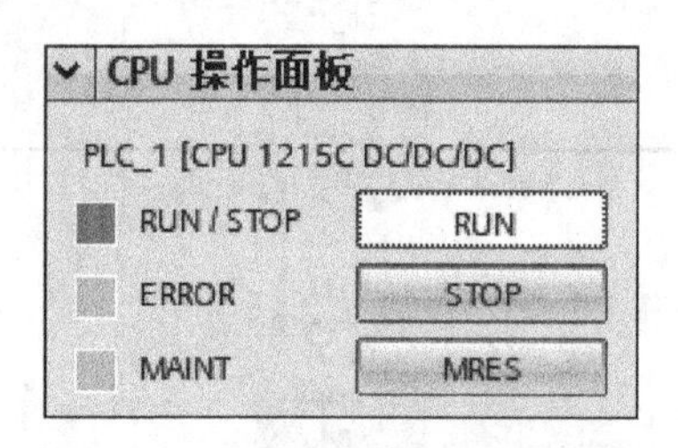

图 1-75 “CPU 操作面板”界面

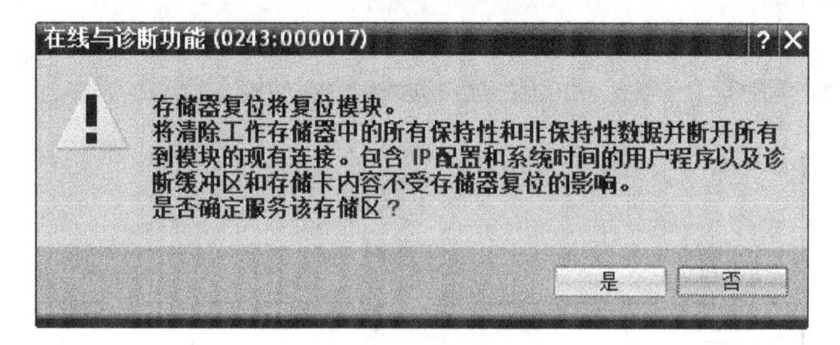

图 1-76 “在线与诊断功能”界面

第 2 章

用户程序的功能指令与块编程

【导读】

在 PLC 编程时，可以首先定义基本数据类型、复杂数据类型、用户数据类型和指针数据类型等，并通过地址寻址或符号访问存储单元中的信息，包括存储大量数据的数据块。在结构化编程中，可以利用 OB、FC 和 FB 实现模块化程序的编程，采用梯形图和 SCL 结构化控制语言构造条件、循环、判断等结构，实现多种复杂的逻辑判断。

 2.1 S7-1200 PLC 的数据类型及寻址

2.1.1 概述

数据类型是 PLC 程序中出现的与变量紧密联系的数据形式，用于指定数据元素的大小并解析。在定义变量时，需要设置数据类型，每个指令参数至少支持一种数据类型。有些参数可支持多种数据类型。

S7-1200 PLC 包括基本数据类型、复杂数据类型、用户数据类型和指针数据类型等数据类型。

2.1.2 基本数据类型

在逻辑控制中，位是最基本的数据类型，即 Bool（布尔），其他更多基本数据类型见表 2-1。

表 2-1 基本数据类型

数据类型	长度（位）	数值范围	常数示例	地址示例
Bool	1	0 或 1	1	I1.0、Q0.1、M50.7、DB1.DBX2.3、Tag_name
Byte	8	2#0 到 2#1111_1111	2#1000_1001	IB2、MB10、DB1.DBB4、Tag_name
Word	16	2#0 到 2#1111_1111_1111_1111	2#1101_0010_100_0110	MW10、DB1.DBW2、Tag_name

续表

数据类型	长度（位）	数值范围	常数示例	地址示例
DWord	32	2#0 到 2#1111_1111_1111_1111_1111_1111_1111_1111	2#1101_0100_1111_1110_1000_1100	MD10　DB1. DBD8 Tag_name
USInt	8	0 到 255	78，2#01001110	MB0、DB1. DBB4、Tag_name
SInt	8	-128 到 127	+50，16#50	MB0、DB1. DBB4、Tag_name
UInt	16	0 到 65535	65295，0	MW2、DB1. DBW2、Tag_name
Int	16	-32768 到 32767	-30000，+30000	MW2、DB1. DBW2、Tag_name
UDInt	32	0 到 4294967295	4042322160	MD6、DB1. DBD8、Tag_name
DInt	32	-2147483648 到 2147483647	-2131754992	MD6、DB1. DBD8、Tag_name
Real	32	-3. 402823e+38 到-1. 175495e-38、0、+1. 175495e-38 到+3. 402823e+38	123. 456，-3. 4，1. 0e-5	MD100、DB1. DBD8、Tag_name
LReal	64	- 1. 7976931348623158e + 308 到-2. 2250738585072014e-308、0、+2. 2250738585072014e-308 到+1. 7976931348623158e+308	12345. 123456789e40、1. 2e+40	DB_name. var_name
TIME	32	T#-24d_20h_31m_23s_648ms 到 T#24d_20h_31m_23s_647ms	T#5m_30s T#1d_2h_15m_30s_45ms TIME#10d20h30m20s630ms	
DATE	16	D#1990-1-1 到 D#2168-12-31	D#2009-12-31 DATE#2009-12-31 2009-12-31	
Time_of_Day	32	TOD#0:0:0:0 到 TOD#23:59:59. 999	TOD#10:20:30. 400 TIME_OF_DAY#10:20:30. 400	
Char	8	16#00 到 16#FF	'A','@','ä','Σ'	MB0、DB1. DBB4、Tag_name
WChar	16	16#0000 到 16#FFFF	'A','@','ä','Σ',亚洲字符，西里尔字符以及其他字符	MW2、DB1. DBW2、Tag_name

在计算机系统中，所有的数据都是以二进制的形式存储的，整数一律用补码来表示和存储，正整数的补码为原码，负整数的补码为绝对值的反码加 1。USInt、UInt、UDInt 数据类型为无符号整型数。SInt、Int、DInt 数据类型为有符号整型数。最高位为符号位。符号位为“0”表示正整数；符号位为“1”表示负整数。

浮点数分为 Real(32 位)和 LReal(64 位)，不一样的存储长度，记录数据值的精度不一样。其中，最高位为符号位，符号位“0”表示正实数，符号位为“1”表示负实数。

字符的存储采用 ASCII 编码方式。ASCII 编码是基于拉丁字母的一套计算机编码系统，主要用于显示现代英语和其他西欧语言，是现今最通用的单字节编码系统，等同于国际标准 ISO/IEC 646，包含了所有的大小写字母、数字 0 到 9 及标点符号等。

2.1.3 复杂数据类型

1. 字符串

S7-1200 PLC 有两种字符串数据类型：String 和 WString。

String 可存储一串单字节字符，提供了多达 256 个字节。其中，第一个字节用于存储字符串中的最大字符数，第二个字节用于存储当前字符数，接下来的字节用于存储最多 254 个字节的字符。String 中的每个字节都可以是从 16#00 到 16#FF 之间的任意值。

WString 可存储单字（双字节）值的较长字符串。其中，第一个字用于存储字符串中的最大字符数，第二个字用于存储当前字符数，接下来的字用于存储最多 65534 个字的字符。WString 中的每个字可以是 16#0000 到 16#FFFF 之间的任意值。

2. 长日期时间

长日期时间（DTL）使用 12 个字节的结构保存日期和时间信息。表 2-2、表 2-3 分别为长时期时间的数据类型和结构元素。

表 2-2　长时期时间数据类型

数 据 类 型	长度（字节）	范　　围	常量输入示例
DTL	12 个字节	最小：DTL#1970-01-01-00:00:00.0 最大：DTL#2554-12-31-23:59:59.999999999	DTL#2008-12-16-20:30:20.250

表 2-3　长时期时间结构元素

Byte	组　　件	数 据 类 型	值　范　围
1	年	UInt	1970 到 2554
2	月	USInt	1 到 12
3	日	USInt	1 到 31
4	工作日	USInt	1（星期日）到 7（星期六）
5	小时	USInt	0 到 23
6	分	USInt	0 到 59
7	秒	USInt	0 到 59
8	纳秒	UDInt	0 到 999999999

3. 数组类型

数组类型是由数目固定且数据类型相同的元素组成的数据结构，定义为“Array [lo .. hi] of type”：

（1）lo：数组的起始（最低）下标。

（2）hi：数组的结束（最高）下标。

（3）type：数据类型选择，例如 Bool、SInt 和 UDInt 等。

4. 结构数据类型

结构数据类型是一种由多个不同数据类型元素组成的数据结构，其元素可以是基本数据类型，也可以是数组类型或用户数据类型等。嵌套结构类型的深度限制为 8 级。结构类型的变量在程序中可以作为一个变量整体，也可以单独使用组成元素。

2.1.4　用户数据类型

用户数据类型，即 User Data Type，简称 UDT，是一种由多个不同数据类型元素组成的数据结构。其元素可以是基本数据类型，也可以是结构数据类型、数组类型及其他 UDT 等。UDT 嵌套深度限制为 8 级。

UDT 可在程序中统一更改和重复使用，一旦某 UDT 发生修改，则在执行软件编译后，会自动更新所有使用该数据类型的变量。

2.1.5 指针数据类型

指针数据类型，即 VARIANT，其参数是一个可以指向不同数据类型变量（而不是实例）的指针。VARIANT 可以是基本数据类型（如 Int 或 Real）的对象，还可以是 String、DTL、Struct 类型的 Array，或者 UDT 类型的 Array。VARIANT 可以识别结构，并指向各个结构的元素。

2.1.6 变量寻址

S7-1200 PLC 的地址区包括过程映像输入 I 区、过程映像输出 Q 区、位存储器 M 区和数据块 DB 区等。地址区的说明见表 2-4。

表 2-4 地址区的说明

地　址　区	可以访问的地址单位	符　号	说　　明
过程映像输入 I 区	输入（位）	I	CPU 在循环开始时从输入模块读取输入值，并将这些值保存到过程映像输入表
	输入字节	IB	
	输入字	IW	
	输入双字	ID	
过程映像输出 Q 区	输出（位）	Q	CPU 在循环开始时将过程映像输出表中的值写入输出模块
	输出字节	QB	
	输出字	QW	
	输出双字	QD	
位存储器 M 区	位存储器（位）	M	用于存储程序中计算出的中间结果
	存储器字节	MB	
	存储器字	MW	
	存储器双字	MD	
数据块 DB 区	数据位	DBX	数据块存储程序信息，可以定义，以便可以被所有代码块访问，也可将其分配给特定的 FB 函数块
	数据字节	DBB	
	数据字	DBW	
	数据双字	DBD	
局部数据	局部数据位	L	包含块处理过程中块的临时数据
	局部数据字节	LB	
	局部数据字	LW	
	局部数据双字	LD	

续表

地　址　区	可以访问的地址单位	符　号	说　　明
I/O 输入区	I/O 输入位	<变量>:P	允许直接访问输入和输出模块
	I/O 输入字节		
	I/O 输入字		
	I/O 输入双字		
I/O 输出区	I/O 输出位		
	I/O 输出字节		
	I/O 输出字		
	I/O 输出双字		

每个存储单元都有唯一的地址，可利用这些地址访问存储单元中的信息。

绝对地址由以下元素组成：

（1）地址区助记符，如 I、Q 或 M。

（2）要访问数据的单位，如 B 表示 Byte、W 表示 Word、D 表示 DWord。

（3）数据地址，如 Byte 3、Word 3。

如果访问地址中的位时，不需要输入要访问数据的单位，仅需输入数据的地址区助记符、字节位置和位位置（如 I0.0、Q0.1 或 M3.4）。

2.2　功能指令

2.2.1　比较指令

S7-1200 PLC 共有 10 个常见的比较指令，见表 2-5，用于比较数据类型相同的两个数 IN1 与 IN2 的大小，操作数可以是 I、Q、M、L、D 等存储区中的变量或常量。在比较指令中，当满足比较关系式给出的条件时，等效触点接通。

表 2-5　比较指令

LAD 指令	说　　明
CMP==	等于
CMP<>	不等于
CMP>=	大于或等于
CMP<=	小于或等于
CMP>	大于
CMP<	小于
IN_Range	值在范围内
OUT_Range	值超出范围

续表

LAD 指令	说　明
─┤OK├─	检查有效性
─┤NOT_OK├─	检查无效性

表 2-6 为等于、不等于、大于等于、小于等于、大于、小于等多种比较指令触点的满足条件，其前提是要比较的两个值必须具有相同的数据类型。

表 2-6　比较指令触点的满足条件

指　　令	关 系 类 型	满足以下条件时比较结果为真
─┤ == ??? ├─	=（等于）	IN1 等于 IN2
─┤ <> ??? ├─	<>（不等于）	IN1 不等于 IN2
─┤ >= ??? ├─	>=（大于或等于）	IN1 大于或等于 IN2
─┤ <= ??? ├─	<=（小于或等于）	IN1 小于或等于 IN2
─┤ > ??? ├─	>（大于）	IN1 大于 IN2
─┤ < ??? ├─	<（小于）	IN1 小于 IN2

下面以“大于等于”比较指令为例进行说明。图 2-1（a）为可以使用“大于等于”指令确定第一个比较值（<操作数 1>）是否大于等于第二个比较值（<操作数 2>），可以通过指令右上角黄色三角的第一个选项来选择大于等于指令，如图 2-2（b）所示，也可以通过右下角黄色三角的第二个选项来选择数据类型，如整数、实数等，如图 2-2（c）所示。

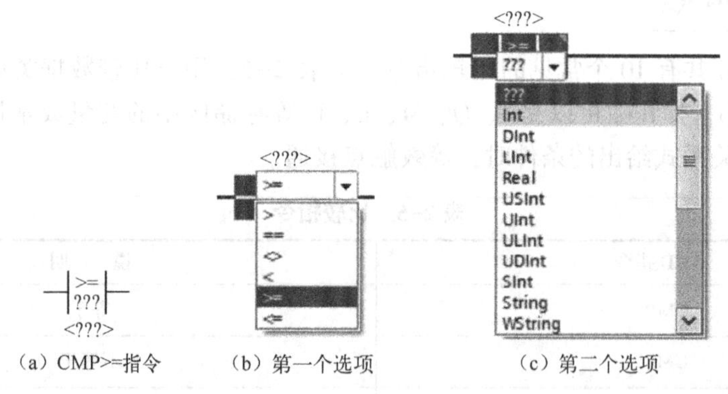

（a）CMP>=指令　（b）第一个选项　（c）第二个选项

图 2-1　大于等于比较指令

（1）CMP==：等于

可以使用“等于”指令判断第一个比较值（<操作数 1>）是否等于第二个比较值（<操作数 2>）。如果满足比较条件，则指令返回逻辑运算结果（RLO）“1”。如果不满足比较条件，则指令返回 RLO“0”。

（2）CMP<>：不等于

使用“不等于”指令判断第一个比较值（<操作数 1>）是否不等于第二个比较值（<操

作数 2>)。如果满足比较条件，则指令返回逻辑运算结果（RLO）“1”。如果不满足比较条件，则指令返回 RLO “0”。

（3）CMP>=：大于或等于

可以使用“大于或等于”指令判断第一个比较值（<操作数 1>）是否大于或等于第二个比较值（<操作数 2>）。如果满足比较条件，则指令返回逻辑运算结果（RLO）“1”。如果不满足比较条件，则指令返回 RLO “0”。

（4）CMP<=：小于或等于

可以使用“小于或等于”指令判断第一个比较值（<操作数 1>）是否小于或等于第二个比较值（<操作数 2>）。如果满足比较条件，则指令返回逻辑运算结果（RLO）“1”。如果不满足比较条件，则该指令返回 RLO “0”。

（5）CMP>：大于

可以使用“大于”指令确定第一个比较值（<操作数 1>）是否大于第二个比较值（<操作数 2>）。如果满足比较条件，则指令返回逻辑运算结果（RLO）“1”。如果不满足比较条件，则指令返回 RLO “0”。

（6）CMP<：小于

可以使用“小于”指令判断第一个比较值（<操作数 1>）是否小于第二个比较值（<操作数 2>）。如果满足比较条件，则指令返回逻辑运算结果（RLO）“1”。如果不满足比较条件，则指令返回 RLO “0”。

除了上述常见比较指令，还有 EQ_Type 等其他比较指令，见表 2-7。

表 2-7　比较指令及说明

比较指令	说　明
EQ_Type	比较数据类型与变量数据类型是否“相等”
NE_Type	比较数据类型与变量数据类型是否“不相等”
EQ_ElemType	比较 ARRAY 元素数据类型与变量数据类型是否“相等”
NE_ElemType	比较 ARRAY 元素数据类型与变量数据类型是否“不相等”
IS_NULL	检查 EQUALS NULL 指针
NOT_NULL	检查 UNEQUALS NULL 指针
IS_ARRAY	检查 ARRAY
EQ_TypeOfDB	比较 EQUAL 中间接寻址 DB 的数据类型与某个数据类型
NE_TypeOfDB	比较 UNEQUAL 中间接寻址 DB 的数据类型与某个数据类型

2.2.2　移动指令

1. MOVE 指令

MOVE 指令是将数据元素复制到新的存储器地址，移动过程中不更改源数据，如图 2-2 所示，将 IN 输入操作数中的内容传送给 OUT1 输出操作数中，并始终沿地址升序方向传送。如果使能输入 EN 的信

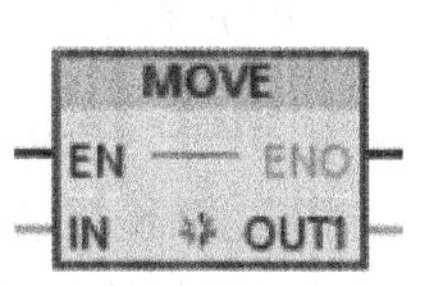

图 2-2　MOVE 指令

号状态为“0”或 IN 参数的数据类型与 OUT1 参数的指定数据类型不对应，则使能输出 ENO 的信号状态为“0”

MOVE 指令可传送的数据类型见表 2-8。

表 2-8 MOVE 指令可传送的数据类型

参　数	声　明	数 据 类 型	存 储 区	说　明
EN	Input	BOOL	I、Q、M、D、L	使能输入
ENO	Output	BOOL	I、Q、M、D、L	使能输出
IN	Input	位字符串、整数、浮点数、定时器、DATE、TIME、TOD、DTL、CHAR、Struct、Array	I、Q、M、D、L 或常数	源值
OUT1	Output	位字符串、整数、浮点数、定时器、DATE、TIME、TOD、DTL、CHAR、Struct、Array	I、Q、M、D、L	传送源值中的操作数

在 MOVE 指令中，若 IN 输入端数据类型的位长度超出了 OUT1 输出端数据类型的位长度，则传送源值中多出来的有效位会丢失。若 IN 输入端数据类型的位长度小于 OUT1 输出端数据类型的位长度，则用 0 填充传送目标值中多出来的有效位。

在初始状态，指令框中包含 1 个输出（OUT1），可以用鼠标单击图符扩展输出数目。在该指令框中，应按升序排列所添加的输出端。执行该指令时，将 IN 输入端操作数中的内容发送到所有可用的输出端。如果传送结构化数据类型（DTL，Struct，Array）或字符串（String）的字符，则无法扩展指令框。MOVE 指令的多个变量输出如图 2-3 所示。

2. MOVE_BLK 指令

MOVE_BLK 指令如图 2-4 所示，可将存储区（源区域）中的内容移动到其他存储区（目标区域）中，实现块移动功能，使用参数 COUNT 可以指定待复制到目标区域中的元素个数，通过 IN 输入端的元素宽度指定待复制元素的宽度，并按地址升序执行复制操作。

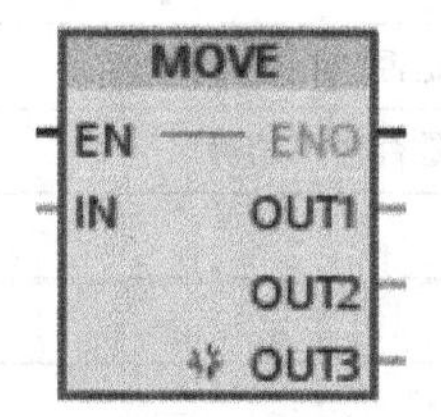

图 2-3 MOVE 指令的多个变量输出

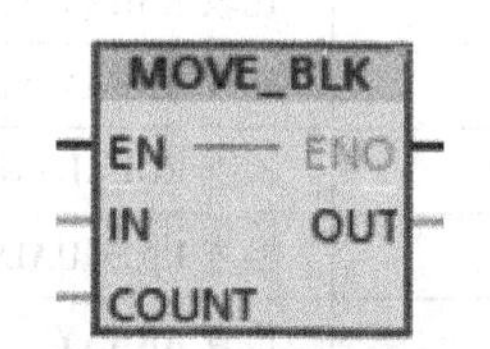

图 2-4 MOVE_BLK 指令

3. UMOVE_BLK 指令

UMOVE_BLK 指令如图 2-5 所示，可将存储区（源区域）中的内容连续复制到其他存储区（目标区域）中，实现无中断块的移动功能，使用参数 COUNT 可以指定待复制到目标区域中的元素个数，可通过 IN 输入端的元素宽度来指定待复制元素的宽度。

4. FILL_BLK 指令

FILL_BLK 指令如图 2-6 所示，用 IN 输入的值填充一个存储区域（目标区域），用 OUT 输出指定的起始地址填充目标区域，实现填充块功能，可以使用参数 COUNT 指定复制操作的重复次数。执行该指令时，将选择 IN 输入的值，并复制到目标区域 COUNT 参数中指定次数。

图 2-5　UMOVE_BLK 指令

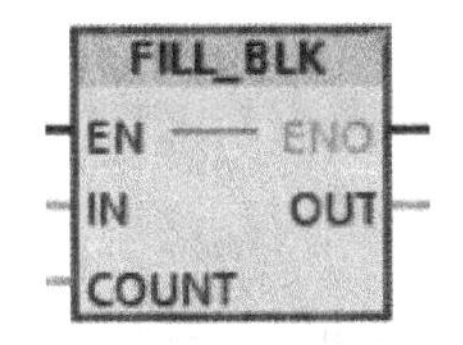

图 2-6　FILL_BLK 指令

5. SWAP 指令

SWAP 指令可以更改输入 IN 中字节的顺序，并在输出 OUT 中查询结果，实现交换功能。SWAP 指令应用示意图如图 2-7 所示，说明了如何使用“交换”指令交换数据类型为 DWord 操作数的字节。表 2-9 为 SWAP 指令的参数。

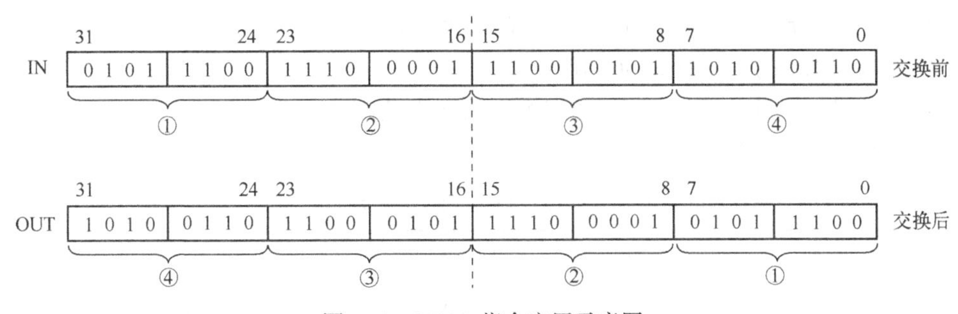

图 2-7　SWAP 指令应用示意图

表 2-9　SWAP 指令的参数

参　　数	声　　明	数 据 类 型	存　储　区	说　　明
EN	Input	Bool	I、Q、M、D、L	使能输入
ENO	Output	Bool	I、Q、M、D、L	使能输出
IN	Input	Word、DWord	I、Q、M、D、L 或常数	要交换字节的操作数
OUT	Output	Word、DWord	I、Q、M、D、L	结果

2.2.3　数学运算指令

在数学运算指令中，ADD、SUB、MUL 和 DIV 分别是加、减、乘、除指令，其操作数的数据类型可选 SInt、Int、DInt、USInt、UInt、UDInt 和 Real 等。在运算过程中，操作数的数据类型应该相同。

1. 加法（ADD）指令

加法指令可以从 TIA 软件右边指令窗口的“基本指令”→“数学函数”中直接添加，如图 2-8（a）所示。使用 ADD 指令时，根据如图 2-8（b）所示选择数据类型，将输入 IN1 的值与输入 IN2 的值相加，并在输出 OUT(OUT = IN1+IN2)处查询总和。

在初始状态下，指令框中至少包含两个输入（IN1 和 IN2），可以用鼠标单击图符扩展输入数目，如图 2-8（c）所示，在功能框中按升序对插入的输入编号，执行该指令时，将所有可用输入参数的值相加，并将求得的和存储在输出 OUT 中。

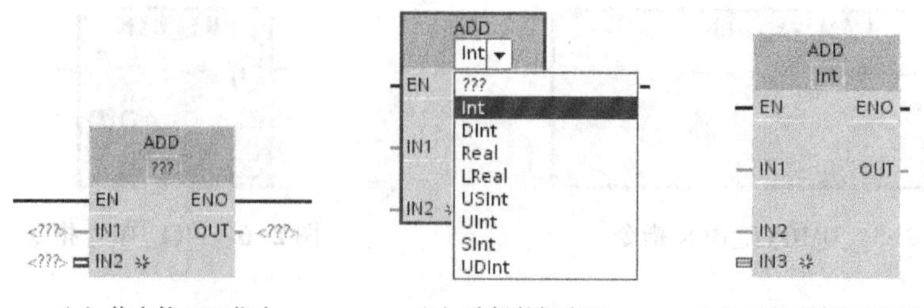

（a）基本的ADD指令　（b）选择数据类型　（c）可扩展的ADD指令

图 2-8　ADD 指令

表 2-10 列出了 ADD 指令的参数。根据参数说明，只有使能输入 EN 的信号状态为“1”时才执行该指令。如果成功执行该指令，则使能输出 ENO 的信号状态也为“1”。如果满足下列条件之一，则使能输出 ENO 的信号状态为“0”：

① 使能输入 EN 的信号状态为“0”；

② 指令结果超出输出 OUT 指定数据类型的允许范围；

③ 浮点数具有无效值。

表 2-10　ADD 指令的参数

参　数	声　明	数 据 类 型	存 储 区	说　明
EN	Input	Bool	I、Q、M、D、L	使能输入
ENO	Output	Bool	I、Q、M、D、L	使能输出
IN1	Input	整数、浮点数	I、Q、M、D、L 或常数	要相加的第一个数
IN2	Input	整数、浮点数	I、Q、M、D、L 或常数	要相加的第二个数
IN*n*	Input	整数、浮点数	I、Q、M、D、L 或常数	要相加的可选输入值
OUT	Output	整数、浮点数	I、Q、M、D、L	总和

2. 减法（SUB）指令

如图 2-9 所示，可以使用减法（SUB）指令从输入 IN1 的值中减去输入 IN2 的值，并在输出 OUT(OUT = IN1-IN2)处查询差值。SUB 指令的参数与 ADD 指令的参数相同。

3. 乘法（MUL）指令

如图 2-10 所示，可以使用乘法（MUL）指令将输入 IN1 的值乘以输入 IN2 的值，并在输出 OUT(OUT = IN1 * IN2)处查询乘积。与 ADD 指令一样，可以在指令功能框中扩展输入的数字，并在功能框中以升序对相乘的输入编号。表 2-11 为 MUL 指令的参数。

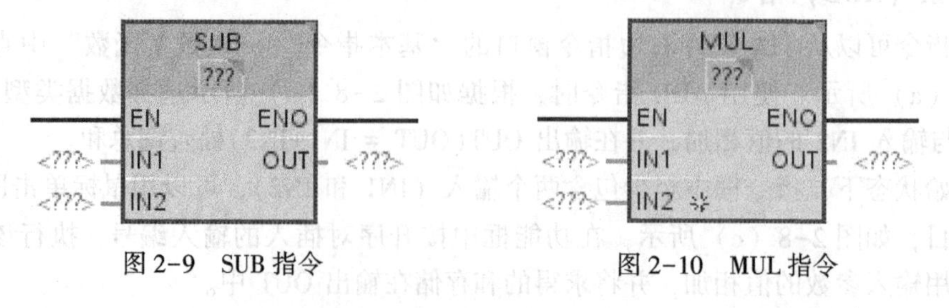

图 2-9　SUB 指令　　图 2-10　MUL 指令

表 2-11　MUL 指令的参数

参　数	声　明	数据类型	存储区	说　明
EN	输入	Bool	I、Q、M、D、L	使能输入
ENO	输出	Bool	I、Q、M、D、L	使能输出
IN1	输入	整数、浮点数	I、Q、M、D、L 或常数	乘数
IN2	输入	整数、浮点数	I、Q、M、D、L 或常数	被乘数
IN*n*	输入	整数、浮点数	I、Q、M、D、L 或常数	可相乘的可选输入值
OUT	输出	整数、浮点数	I、Q、M、D、L	乘积

4. 除法（DIV）和返回除法余数（MOD）指令

DIV 和 MOD 指令如图 2-11 所示。需要注意的是，MOD 指令只有在整数相除时才能应用。

图 2-11　DIV 和 MOD 指令

除了上述运算指令，还有 MOD、NEG、INC、DEC 和 ABS 等数学运算指令，具体说明如下：

(1) MOD 指令：除法指令只能得到商，余数被丢掉，MOD 指令可以用来求除法的余数。

(2) NEG 指令：将输入 IN 的值取反，保存在 OUT 中。

(3) INC 和 DEC 指令：参数 IN/OUT 的值分别加 1 和减 1。

(4) 绝对值指令 ABS：求输入 IN 中有符号整数或实数的绝对值。

对于浮点数函数运算，其梯形图和对应的描述见表 2-12。

表 2-12　浮点数函数运算梯形图和对应的描述

梯形图	描　述	梯形图	描　述
SQR	平方	TAN	正切函数
SQRT	平方根	ASIN	反正弦函数
LN	自然对数	ACOS	反余弦函数
EXP	自然指数	ATAN	反正切函数
SIN	正弦函数	FRAC	求浮点数的小数部分
COS	余弦函数	EXPT	求浮点数的普通对数

2.2.4　其他功能指令

1. 转换操作指令

如果在一个指令中包含多个操作数，则必须确保数据类型是兼容的。如果操作数不是同一数据类型，则必须进行转换，转换方式有两种。

（1）隐式转换

如果操作数的数据类型是兼容的，则由系统按照统一规则自动执行隐式转换。可以根据设定的严格或较宽松的条件进行兼容性检测，例如块属性中默认的设置为执行 IEC 检测，自动转换的数据类型相对要少。编程语言 LAD、FBD、SCL 和 GRAPH 支持隐式转换。编程语言 STL 不支持隐式转换。

（2）显式转换

如果操作数的数据类型不兼容或者由编程人员设定转换规则，则可以进行显式转换（不是所有的数据类型都支持显式转换）。显式转换指令及说明见表 2-13。

表 2-13　显式转换指令及说明

指　　令	说　明
CONVERT	转换值
ROUND	取整
CEIL	浮点数向上取整
FLOOR	浮点数向下取整
TRUNC	截尾取整
SCALE_X	缩放
NORM_X	标准化

2. 移位和循环指令

移位指令可以将输入参数 IN 中的内容向左或向右逐位移动。循环指令可以将输入参数 IN 中的全部内容循环地逐位左移或右移，空出的位用输入 IN 移出位的信号状态填充，可以对 8 位、16 位、32 位及 64 位的字或整数进行操作。移位和循环指令及说明见表 2-14。

表 2-14　移位和循环指令及说明

指　　令	说　明
SHR	右移
SHL	左移
ROR	循环右移
ROL	循环左移

字移位指令的移位范围为 0~15。双字移位指令的移位范围为 0~31。长字移位指令的移位范围为 0~63。对字、双字和长字移位指令，移出的位信号丢失，移空的位用 0 补足。例如将一个字左移 6 位，移位前后位排列次序如图 2-12 所示。

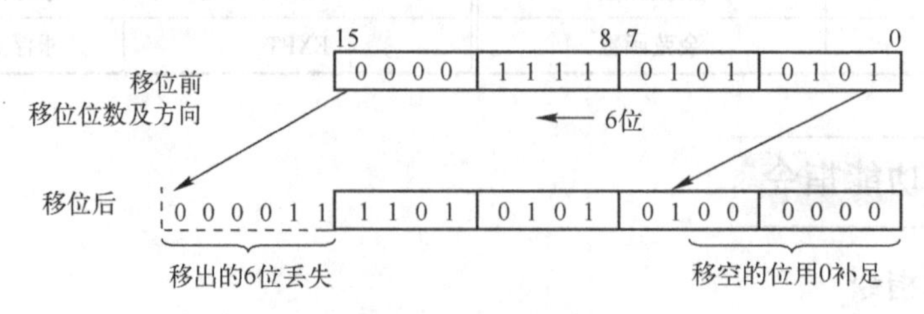

图 2-12　左移 6 位

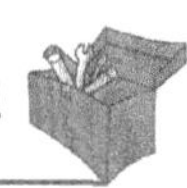

带有符号位整数的移位范围为 0~15。双整数的移位范围为 0~31。长整数的移位范围为 0~63。只能向右移，移出的位丢失，移空的位用符号位状态补足。如整数为负值，符号位为 1；整数为正值，符号位为 0。例如，将一个整数右移 4 位，移位前后位排列次序如图 2-13 所示。

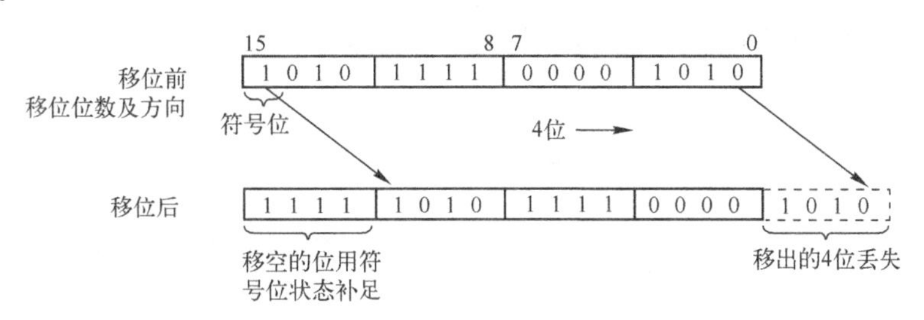

图 2-13　右移 4 位

3. 字逻辑运算指令

字逻辑运算指令可以对 Byte(字节)、Word(字)、DWord(双字)或 LWord(长字)逐位进行“与”“或”“异或”逻辑运算操作。“与”操作可以判断两个变量在相同的位数上有多少位为 1，通常用于变量的过滤，例如一个字变量与常数 W#16#00FF 相“与”，则可以将字变量中的高字节过滤为 0。“或”操作可以判断两个变量中为 1 位的个数。“异或”操作可以判断两个变量中有多少位不相同。字逻辑运算指令还包含编码、解码等操作。字逻辑运算指令及说明见表 2-15。

表 2-15　字逻辑运算指令及说明

指　　令	说　　明
AND	“与”运算
OR	“或”运算
XOR	“异或”运算
INVERT	求反码
DECO	解码
ENCO	编码
SEL	选择
MUX	多路复用
DEMUX	多路分用

2.2.5 【实例 2-1】用一个按钮控制 5 盏照明灯先亮后灭

实例说明

某房间用一个按钮来控制 5 盏照明灯，以达到调节房间亮度的目的。现在由 S7-1200 CPU 1215C DC/DC/DC 作为一个控制器接入按钮和照明灯，要求每按一次按钮增加 1 盏照明灯，等照明灯全部亮起来后，每按一次按钮，灭 1 盏照明灯，灭照明灯的顺序是先亮的后灭、后亮的先灭。

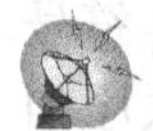
实施步骤

步骤 1：电气接线和输入/输出定义

图 2-14 为电气原理图。表 2-16 为输入/输出定义。

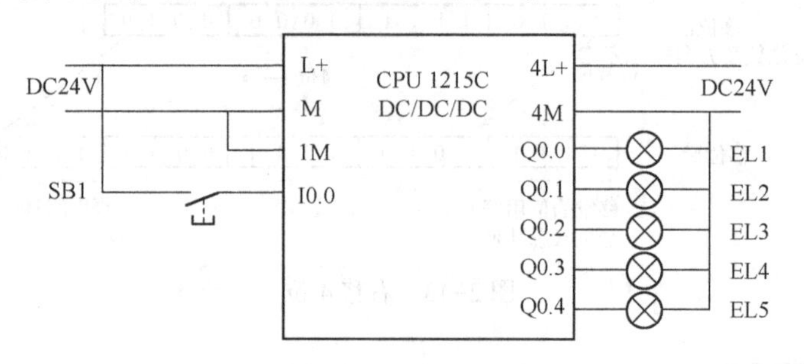

图 2-14　电气原理图

表 2-16　输入/输出定义

输入/输出	功　能	输入/输出	功　能
I0. 0	启动按钮	Q0. 0	EL1/1#照明灯
		Q0. 1	EL2/2#照明灯
		Q0. 2	EL3/3#照明灯
		Q0. 3	EL4/4#照明灯
		Q0. 4	EL5/5#照明灯

步骤 2：PLC 编程

根据实例要求，可以设置一个变量 MW10（灯控制字），当 MW10=0 时为开始状态；按下启动按钮，MW10 可以依次加 1（INC 指令），直到 MW10=5，这个过程为逐渐亮灯过程；MW10=5 之后，进入灭灯过程，此时 MW0 仍执行依次加 1（INC 指令），直到 MW10=9；当 MW10=10 时，自动赋值为 0，进行下一轮循环。

对于先亮后灭的方式，可以得出如下规律：MW10≥1 时，EL1 亮；MW10≥2 且 MW10<9 时，EL2 亮；MW10≥3 且 MW10<8 时，EL3 亮；MW10≥4 且 MW10<6 时，EL4 亮；MW10=5 时，EL5 亮。这个逻辑可以采用“>=”等比较指令实现，梯形图如图 2-15 所示。

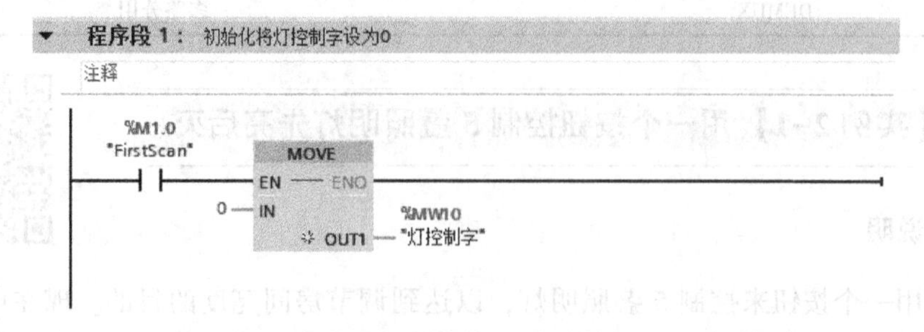

图 2-15　【实例 2-1】的梯形图

▼ 程序段 2： 亮灯控制字变化

注释

%I0.0 "启动按钮" P %M12.0 "上升沿中间变量"
%MW10 "灯控制字" < Int 10 —— INC Int EN ENO %MW10 "灯控制字" IN/OUT
%MW10 "灯控制字" == Int 10 —— MOVE EN ENO 0 IN OUT1 %MW10 "灯控制字"

▼ 程序段 3： 灯输出控制

注释

%M1.2 "AlwaysTRUE"
%MW10 "灯控制字" >= Int 1 —— %Q0.0 "灯EL1"
%MW10 "灯控制字" >= Int 2 —— %MW10 "灯控制字" < Int 9 —— %Q0.1 "灯EL3"
%MW10 "灯控制字" >= Int 3 —— %MW10 "灯控制字" < Int 8 —— %Q0.2 "灯EL2"
%MW10 "灯控制字" >= Int 4 —— %MW10 "灯控制字" < Int 7 —— %Q0.3 "灯EL4"
%MW10 "灯控制字" == Int 5 —— %Q0.4 "灯EL5"

图 2-15 【实例 2-1】的梯形图（续）

小贴士

灯控制字的引入是本实例的要点。它构成了一个反复循环的过程。另外，如果有先亮先灭控制顺序要求的话，则只需要修改程序段 3 中的判断逻辑即可。

2.2.6 【实例 2-2】用一个按钮控制 5 盏照明灯依次亮、灭

实例说明

PLC 按照既定的亮、灭要求，用一个按钮来控制 5 盏照明灯，比如每次按次序点亮 1 盏照明灯，即第 1 次按下按钮亮第 1 盏照明灯，其余照明灯灭；第 2 次按下按钮亮第 2 盏照明

灯，其余照明灯灭，依此类推，第 5 次按下按钮亮第 5 盏照明灯，其余照明灯灭；再按 1 次按钮，照明灯全灭，进入新的循环。

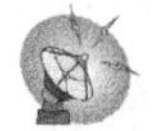

实施步骤

步骤 1：电气接线和输入/输出定义

电气接线和输入/输出定义同【实例 2-1】。

步骤 2：梯形图编程

表 2-17 是亮、灭规律与变量情况。其中，MW8 作为灯控制字，可实现 0~5 随按钮动作变化；QB0 直接与 Q0.0~Q0.4 相连，用 MOVE 指令实现照明灯的输出控制，可以实现任何规律的亮、灭要求。

表 2-17　亮、灭规律与变量情况

要　　求	MW8	Q0.4	Q0.3	Q0.2	Q0.1	Q0.0	QB0	存放变量
第 1 次按钮动作	1	0	0	0	0	1	1	MB10
第 2 次按钮动作	2	0	0	0	1	0	2	MB11
第 3 次按钮动作	3	0	0	1	0	0	4	MB12
第 4 次按钮动作	4	0	1	0	0	0	8	MB13
第 5 次按钮动作	5	1	0	0	0	0	16	MB14
第 6 次按钮动作	0	0	0	0	0	0	0	常数 0

图 2-16 为梯形图，程序说明如下：

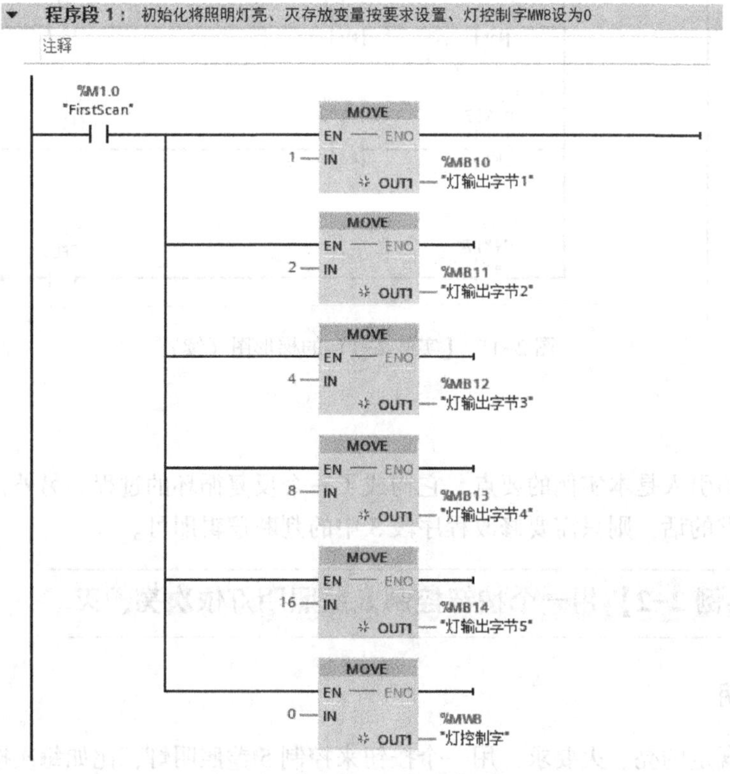

图 2-16　【实例 2-2】的梯形图

▼ **程序段 2：** 灯控制字随按钮动作变化

注释

%I0.0
"控制按钮"
P
%M6.0
"上升沿中间变量"
%MW8
"灯控制字"
<
Int
6
INC
Int
EN — ENO
%MW8
"灯控制字" — IN/OUT
%MW8
"灯控制字"
==
Int
6
MOVE
EN — ENO
0 — IN
%MW8
OUT1 — "灯控制字"

▼ **程序段 3：** 灯输出控制

注释

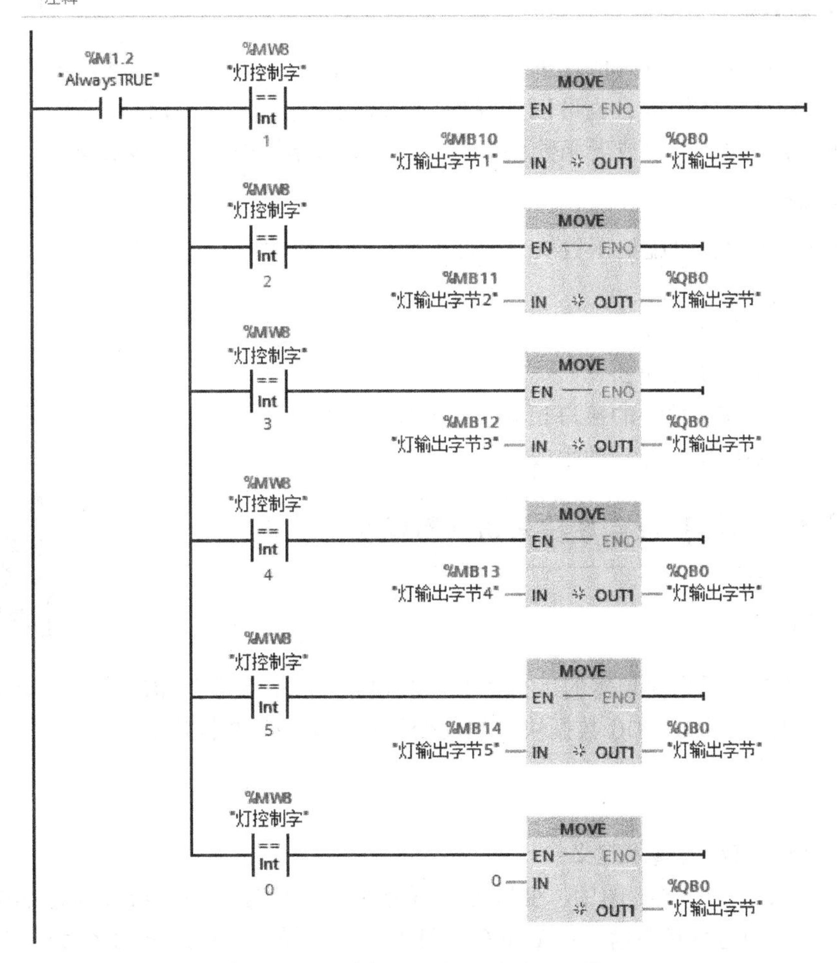

图 2-16 【实例 2-2】的梯形图（续）

程序段1：通过初始化M1.0变量将照明灯亮、灭存放变量MB10~MB14、控制字MW8按要求设置。

程序段2：通过按钮实现MW8按0→1→…→5→0变化。

程序段3：按照表2-17的亮、灭规律与变量情况实现照明灯输出控制。

小贴士

照明灯亮、灭规律可以直接存放在MB10开始的字节，也可以为其他任何形式的流水灯、先亮先灭、先亮后灭、间隔点亮等要求提供借鉴方案。

2.3 数据块

2.3.1 概述

S7-1200 PLC的数据块有全局数据块和背景数据块两种类型。

1. 全局数据块

全局数据块可存储所有其他块都可以使用的数据，大小因CPU的不同而不同。用户可以自定义全局数据块的结构，也可以选择使用PLC数据类型（UDT）作为创建全局数据块的模板。每个组织块、函数或者函数块都可以从全局数据块中读取数据或向其写入数据。

2. 背景数据块

背景数据块可直接分配给函数块（FB），背景数据块的结构不能任意定义，而是取决于函数块的接口声明。

背景数据块具有以下特性：

(1) 通常分配给函数块；

(2) 接口与相应函数块的接口相同，且只能在函数块中更改；

(3) 在调用函数块时可自动生成。

2.3.2 【实例2-3】以变量符号访问数据块

实例说明

要求将三菱700系列变频器的运行状态、变频器故障等数字量输出信号和变频器运行速度写入CPU 1215C DC/DC/DC数据块，并用变量符号访问该数据块。

实施步骤

步骤1：电气接线与输入定义

图2-17为电气原理图。图中，变频器的开路集电极信号RUN与SE通过继电器KA的触点接入I0.0作为运行状态信号；A和C是继电器常开触点，接入I0.1作为变频器故障信号；AM与5号端子输出0~10V信号接入模拟量输入端口。表2-18为输入定义。

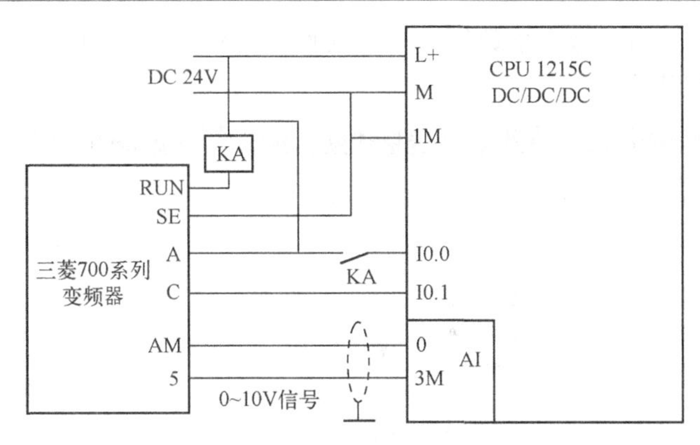

图 2-17　电气原理图

表 2-18　输入定义

	PLC 软元件	元件符号/名称
输入	I0. 0	KA/运行状态信号
	I0. 1	AC/变频器故障信号
	IW64	AI/模拟量输入 1

步骤 2：新建数据块

按如图 2-18 所示添加新块，并按如图 2-19 所示添加“全局 DB”，可以选择“手动”或“自动”编号。

图 2-18　选择“添加新块”

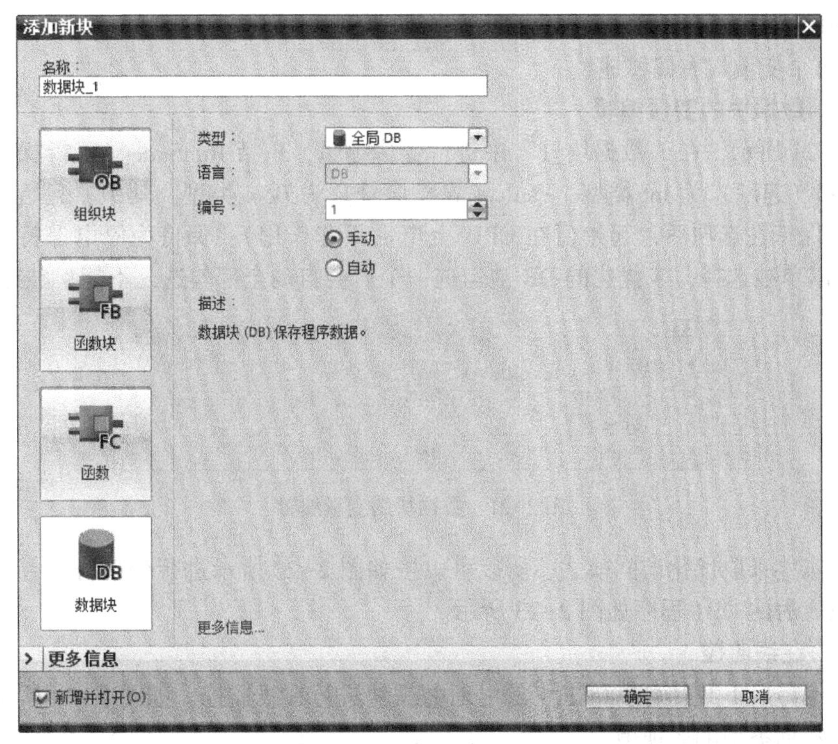

图 2-19　添加“全局 DB”

完成新块添加后，可以单击该数据块的“属性”，默认为“优化的块访问”，如图 2-20 所示。本实例采用默认值。

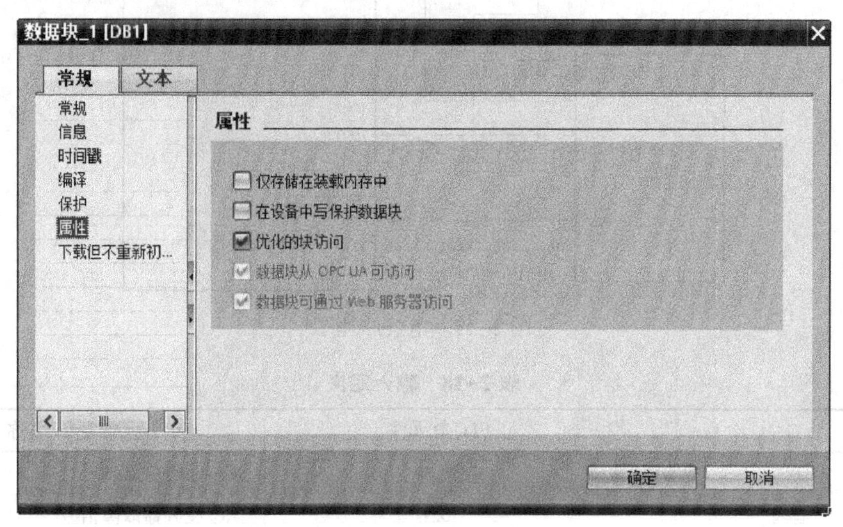

图 2-20　数据块的“属性”

数据块共有以下两种访问模式。

（1）优化访问模式

优化访问模式仅为数据元素分配一个符号名称，不分配固定地址，变量的存储地址是由 CPU 自动分配的。每个变量无偏移地址。

（2）标准访问模式

标准访问模式不仅为数据元素分配一个符号名称，并且有固定地址，变量的存储地址在 DB 块中。每个变量均有偏移地址。

步骤 3：数据块的变量编辑

如图 2-21 所示，在“数据块_1”中进行变量编辑，包括 RunState（运行状态）为 Bool 类型、Speed（速度）为 Int 类型、Fault（故障信号）为 Bool 类型。其中，起始值为上电初始值（勾选保持性选项后，起始值在 CPU 上电后不起作用）；保持为停电保持设定，优化后的 DB 可以单独选择，未优化的 DB 被勾选一个后会自动全部勾选，不能单独选择。

	名称	数据类型	起始值	保持
1	▼ Static			
2	RunState	Bool	false	
3	Speed	Int	0	
4	Fault	Bool	false	

图 2-21　数据块的变量编辑

由于本实例采取优化访问模式，所以可以按如图 2-22 所示进行变量符号寻址编辑，简单方便。完成后的 OB1 程序如图 2-23 所示。

步骤 4：在线监控

将程序编译后下载，可以单击符号对数据块进行在线监控，如图 2-24 所示，可以实时获得不同数据类型的监视值。

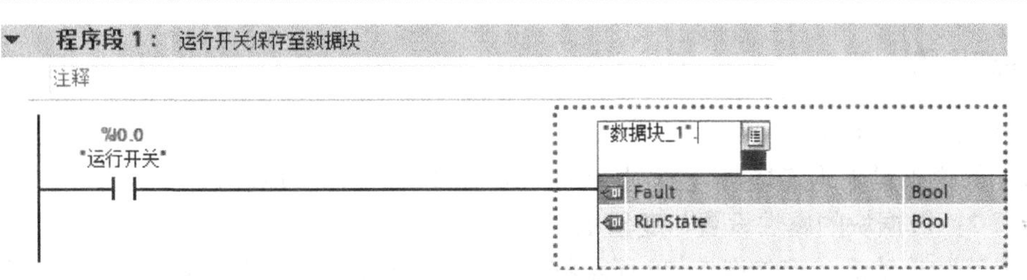

图 2-22　变量符号寻址编辑

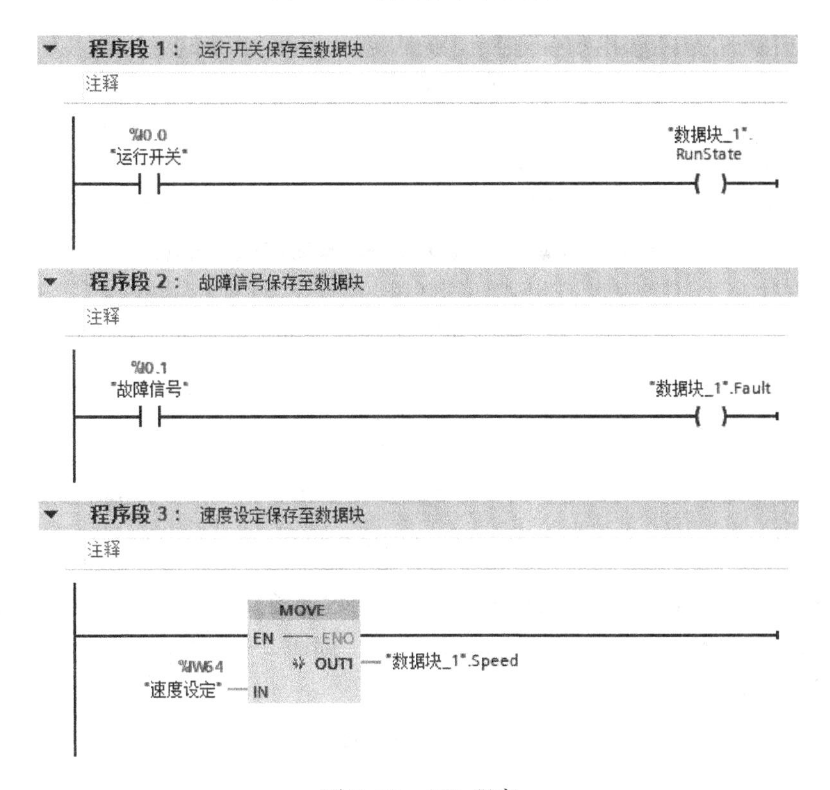

图 2-23　OB1 程序

数据块_1

		名称	数据类型	起始值	监视值
1		▼ Static			
2		▪ RunState	Bool	false	TRUE
3		▪ Speed	Int	0	11945
4		▪ Fault	Bool	false	FALSE

图 2-24　对数据块进行在线监控

2.3.3 【实例 2-4】以绝对地址方式访问数据块

实例说明

要求每隔 2s 定时对三菱 700 系列变频器的运行速度进行读取，写入 CPU 1215C DC/DC/DC 数据块，始终保存最近 10 个数据，并采用绝对地址方式访问数据块。

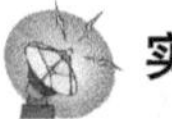

实施步骤

步骤 1：电气接线

PLC 的模拟量输入连接与【实例 2-3】相同，模拟量输入地址为 IW64。

步骤 2：数据块的属性设置与变量编辑

创建新数据块后，按如图 2-25 所示将“属性”中的“优化的块访问”复选框取消，即将原默认的优化访问模式改为标准访问模式。

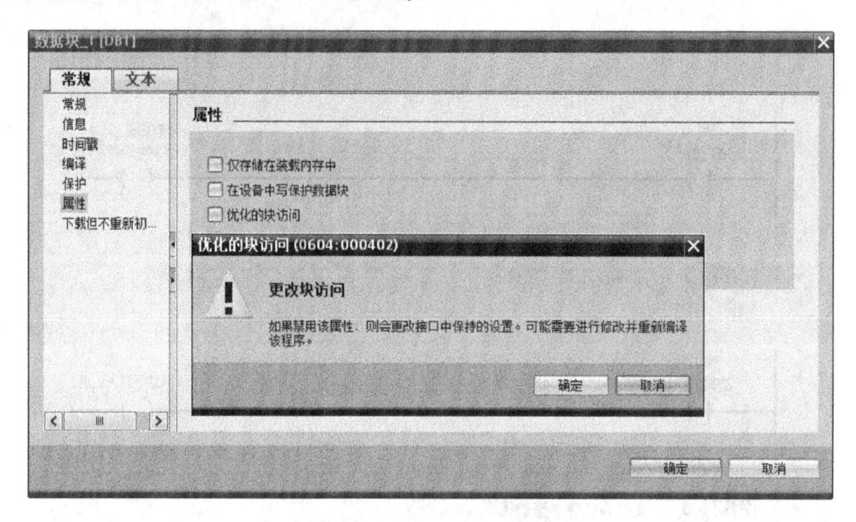

图 2-25　更改块访问模式

在“数据块_1”中新建 10 个数据变量 Speed，数据类型为 Array[0..9] of Int。需要注意的是，在该数据块未编译前，偏移量显示“…”，如图 2-26 所示；编译后，显示正确的偏移量，如图 2-27 所示。

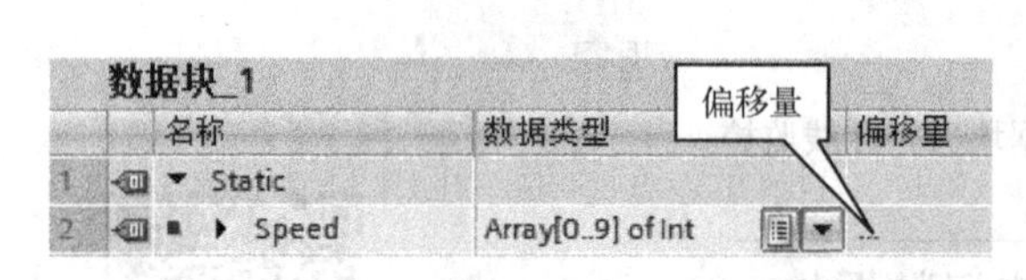

图 2-26　编译前没有偏移量

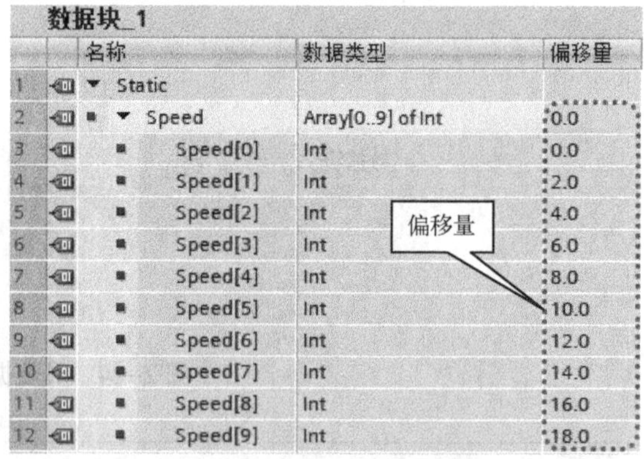

数据块_1

	名称	数据类型	偏移量
1	Static		
2	Speed	Array[0..9] of Int	0.0
3	Speed[0]	Int	0.0
4	Speed[1]	Int	2.0
5	Speed[2]	Int	4.0
6	Speed[3]	Int	6.0
7	Speed[4]	Int	8.0
8	Speed[5]	Int	10.0
9	Speed[6]	Int	12.0
10	Speed[7]	Int	14.0
11	Speed[8]	Int	16.0
12	Speed[9]	Int	18.0

图 2-27　编译后出现偏移量

步骤 3：OB1 程序编辑

图 2-28 为 OB1 程序。这里采用绝对地址方式访问数据块，即用 DB1.DBW0、DB1.DBW2、…、DB1.DBW18 表示数据块_1.Speed[0]、数据块_1.Speed[1]、…、数据块_1.Speed[9]等 10 个数据。

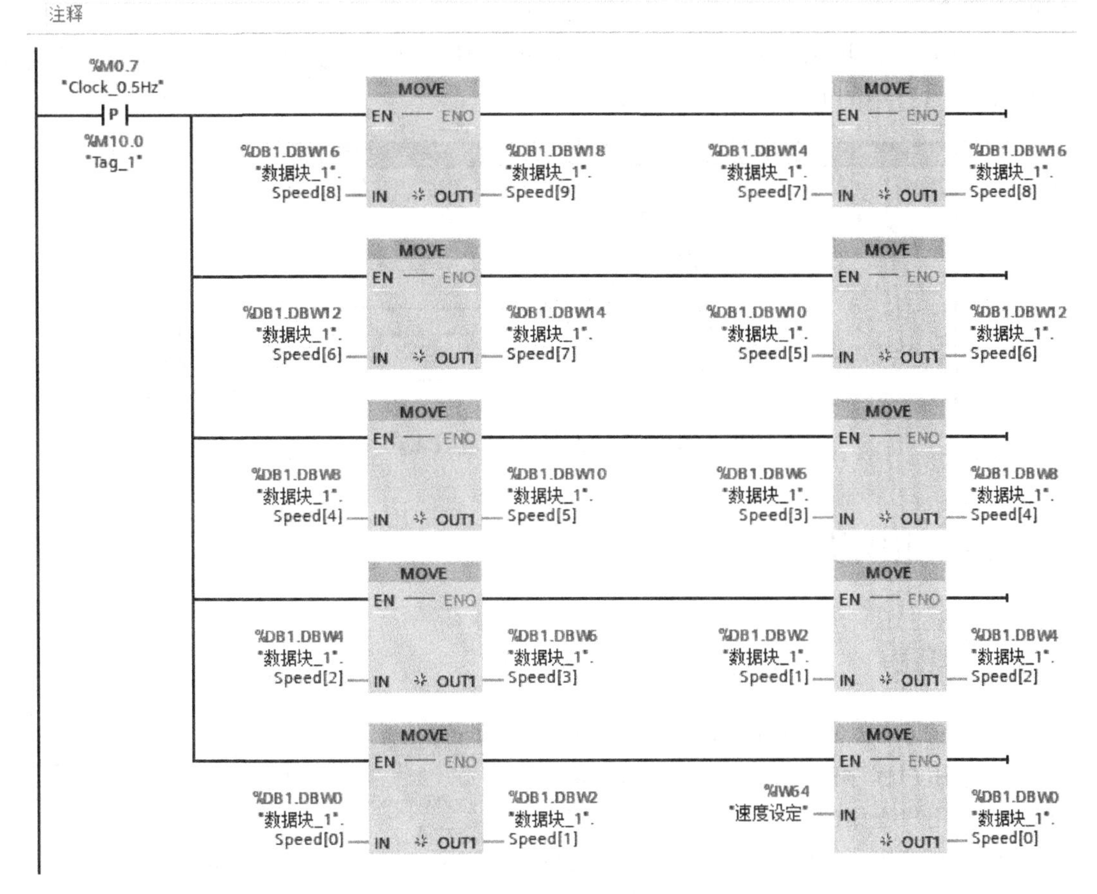

图 2-28　OB1 程序

步骤 4：在线监控

下载程序后，可以按如图 2-29 所示进行“数据块_1”的在线监控，来确认 10 个数据是否依次按 2s 周期进行读取并存放。

数据块_1

		名称	数据类型	偏移量	起始值	监视值
1		▼ Static				
2		▪ ▼ Speed	Array[0..9] of Int	0.0		
3		▪ Speed[0]	Int	0.0	0	6962
4		▪ Speed[1]	Int	2.0	0	7010
5		▪ Speed[2]	Int	4.0	0	6177
6		▪ Speed[3]	Int	6.0	0	5700
7		▪ Speed[4]	Int	8.0	0	5005
8		▪ Speed[5]	Int	10.0	0	5615
9		▪ Speed[6]	Int	12.0	0	6570
10		▪ Speed[7]	Int	14.0	0	6960
11		▪ Speed[8]	Int	16.0	0	8456
12		▪ Speed[9]	Int	18.0	0	9695

图 2-29　在线监控

小贴士

在取消了“优化的块访问”之后，就可以按如图 2-30 所示采用绝对地址寻址表达式读取“数据块_1”中的 F1、F2、F3 和 F4 数据了。

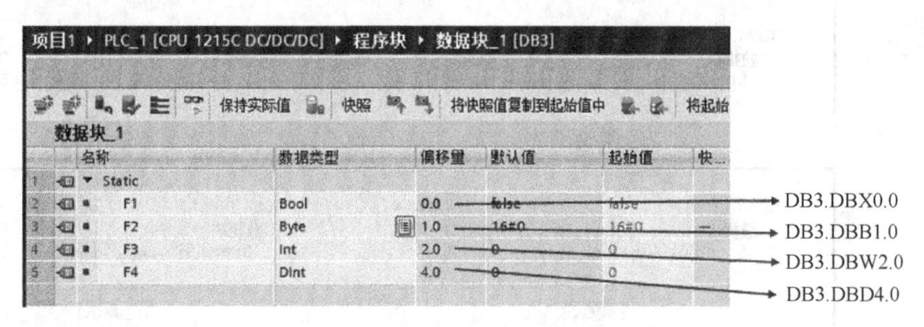

图 2-30 绝对地址寻址表达式

2.4 组织块

2.4.1 概述

组织块，即 OB，对应于 CPU 中的特定事件，可中断用户程序的执行。其中，OB1 是用于循环执行用户程序的默认组织块，可为用户程序提供基本结构，是唯一一个用户必需的程序块。如果程序中包括其他 OB，则会中断 OB1 的执行。其他 OB 可执行特定功能，如用于启动任务、处理中断和错误、按特定时间间隔执行特定的程序代码等。

组织块是操作系统和用户程序之间的接口，在如下 4 种情况下执行：

(1) CPU 启动时；

(2) 一个循环或延时时间到达时；

(3) 发生硬件中断时；

(4) 发生故障时。

其中，情况 (2)-(4) 可以按如图 2-31 所示的中断相关指令进行设置与动作。该指令可以从扩展指令中添加。

扩展指令

名称	描述	版本
▸ PROFIenergy		V2.7
▾ 中断		V1.2
ATTACH	关联OB与中断事件	V1.1
DETACH	断开 OB 与中断事件	V1.1
循环中断		
SET_CINT	设置循环中断参数	V1.0
QRY_CINT	查询循环中断参数	V1.1
时间中断		
SET_TINTL	设置时间中断	V1.2
CAN_TINT	取消时间中断	V1.2
ACT_TINT	启用时间中断	V1.2
QRY_TINT	查询时间中断状态	V1.2
延时中断		
SRT_DINT	启动延时中断	V1.0
CAN_DINT	取消延时中断	V1.0
QRY_DINT	查询延时中断的状态	V1.0
异步错误事件		
DIS_AIRT	延时执行较高优先级...	V1.0
EN_AIRT	启用执行较高优先级...	V1.0

图 2-31 中断相关指令

2.4.2 OB 的实现功能

OB 用于控制用户程序的执行。每个 OB 的编号必须唯一。当启动事件（如诊断中断或

时间间隔）动作时，CPU 按优先等级处理 OB，即先执行优先级较高的 OB，然后执行优先级较低的 OB。表 2-19 为常见 OB 的优先级。由表可知，最低优先等级为 1（对应主程序循环），最高优先等级为 26（对应时间错误中断）。

表 2-19　常见 OB 的优先级

事件名称	数　量	OB 编号	优先级	优先组
程序循环	>=1	1；>=123	1	1
启动	>=1	100；>=123	1	
延时中断	<=4	20~23；>=123	3	2
循环中断	<=4	30~38；>=123	7	
硬件中断	16 个上升沿 16 个下降沿	40~47；>=123	5	
	HSC 中断 6 个计数值等于参考值 6 个计数方向变化 6 个外部复位	40~47；>=123	6	
诊断错误中断	=1	82	9	
时间错误中断	=1	80	26	3

（1）程序循环

在 CPU 处于 RUN 模式时循环执行，主程序块是程序循环 OB。用户在其中放置控制程序指令以及调用其他用户块。允许使用多个程序循环 OB。它们按编号顺序执行。OB1 是默认循环 OB。

（2）启动

在 CPU 的工作模式从 STOP 切换到 RUN 时执行一次，包括处在 RUN 模式时和执行 STOP 到 RUN 切换命令时上电。之后将开始执行主程序循环 OB。允许有多个启动 OB。OB100 是默认启动 OB。

（3）延时中断

通过启动中断（SRT_DINT）指令组态事件后，时间延时 OB 将以指定的时间间隔执行。延迟时间在扩展指令 SRT_DINT 的输入参数中指定。指定的延时时间结束时，时间延时 OB 将中断正常的循环程序执行。

图 2-32 为时间延时中断 OB20 的执行过程，具体如下：

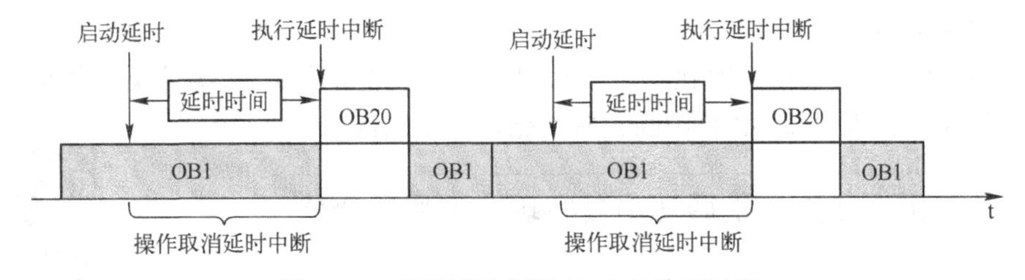

图 2-32　时间延时中断 OB20 的执行过程

① 调用“SRT_DINT”指令启动延时中断；

② 当到达设定的延时时间时，操作系统将启动相应的延时中断 OB20；

③ 延时中断 OB20 中断程序循环 OB1 优先执行；

④ 当启动延时中断后，在延时时间到达之前，调用“CAN_DINT”指令可取消已启动的延时中断。

（4）循环中断

循环中断 OB 将按用户定义的间隔时间（如每隔 3s）中断循环程序执行，每个组态的循环中断事件只允许对应一个 OB。

图 2-33 为循环中断 OB30 的执行过程，具体说明如下：

① PLC 启动后开始计时；

② 到达固定的间隔时间后，操作系统将启动相应的循环中断 OB30；

③ 到达固定的间隔时间后，循环中断 OB30 中断程序循环 OB1 优先执行。

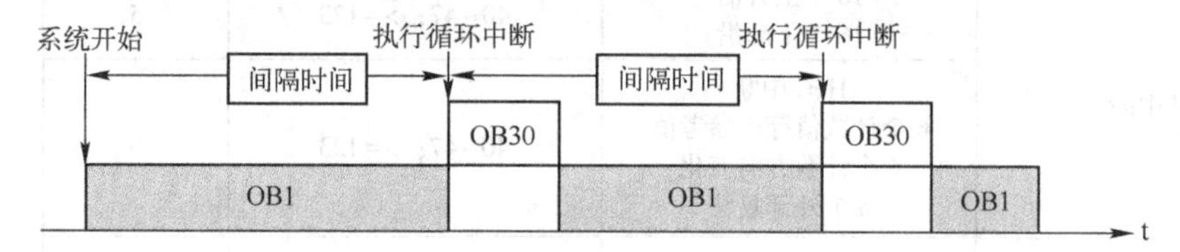

图 2-33　循环中断 OB30 的执行过程

（5）硬件中断

硬件中断事件包括内置数字输入端的上升沿、下降沿及 HSC（高速计数器）事件。当发生硬件中断事件时，硬件中断 OB 将中断正常的循环程序而优先执行。

S7-1200 PLC 可以在硬件配置的属性中预先定义硬件中断事件。一个硬件中断事件只允许对应一个硬件中断 OB。一个硬件中断 OB 可以分配给多个硬件中断事件。在 CPU 运行期间，可使用“ATTACH”附加指令和“DETACH”分离指令对中断事件重新分配，见表 2-20。

表 2-20　硬件中断相关指令及功能说明

指令名称	功能说明
ATTACH	将硬件中断事件和硬件中断 OB 关联
DETACH	将硬件中断事件和硬件中断 OB 分离

（6）时间错误中断

在检测到时间错误时执行，如果超出最大循环时间，则时间错误中断 OB 将中断正常的循环程序执行。最大循环时间在 PLC 的属性中定义。OB80 是唯一支持时间错误事件的 OB。

（7）诊断错误中断

在检测到和报告诊断错误时执行，如果具有诊断功能的模块发现错误（如果模块已启用诊断错误中断），则诊断 OB 将中断正常的循环程序执行。

2.4.3 【实例 2-5】使用循环中断实现方波周期变化

实例说明

使用循环中断实现如下功能：Q0.0 的初始状态是周期为 0.5s 的方波（250ms 输出为 1，

250ms 输出为 0)，当 I0.0 按钮切换为 ON 时，Q0.0 的状态是周期为 2s 的方波（1s 输出为 1，1s 输出为 0)。

实施步骤

步骤 1：输入/输出定义

表 2-21 为输入/输出定义。

表 2-21　输入/输出定义

	PLC 软元件	元件符号/名称
输入	I0.0	SB1/切换按钮
输出	Q0.0	EL/方波输出指示灯

步骤 2：添加新块

如图 2-34 所示，添加新块为 OB，并选择“Cyclic interrupt”（循环中断)。其中，“语言”为“LAD”，“编号”可以“手动”或“自动”，比如序号为“30”（可以自己定义），“循环时间”根据任务要求设置为“250”，如图 2-35 所示，可以输入 1～60000 之间的值，单位是 ms。

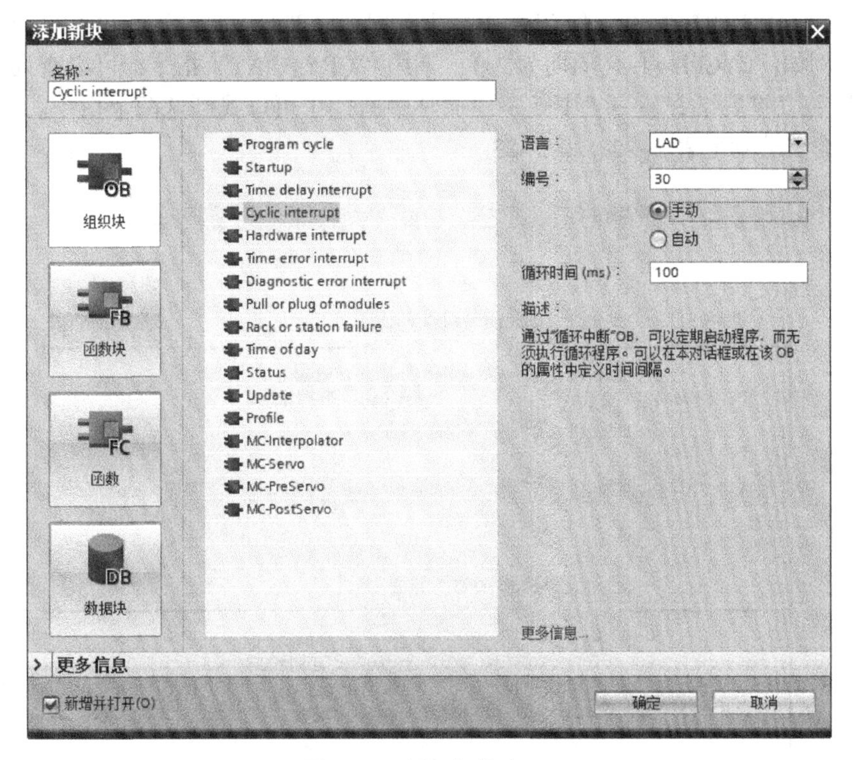

图 2-34　添加新块为 OB

完成后的 OB30 如图 2-36 所示。

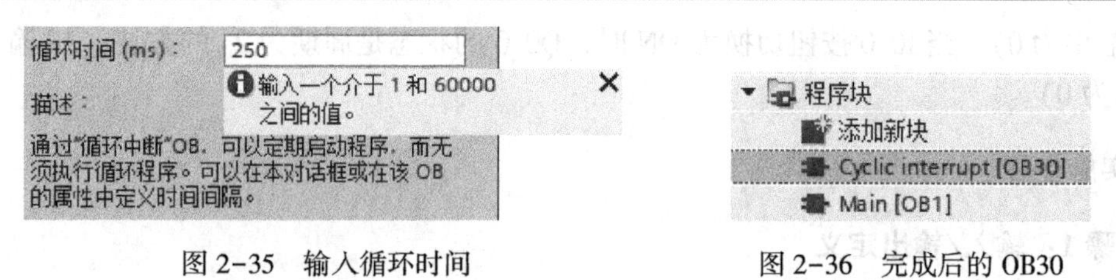

图 2-35　输入循环时间　　图 2-36　完成后的 OB30

步骤 3：OB30 和 OB1 编程

图 2-37 为 OB30 的梯形图，即当循环中断执行时，Q0.0 以方波形式输出。

图 2-37　OB30 的梯形图

图 2-38 为 OB1 的梯形图。在 OB1 中编程调用“SET_CINT”指令，可以重新设置循环中断时间，例如：CYCLE=1s（周期为 2s）；调用“QRY_CINT”指令，可以查询中断状态。在“指令”→“扩展指令”→“中断→“循环中断”中可以找到这两个指令。两个指令相关的参数及含义分别见表 2-22、表 2-23。

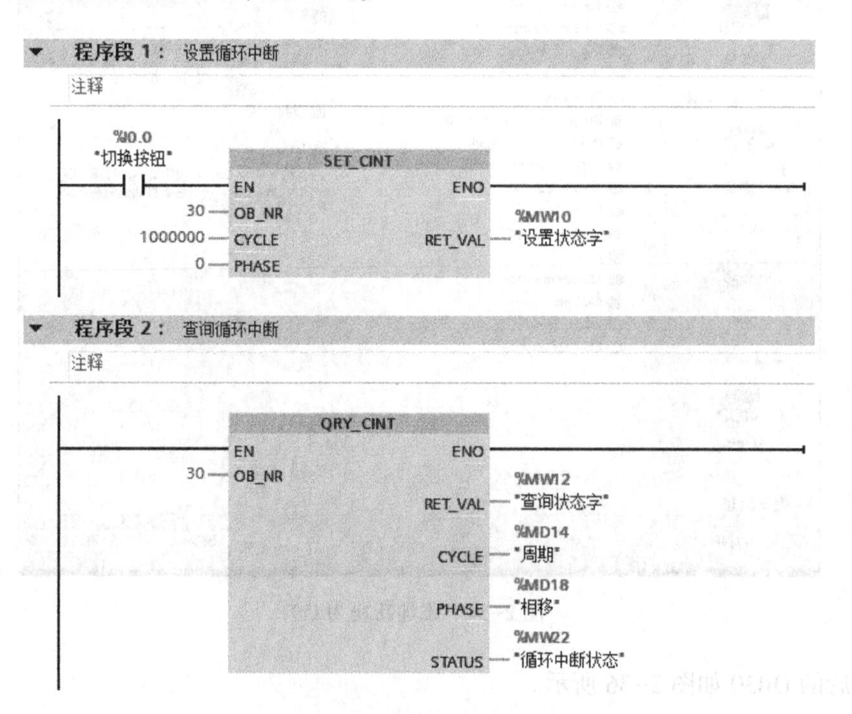

图 2-38　OB1 的梯形图

表 2-22　SET_CINT 参数及含义

参　　数	设 定 值	含　　义
EN	I0.0	当 EN 端出现上升沿时，设置新参数
OB_NR	30	需要设置的 OB 编号
CYCLE	1000000	时间间隔（μs）
PHASE	0	相移时间（μs）
RET_VAL	MW10	设置状态字

表 2-23　QRY_CINT 参数及含义

参　　数	设 定 值	含　　义
OB_NR	30	需要查询的 OB 编号
RET_VAL	MW12	查询状态字
CYCLE	MD14	查询结果：时间间隔（μs）
PHASE	MD18	查询结果：相移时间（μs）
STATUS	MW22	循环中断状态

步骤 4：在线监控

将 OB30 和 OB1 程序下载到 PLC 后，可以看到 CPU 的输出 Q0.0 指示灯按 0.25s 亮、0.25s 灭交替切换；当 I0.0 由 0 变 1 时，通过“SET_CINT”将循环间隔时间设置为 1s，则可看到 CPU 的输出 Q0.0 指示灯按 1s 亮、1s 灭交替切换。图 2-39、图 2-40 分别为初始状态时的 OB30 状态和切换后的 OB30 状态。

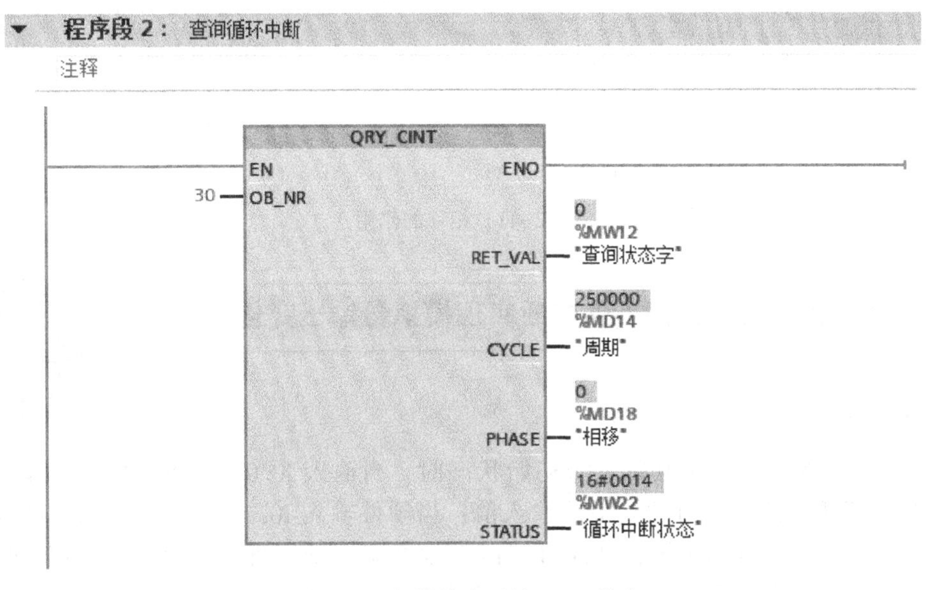

图 2-39　初始状态时的 OB30 状态

小贴士

当使用多个间隔时间相同的循环中断事件时，设置相移时间（PHASE 参数）可使间隔时间相同的循环中断事件彼此错开一定的相移时间执行。在图 2-41（a）中，没有设置相移时间，以相同的时间间隔调用两个 OB，则低优先级的 OB 将不能以固定间隔时间 t 执行，何时执行，受高优先级 OB 执行时间的影响；在图 2-41（b）中，低优先级的 OB 可以按固定间隔时间 t 执行，相移时间应大于较高优先级 OB 的执行时间。

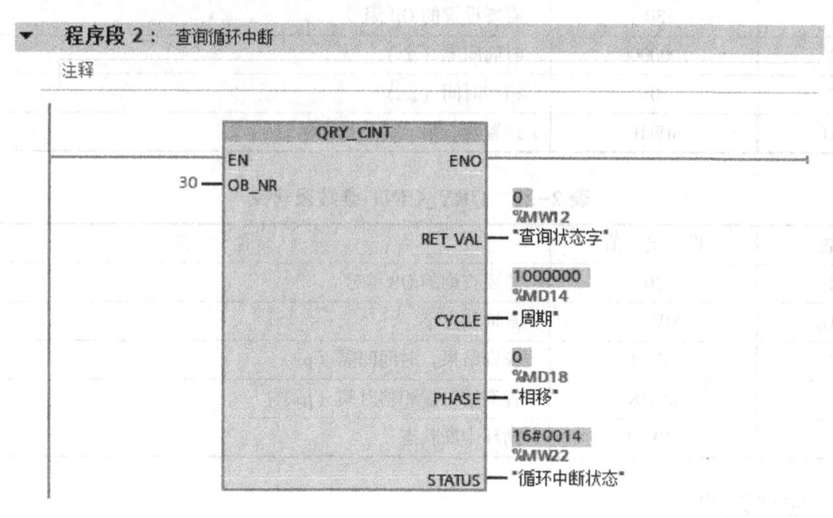

图 2-40　切换后的 OB30 状态

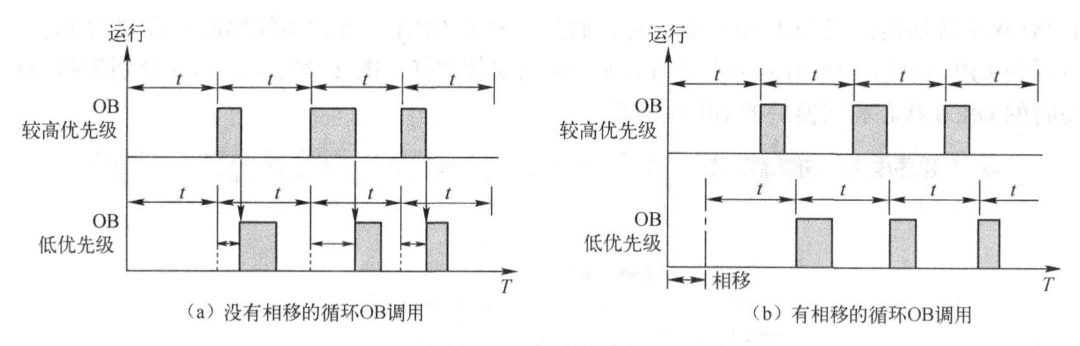

图 2-41　相移的作用

2.4.4 【实例 2-6】使用硬件中断实现模拟量输出变化

实例说明

使用硬件中断实现如下功能：①初始状态时，当输入 I0.0 上升沿时，触发硬件中断 OB40，输出模拟量值为此时的模拟量输入值；当硬件输入 I0.1 上升沿时，触发硬件中断 OB41，输出模拟量值为固定值；②通过按钮 I0.2 重新绑定，即 I0.0 上升沿触发硬件中断 OB41、I0.1 上升沿触发硬件中断 OB40；③通过按钮 I0.3 解除所有中断绑定。

实施步骤

步骤 1：电气接线和输入/输出定义

图 2-42 为电气原理图。表 2-24 为输入/输出定义。

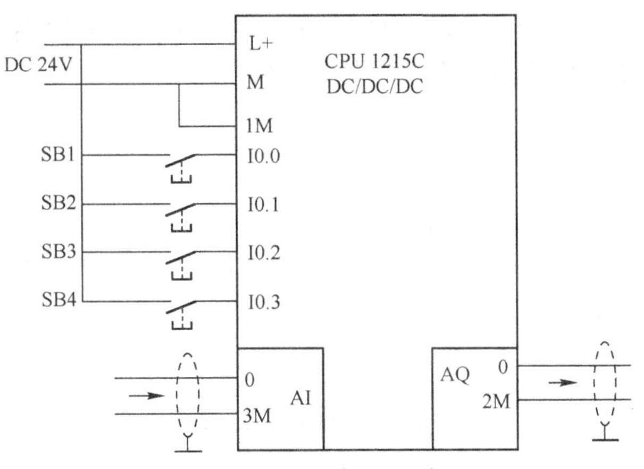

图 2-42　电气原理图

表 2-24　输入/输出定义

	PLC 软元件	元件符号/名称
输入	I0. 0	SB1/通道 0 中断
	I0. 1	SB2/通道 1 中断
	I0. 2	SB3/重新绑定按钮
	I0. 3	SB4/解除绑定按钮
	IW64	AI/模拟量输入 1
输出	QW64	AQ/模拟量输出 1

步骤 2：添加新块 OB40 和 OB41 并编程

图 2-43 为添加硬件中断 OB（“Hardware interrupt”），包括 OB40、OB41。

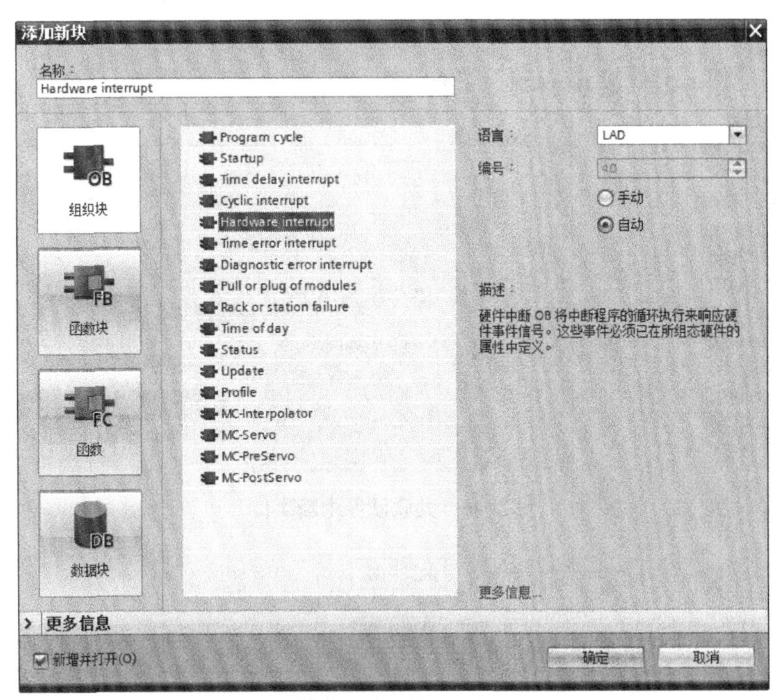

图 2-43　添加硬件中断 OB

图 2-44 和图 2-45 分别为 OB40、OB41 的梯形图，即按任务说明将“模拟量输入 1”或固定值（这里设定为 5000）送至“模拟量输出 1”。

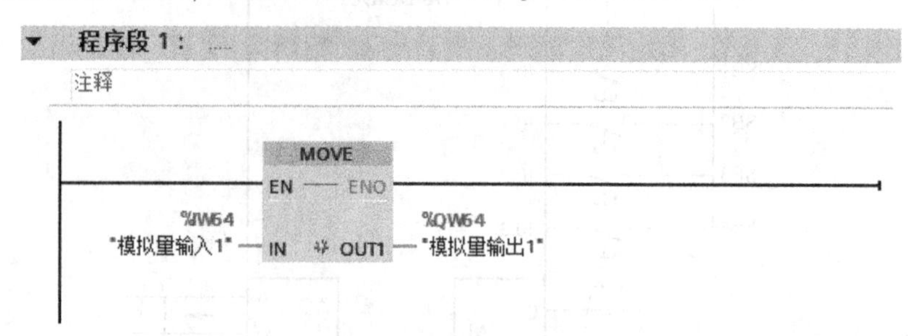

图 2-44　OB40 的梯形图

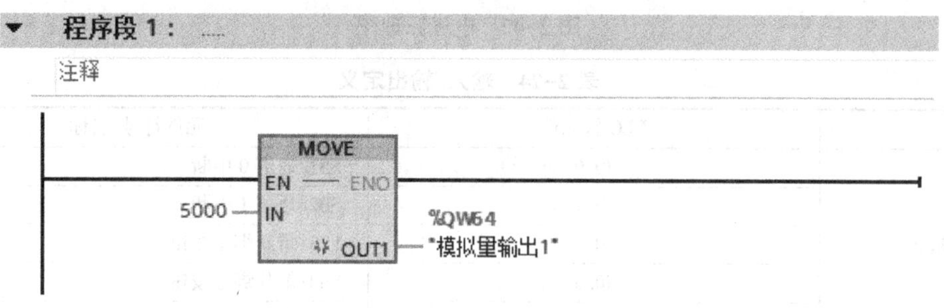

图 2-45　OB41 的梯形图

步骤 3：关联硬件中断事件

如图 2-46 所示，在 CPU 属性窗口中关联硬件中断事件，即分别将“通道 0”（I0.0）与 OB40 关联，“通道 1”（I0.1）与 OB41 关联，如图 2-47 所示。

图 2-46　关联硬件中断事件

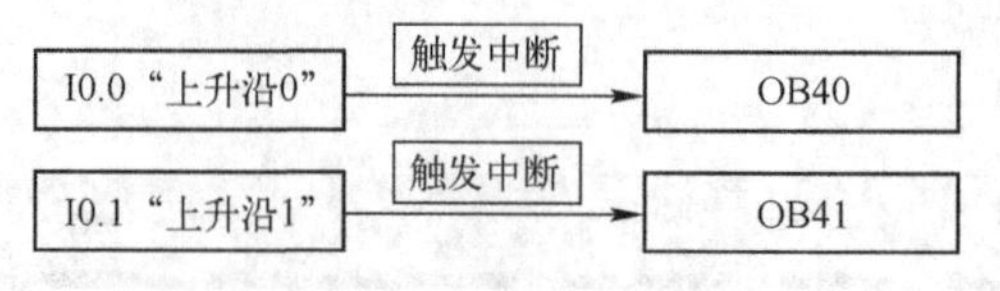

图 2-47　关联示意

步骤 4：OB1 编程

如图 2-48 所示，调用 ATTACH 指令将硬件中断事件与 OB_NR 绑定。这里的 EVENT 参数是选择而不是输入。

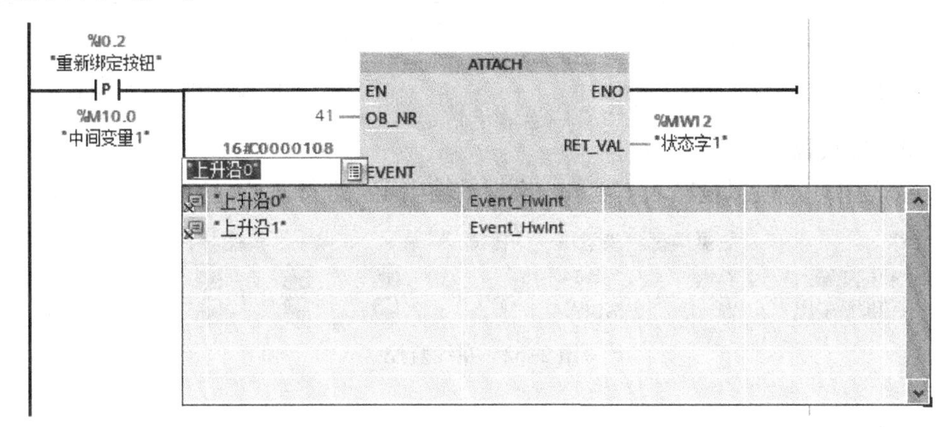

图 2-48　ATTACH 指令的事件选择

完成后的梯形图如图 2-49 所示。

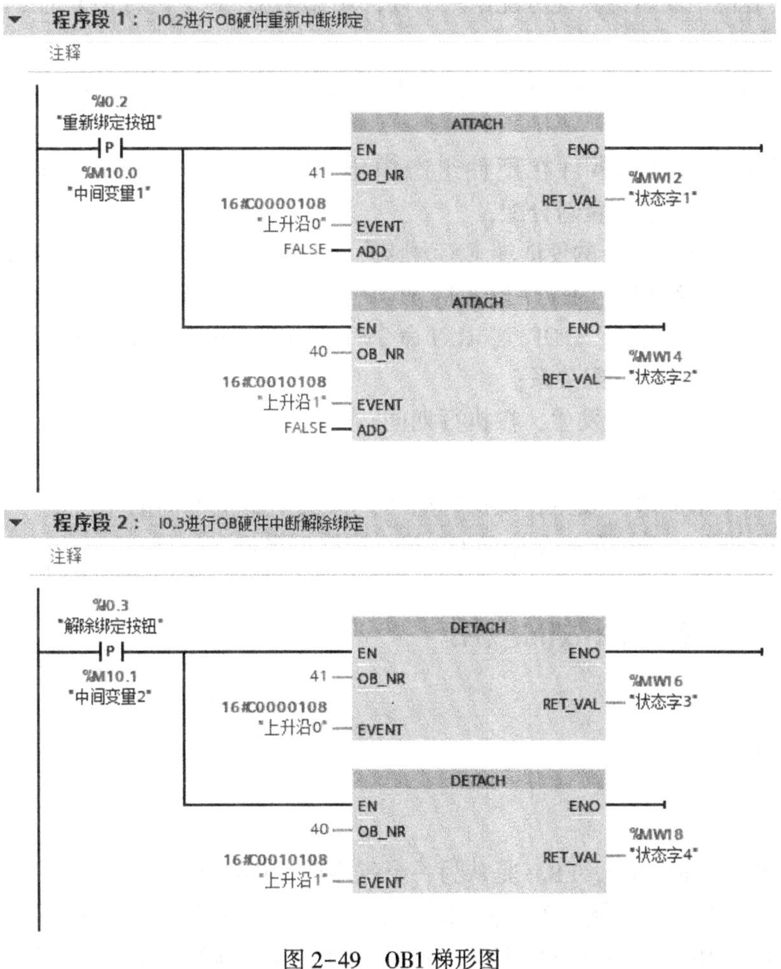

图 2-49　OB1 梯形图

图 2-50 为重新绑定中断示意。图 2-51 为解除绑定中断示意。

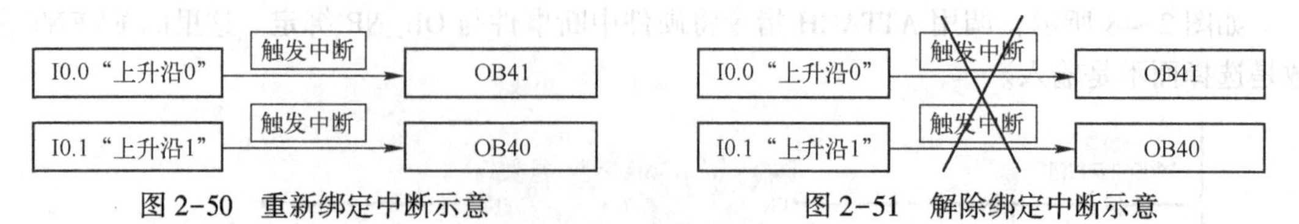

图 2-50 重新绑定中断示意　　图 2-51 解除绑定中断示意

步骤 5：在线监控

在变量表中对“模拟量输入 1”和“模拟量输出 1”进行监控，如图 2-52 所示。

名称	数据类型	地址	保持	从 H...	从 H...	在 H...	监视值
模拟量输入1	Word	%IW64	☐	☑	☑	☑	16#26EA
模拟量输出1	Word	%QW64	☐	☑	☑	☑	16#1388

图 2-52 在线监控

小贴士

通过以上实例可知，硬件中断在使用中需要注意如下事项：

（1）一个硬件中断事件只能分配给一个硬件中断 OB，一个硬件中断 OB 可以分配给多个硬件中断事件；

（2）用户程序中最多可使用 50 个互相独立的硬件中断 OB，数字量输入和高速计数器均可触发硬件中断；

（3）中断 OB 和中断事件在硬件组态中定义，在 CPU 运行时可通过 ATTACH 和 DETACH 指令进行中断事件重新分配；

（4）如果 ATTACH 指令的使能端 EN 为脉冲信号触发，则在使用 ATTACH 指令进行中断事件重新分配后，若 CPU 的操作模式从 STOP 切换到 RUN，则执行一次，包括启动模式处于 RUN 模式时上电和执行 STOP 到 RUN 命令时切换，硬件中断 OB 和硬件中断事件将恢复为在硬件组态中定义的分配关系；

（5）如果一个中断事件发生，在执行期间，同一个中断事件再次发生，则新发生的中断事件将丢失；

（6）如果一个中断事件发生，在执行期间，又发生多个不同的中断事件，则新发生的中断事件将进入排队，等待第一个中断 OB 执行完毕后再依次执行。

2.5 函数块与函数的应用

2.5.1 概述

1. 函数块（FB）

函数块（Function Block，FB）是从另一个程序块（OB、FB 或 FC）进行调用时执行的子例程。调用块将参数传递到 FB，并标识可存储特定调用数据或该 FB 实例的特定数据块（DB）。更改背景 DB 可使通用 FB 控制一组设备的运行。例如，借助包含每个泵或阀门的

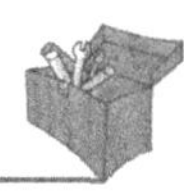

特定运行参数的不同背景 DB，一个 FB 可控制多个泵或阀门。

2. 函数（FC）

函数（Function，FC）也是从另一个程序块（OB、FB 或 FC）进行调用时执行的子例程。与 FB 不同，FC 不具有相关的背景 DB，是不带“存储器”的代码块。由于没有可以存储块参数值的存储数据区，因此调用函数时，必须给所有形参分配实参。用户在函数中编写程序，可在其他代码块中调用该函数。

FC 一般有两个作用：

① 作为子程序使用。将相互独立的控制设备分成不同的 FC 编写，统一由 OB 调用，可实现对整个程序的结构化划分，便于程序调试和修改，使整个程序的条理性和易读性增强。

② 可以在程序的不同位置多次调用同一个函数。函数中通常带有形参，通过多次调用，并对形参赋值不同的实参，可实现对功能类似的设备进行统一编程和控制。

3. 模块化程序块

首先通过设计 FB 和 FC 执行通用任务，可创建模块化程序块，然后可通过由其他程序块调用这些可重复使用的模块来构建程序。调用块将设备特定的参数传递给被调用块，如图 2-53 所示。当一个程序块调用另一个程序块时，CPU 会执行被调用块中的程序代码。执行完被调用块后，CPU 会继续执行该块调用之后的指令。

如图 2-54 所示，可嵌套块的调用可实现更加模块化的结构。

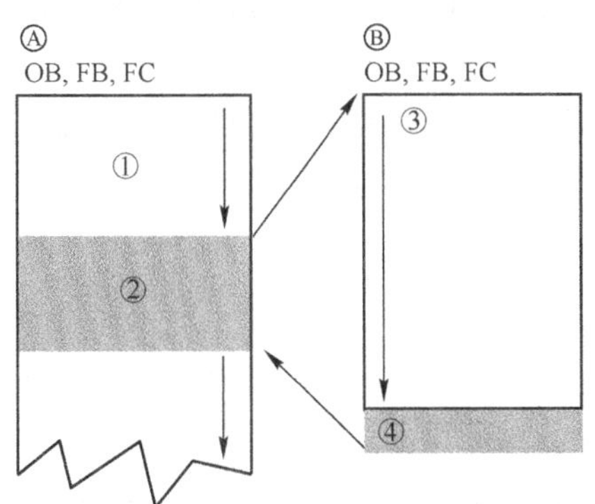

Ⓐ 调用块；Ⓑ 被调用（或中断）块；
① 程序执行；② 可调用其他块的操作；
③ 程序执行；④ 块结束（返回到调用块）。

图 2-53　块调用示意

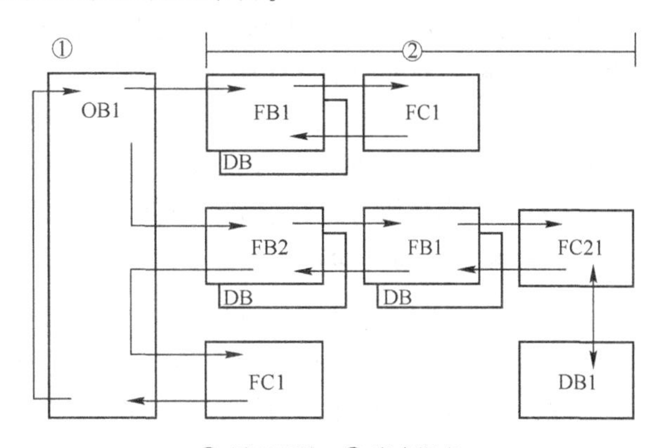

① 循环开始；② 嵌套深度。

图 2-54　可嵌套块

2.5.2　函数及其接口区定义

1. 函数的形参接口区

图 2-55 为函数 FC1 形参接口区。参数类型分为输入参数、输出参数、输入/输出参数和返回值。本地数据包括临时数据和本地常量。每种形参类型和本地数据均可以定义多个变量。

FC 形参具体说明如下：

Input：输入参数，调用时将用户程序数据传递到函数，实参可以为常数。

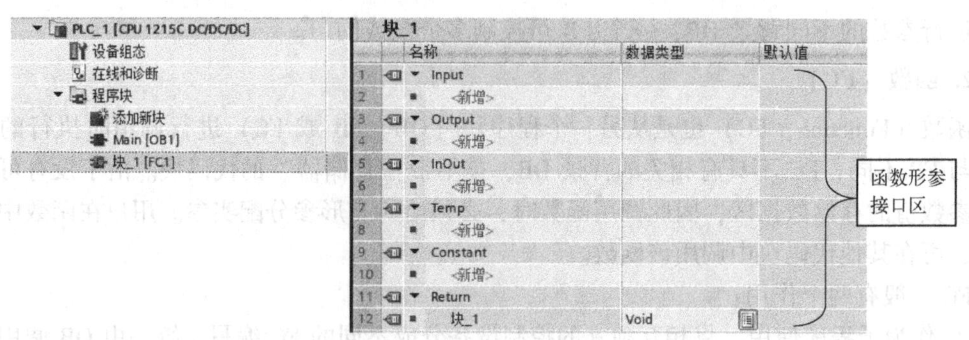

图 2-55　函数 FC1 形参接口区

Output：输出参数，调用时将函数执行结果传递到用户程序，实参不能为常数。

InOut：输入/输出参数，调用时由函数读取后进行运算，执行后将结果返回，实参不能为常数。

Temp：用于存储临时中间结果的变量，为本地数据区 L，只能用于函数内部作为中间变量使用。临时变量在函数调用时生效。函数执行完成后，临时变量区被释放，所以临时变量不能存储中间数据。临时变量在调用函数时由系统自动分配，退出函数时系统自动回收，所以数据不能保持。因此采用上升沿/下降沿信号时，如果使用临时变量区存储上一个周期的位状态，将会导致错误。如果是非优化的函数，则临时变量的初始值为随机数；如果是优化存储的函数，则临时变量中基本数据类型的变量会初始化为“0”。比如，Bool 型变量初始化为“False”，INT 型变量初始化为“0”。

Constant：符号常量，程序中可以使用符号代替常量，使程序具有可读性，易于维护。符号常量由名称、数据类型和常量值三个元素组成。局部常量仅在块内适用。

Return：函数执行返回情况，数据类型为 Void。

2. 无形参函数（子程序功能）

在函数的接口数据区中可以不定义形参变量，即调用程序与函数之间没有数据交换，只是运行函数中的程序，这样的函数可作为子程序调用。使用子程序可将整个控制程序进行结构化划分，清晰明了，便于设备的调试和维护。

例如，控制三个相互独立的控制设备，首先可将程序分别编写在三个子程序中，然后在主程序中分别调用各个子程序，实现对设备的控制，程序结构如图 2-56 所示。

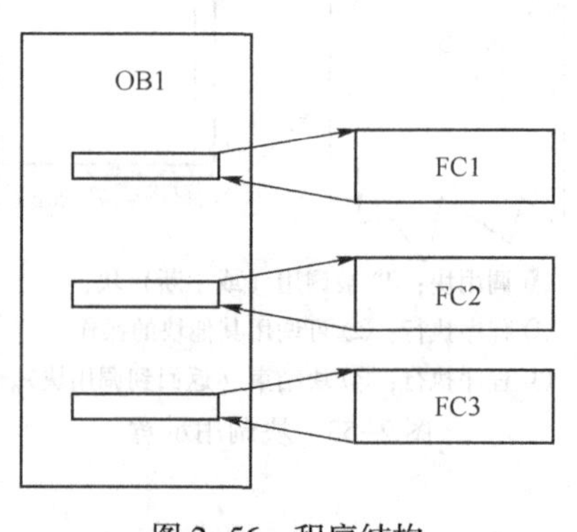

图 2-56　程序结构

2.5.3　函数块 FB 接口区及其单个实例 DB

1. 函数块 FB 接口区

与函数 FC 相同，函数块 FB 也带有形参接口区。参数类型除输入参数、输出参数、输入/输出参数、临时数据区、本地常量外，还带有存储中间变量的静态数据区，如图 2-57 所示。

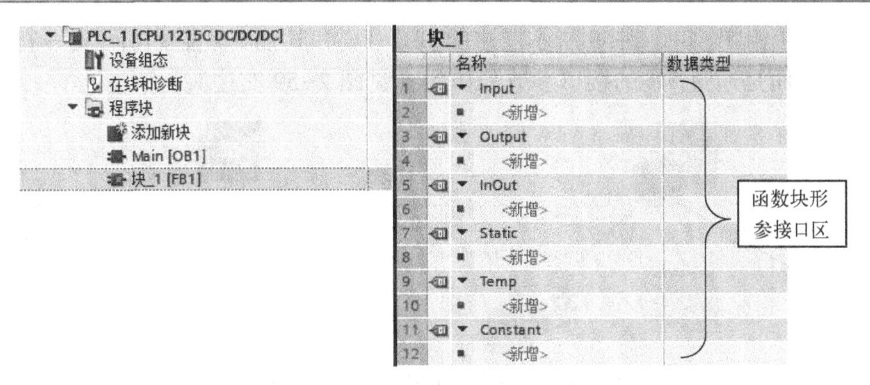

图 2-57　函数块 FB 形参接口区

函数块 FB 形参说明如下：

Input：输入参数，调用时将用户程序数据传递到函数块，实参可以为常数。

Output：输出参数，调用时将函数块的执行结果传递到用户程序，实参不能为常数。

InOut：输入/输出参数，调用时由函数块读取后进行运算，执行后，将结果返回，实参不能为常数。

Static：静态变量，不参与参数传递，用于存储中间过程值。

Temp：用于函数内部临时存储中间结果的临时变量，不占用单个实例 DB 空间。临时变量在函数块调用时生效，函数执行完成后，临时变量区被释放。

Constant：符号常量，在程序中可以使用符号代替常量，使程序可读性增强，易于维护。符号常量由名称、数据类型和常量值三个元素组成。

2. 函数块 FB 的数据块

相比 FC 没有存储功能来说，FB 是具有存储功能的，因为调用 FB 时需要单个实例 DB。图 2-58 为在 OB 中调用“块_1[FB1]”时的数据块调用选项，程序会自动建立以该块命名的单个实例 DB，也就是“块_1_DB”，编号可以“手动”或“自动”设定。

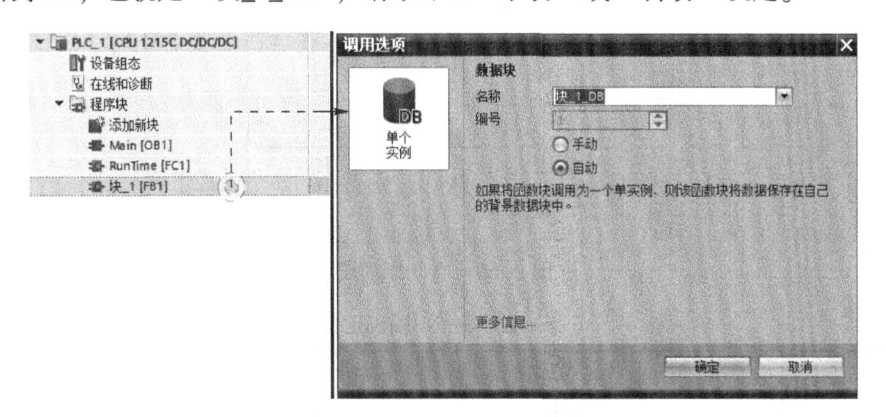

图 2-58　“调用选项”界面

与 FC 的输入/输出没有实际地址对应不同，FB 的输入/输出对应单个实例 DB 地址，且参数传递的是数据。FB 的处理方式是围绕数据块处理数据，输入/输出参数及 Static 的数据都是数据块中的数据。这些数据不会因为函数消失而消失，会一直保持在数据块中。在实际编程中，需要避免出现如图 2-59 所示左边的 OB、FC 和其他 FB 直接访问某一个 FB 单个实例 DB 的方式，而是通过 FB 的接口参数来访问（见图 2-59 右边）。

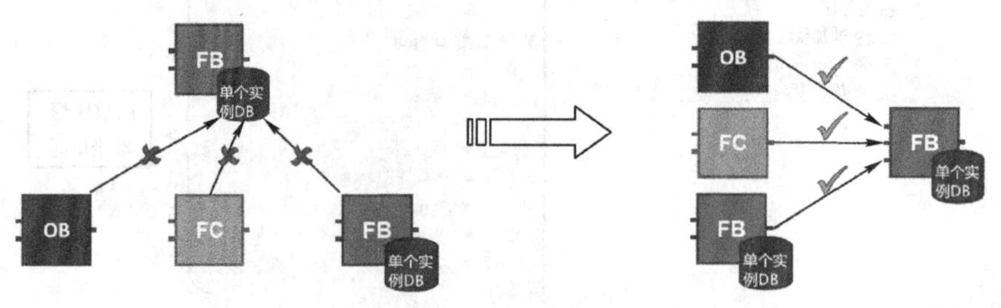

图 2-59　访问 FB 块中单个实例 DB 的正确方式

2.5.4 【实例 2-7】模拟量信号增益的 FC 编程

实例说明

使用 FC 实现如下功能：通过拨码开关 SA1、SA2 和 SA3 的组合实现对 CPU 1215C DC/DC/DC 模拟量输入通道的增益 100%、105%、110%、115%、120%、125%、130%、135% 等共 8 个值的选择，经计算后，输出到模拟量输出通道。

实施步骤

步骤 1：定义输入/输出元件

电气原理图如图 2-60 所示。表 2-25 为输入/输出定义。

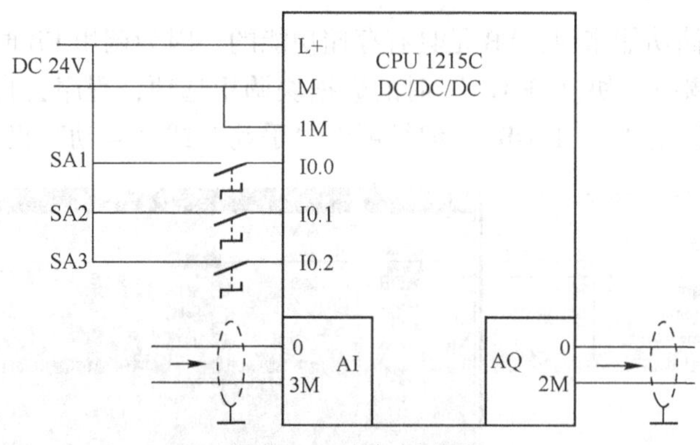

图 2-60　电气原理图

表 2-25　输入/输出定义

	PLC 软元件	元件符号/名称
输入	I0. 0	SA1/增益拨码开关 1
	I0. 1	SA2/增益拨码开关 2
	I0. 2	SA3/增益拨码开关 3
	IW64	AI/模拟量输入
输出	QW64	AQ/模拟量输出

步骤 2：FC 编辑

图 2-61 为添加 FC，“名称”为“AI_Gain_AO”，“编号”为“1”。

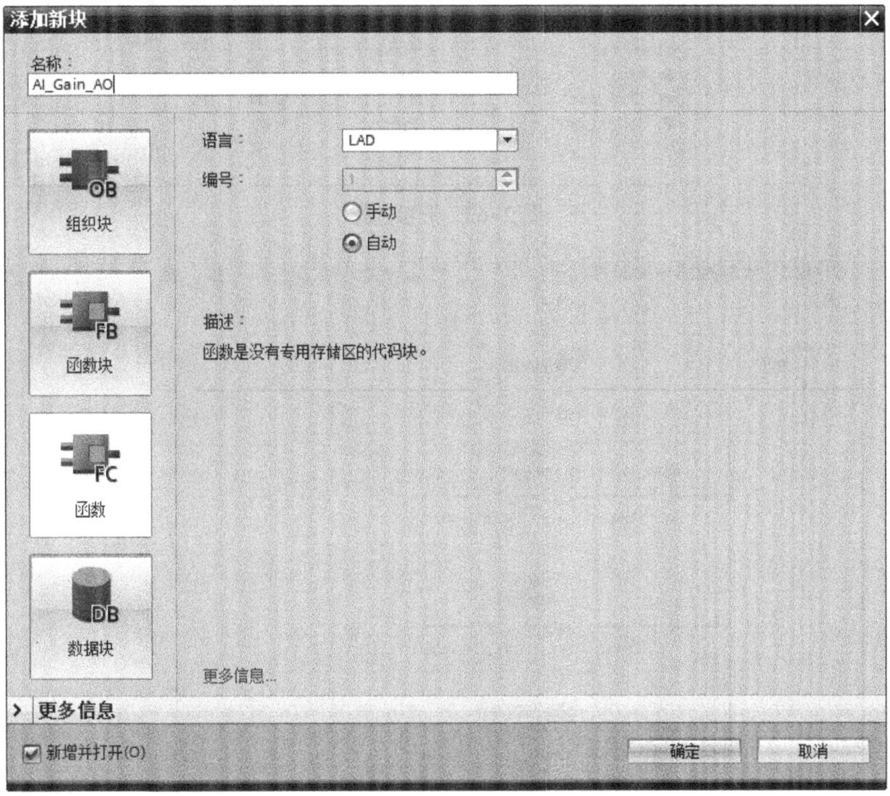

图 2-61　添加 FC

根据任务说明，定义如图 2-62 所示的形参，包括输入为 SA1、SA2、SA3 的选择开关（数据类型为 Bool），AI 为模拟量输入值（数据类型为 Int），GAIN 为数组类型的增益（8 种组合时的增益值），AO 为模拟量输出值（数据类型为 Int），tmp1、tmp2 和 tmp3 为临时参数（用于存放中间计算值）。

名称	数据类型
▼ Input	
SA1	Bool
SA2	Bool
SA3	Bool
AI	Int
▶ GAIN	Array[0..7] of Int
▼ Output	
AO	Int
▼ Temp	
tmp1	Int
tmp2	Real
tmp3	Real

图 2-62　定义形参

与 OB1 中直接输入变量不一样，FC 和 FB 中输入的形参以#开头，并从如图 2-63 所示中选择。

图 2-64 为 FC1 梯形图。程序说明如下：

程序段 1：用 tmp1 存放 SA1、SA2 和 SA3 的组合值，计算采用 SA1 * 1+SA2 * 2+SA3 * 4 的方式，其中 SA1 等选择开关值为 0 或 1。

程序段 2：将 GAIN 数组中的 tmp1 值除以 100.0，结果存放在 tmp3 中；将模拟量输入值转化为 tmp2，并与 tmp3 相乘，结果仍放在 tmp2 中；判断 tmp2 的值，如果超过 27648，则输出 27648，否则输出实际值 tmp2。这里涉及整数与实数的转化，指令为 CONV。

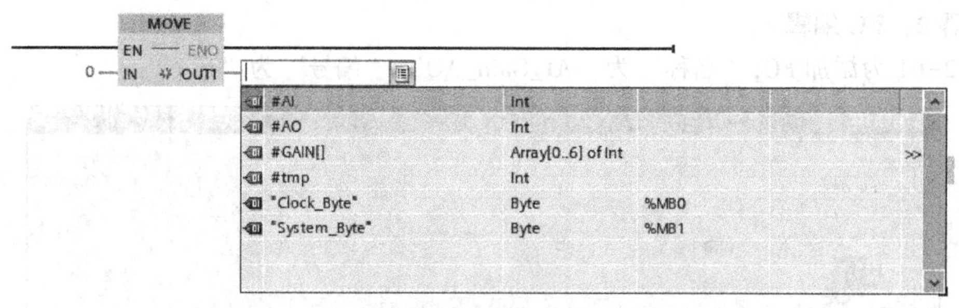

图 2-63　形参选择

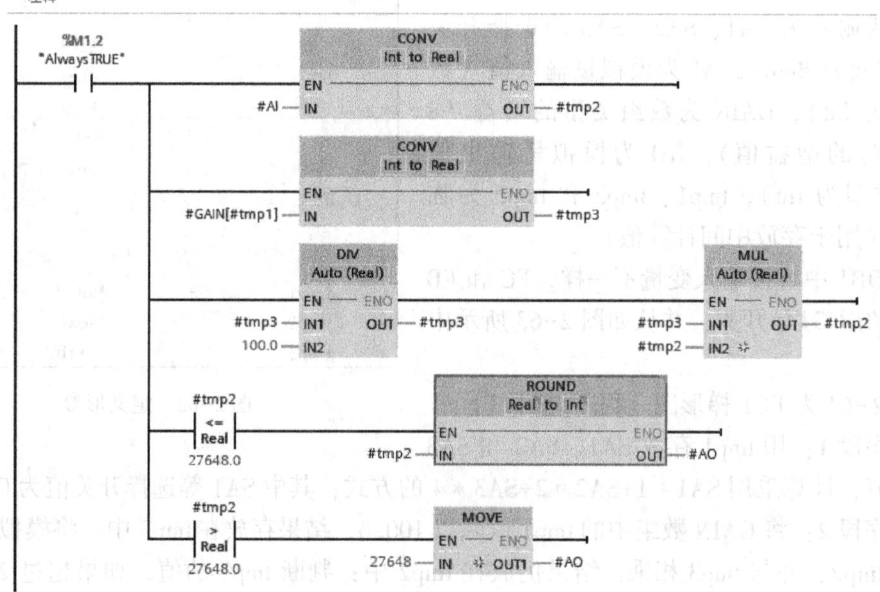

图 2-64　FC1 梯形图

步骤 3：DB1 的定义

由于增益是固定数值，需要新建 DB1，并定义 Gain1 变量为 Array[0..7] of Int 的形式，输入起始值，即 100、105、…、135 等，如图 2-65 所示。

名称	数据类型	起始值
▼ Static		
▼ Gain1	Array[0..7] of Int	
Gain1[0]	Int	100
Gain1[1]	Int	105
Gain1[2]	Int	110
Gain1[3]	Int	115
Gain1[4]	Int	120
Gain1[5]	Int	125
Gain1[6]	Int	130
Gain1[7]	Int	135

图 2-65　DB1 的定义

步骤 4：OB1 编程

从如图 2-66 所示“程序块”中，将 FC1 直接拖入 OB1 程序段 1，就可以进行参数赋值，具体如图 2-67 所示。其中，GAIN 参数直接进行变量符号寻址为“数据块_1 * . Gain1”。

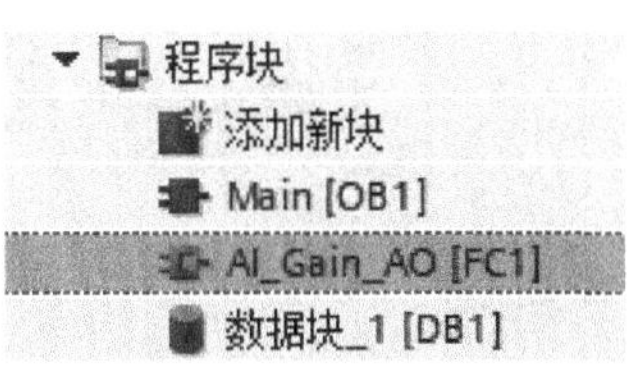

图 2-66　“程序块”界面

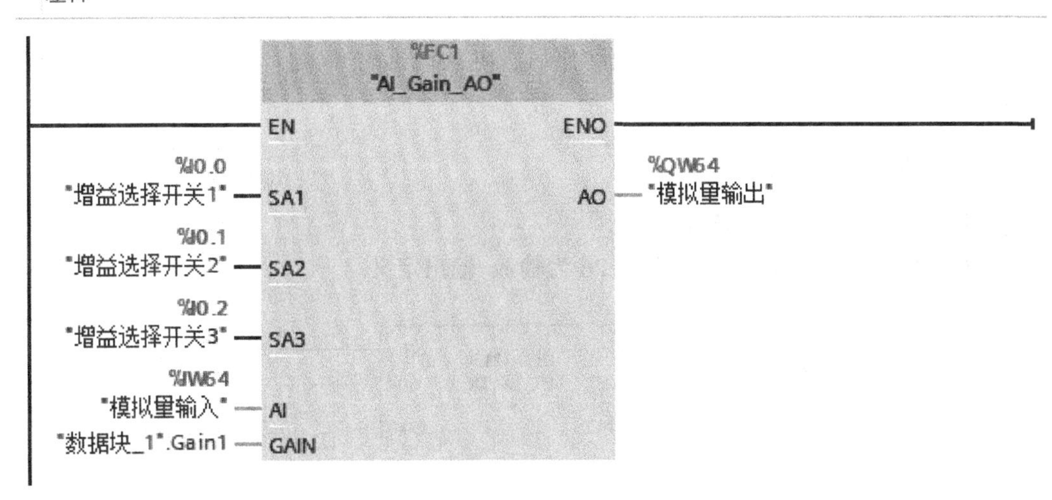

图 2-67　OB1 梯形图

步骤 5：在线监控

在线监控如图 2-68 所示，当 SA1=0、SA2=1、SA3=1 时，“模拟量输入”为“9744”，经增益计算后，“模拟量输出”为“12667”。

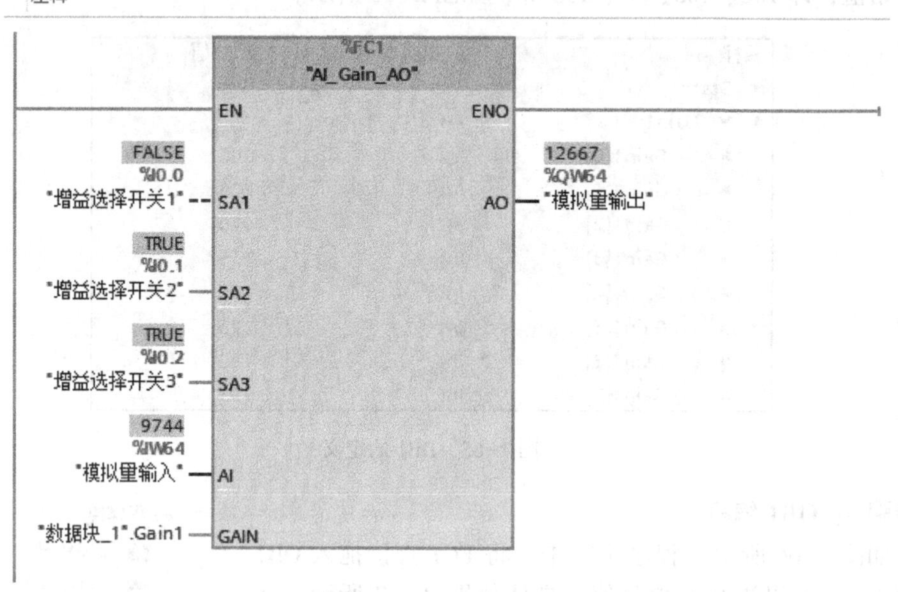

图 2-68　在线监控

2.5.5 【实例 2-8】电动机延时启/停的 FB 编程

实例说明

使用 FB 实现如下功能：启动按钮动作后，电动机延时 4s 运行，自动延时 5s 后停机。如果有故障信号输入，则立即停机。

实施步骤

步骤 1：定义输入/输出元件

电气原理图如图 2-69 所示。表 2-26 为输入/输出定义。

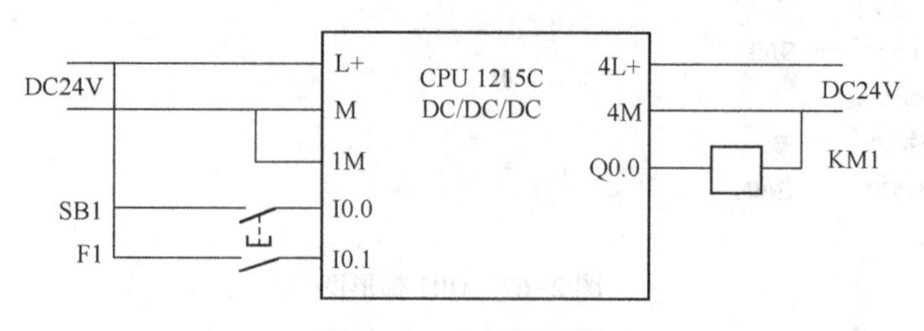

图 2-69　电气原理图

表 2-26　输入/输出定义

	PLC 软元件	元件符号/名称
输入	I0.0	SB1/启动按钮
	I0.1	F1/故障信号
输出	Q0.0	KM1/电动机接触器

步骤 2：FB 编程

图 2-70 为添加“Motor”为 FB。

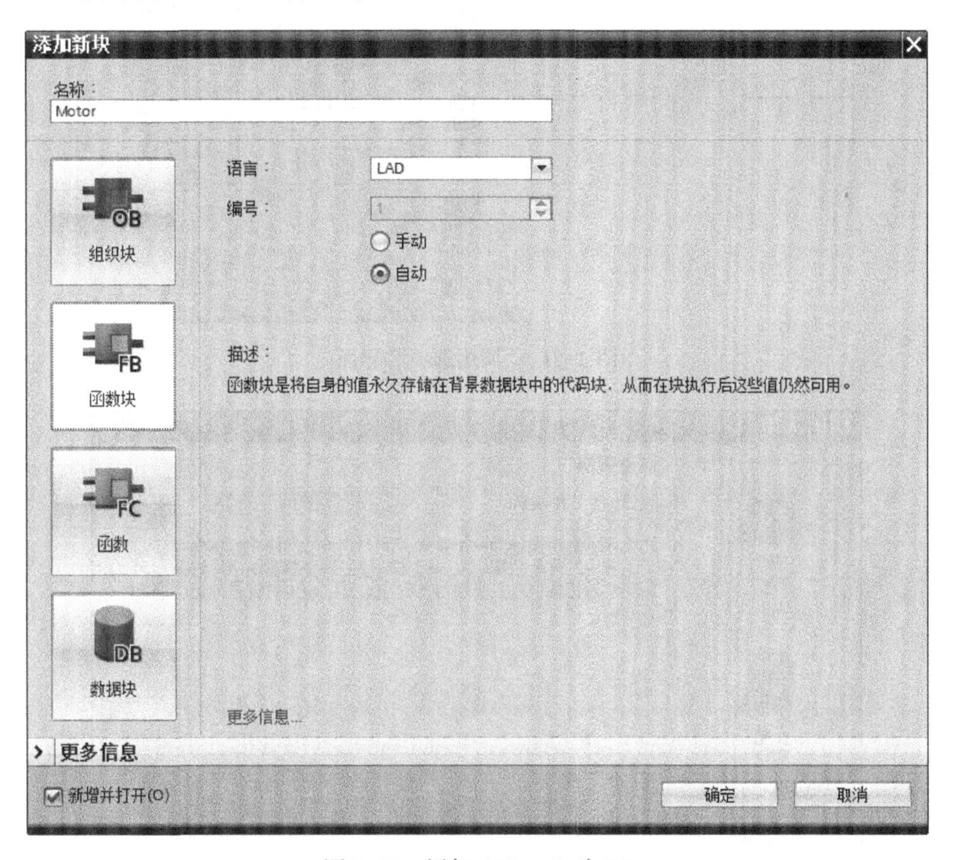

图 2-70　添加“Motor”为 FB

表 2-27 为输入/输出参数定义。

表 2-27　输入/输出参数定义

输入/输出参数类型	名　称	数 据 类 型	功　能
Input	StartPB	Bool	启动按钮
	Fault	Bool	故障信号
	StartTime	Time	启动延时时间
	StopTime	Time	运行时间
Output	Motor	Bool	接触器
Static	StartSign	Bool	启动中间变量

由于 FB 编程时需要采用定时器 TON 指令，因此在调用指令时，可以选择多重实例的调用选项，分别如图 2-71、图 2-72 所示。

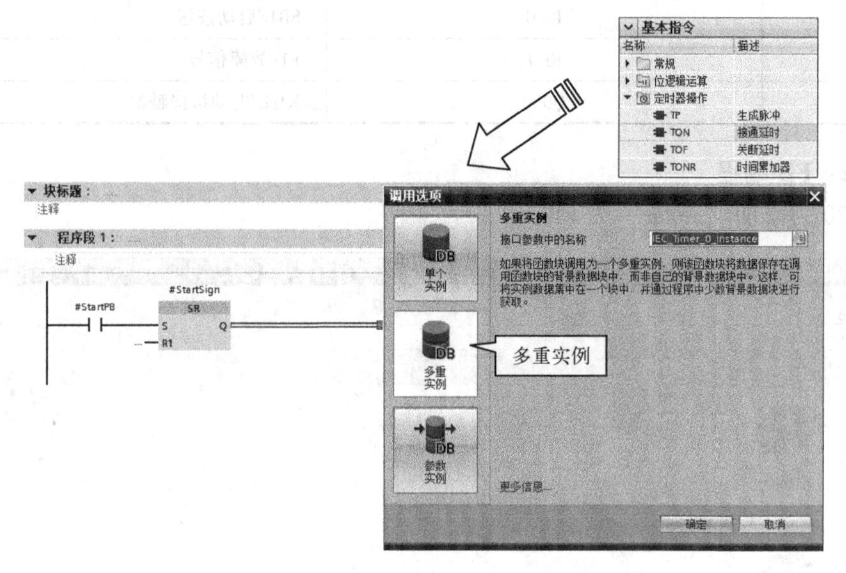

图 2-71 “调用选项”界面

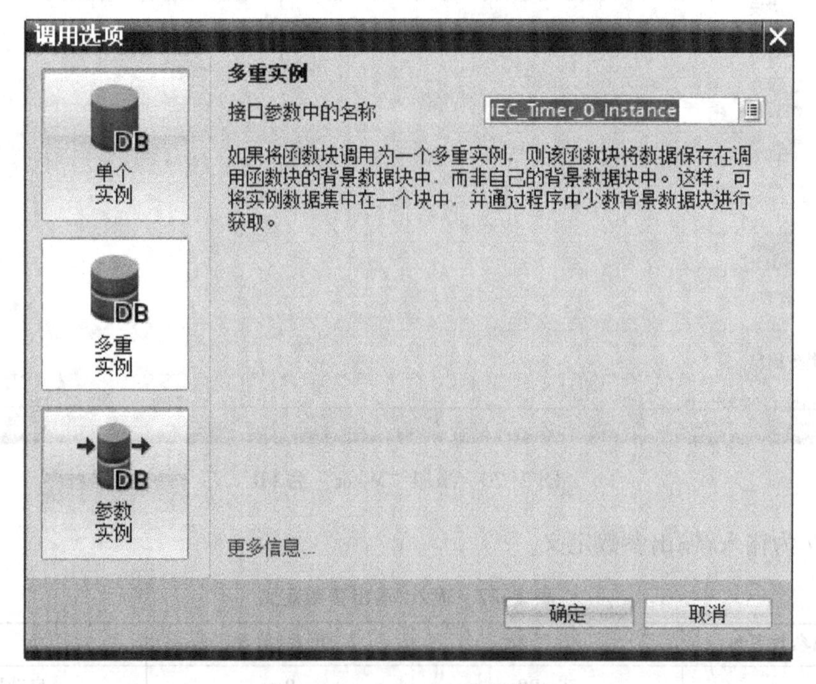

图 2-72 选择“多重实例”

图 2-73 为 FB1 梯形图，采用 TON 和 SR 等组合逻辑实现延时启/停功能。完成后，FB 参数增加了两个接口参数，即 IEC_Timer_0_Instance 和 IEC_Timer_0_Instance_1，数据类型为 TON_TIME。

完成后的 FB 参数如图 2-74 所示。

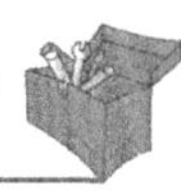

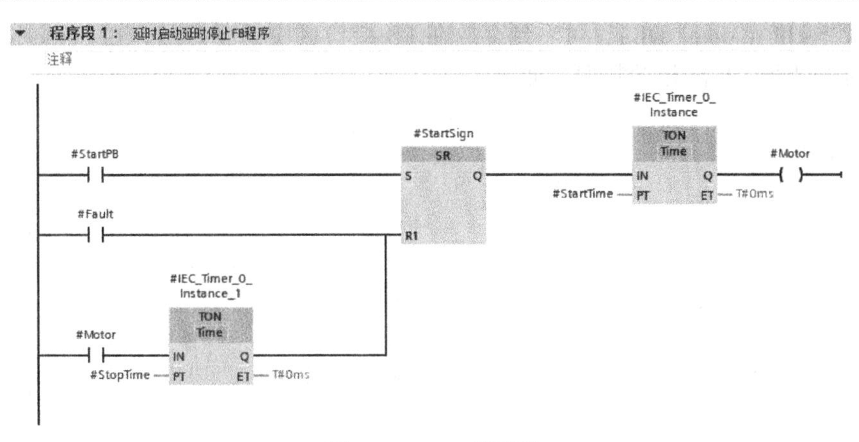

图 2-73　FB1 梯形图

名称	数据类型	默认值	保持
▼ Input			
StartPB	Bool	false	非保持
Fault	Bool	false	非保持
StartTime	Time	T#0ms	非保持
StopTime	Time	T#0ms	非保持
▼ Output			
Motor	Bool	false	非保持
▼ Static			
StartSign	Bool	false	非保持
▸ IEC_Timer_0_Instance	TON_TIME		非保持
▸ IEC_Timer_0_Instance_1	TON_TIME		非保持

图 2-74　完成后的 FB 参数

步骤 3：OB1 编程

在 OB1 编程，将 FB1 拖入时，会自动生成一个 DB，本实例为“Motor_DB”，完成后的梯形图如图 2-75 所示。

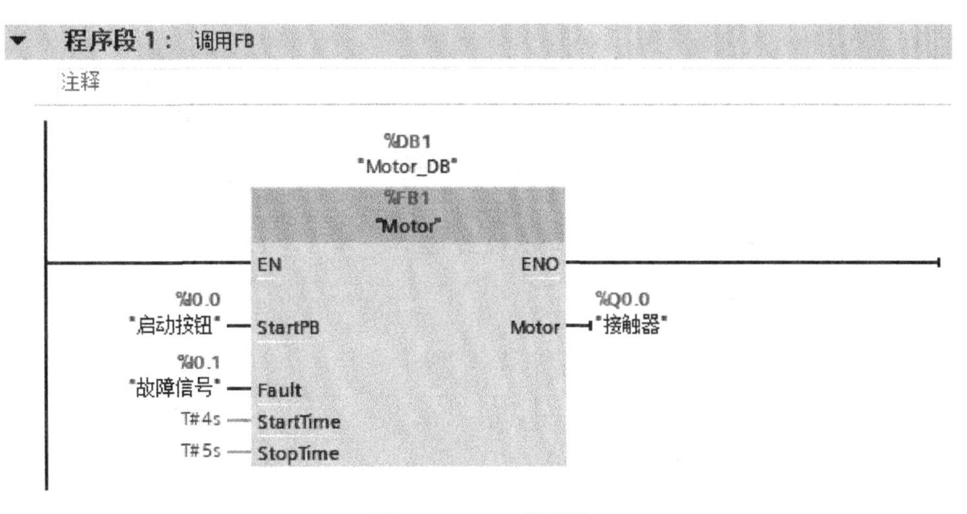

图 2-75　OB1 梯形图

打开背景 DB（Motor_DB），可看到存放在 FB 接口区中的各参数，在 Static 接口区中就存放了定时器背景 DB 的相关数据，如图 2-76 所示。

名称	数据类型	起始值
▼ Input		
■ StartPB	Bool	false
■ Fault	Bool	false
■ StartTime	Time	T#0ms
■ StopTime	Time	T#0ms
▼ Output		
■ Motor	Bool	false
InOut		
▼ Static		
■ StartSign	Bool	false
■ ▼ IEC_Timer_0_Instance	TON_TIME	
■ PT	Time	T#0ms
■ ET	Time	T#0ms
■ IN	Bool	false
■ Q	Bool	false
■ ▼ IEC_Timer_0_Instance_1	TON_TIME	
■ PT	Time	T#0ms
■ ET	Time	T#0ms
■ IN	Bool	false
■ Q	Bool	false

图 2-76　接口区中的各参数

步骤 4：在线监控

图 2-77 为延时启动监控，此时定时时间 4s 未到、“#Motor” 输出为 0。图 2-78 为延时停止监控，即 “#Motor” 输出为 1、运行不到 5s。

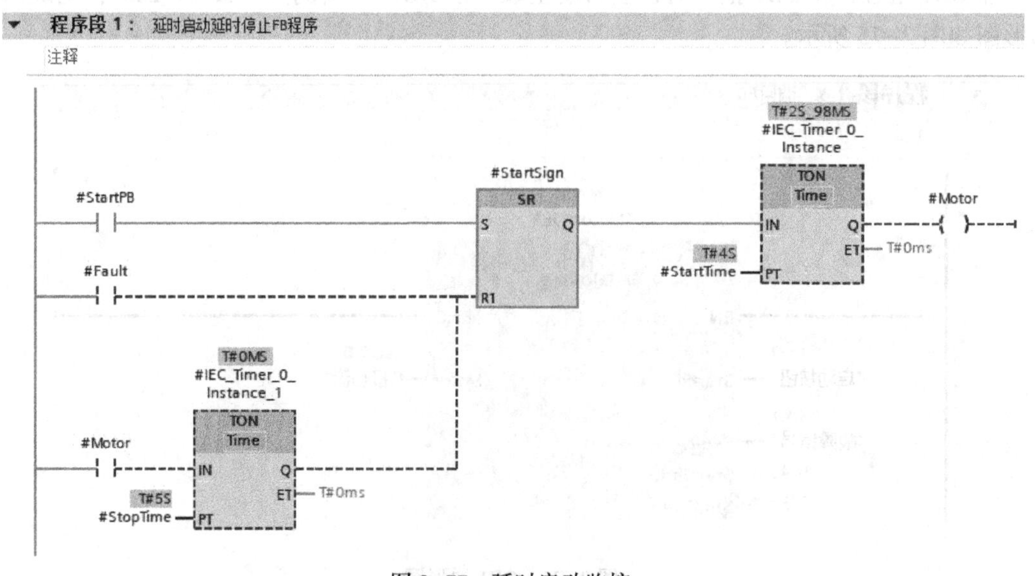

图 2-77　延时启动监控

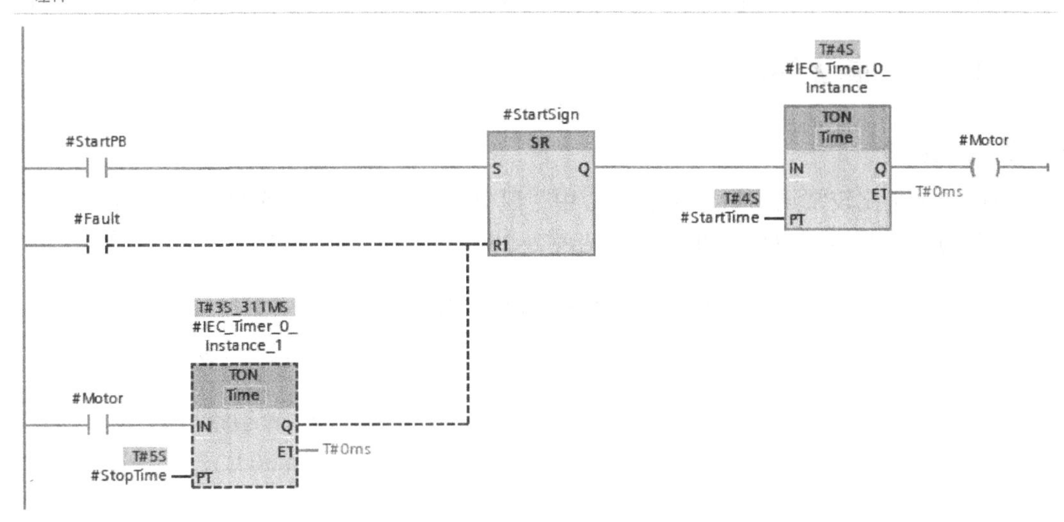

图 2-78　延时停止监控

在程序的编写过程中，若调用的一些指令是 FB 模式的，如定时器指令、计数器指令、运动控制指令或通信应用的一些指令等，则这些指令其实都是一个一个的 FB。调用时，都可以考虑在 FB 中编写，并在分配背景 DB 时选择“多重实例”，可减少在程序资源中生成过多的背景 DB。同样，若一些用户自己编写 FB 比较多时，也可以把它集成到一个 FB 中。

2.6　SCL 及其应用

2.6.1　概述

SCL（Structured Contorl Language）即为结构化控制语言。在建立 OB、FB、FC 等程序块时，可以直接选择 SCL。SCL 类似计算机高级语言，主要用 IF…THEN、CASE… OF…、FOR、WHILE…DO、REPEAT…UNTIL 等语句构造条件、循环、判断等结构，在这些结构中再添加指令，即可实现逻辑判断。

用 SCL 编写 PLC 程序都是在纯文本环境下编写的，不像梯形图那么直观，但应用起来却非常灵活。SCL 是目前主流 PLC 都支持的一种符合 IEC61131-3 规范的编程语言，具体指令规范如下：

（1）一行代码结束后要添加英文分号（“;”），表示该行代码结束；

（2）所有代码程序都为英文字符，在英文输入法下输入字符；

（3）可以添加中文注释，注释前先添加双斜杠（“//”），这种注释方法只能添加行注释，段注释要插入一个注释段；

（4）在 SCL 中，变量需要在双引号内，定义好变量后，软件能辅助添加。

2.6.2 SCL 指令介绍

1. 赋值指令

赋值指令是比较常见的指令。在 SCL 中，赋值指令的格式是一个冒号加等号（“:=”）。从梯形图到 SCL 指令，具体的赋值变化见表 2-28。

表 2-28　梯形图与 SCL 指令的对比

梯　形　图	SCL 指令	备　　注
M400.0 —| |— M400.1 —( )—	M400.1:=M400.0	左右次序与梯形图相反
M100.0 —|/|— M100.1 —( )—	M100.1:=NOT M100.0	取反用 NOT 指令
M100.0 —| |— M100.1 —(S)—	IF(M100.0) THEN M100.1:=TRUE END_IF	S 置位指令用 IF…THEN 语句，输出为 TRUE
M100.0 —| |— M100.1 —(R)—	IF(M100.0) THEN M100.1:=FALSE END_IF	R 复位指令用 IF…THEN 语句，输出为 FALSE

2. 位逻辑运算指令

在 SCL 中，常用的位逻辑运算指令有：

（1）取反指令：NOT，与梯形图中的 NOT 指令用法相同。

（2）与运算指令：AND，相当于梯形图中的串联关系。

（3）或运算指令：OR，相当于梯形图中的并联关系。

（4）异或运算指令：XOR，在梯形图中，字逻辑运算中有异或运算指令，没有 Bool 的异或指令。

（5）上升沿指令：R_TRIG 表示上升沿，F_TRIG 表示下降沿，使用时会自动添加 DB。

3. 数学运算指令

在 SCL 中，数学运算指令与梯形图中的用法基本相同，助记符不同，常用的数学运算指令有：

（1）加法：用符号“+”运算。

（2）减法：用符号“-”运算。

（3）乘法：用符号“*”运算。

（4）除法：用符号“/”运算。

（5）取余数：用符号“MOD”运算。

（6）幂：用符号“**”运算。

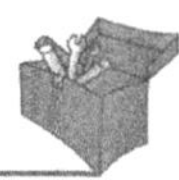

其他数学运算指令包括 SIN、COS、TAN、LN、LOG、ASIN、ACOS、ATAN 等。

4. 条件控制指令

常见的条件控制指令有 IF…THEN、CASE… OF…等。以 IF…THEN 为例，格式说明如下：

```
IF a = b THEN
;
ELSIF a = c THEN
;
ELSE
;
END_IF;
```

在条件控制指令中常会用到变量比较，如>、>=、<、<=、=，也会用到逻辑符号，如 and、or、not 等。

5. 循环控制指令

循环控制指令包括 FOR、WHILE…DO、REPEAT…UNTIL 等。

（1）FOR 指令

```
FOR Control Variable:= Start TO End BY Increment DO
;
END_FOR;
```

（2）WHILE…DO 指令

```
WHILE a = b DO
;
END_WHILE;
```

（3）REPEAT…UNTIL 指令

```
REPEAT
;
UNTIL a = b
END_REPEAT;
```

以上循环控制指令也会经常与条件控制指令配合使用。

2.6.3 【实例 2-9】用 SCL 编写 OB 实现电动机的控制

实例说明

用 SCL 编写程序实现如下功能：每按下一次启动按钮，启动一台电动机，共计四台；

按下停止按钮时，所有电动机均停止运行。

实施步骤

步骤 1：电气接线和输入/输出定义

图 2-79 为电气接线图。表 2-29 为输入/输出定义。

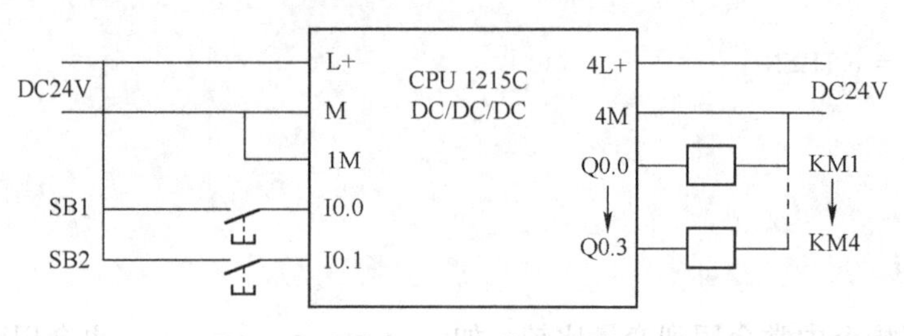

图 2-79　电气接线图

表 2-29　输入/输出定义

	PLC 软元件	元件符号/名称
输　　入	I0. 0	SB1/启动按钮
	I0. 1	SB2/停止按钮
输出	Q0. 0～Q0. 3	KM1～KM4/电动机 1～电动机 4

步骤 2：确定编程思路

表 2-30 为电动机运行状态字节的定义，可以用十进制表示 QB0 的输出，即 QB0：=1（十进制）表示模式 1、QB0：=3（十进制）表示模式 2，依此类推。显然，这种赋值表示方式用 SCL 编程非常直接。

表 2-30　电动机运行状态字节的定义

状态字节 MB10	Q0. 3	Q0. 2	Q0. 1	Q0. 0	QB（十进制）
0	0	0	0	0	0
1	0	0	0	1	1
2	0	0	1	1	3
3	0	1	1	1	7
4	1	1	1	1	15

步骤 3：用 SCL 编程 OB1

在博途软件平台新建一个项目时，OB1 Main 默认为梯形图，因此需要先删除该块。删除后，按如图 2-80 所示添加用 SCL 编程的 OB1（“Program cycle”），与采用梯形图（LAD）编程不同的是，要选择“语言”为 SCL。表 2-31 为变量定义。

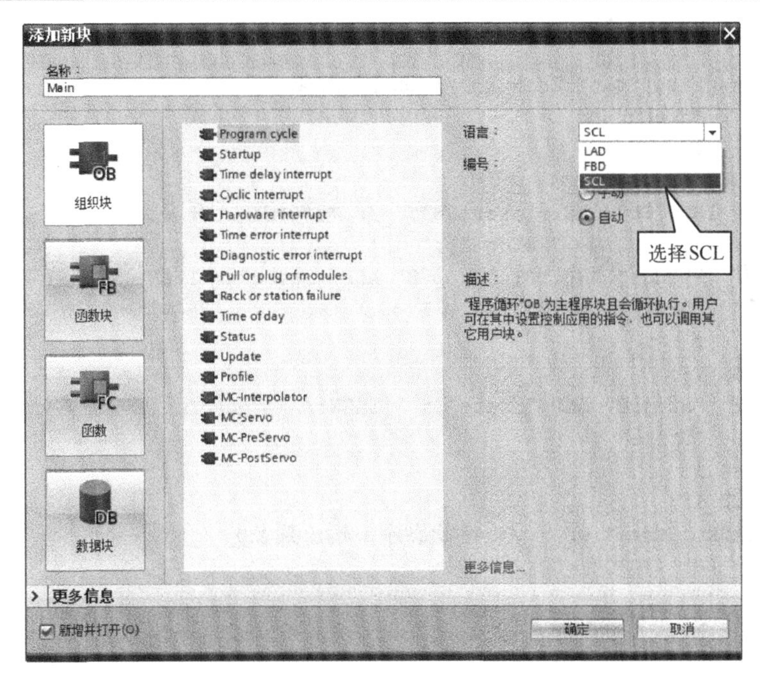

图 2-80　“添加新块”界面

表 2-31　变量定义

变 量 定 义	对 应 地 址	备　　注
FirstScan	M1.0	上电初始化
StartPB	I0.0	启动按钮
StopPB	I0.1	停止按钮
PbEdge	M2.0	启动按钮上升沿
State	MB10	状态字节
QB0	QB0	电动机输出

采用 SCL 编程时，相关指令可以直接从 SCL 编程环境 IF... CASE... OF... FOR... TO DO... WHILE... DO... (*...*) REGION 中直接选取“CASE ... OF ...”“IF... ” 等常见的语句，变量可以从 “""” 处自动导入，如图 2-81 所示。

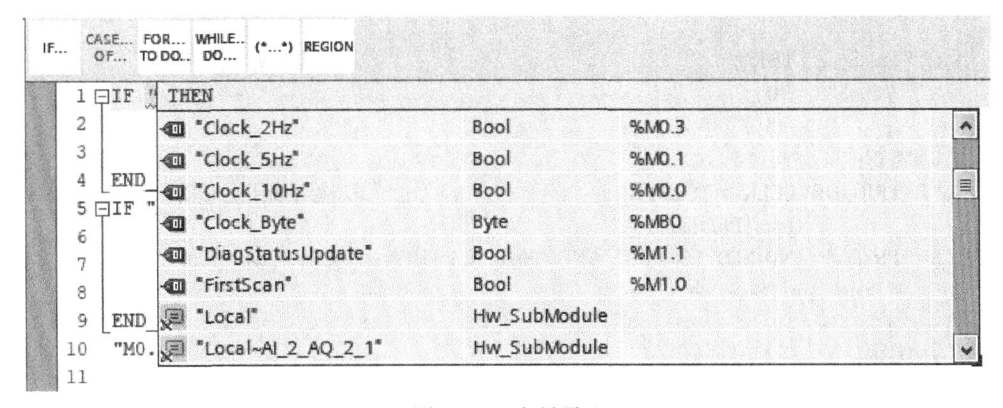

图 2-81　变量导入

图 2-82 为添加用 SCL 编程的 FC。

```
1  IF "FirstScan" THEN     // 上电初始化
2      "State" := 0
3      ;
4  END_IF;
5  "R_TRIG_DB"(CLK:="StartPB",   // 检测按钮上升沿
6              Q=>"PbEdge");
7  IF "PbEdge" AND NOT "StopPB" AND "State"<4 THEN   // 顺序启动
8      "State" := "State" + 1
9      ;
10 END_IF;
11 IF  "StopPB" AND "State" > 0 THEN // 全部停止
12     "State" := 0
13     ;
14 END_IF;
15 CASE "State" OF    // 将状态字节输出到QB0
16     0:  "QB0":=0
17         ;
18     1:
19         "QB0" := 1
20         ;
21     2:
22         "QB0" := 3
23         ;
24     3:
25         "QB0" := 7
26         ;
27     4:
28         "QB0" :=15
29         ;
30     ELSE
31         ;
32 END_CASE;
```

图 2-82　添加用 SCL 编程的 FC

OB1 的 SCL 具体程序如图 2-83 所示。

```
IF "FirstScan" THEN                                   //上电初始化
    "State" := 0
    ;
END_IF;
"R_TRIG_DB"(CLK:="StartPB",                           //检测按钮上升沿
            Q=>"PbEdge");
IF "PbEdge" AND NOT "StopPB" AND "State"<4 THEN       //顺序启动
    "State" := "State" + 1
    ;
END_IF;
```

```
IF  "StopPB" AND "State" > 0 THEN                    //全部停止
    "State" := 0
    ;
END_IF;
CASE "State" OF                                      //将状态字节输出到 QB0
    0: "QB0" :=0
        ;
    1:
        "QB0" := 1
        ;
    2:
        "QB0" := 3
        ;
    3:
        "QB0" := 7
        ;
    4:
        "QB0" :=15
        ;
    ELSE
        ;
END_CASE;
```

图 2-83　OB1 的 SCL 具体程序

步骤 4：下载并监控

SCL 程序编译、下载后进行监控，如图 2-84 所示。图中，右侧为变量实时值，与梯形图略有不同。

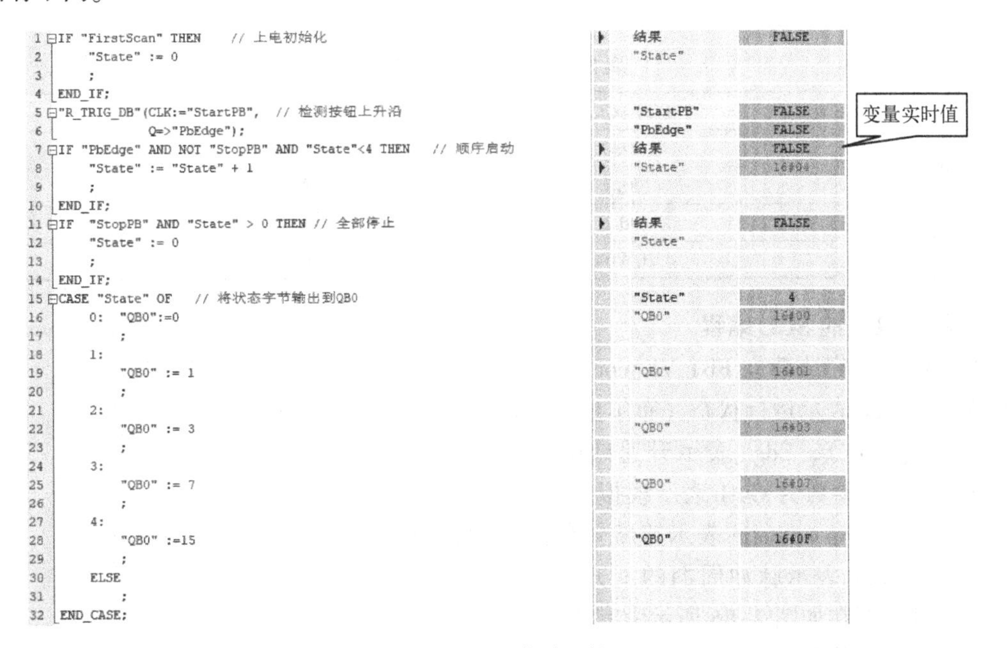

图 2-84　下载并监控

2.6.4 【实例 2-10】用 SCL 编写 FB

实例说明

通过 SCL 编程实现如下功能：三菱 700 系列变频器通过 CPU 1215C DC/DC/DC 进行启/停控制，当按下启动按钮后，变频器启动，并按照 1Hz/s 的加速度运行到 20.0Hz；当按下停止按钮后，变频器以同样的加速度运行到 0Hz 后停机。

实施步骤

步骤 1：电气接线和输入/输出定义

图 2-85 为电气原理图。由于采用三菱 700 系列变频器，当端口 4 接驳电流信号时，必须将 RH 端子闭合，因此与 STF 启动端子一起用 KA1 的 NO 触点。

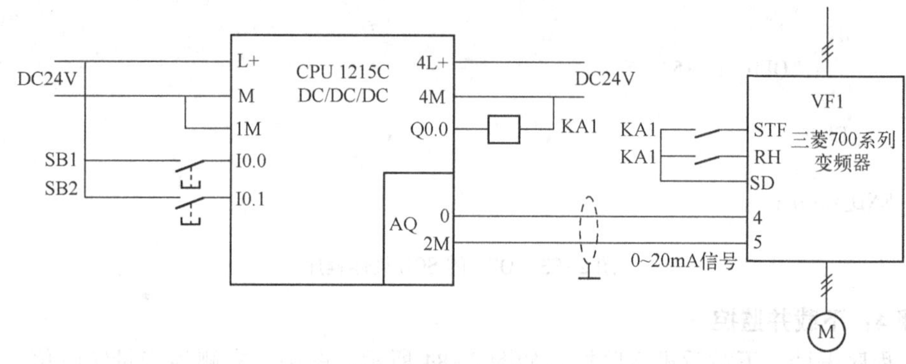

图 2-85　电气原理图

表 2-32 为输入/输出定义。

表 2-32　输入/输出定义

	PLC 软元件	元件符号/名称
输入	I0.0	SB1/停止按钮
	I0.1	SB2/启动按钮
输出	Q0.0	KA1/变频器启动
	QW64	AQ/模拟量输出

步骤 2：FB 的 SCL 编程

本实例需要完成建立 FB1 VF_control，定义 Input 参数为 RunState 表示运行状态（布尔量）、Speed 表示设定速度（实数）、Edge 表示升速或降速的脉冲周期，定义 InOut 参数为 Out1 表示模拟量输出口 1，定义 Static 参数为 SpeedStatic 表示速度转化的模拟量输出值、EdgeStatic 表示脉冲周期的上升沿脉冲。这些参数定义都需要在如图 2-86 所示中完成。

名称	数据类型
▼ Input	
RunState	Bool
Speed	Real
Edge	Bool
▼ Output	
<新增>	
▼ InOut	
Out1	Int
▼ Static	
SpeedStatic	Int
EdgeStatic	Bool

图 2-86　参数定义

PLC 内置的模拟量定义 50.0Hz 对应 27648 整数

输出，需要通过公式 27648 *（20.0/50.0）计算 20.0Hz 对应的整数值，即 SpeedStatic；对于加速度 1Hz/s，计算后，相当于每个 10Hz 脉冲（对应 M0.0）增加 55 整数值。

具体 SCL 程序如下：

```
#SpeedStatic:=REAL_TO_INT(27648.0 * #Speed/50.0);        //频率转换
IF #RunState AND (#Out1<#SpeedStatic) THEN                //启动升速计算
    "R_TRIG_DB"(CLK:=#Edge,
                Q=>#EdgeStatic);
    IF #EdgeStatic THEN
        #Out1 := #Out1 + 55;
        IF #Out1 > #SpeedStatic THEN
            #Out1 := #SpeedStatic;
        END_IF;
    END_IF;
END_IF;
IF (NOT #RunState) AND (#Out1 >0) THEN                    //停止降速计算
    "R_TRIG_DB"(CLK := #Edge,
                Q => #EdgeStatic);
    IF #EdgeStatic THEN
        #Out1 := #Out1 - 55;
        IF #Out1 < 0 THEN
            #Out1 := 0;
        END_IF;
    END_IF;
END_IF;
```

步骤 3：OB1 调用 FB1

在 OB1 中，首先将 FB1 拖至如图 2-87 所示中的梯形图，然后将参数按要求填写完整，即 RunState 端用 M10.0、Speed 端用 20.0、Edge 端用 M0.0、Out1 端接 QW64 即可。

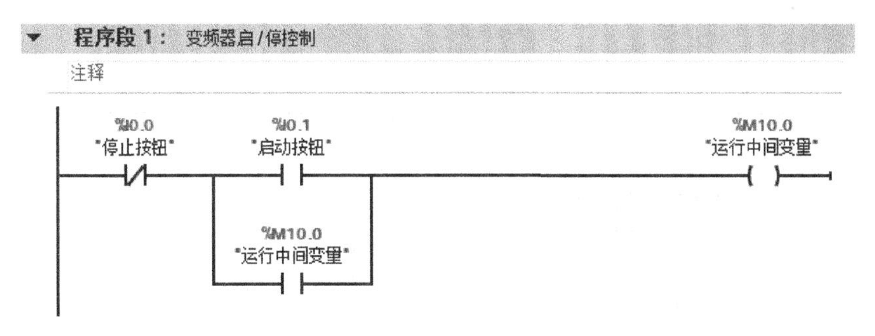

图 2-87　OB1 梯形图

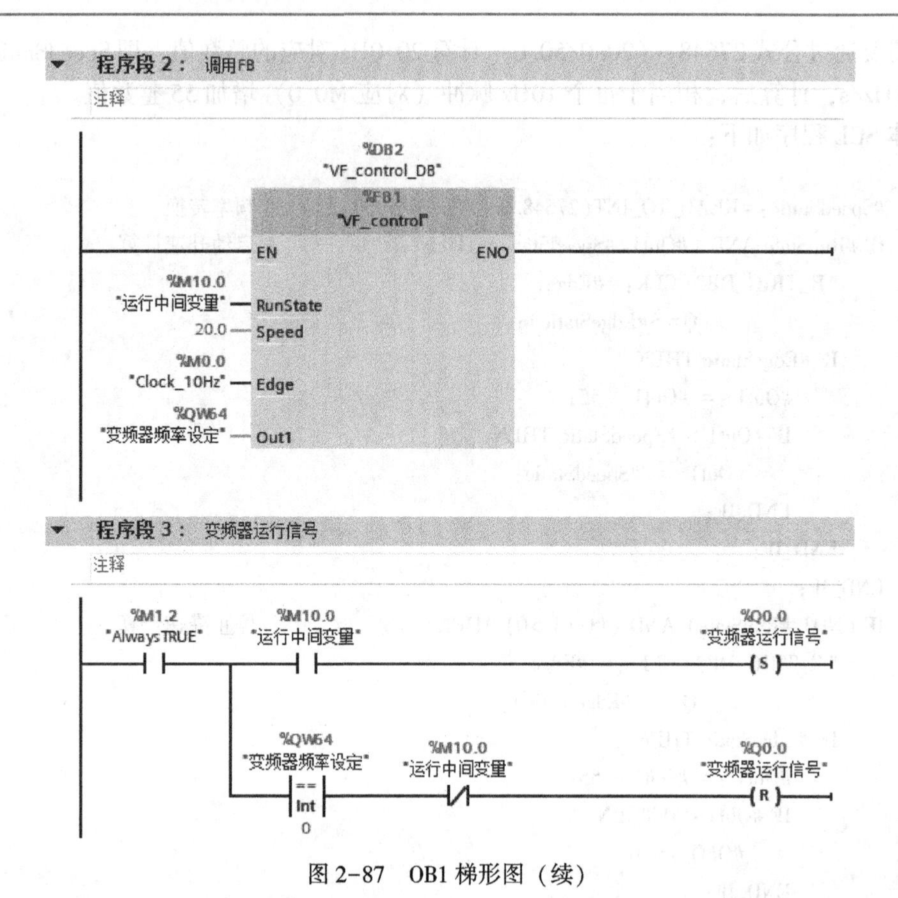

图 2-87　OB1 梯形图（续）

步骤 4：调试

图 2-88 为升速时的监控，此时 Q0.0=1、QW64=2640、M10.0=1。图 2-89 为降速时的监控，此时 Q0.0=1、QW64=6054、M10.0=0。

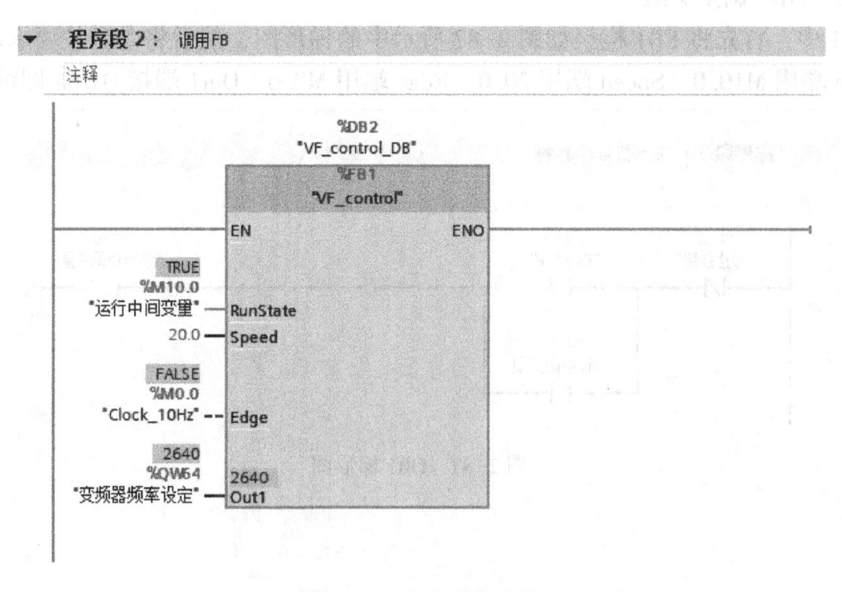

图 2-88　升速时的监控

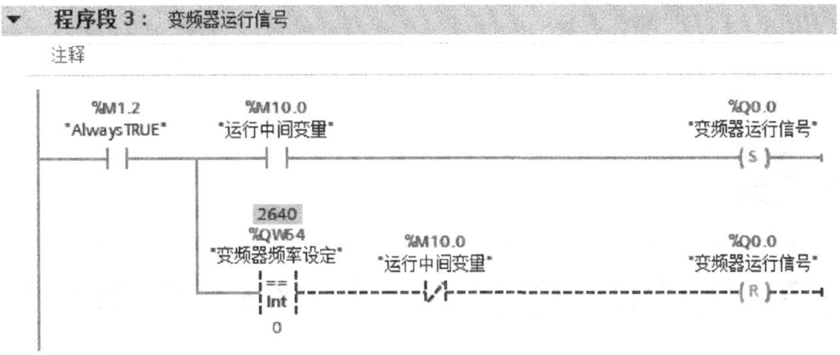

程序段 3： 变频器运行信号

注释

%M1.2
"AlwaysTRUE"
%M10.0
"运行中间变量"
%Q0.0
"变频器运行信号"
S

2640
%QW64
"变频器频率设定"
==
Int
0
%M10.0
"运行中间变量"
%Q0.0
"变频器运行信号"
R

图 2-88　升速时的监控（续）

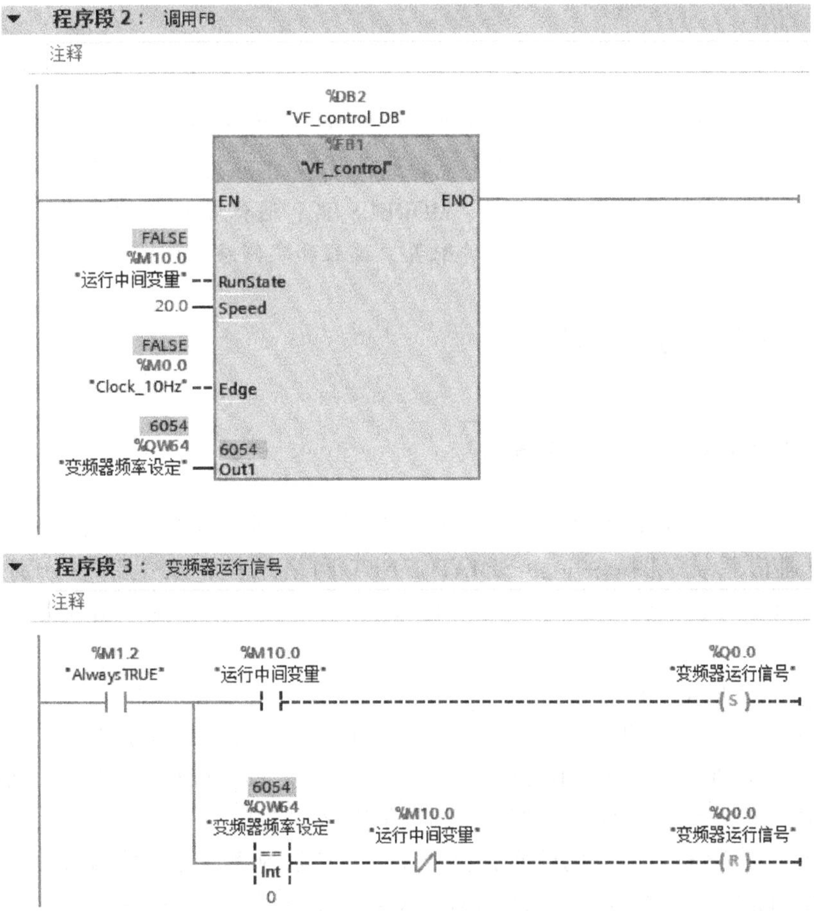

程序段 2： 调用FB

注释

%DB2
"VF_control_DB"
%FB1
"VF_control"
EN
ENO
FALSE
%M10.0
"运行中间变量"
RunState
20.0
Speed
FALSE
%M0.0
"Clock_10Hz"
Edge
6054
%QW64
"变频器频率设定"
6054
Out1

程序段 3： 变频器运行信号

注释

%M1.2
"AlwaysTRUE"
%M10.0
"运行中间变量"
%Q0.0
"变频器运行信号"
S

6054
%QW64
"变频器频率设定"
==
Int
0
%M10.0
"运行中间变量"
%Q0.0
"变频器运行信号"
R

图 2-89　降速时的监控

第3章

S7-1200 PLC 以太网通信编程

【导读】

工业以太网已经广泛应用于工业自动化控制现场，具有传输速度快、数据量大、便于无线连接和抗干扰能力强等特点，已成为主流的总线网络。S7-1200 PLC 集成一个或两个以太网口，采用 PROFINET IO、S7 协议通信、MODBUS TCP 通信等进行相互通信。本章主要介绍 S7-1200 PLC 在不同通信模式下的硬件配置、编程和实例演示。

 3.1 以太网通信基础

3.1.1 SIMATIC NET 网络结构

西门子工业通信网络统称 SIMATIC NET。它提供了各种开放的、应用于不同通信要求及安装环境的通信系统。图 3-1 为 SIMATIC NET 网络结构，从上到下分别为 Industrial Ethernet、PROFIBUS、InstabusEIB 和 AS-Interface，对应的通信数据量由大变小，实时性由弱变强。

（1）Industrial Ethernet

Industrial Ethernet（工业以太网）是在以太网技术和 TCP/IP 技术的基础上开发出来的一种工业网络，与商业以太网（IEEE 802.3 标准）兼容，通过改进商业以太网技术的通信实时性和工业应用环境，并添加一些控制应用功能后形成的。

依据 IEEE 802.3 标准建立的单元级和管理级的控制网络，传输数据量大，数据终端传输速率为 100Mbit/s。通过西门子 SCALANCE X 系列交换机（见图 3-2），主干网络传输速率可达 1000Mbit/s。

（2）PROFIBUS

PROFIBUS（程序总线网络）作为国际现场总线标准 IEC61158 TYPE3 的组成部分和国家机械制造业标准 JB/T10308.3-2001，具有标准化的设计和开放的结构，以令牌方式进行“主⟷主”或“主⟷从”通信。PROFIBUS 用于传输中等数据量，在通信协议中，只有 PROFIBUS-DP（“主⟷从”通信）具有实时性。

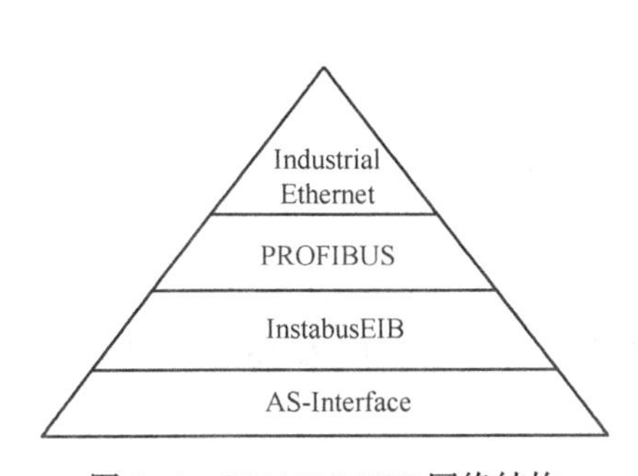

图 3-1　SIMATIC NET 网络结构

图 3-2　西门子 SCALANCE X 系列交换机实物图

(3) InstabusEIB

InstabusEIB（楼宇智能总线）应用于楼宇自动化，比如通过采集亮度进行百叶窗控制、温度测量及门控等操作，通过 DP/EIB 网关，可以将数据传送到 PLC 或 HMI。

(4) AS-Interface

AS-Interface（Actuator-Sensor Interface，执行器-传感器接口）通过总线电缆连接底层执行器和传感器，将信号传输至控制器。AS-Interface 通信数据量小，适合传输位信号。每个从站通常最多带有 8 个位信号。主站轮询 31 个从站的时间固定为 5ms，适合实时性的通信控制。

3.1.2　从 PROFIBUS 到 PROFINET 转变

PROFIBUS 基于 RS485 网络，现场安装方便，通信速率可以根据 PROFIBUS 电缆长度灵活调整，通信方式简单，深受广大工程师和现场维护人员的青睐。随着工业的快速发展，控制工艺对工业通信的实时性和数据量又有了更高的要求，同时也需要“管理控制一体化”，这是推出 PROFINET 的初衷。表 3-1 为 PROFIBUS 与 PROFINET 的技术指标对比。

表 3-1　PROFIBUS 与 PROFINET 的技术指标对比

技 术 指 标	PROFIBUS	PROFINET
通信方式	RS485	Ethernet
传输速率	12Mbit/s	1Gbit/s～100Mbit/s
用户数据	244bytes	1440bytes
地址空间	126	不受限制
传输模式	主/从	生产者/消费者
无线网络	可能实现	IEEE 802.11，15.1
运动轴数	32	>150

PROFINET 设备 GSD 文件命名规则由以下部分按顺序构成，(1)～(6) 之间用“-”

连接：

（1）GSDML；

（2）GSDML Schema 的版本 ID：Vx. Y；

（3）制造商名称；

（4）设备族名称；

（5）GSD 发布日期，格式为 yyyymmdd；

（6）GSD 发布时间（可选），个数为 hhmmss，hh 为 00-24；

（7）后缀为“. xml”。

例如，GSDML-V2. 31-Vendor-Device. 20210315. xml。

GSD 文件一旦发布，如不更改名称，则不允许改变，若发布新版本 GSD 文件，则发布日期必须改变。

3.1.3 S7-1200 PLC 以太网支持的通信服务

每一个 S7-1200 PLC 都集成了 PROFINET 接口，通过 PROFINET 接口可以实现通信网络的一网到底，即从上到下都可以使用同一种网络，便于安装、调试和维护。S7-1200 PLC 集成一个或两个以太网口。其中，CPU 1211、CPU 1212 和 CPU 1214 集成一个以太网口，CPU 1215 和 CPU 1217 集成两个以太网口。两个以太网口具有交换机功能，共用一个 IP 地址。当 S7-1200 PLC 需要连接多个以太网设备时，可以通过交换机扩展接口。表 3-2 为 S7-1200 PLC 以太网接口支持的通信服务。

表 3-2　S7-1200 PLC 以太网接口支持的通信服务

协　议	固件版本
TCP	V1. 0
ISO-on-TCP（RFC 1006）	V1. 0
UDP	V2. 0
PROFINET RT——基本服务和 IO 控制器	V2. 0
PROFINET IO 设备	V4. 0
S7 协议通信（S7 服务器端）	V1. 0
S7 协议通信（PUT/GET 指令，客户端）	V2. 0
Web 服务器	V2. 0
Modbus TCP	V2. 1
HTTP（超文本传输协议）	V2. 0
HTTPS——安全超文本传输协议	V2. 0
SNMP——简单网络管理协议	V2. 0
LLDP——链路层发现协议	V2. 0
DCP——发现 & 组态协议	V2. 0
NTP——网络时间协议	V2. 0
ARP——地址解析协议	V2. 0

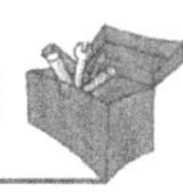

图 3-3 是以太网通信常用协议的数据访问模型。

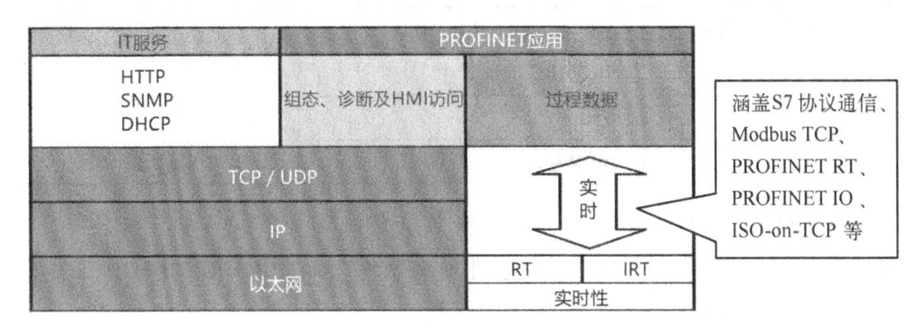

图 3-3　数据访问模型

3.2　PROFINET IO 通信

3.2.1　PROFINET IO 概述

如图 3-4 所示，PROFINET IO 主要用于模块化、分布式的控制，通过以太网直接连接现场设备（IO 设备）。

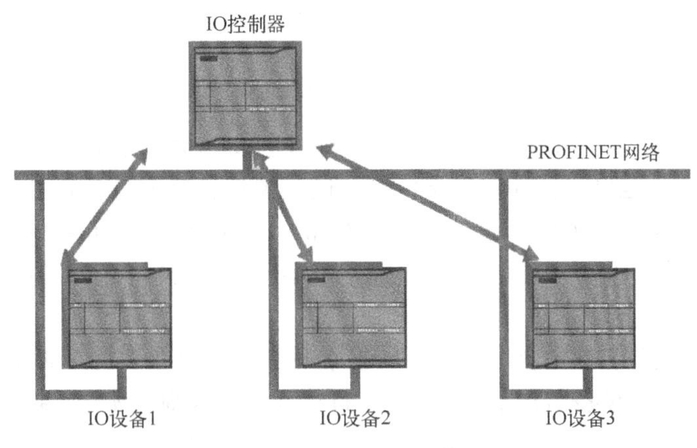

图 3-4　PROFINET IO 通信示意图

PROFINET IO 通信采用全双工、点到点方式。一个 IO 控制器最多可以和 512 个 IO 设备进行点到点通信，按设定的更新时间双方对等发送数据。一个 IO 设备的被控对象只能被一个 IO 控制器控制。从以上描述可以看出，PROFINET IO 与 PROFIBUS-DP 的通信方式极其相似，术语见表 3-3。

表 3-3　PROFINET IO 与 PROFIBUS-DP 术语

数　量	PROFINET IO	PROFIBUS-DP	解　释
1	IO system	DP master system	网络系统
2	IO 控制器	DP 主站	控制器与 DP 主站
3	IO supervisor	PG/PC 2 类主站	调试与诊断

续表

数　量	PROFINET IO	PROFIBUS-DP	解　释
4	工业以太网	PROFIBUS	网络结构
5	HMI	HMI	监控与操作
6	IO 设备	DP 从站	分布的现场元件分配到 IO 控制器

PROFINET IO 具有下列特点：

（1）IO 设备通过 GSD 文件的方式集成到博途软件，与 PROFIBUS-DP 采用 ASCII 文件不同，PROFINET IO 的 GSD 文件以 XML 格式存在。

（2）IO 控制器对 IO 设备进行寻址前，IO 设备必须具有一个设备名称。对于 PROFINET 设备，名称比复杂的 IP 地址更加容易管理。

IO 控制器和 IO 设备都具有设备名称，如图 3-5 所示，在激活“自动生成 PROFINET 设备名称”选项时，将自动从设备（CPU、CP 或 IM）组态的名称中获取设备名称。

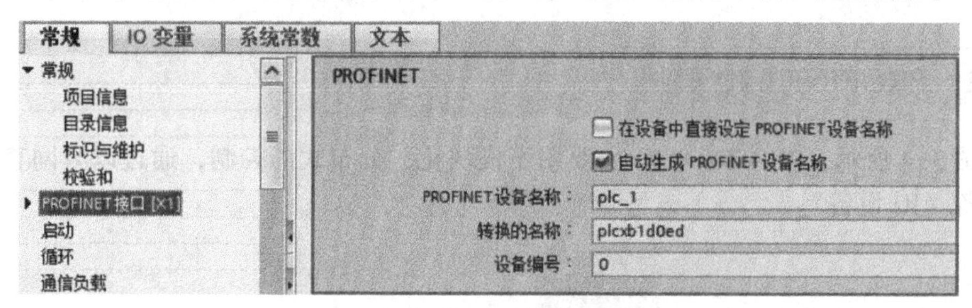

图 3-5　激活“自动生成 PROFINET 设备名称”

PROFINET 设备名称可以是 PLC 设备名称（例如 CPU）、接口名称（仅带有多个 PROFINET 接口时），也可以是 IO 系统名称，通过模块常规属性修改相应的 CPU、CP 或 IM 名称，可间接修改 PROFINET 设备名称。例如，PROFINET 设备名称显示在可访问设备的列表中，如果要单独设置 PROFINET 设备名称而不使用模块名称，则禁用“自动生成 PROFINET 设备名称”选项。

从 PROFINET 设备名称中会产生一个转换名称。该名称是实际装载到设备上的设备名称。只有当 PROFINET 设备名称不符合 IEC 61158-6-10 规则时才会转换。同样，该名称也不能直接修改。

（3）在共享 IO 设备模式下，一个 IO 站点上不同的 I/O 模块，甚至同一 I/O 模块中的通道都可以最多被 4 个 IO 控制器共享，但是输出模块只能被一个 IO 控制器控制，其他 IO 控制器可以共享信号状态信息。

3.2.2 【实例 3-1】通过 PROFINET IO 控制电动机

实例说明

两台 CPU 1215C DC/DC/DC 通过 PROFINET IO 相互通信，如图 3-6 所示，其中一台 CPU 1215C DC/DC/DC 作为 IO 控制器与另一台 CPU 1215C DC/DC/DC 作为 IO 设备进行相互通信。

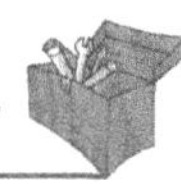

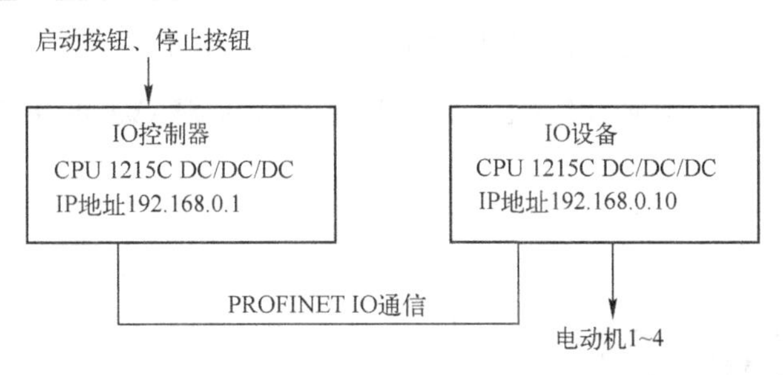

图 3-6　两台 CPU 1215C DC/DC/DC 通过 PROFINET IO 通信示意图

(1) S7-1200 IO 控制器：共两个按钮，其中 SB1 为启动按钮，SB2 为停止按钮，均为常开触点。当按下启动按钮 SB1 后，电动机 1 立即启动，电动机 2 延时 5s 后启动，电动机 3、电动机 4 按此启动。当按下停止按钮 SB2 后，两台电动机均停止。将 4 台电动机的状态字节传送到 S7-1200 IO 控制器中，同时输出由 S7-1200 IO 控制器传过来的选择开关位状态值。

(2) S7-1200 IO 设备：共 4 台电动机，由 IO 控制器传过来的一个字节，通过 Q0.0~Q0.3 控制电动机 1~4。

实施步骤

步骤 1：添加 PLC_1 作为 IO 控制器

创建一个新项目，插入一个 CPU 1215C DC/DC/DC 作为 IO 控制器，如图 3-7 所示，选择相应的型号和版本。

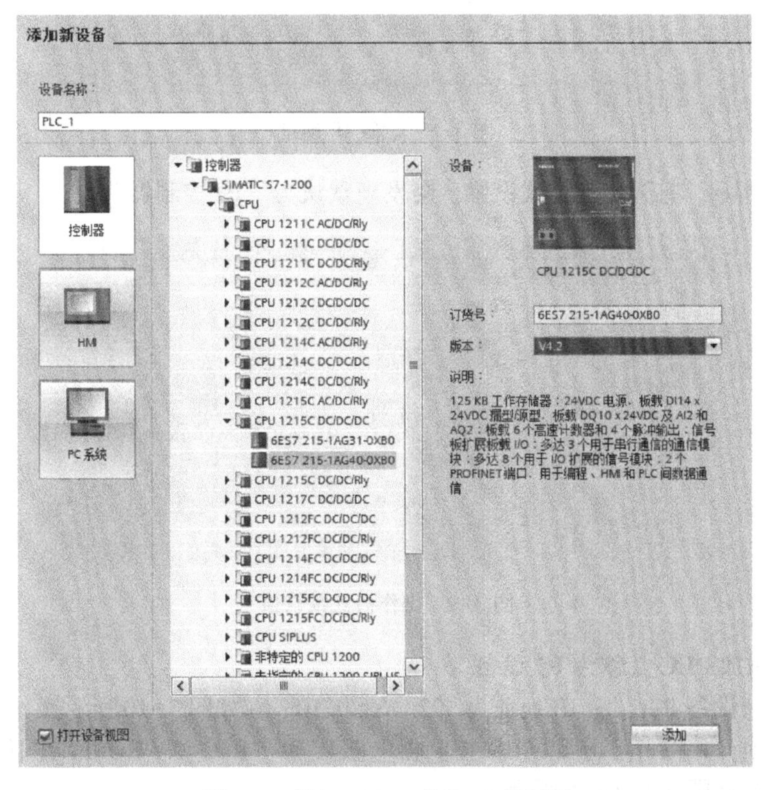

图 3-7　添加 PLC-1 作为 IO 控制器

如图 3-8 所示，设定 IO 控制器的 IP 地址为 192.168.0.1。

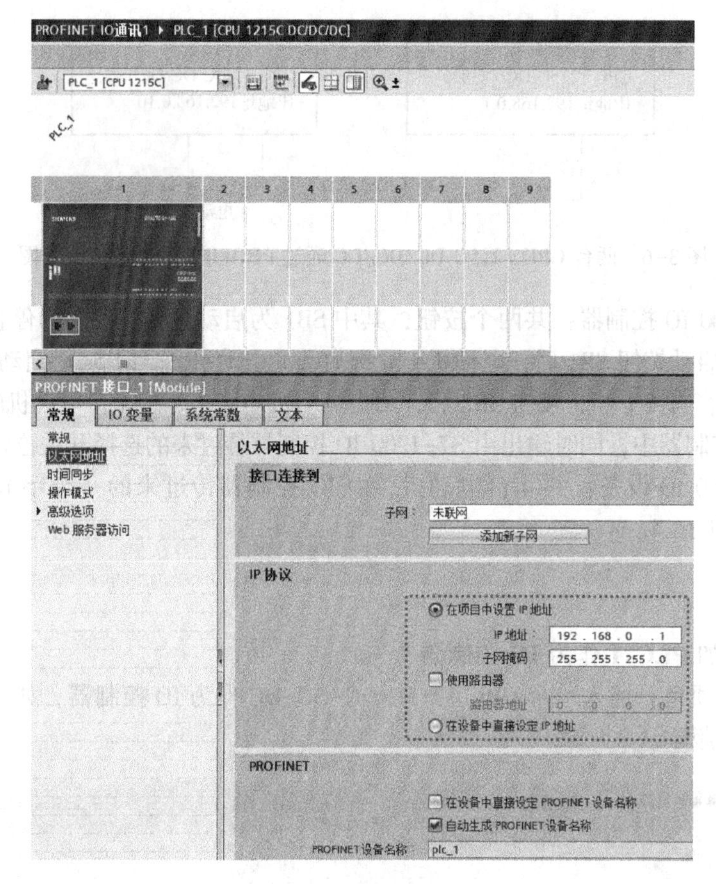

图 3-8　设定 IP 地址

如图 3-9 所示，打开操作模式设置，会发现默认为“IO 控制器”。

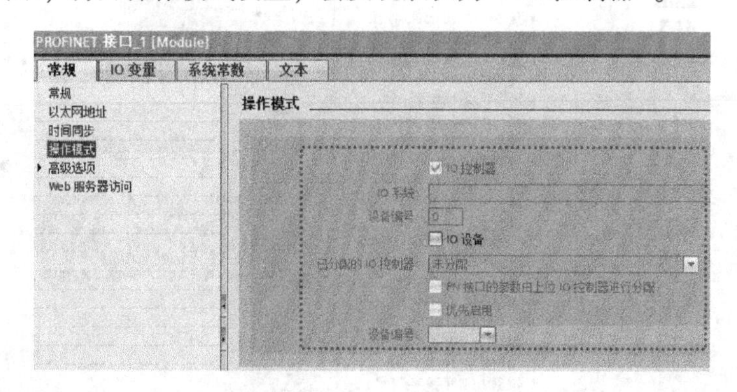

图 3-9　操作模式默认值

步骤 2：添加 PLC_2 作为 IO 设备

选择添加新设备 PLC_2，IP 地址为 192.168.0.10。在如图 3-10 所示操作模式中，勾选“IO 设备”选项，并将“已分配的 IO 控制器”设定为“PLC_1.PROFINET 接口_1”，完成后的设备与网络视图如图 3-11 所示。

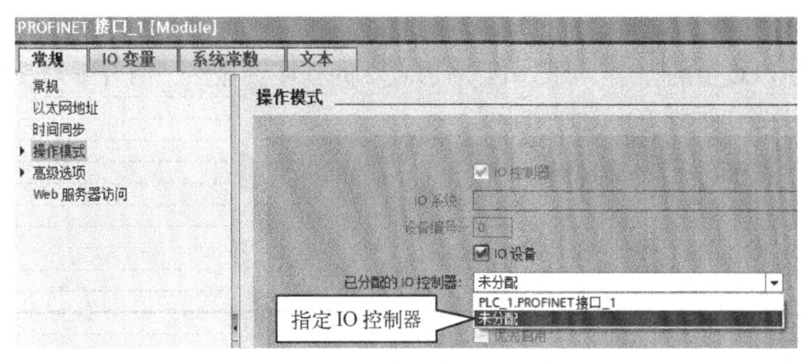

图 3-10　操作模式为 IO 设备

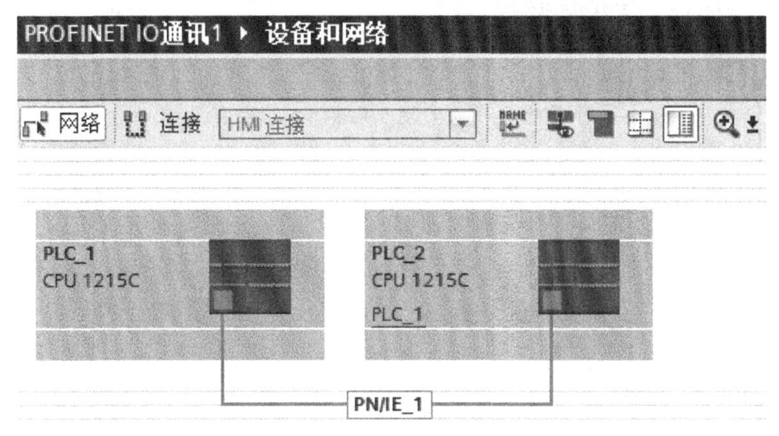

图 3-11　设备与网络视图

步骤 3：设置 PLC_2 中的传输区域

如图 3-12 所示，在“操作模式”标签下出现“智能设备通信”栏，单击该栏配置通信传输区，双击“新增”，增加一个传输区，并在其中定义通信双方的通信地址区：使用 Q 区作为数据发送区；使用 I 区作为数据接收区，单击箭头可以更改数据传输的方向。

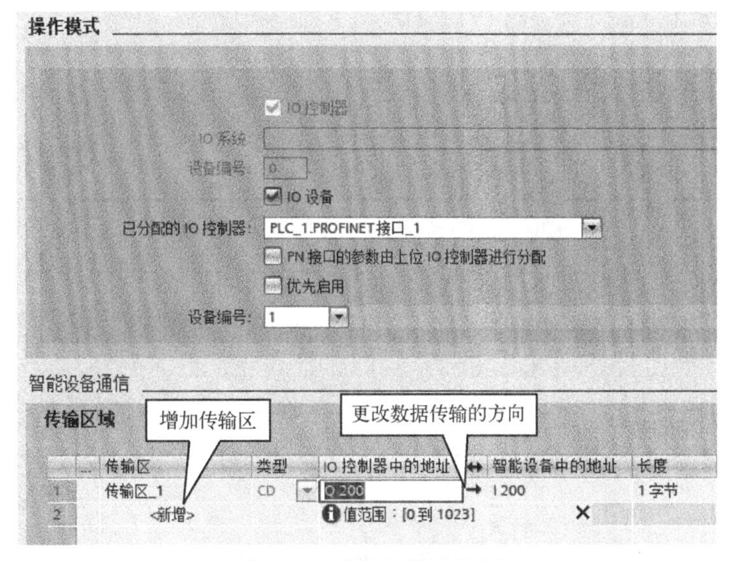

图 3-12　传输区域的设置

步骤 4：PLC 程序

图 3-13 为 PLC_1 的程序。图 3-14 为 PLC_2 的程序。显然，两者中均没有关于通信指令的程序，直接当作远程 IO 点使用即可。

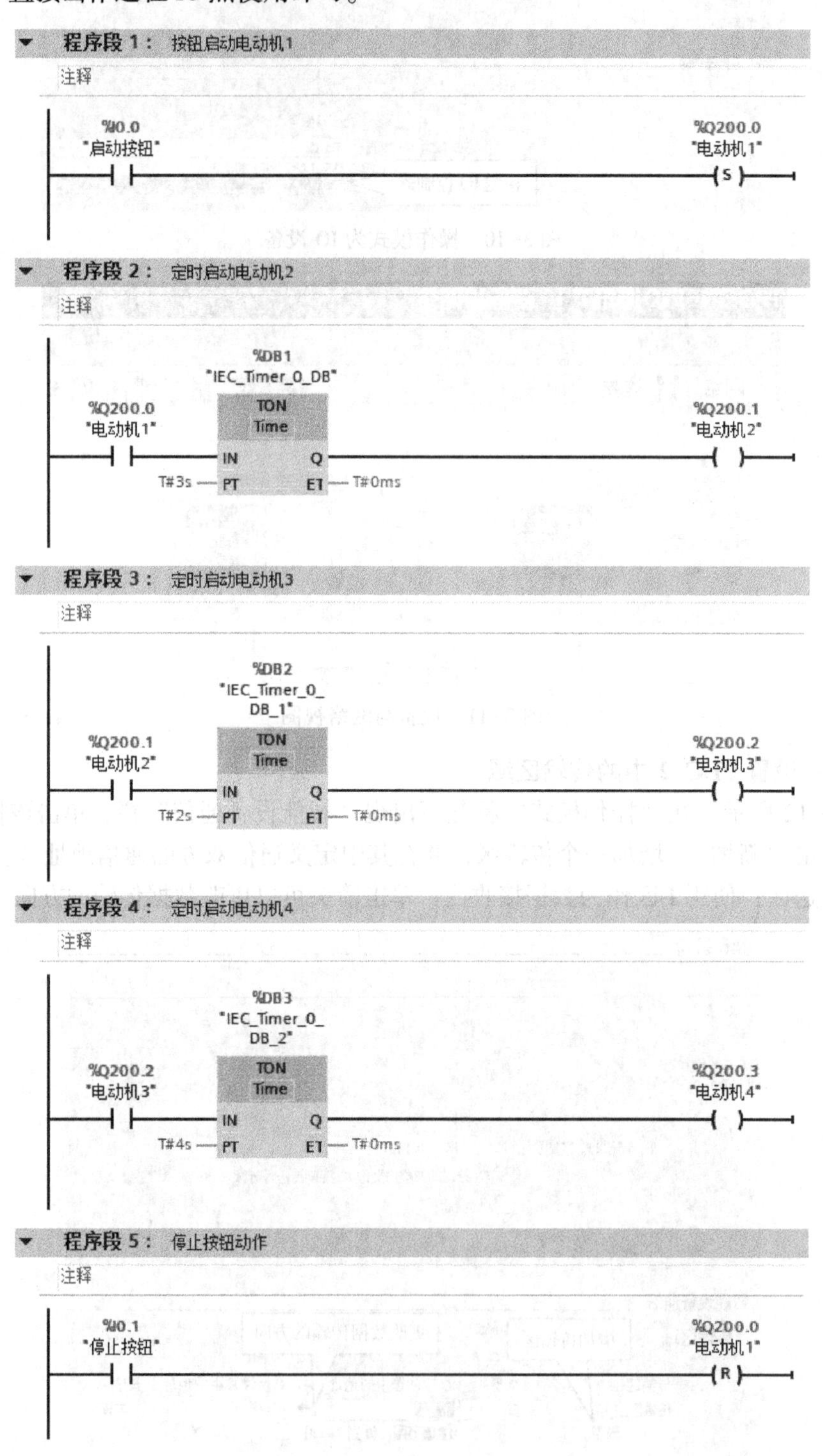

图 3-13　PLC_1（IO 控制器）的程序

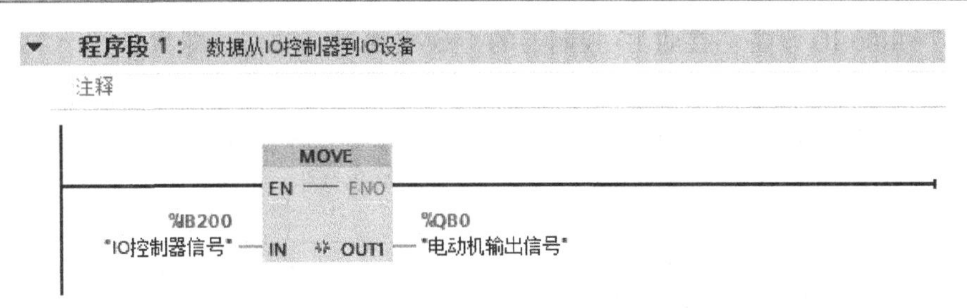

图 3-14　PLC_2（IO 设备）的程序

步骤 5：程序下载和调试

由于 IO 控制器与 IO 设备都在同一个网络中，因此在如图 3-15 所示的“扩展下载到设备”界面中，需要选择对应的 PLC 才能正确下载硬件配置和 PLC 程序。

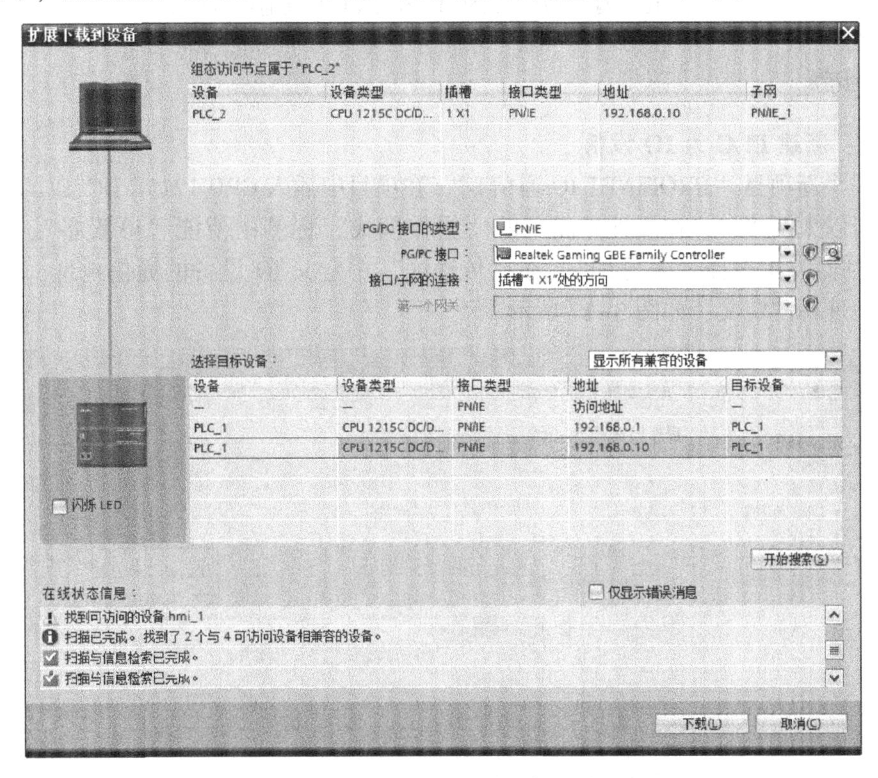

图 3-15　“扩展下载到设备”界面

完成程序下载后，即可进行调试，实现控制电动机的任务。

3.2.3 【实例 3-2】通过 PROFINET IO 监控远端模拟量信号

实例说明

两台 CPU 1215C DC/DC/DC 通过 PROFINET IO 相互通信，如图 3-16 所示。

（1）S7-1200 IO 控制器：读取 IO 设备的模拟量信号 AI1，当信号小于 5V 时，指示灯不亮；当信号为 5~7V 时，指示灯亮；当信号大于等于 7V 时，指示灯闪烁。

（2）S7-1200 IO 设备：接收 IO 控制器的指令控制阀门动作，即大于等于于 7V 时开，低于 5V 时关。

（3）两台 CPU 1215C DC/DC/DC 的程序必须配置在不同项目中。

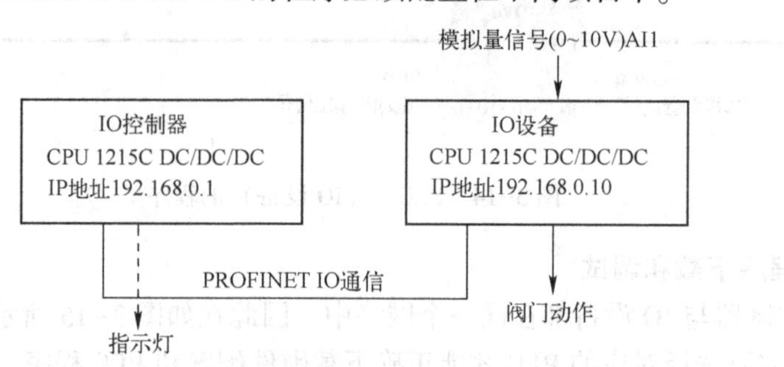

图 3-16　两台 CPU 1215C DC/DC/DC 相互通信示意图

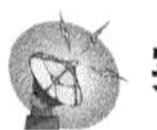 实施步骤

步骤 1：新建 PLC 为 IO 设备

创建一个新项目“PROFINET IO 通信 2”，在项目中插入 CPU 1215C DC/DC/DC 作为 IO 设备，单击以太网接口，在属性界面中的“操作模式”标签中使能“IO 设备”，在“已分配的 IO 控制器”中选择“未分配”，在“传输区”中定义 IO 设备的通信地址，对 IO 控制器的通信地址不需定义，如图 3-17 所示。

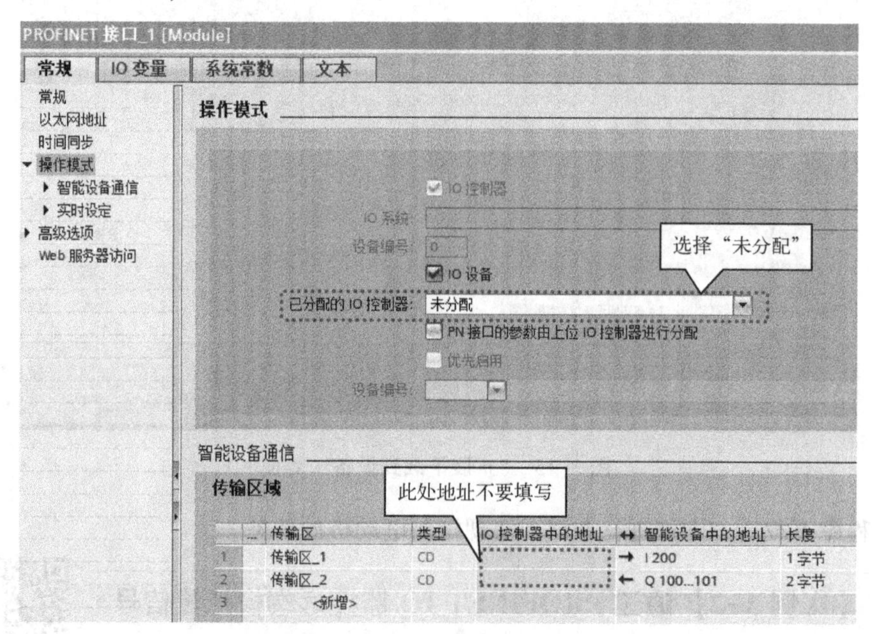

图 3-17　IO 设备的操作模式

步骤 2：导出 IO 设备 GSD 文件

两台不在一个博途软件平台上的 PLC 之间要建立 PROFINET IO 通信，就必须要有 GSD 文件。如图 3-18（a）所示，当 PLC 的硬件配置未编译之前，“导出常规站描述文件（GSD）”下的“导出”按钮为灰色，无法选择。

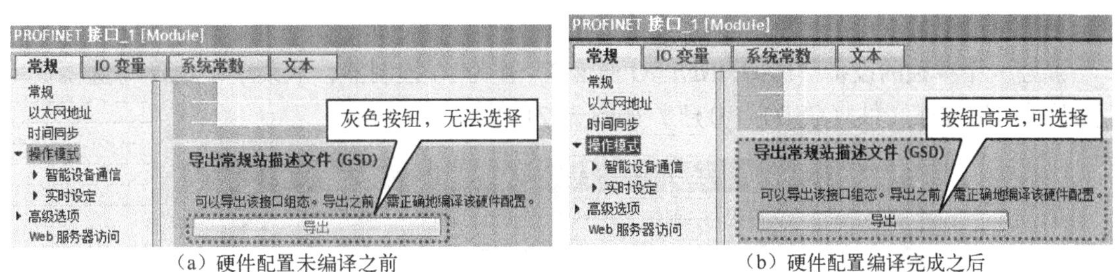

（a）硬件配置未编译之前　　（b）硬件配置编译完成之后

图 3-18　“导出”按钮变化情况

作为 IO 设备的 PLC 硬件配置编译完成之后，如图 3-18（b）所示，单击“导出”按钮，弹出如图 3-19 所示的菜单界面，将该 PLC 标识设置为“远程 PLC”。

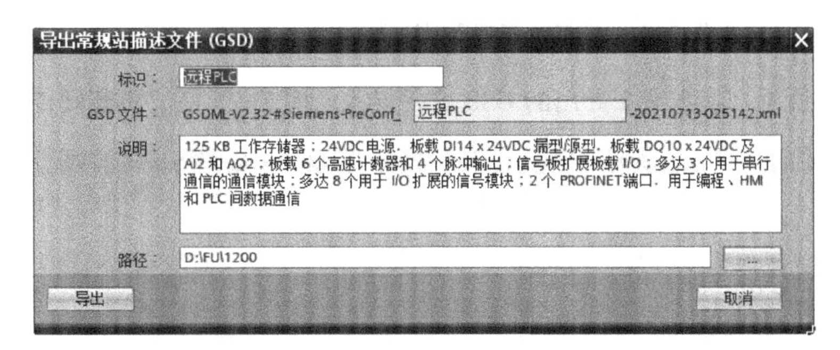

图 3-19　菜单界面

导出后的文件格式为：

GSDML-V2.32-#Siemens-PreConf_远程PLC-20210713-025142　　2021/7/13 10:51　　XML 文档

步骤 3：IO 设备的 PLC 编程

图 3-20 为 IO 设备的 PLC 梯形图，对 IB200 和 QW100 进行 MOVE。

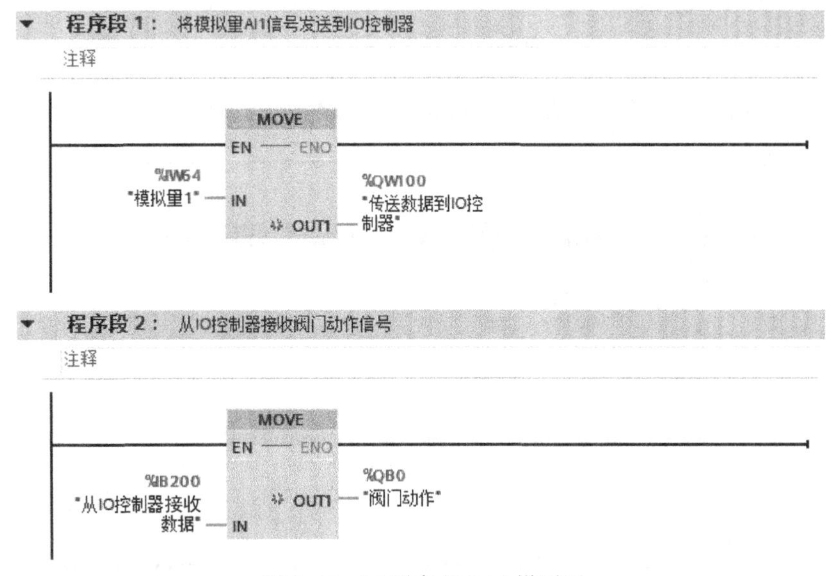

图 3-20　IO 设备的 PLC 梯形图

步骤 4：配置 IO 控制器

新建一个单独的设备“PROFINET IO 通信 3”作为 IO 控制器，从菜单中选择“选项”→“管理通用站描述文件（GSD）（D）”，如图 3-21 所示。

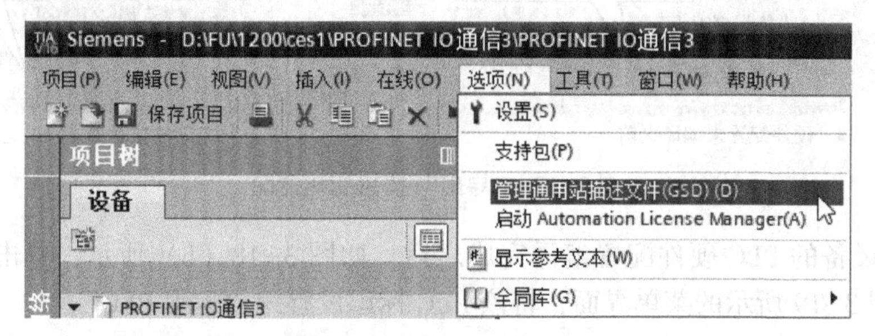

图 3-21 选择“管理通用站描述文件（GSD）（D）”

如图 3-22 所示，将步骤 2 导出的 GSD 文件导入。图 3-23 是“更新硬件目录”界面。

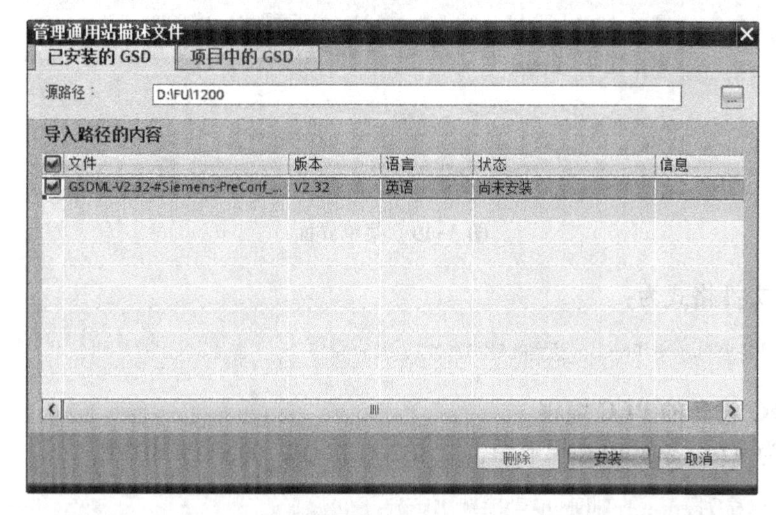

图 3-22 导入 GSD 文件

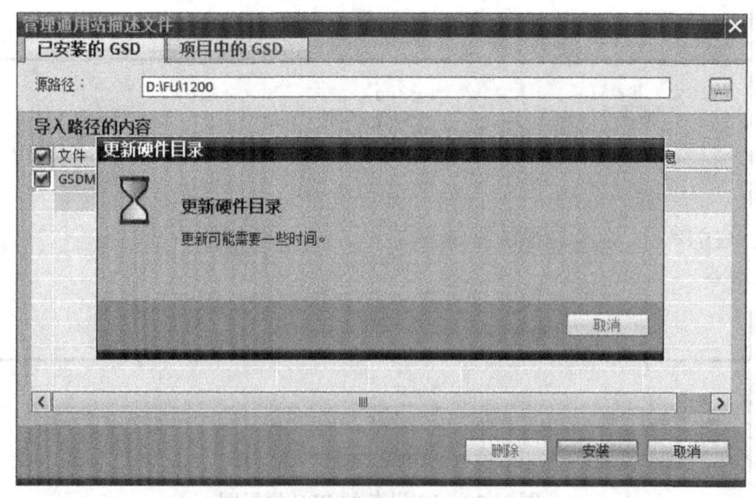

图 3-23 “更新硬件目录”界面

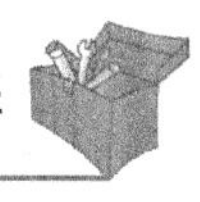

如图 3-24 所示，将右侧的“硬件目录”→“现场设备”→“其他现场设备”→“PROFINET IO”→“PLCs & CPs”→“SIMENS AG”→“CPU 1215C DC/DC/DC”→“远程 PLC”拖到“设备与网络”视图中，并进行网络连接。

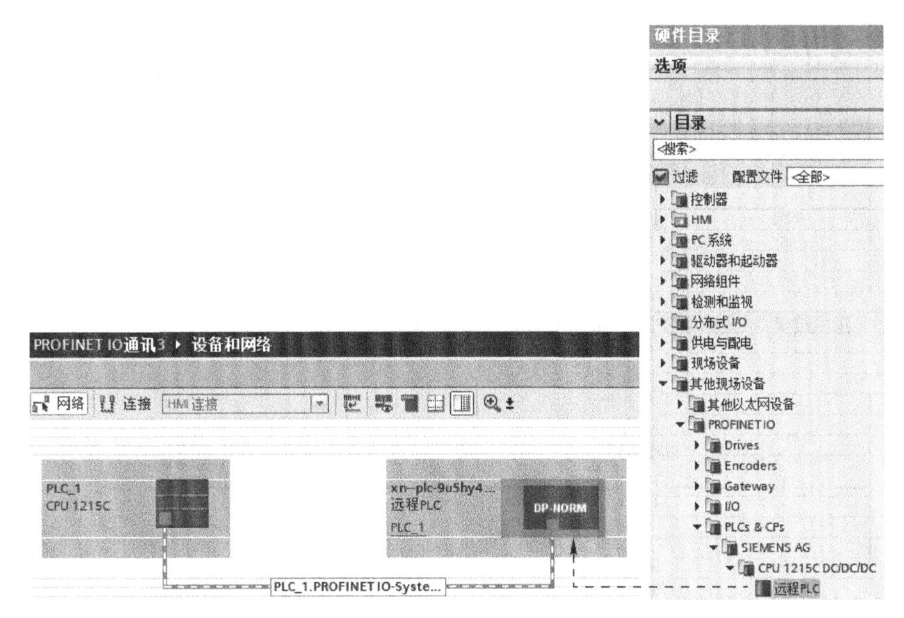

图 3-24　在“硬件目录”中选择硬件

单击设备视图中的远程 PLC，即可看到如图 3-25 所示“设备概览”界面中相应的“传输区_1”和“传输区_2”及对应的“I 地址”和“Q 地址”。该地址可以修改。

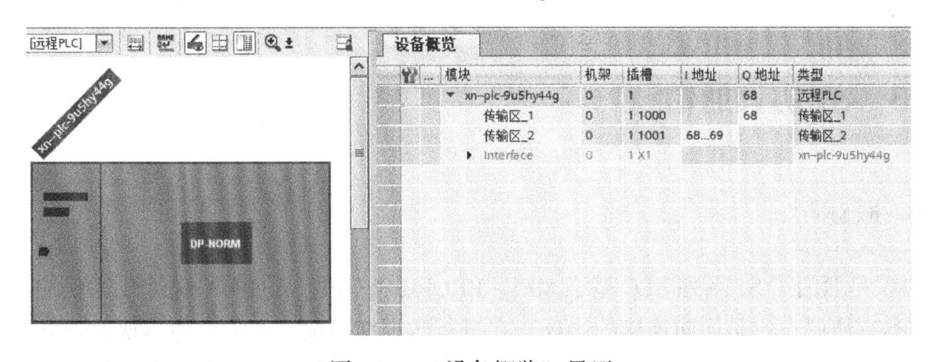

图 3-25　“设备概览”界面

步骤 5：IO 控制器的 PLC 编程

由于是两个不同的项目，因此两个项目的变量不能共享，PLC 编程也是各自独立的。图 3-26 为 IO 控制器的 PLC 梯形图。

步骤 6：调试

将硬件配置和软件分别下载到对应的 CPU，IO 控制器与 IO 设备之间的 PROFINET IO 通信将自动建立。一旦有一个设备出问题，则红色指示灯点亮，并在 CPU 诊断缓冲区中出现“硬件组件的用户数据错误”等相关信息。

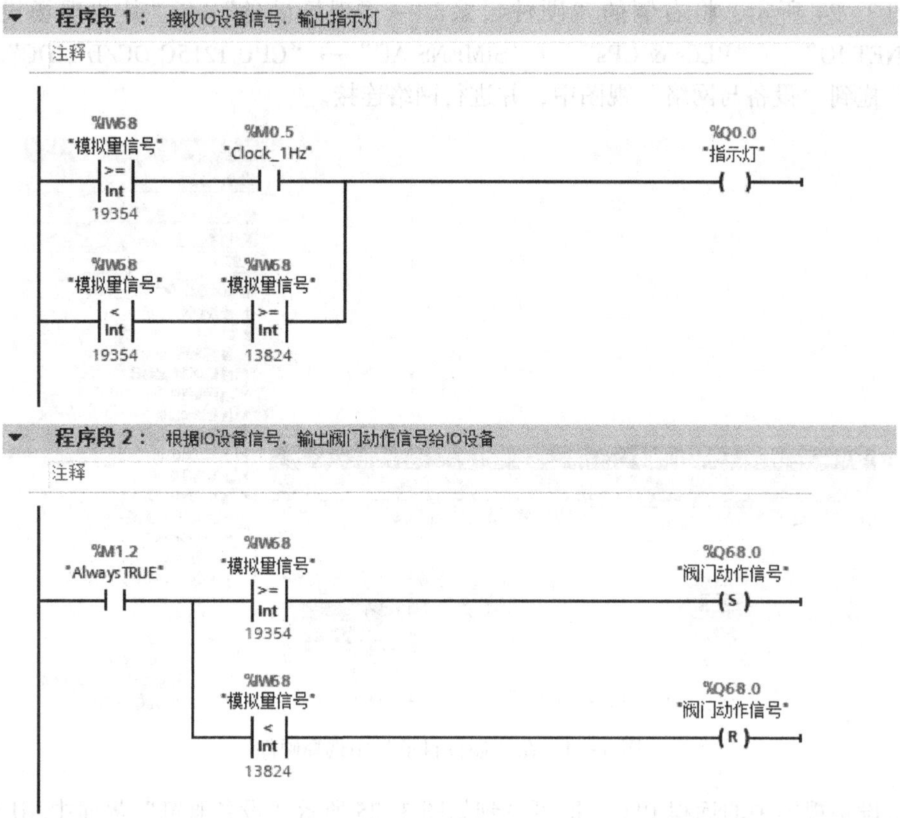

程序段 1： 接收IO设备信号，输出指示灯
注释
%IW68 "模拟量信号" >= Int 19354
%M0.5 "Clock_1Hz"
%Q0.0 "指示灯"
%IW68 "模拟量信号" < Int 19354
%IW68 "模拟量信号" >= Int 13824

程序段 2： 根据IO设备信号，输出阀门动作信号给IO设备
注释
%M1.2 "AlwaysTRUE"
%IW68 "模拟量信号" >= Int 19354
%Q68.0 "阀门动作信号" S
%IW68 "模拟量信号" < Int 13824
%Q68.0 "阀门动作信号" R

图 3-26　IO 控制器的 PLC 梯形图

 3.3　S7 协议通信

3.3.1　概述

S7 协议是西门子 S7 系列 PLC 基于 MPI、PROFIBUS 和以太网的一种优化通信协议，也是西门子的私有协议。它是面向连接的协议，在进行数据交换前，必须与通信伙伴建立连接。

S7 协议通信集成在 S7 控制器中，属于参考模型第 7 层（应用层）的服务，采用“客户端—服务器端”原则。S7 协议通信属于静态连接，可以与同一个通信伙伴建立多个连接，同一时刻可以访问的通信伙伴数量取决于 CPU 的连接资源。

S7-1200 PLC 通过集成的 PROFINET 接口支持 S7 协议通信，使用单边通信方式，只要客户端调用 PUT/GET 通信指令即可。

3.3.2　S7 通信指令

在指令选项卡中选择“通信”→“S7 通信”，S7 通信指令列表如图 3-27 所示。S7 通信指令主要有两个，即 GET 指令和 PUT 指令。每个指令块被拖到程序工作区中时将自动分

配背景数据块。背景数据块的名称可自行修改，编号可以手动或自动分配。

1. GET 指令

GET 指令可以从远程伙伴 CPU（服务器端）中读取数据。远程伙伴 CPU 处于 RUN 模式或 STOP 模式时，S7 协议通信都可以正常运行。GET 指令示意如图 3-28 所示。表 3-4 是 GET 指令输入/输出引脚参数的意义。

名称	描述	版本
▼ S7 通信		V1.3
GET	从远程 CPU 读取...	V1.3
PUT	向远程 CPU 写入...	V1.3
▶ 开放式用户通信		V6.1
▶ WEB 服务器		V1.1
▶ 其它		
▶ 通信处理器		
▶ 远程服务		V1.9

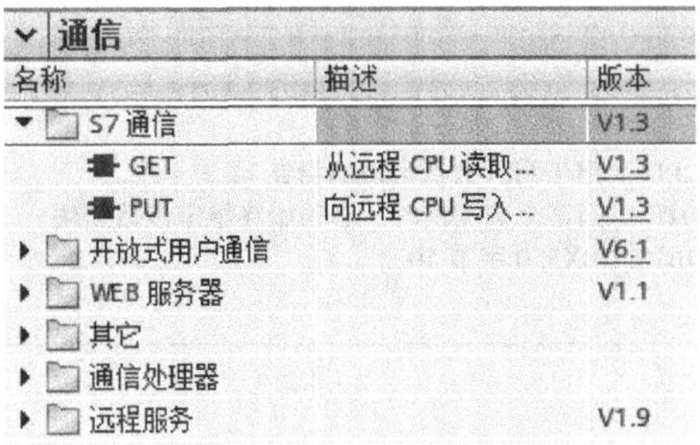

图 3-27　S7 通信指令列表

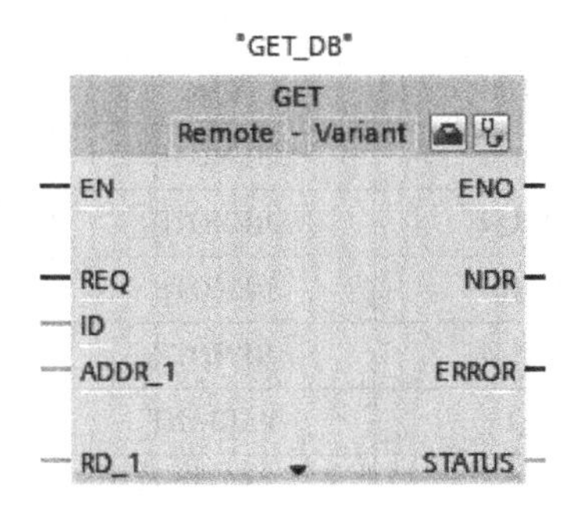

图 3-28　GET 指令示意

表 3-4　GET 指令输入/输出引脚参数的意义

引脚参数	数据类型	说　明
REQ	Bool	在上升沿时执行该指令
ID	Word	用于指定与伙伴 CPU 连接的寻址参数
NDR	Bool	0：作业尚未开始或仍在运行 1：作业已成功完成
ERROR	Bool	如果上一个请求有错完成，将变为 TRUE 并保持一个周期
STATUS	Word	错误代码
ADDR_1	REMOTE	指向伙伴 CPU 上待读取区域的指针 指针 REMOTE 访问某个数据块时，必须始终指定该数据块 示例：P#DB10. DBX5. 0 WORD 10
ADDR_ 2	REMOTE	
ADDR_ 3	REMOTE	
ADDR_ 4	REMOTE	
RD_1	VARIANT	指向本地 CPU 上用于输入已读数据区域的指针
RD_2	VARIANT	
RD_3	VARIANT	
RD_4	VARIANT	

2. PUT 指令

PUT 指令可以将数据写入一个远程伙伴 CPU（服务器端）。远程伙伴 CPU 处于 RUN 模式或 STOP 模式时，S7 协议通信都可以正常运行。PUT 指令示意如图 3-29 所示。表 3-5 是 PUT 指令输入/输出引脚参数的意义。

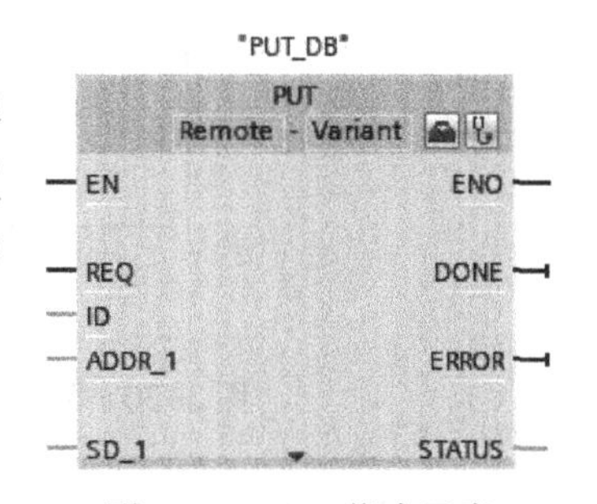

图 3-29　PUT 指令示意

表 3-5 PUT 指令输入/输出引脚参数的意义

引脚参数	数据类型	说明
REQ	Bool	在上升沿时执行该指令
ID	Word	用于指定与伙伴 CPU 连接的寻址参数
DONE	Bool	完成位：如果上一个请求无错完成，将变为 TRUE 并保持一个周期
ERROR	Bool	如果上一个请求有错完成，将变为 TRUE 并保持一个周期
STATUS	Word	错误代码
ADDR_1	REMOTE	指向伙伴 CPU 上用于写入数据区域的指针 指针 REMOTE 访问某个数据块时，必须始终指定该数据块 示例：P#DB10. DBX5. 0 字节 10
ADDR_2	REMOTE	
ADDR_3	REMOTE	
ADDR_4	REMOTE	
SD_1	VARIANT	指向本地 CPU 上包含要发送数据区域的指针
SD_2	VARIANT	
SD_3	VARIANT	
SD_4	VARIANT	

3. 指令使用说明

S7-1200 PLC 作为 S7 协议通信的服务器端，需要在 CPU 属性的“防护与安全”→“连接机制”中，激活“允许来自远程对象的 PUT/GET 通信”，其目的是为了开通客户端 PLC 的访问权限，实施通信流程。

S7 协议通信是使用 GET 指令和 PUT 指令进行客户端 PLC 的单边编程。这一点尤其需要注意。相关涉及的读写区域不支持优化的 DB。

3.3.3 【实例 3-3】通过 S7 协议通信传送模拟量与数字量信号

实例说明

两台 CPU 1215C DC/DC/DC 通过 S7 协议相互通信示意如图 3-30 所示，即客户端 PLC 需要将开关量信号输入读取后，送入服务器端 PLC 输出，同时读取从服务器端的模拟量信号输入存放至数据块中。

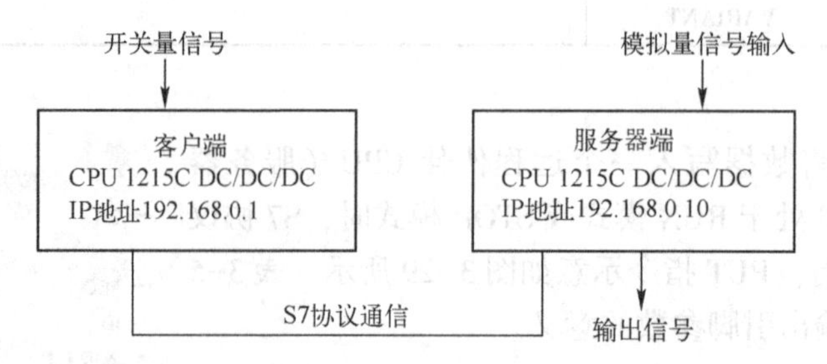

图 3-30 两台 CPU 1215C DC/DC/DC 通过 S7 协议相互通信示意

实施步骤

步骤 1：添加服务器端 PLC 和客户端 PLC 构建 S7 协议通信网络

创建一个新项目，添加服务器端 PLC，设置好 IP 地址 192.168.0.10，并在其窗口的“属性”→“常规”选项卡中，选择“防护与安全”→“连接机制”，勾选“允许来自远程对象的 PUT/GET 通信访问”复选框，如图 3-31 所示。

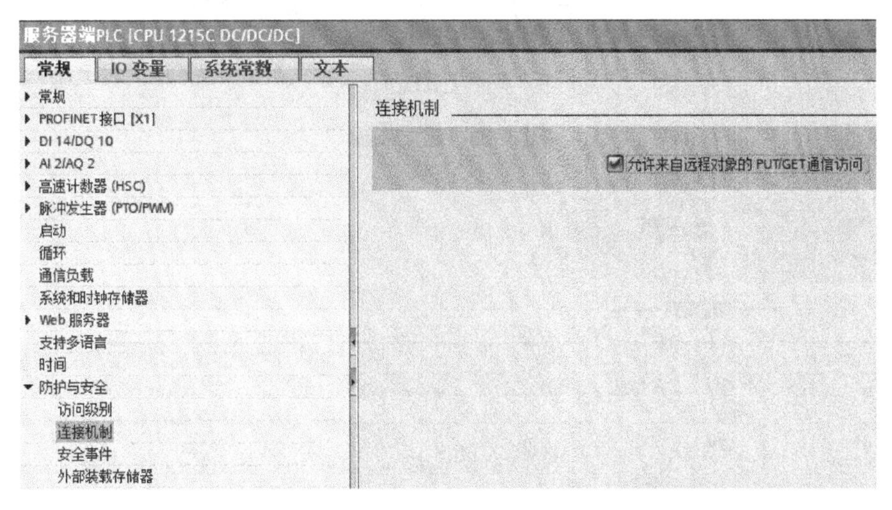

图 3-31　“连接机制”选项

在同一个项目中，添加客户端 PLC，设置好 IP 地址 192.168.0.1。

在项目树中，选择“设备和网络”，在网络视图中，单击“连接”按钮，在“连接”的下拉列表中选择“S7 连接”，如图 3-32 所示，单击客户端 PLC 的 PROFINET 通信口的绿色小方框后，拖出一条线到服务器端 PLC 的 PROFINET 通信口的绿色小方框，松开鼠标，连接就建立起来了，如图 3-33 所示。

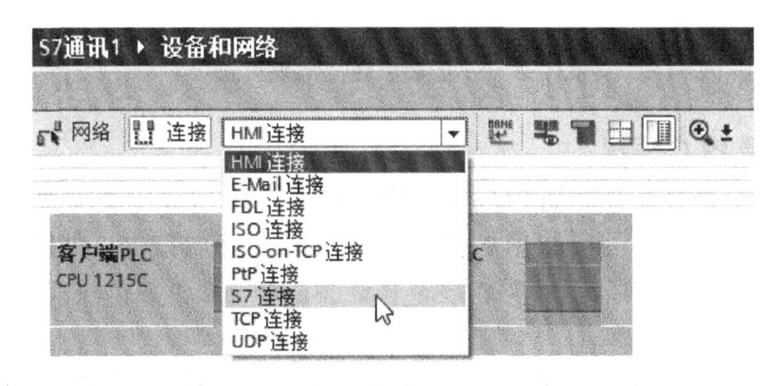

图 3-32　选择连接方式

图 3-34 为 S7 连接的“常规”选项，包括本地和伙伴 PLC 的“站点”、“接口”、“接口类型”、“子网”和“地址”。

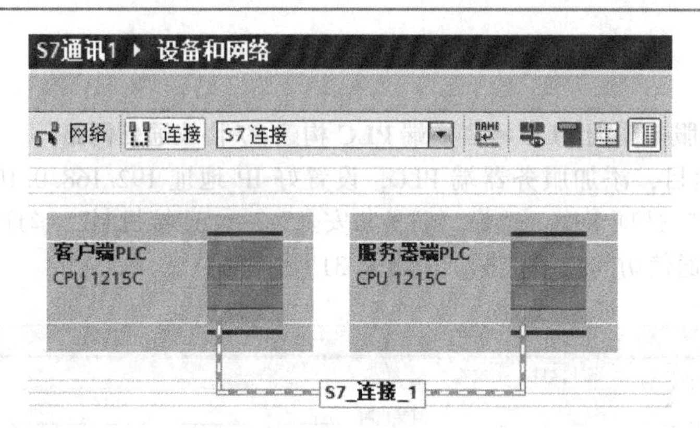

图 3-33 建立连接

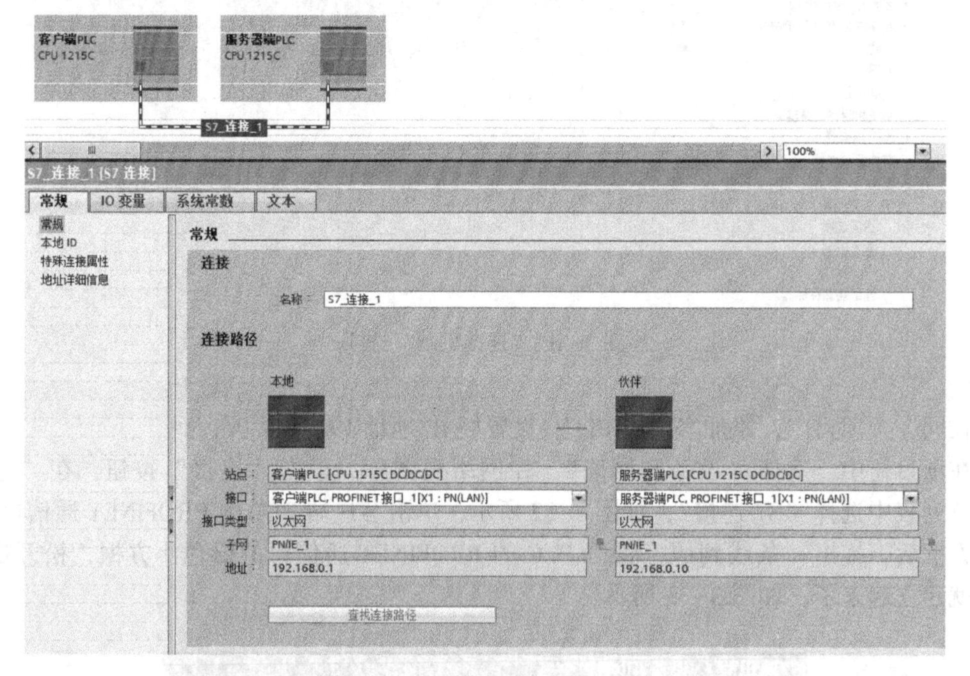

图 3-34 S7 连接后的“常规”选项

步骤 2：客户端 PLC 编程

S7 协议通信指令只有在客户端 PLC 中采用，服务器端 PLC 中不需要。因此这里需要在客户端 PLC 中编程，首先“建立数据块_1”用于接收和存放数据。如图 3-35 所示，选择“数据块（DB）”创建 DB，名称为“数据块_1”，“手动”修改数据块“编号”为 10，单击“确定”按钮。

需要在 DB“属性”中取消“优化的块访问”，单击“确定”按钮，如图 3-36 所示。

在 DB 中，创建 4 个字的数组存放接收数据，创建 4 个字的数组存放发送数据，即 Array [0..3] of Word。需要注意的是，由图 3-37、图 3-38 可知，在未编译的情况下，“数据块_1”的变量偏移量将不会出现。

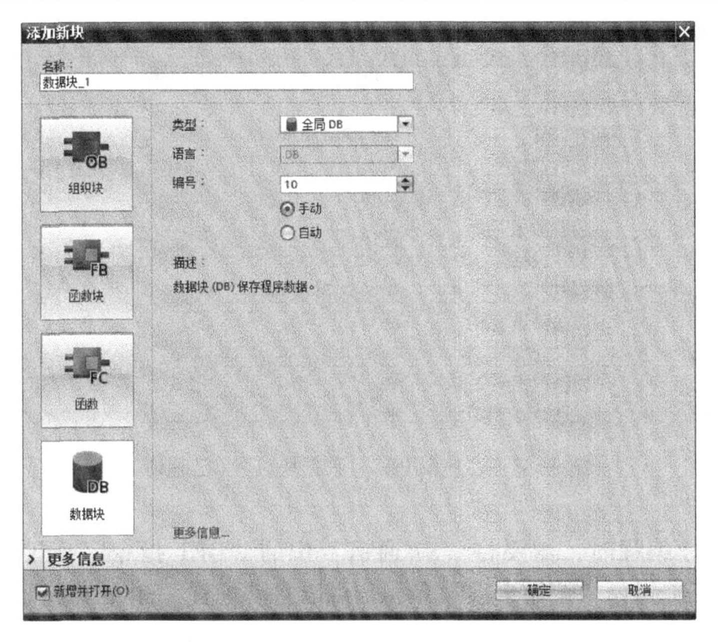

图 3-35　添加“数据块_1”

图 3-36　取消“优化的块访问”

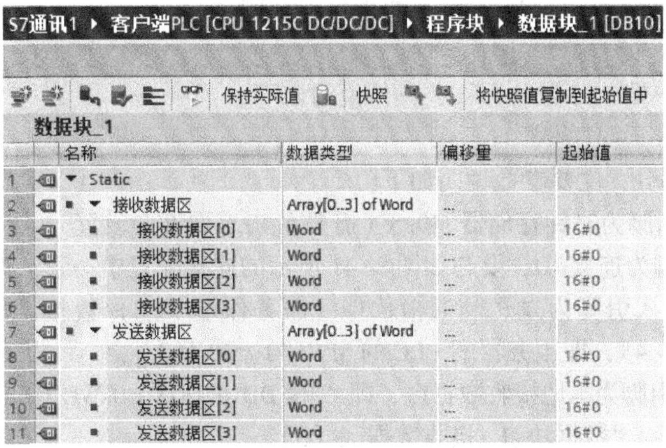

S7通讯1 ▸ 客户端PLC [CPU 1215C DC/DC/DC] ▸ 程序块 ▸ 数据块_1 [DB10]

保持实际值　快照　将快照值复制到起始值中

数据块_1

	名称	数据类型	偏移量	起始值
1	▼ Static			
2	▼ 接收数据区	Array[0..3] of Word	...	
3	接收数据区[0]	Word	...	16#0
4	接收数据区[1]	Word	...	16#0
5	接收数据区[2]	Word	...	16#0
6	接收数据区[3]	Word	...	16#0
7	▼ 发送数据区	Array[0..3] of Word	...	
8	发送数据区[0]	Word	...	16#0
9	发送数据区[1]	Word	...	16#0
10	发送数据区[2]	Word	...	16#0
11	发送数据区[3]	Word	...	16#0

图 3-37　客户端 PLC“数据块_1”（未编译）

数据块_1

	名称	数据类型	偏移量	起始值
1	▼ Static			
2	▼ 接收数据区	Array[0..3] of Word	0.0	
3	接收数据区[0]	Word	0.0	16#0
4	接收数据区[1]	Word	2.0	16#0
5	接收数据区[2]	Word	4.0	16#0
6	接收数据区[3]	Word	6.0	16#0
7	▼ 发送数据区	Array[0..3] of Word	8.0	
8	发送数据区[0]	Word	8.0	16#0
9	发送数据区[1]	Word	10.0	16#0
10	发送数据区[2]	Word	12.0	16#0
11	发送数据区[3]	Word	14.0	16#0

图 3-38　客户端 PLC "数据块_1"（已编译）

在客户端 PLC 编程时，需要将"S7 通信"中的"GET 指令"拖进来，就会出现如图 3-39 所示的 GET 指令"调用选项"界面，可以自动配置"单个实例 DB"，后续的 PUT 指令也是如此。

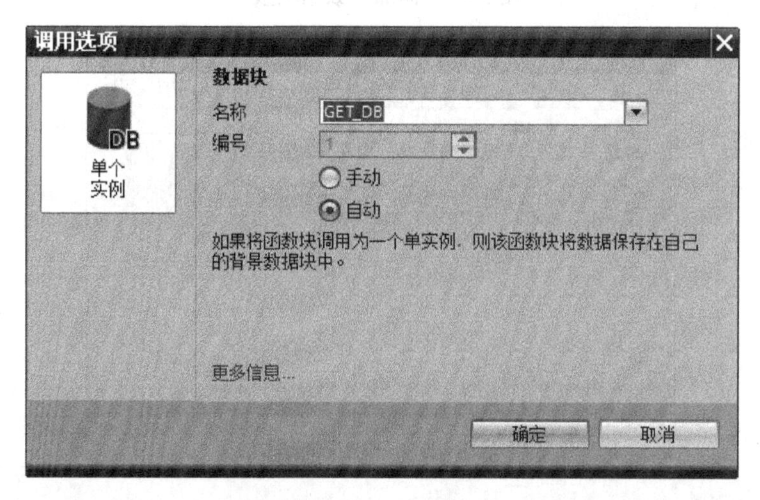

图 3-39　GET 指令"调用选项"界面

图 3-40 为客户端 PLC 的梯形图，具体说明如下。

（1）程序段 1

为 GET 指令部分，主要参数说明如下：

※ REQ 输入引脚为时钟存储器 M0.5（需要在 PLC 属性中设置），上升沿时指令执行。

※ ID 输入引脚为连接 ID，要与如图 3-41 所示的连接配置中一致，为"W#16#100"。

※ ADDR_1 输入引脚为发送到通信伙伴（服务器端 PLC）数据区的地址，这里输入"P# M100.0 WORD 4"，即服务器端 PLC 的 MW100~MW103。

※ RD_1 输入引脚为本地接收数据区，即"P# DB10.DBX0.0 WORD 4"，即"数据块_1.接收数据区［0］"~"数据块_1.接收数据区［3］"。

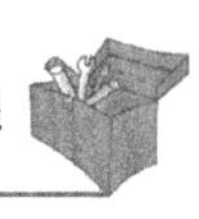

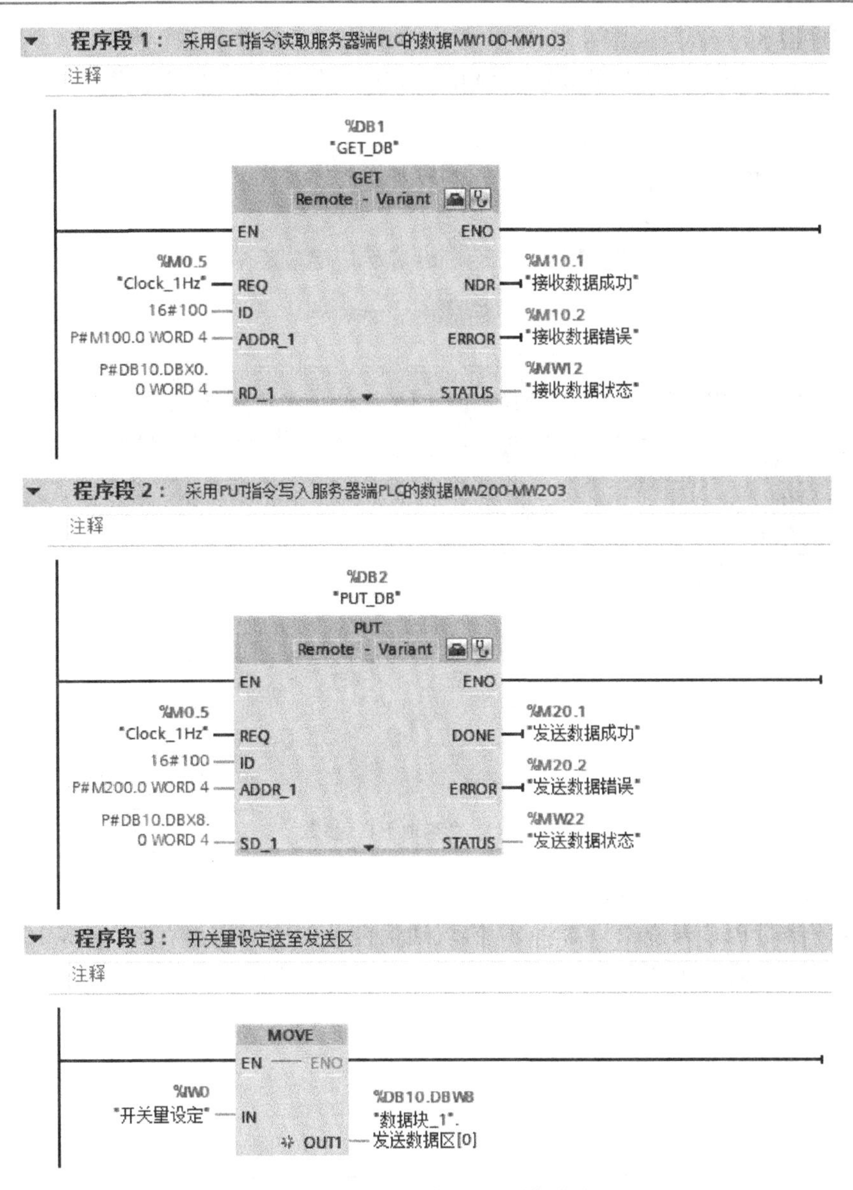

图 3-40　客户端 PLC 的梯形图

（2）程序段 2

为 PUT 指令部分，主要参数说明如下：

※ REQ 输入引脚为时钟存储器 M0.5，上升沿时指令执行。

※ ID 输入引脚为连接 ID，要与连接配置中一致，为“W#16#100”。

※ ADDR_1 输入引脚为从通信伙伴（服务器端 PLC）数据区读取数据的地址，这里输入“P# M200.0 WORD 4”，即服务器端 PLC 的 MW200～MW203。

※ SD_1 输入引脚为本地发送数据地址，即“P# DB10.DBX8.0 WORD 4”，即“数据块_1. 发送数据区［0］”～“数据块_1. 发送数据区［3］”。

(3) 程序段 3

将连接到本地 PLC 的开关量设置“IW0”送到“数据块_1. 发送数据区［0］”。

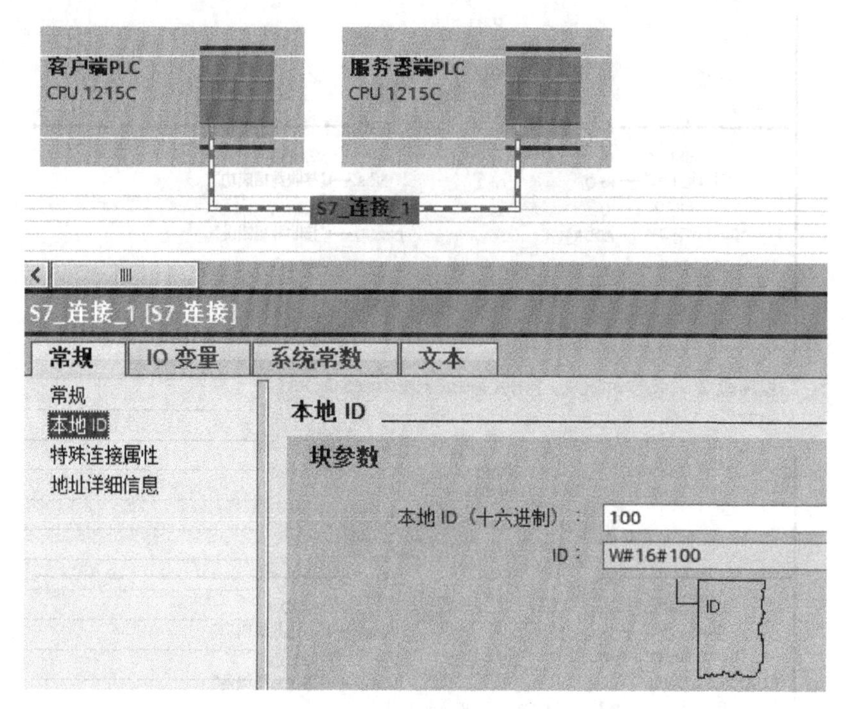

图 3-41 “本地 ID”参数

步骤 3：服务器端 PLC 编程

对于服务器端 PLC 来说，只需将 S7 协议通信涉及的中间数据存储（MW100~MW103、MW200~MW203）输入/输出即可，不需 PUT 和 GET 指令调用，如图 3-42 所示。

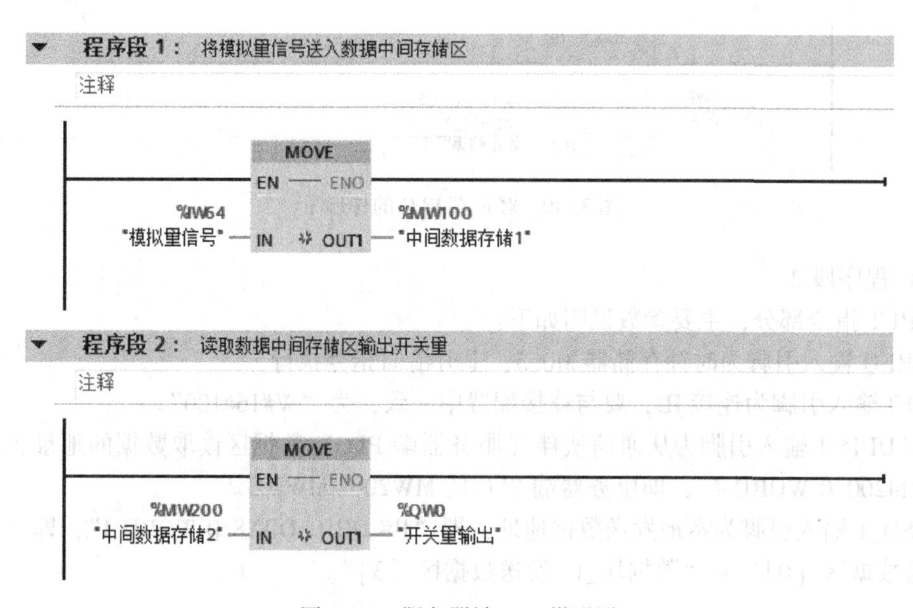

图 3-42 服务器端 PLC 梯形图

步骤 4：S7 协议通信调试

图 3-43 是 S7 协议通信调试时客户端 PLC 的数据块。图中，“接收数据区［0］”来自服务器端的模拟量 AI1 数据；“发送数据区［0］”为本地 IW0 的开关量输入。

数据块_1

名称	数据类型	偏...	起始值	监视值	
▼ Static					
▼ 接收数据区	Array[0..3] of Word	0.0			
接收数据区[0]	Word	0.0	16#0	16#3665	对应模拟量
接收数据区[1]	Word	2.0	16#0	16#0000	
接收数据区[2]	Word	4.0	16#0	16#0000	
接收数据区[3]	Word	6.0	16#0	16#0000	
▼ 发送数据区	Array[0..3] of Word	8.0			
发送数据区[0]	Word	8.0	16#0	16#4700	对应数字量
发送数据区[1]	Word	10.0	16#0	16#0000	
发送数据区[2]	Word	12.0	16#0	16#0000	
发送数据区[3]	Word	14.0	16#0	16#0000	

图 3-43　调试时客户端 PLC 的数据块

3.4　MODBUS TCP 通信

3.4.1　MODBUS TCP 概述

MODBUS TCP 通信是施耐德公司于 1996 年推出的基于以太网 TCP/IP 的 MODBUS 协议，是一种开放式协议，如图 3-44 所示。在使用 MODBUS TCP 通信时：主站为 CLIENT 端（客户端），主动建立连接；从站为 SERVER 端（服务器端），等待连接。很多设备都集成此协议，比如 PLC、机器人、智能工业相机和其他智能设备等。

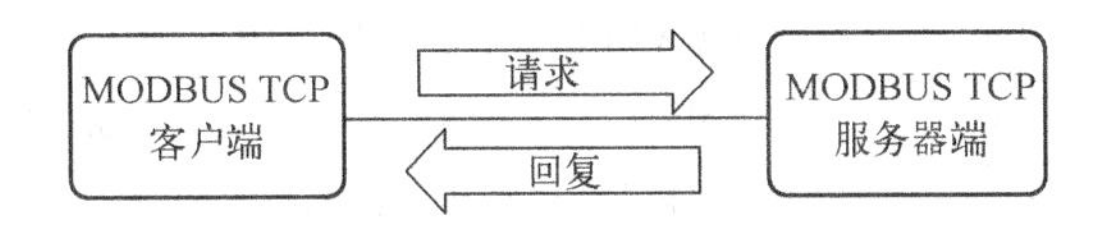

图 3-44　MODBUS TCP 通信示意

MODBUS TCP 通信结合以太网物理网络和 TCP/IP 网络标准，采用包含 MODBUS 应用协议数据的报文传输方式。MODBUS 设备之间的数据交换是通过功能码实现的。有些功能码是对位操作的。有些功能码是对字操作的。

S7-1200 CPU 集成的以太网口支持 MODBUS TCP 通信，可作为 MODBUS TCP 客户端或服务器端。MODBUS TCP 通信使用 TCP 作为路径，通信时将占用 S7-1200 CPU 的开放式用户通信连接资源，通过调用 MODBUS TCP 客户端（MB_CLIENT）指令和服务器端（MB_SERVER）指令进行数据交换。

3.4.2　MODBUS TCP 通信指令

在指令选项卡中选择“通信”→“其他”→“MODBUS TCP”，MODBUS TCP 通信指令列表如图 3-45 所示，主要有两个指令，即 MB_CLIENT 指令和 MB_SERVER 指令。将指令块拖到程序工作区中将自动分配背景数据块。背景数据块的名称可自行修改，编号可以手动或自动分配。

1. MB_CLIENT 指令

MB_CLIENT 指令作为 MODBUS TCP 客户端指令，可以在客户端和服务器之间建立连接，发送 MODBUS 请求、接收响应和控制服务器断开，如图 3-46 所示。MB_CLIENT 指令输入/输出引脚参数的意义见表 3-6。

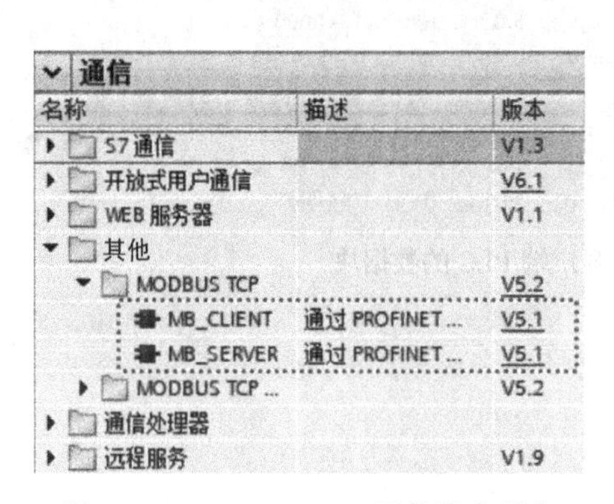

图 3-45 MODBUS TCP 通信指令列表

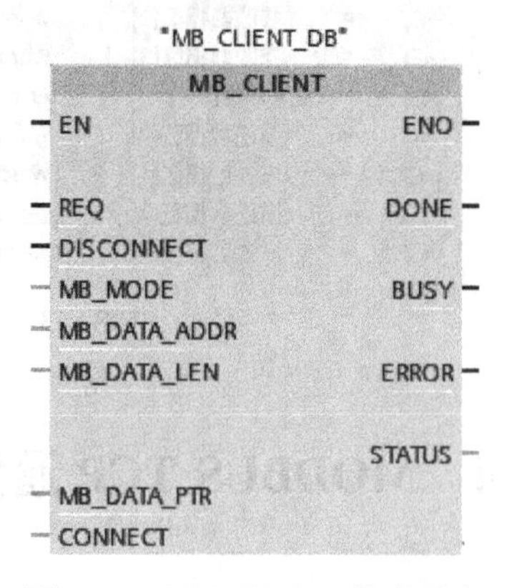

图 3-46 MB_CLIENT 指令示意

表 3-6 MB_CLIENT 指令输入/输出引脚参数的意义

引脚参数	数据类型	说明
REQ	Bool	与服务器之间的通信请求，上升沿有效
DISCONNECT	Bool	可以控制与 MODBUS TCP 服务器建立和终止连接。0：建立连接；1：断开连接
MB_MODE	USInt	选择 MODBUS 请求模式（读取、写入或诊断）。0：读；1：写
MB_DATA_ADDR	UDInt	由 MB_CLIENT 指令所访问数据的起始地址
MB_DATA_LEN	UInt	数据长度：数据访问的位或字的个数
MB_DATA_PTR	VARIANT	指向 MODBUS 数据寄存器的指针：寄存器缓冲数据进入 MODBUS 服务器或来自 MODBUS 服务器。指针必须分配一个未进行优化的全局 DB 或 M 存储器地址
CONNECT	VARIANT	引用包含系统数据类型为 TCON_IP_v4 连接参数的数据块结构
DONE	Bool	最后一个作业成功完成，立即将输出参数 DONE 置位为“1”
BUSY	Bool	作业状态位。0：无正在处理的作业；1：作业正在处理
ERROR	Bool	错误位。0：无错误；1：出现错误，错误原因查看 STATUS
STATUS	Word	错误代码

2. MB_SERVER 指令

MB_SERVER 指令作为 MODBUS TCP 服务器端指令，可以通过以太网连接进行通信。MB_SERVER 指令将处理 MODBUS TCP 客户端的连接请求，并接收处理 MODBUS 请求和发送响应，如图 3-47 所示。表 3-7 为 MB_SERVER 指令输入/输出引脚参数的意义。

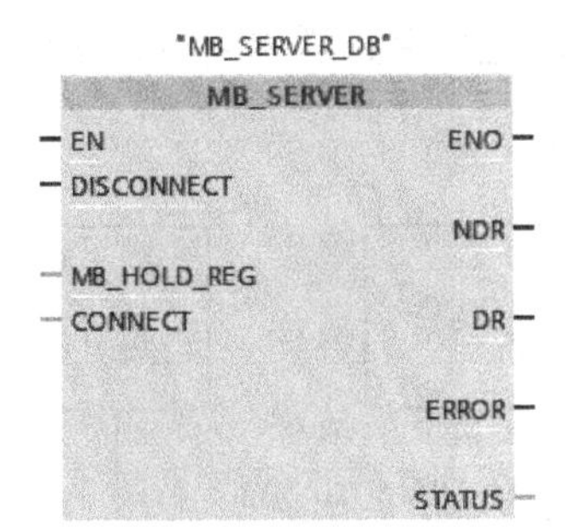

图 3-47　MB_SERVER 指令示意

表 3-7　MB_SERVER 指令输入/输出引脚参数的意义

引脚参数	数据类型	说　明
DISCONNECT	Bool	尝试与伙伴设备进行“被动”连接。也就是说，服务器被动地侦听来自任何请求 IP 地址的 TCP 连接请求。如果 DISCONNECT=0 且不存在连接，则可以启动被动连接。如果 DISCONNECT=1 且存在连接，则启动断开操作。该参数允许程序控制何时接受连接。每当启用此输入时，将无法尝试其他操作
MB_HOLD_REG	VARIANT	指向“MB_SERVER”指令中 Modbus 保持性寄存器的指针。MB_HOLD_REG 引用的存储区必须大于两个字节。保持性寄存器中包含 MODBUS 客户端通过 MODBUS 功能 3（读取）、6（写入）、16（多次写入）和 23（在一个作业中读写）可访问的值。作为保持性寄存器，可以使用具有优化访问权限的全局数据块，也可以使用位存储器的存储区
CONNECT	VARIANT	引用包含系统数据类型为 TCON_IP_v4 连接参数的数据块结构
NDR	Bool	New Data Ready。0：无新数据；1：从 Modbus 客户端写入的新数据
DR	Bool	Data Read。0：未读取数据；1：从 Modbus 客户端读取的数据
ERROR	Bool	如果上一个请求有错完成，将变为 TRUE 并保持一个周期
STATUS	Word	错误代码

3. 指令使用说明

在 PLC 编程中，客户端和服务器端不用像 PROFINET IO、S7 协议通信那样需要建立网络视图，只需要调用 MB_CLIENT、MB_SERVER 指令即可。其中，MODBUS TCP 客户端可以支持多个 TCP 连接，连接的最大数目取决于所使用的 CPU；MODBUS TCP 客户端如果需要连接多个 MODBUS TCP 服务器，则需要调用多个 MB_CLIENT 指令，每个 MB_CLIENT 指令需要分配不同的背景数据块和不同的连接 ID；MODBUS TCP 客户端对同一个 MODBUS TCP 服务器进行多次读/写操作时，需要调用多个 MB_CLIENT 指令，每个 MB_CLIENT 指令需要分配相同的背景数据块和相同的连接 ID，且同一时刻只能有一个 MB_CLIENT 指令被触发。

3.4.3 【实例 3-4】通过 MODBUS TCP 实现开关量信号传送

实例说明

两台 CPU 1215C DC/DC/DC 通过 MODBUS TCP 通信，如图 3-48 所示，客户端 PLC 的开

关量信号输入并经过 MODBUS TCP 通信后，送入到服务器端 PLC，并在该处进行信号输出。

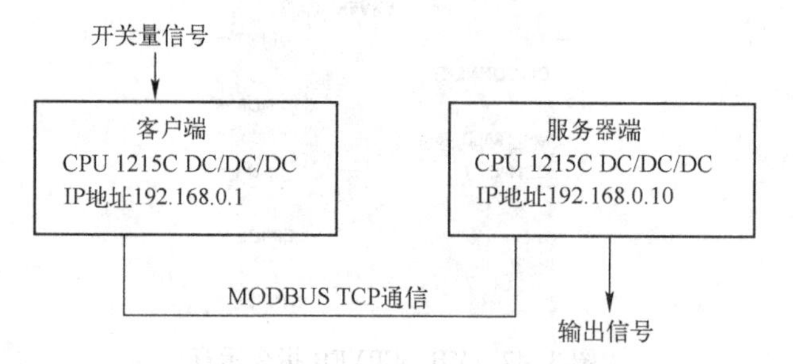

图 3-48　两台 CPU 1215C DC/DC/DC 通过 MODBUS TCP 通信示意

 **实施步骤**

步骤 1：对客户端进行编程和配置

对客户端 PLC 进行硬件配置，设定 IP 地址为 192. 168. 0. 1。

添加 2 个数据块，其中“数据块_1”用于发送数据，如图 3-49 所示，设置为“Array [0..3] of Word”，发送 4 个字。该数据块属性必须取消“优化的块访问”。

MODBUSTCP通讯1 ▸ MODBUS TCP客户端 [CPU 1215C DC/DC/DC] ▸

保持实际值　快照　将快照值复制到起

数据块_1

	名称	数据类型	偏移量	起始值
1	▼ Static			
2	▼ 发送数据区	Array[0..3] of Word	0.0	
3	发送数据区[0]	Word	0.0	16#0
4	发送数据区[1]	Word	2.0	16#0
5	发送数据区[2]	Word	4.0	16#0
6	发送数据区[3]	Word	6.0	16#0

图 3-49　添加“数据块_1”

添加另外一个数据块为如图 3-50 所示的“数据块_2”，用于存放通信设置。这里新建变量名 为 TCP（可以是任意字符），并在 TCP 变量“数据类型”中直接输入“TCON_IP_V4”，不能像常规变量一样进行选择，这一点需要格外注意。表 3-8 为 TCON_IP_V4 参数说明。

表 3-8　TCON_IP_V4 参数说明

参　数	说　明
InterfaceId	硬件标识符
ID	连接 ID，取值范围为 1~4095
Connection Type	连接类型。TCP 连接默认为 16#0B
ActiveEstablished	建立连接。主动为 1（客户端），被动为 0（服务器端）
ADDR	服务器侧的 IP 地址
RemotePort	远程端口号
LocalPort	本地端口号

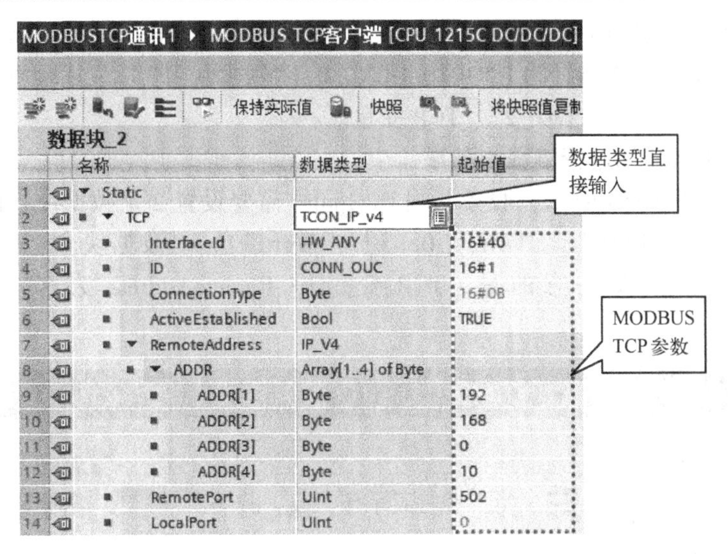

MODBUSTCP通讯1 ▸ MODBUS TCP客户端 [CPU 1215C DC/DC/DC]

保持实际值　快照　将快照值复制

数据块_2

	名称	数据类型	起始值
1	▼ Static		
2	▼ TCP	TCON_IP_v4	
3	InterfaceId	HW_ANY	16#40
4	ID	CONN_OUC	16#1
5	ConnectionType	Byte	16#0B
6	ActiveEstablished	Bool	TRUE
7	▼ RemoteAddress	IP_V4	
8	▼ ADDR	Array[1..4] of Byte	
9	ADDR[1]	Byte	192
10	ADDR[2]	Byte	168
11	ADDR[3]	Byte	0
12	ADDR[4]	Byte	10
13	RemotePort	UInt	502
14	LocalPort	UInt	0

图 3-50　添加“数据块_2”

图 3-51 为客户端程序，即 MB_MODE=1（写入）的情况下，采用 MB_CLIENT 将 4 个字发送到服务器端。需要注意的事项如下：

（1）在 PLC 中还要选择“系统和时钟存储器”，勾选“启用时钟存储器字节”复选框，因为这里的程序段 1 中 REQ 会用到时钟存储器 M0.5。

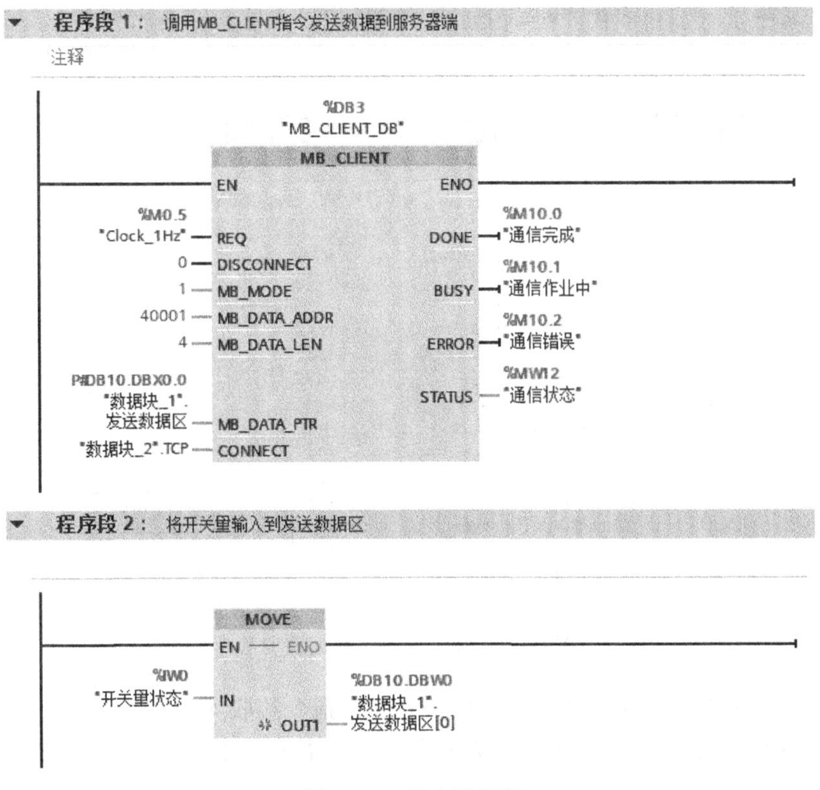

图 3-51　客户端程序

（2）MB_DATA_ADDR 为 40001，主站读写保持寄存器地址都是从该地址开始的。

（3）MB_DATA_PTR 指针为 P#DB10. DBX0. 0（“数据块_1”. 发送数据区）。

（4）CONNECT 为“数据块_2”. TCP 变量。

步骤 2：对服务器端进行编程和配置

如图 3-52、图 3-53 所示，服务器端 PLC 同样需要设置 2 个数据块，即“数据块_1”为 4 个字的“数据接收区”（“Array[0..3] of Word”）、“数据块_2”为“TCP”变量（TCON_IP_V4）。需要注意的是，TCP 变量中 RemoteAddress 为客户端 PLC 地址，即 192. 168. 0. 1。

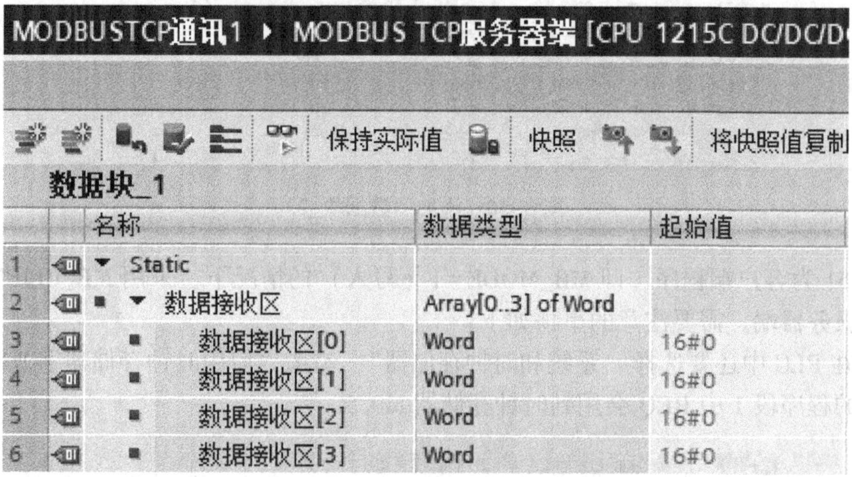

MODBUSTCP通讯1 ▸ MODBUS TCP服务器端 [CPU 1215C DC/DC/D

保持实际值 快照 将快照值复制

数据块_1

	名称	数据类型	起始值
1	▼ Static		
2	▪ ▼ 数据接收区	Array[0..3] of Word	
3	▪ 数据接收区[0]	Word	16#0
4	▪ 数据接收区[1]	Word	16#0
5	▪ 数据接收区[2]	Word	16#0
6	▪ 数据接收区[3]	Word	16#0

图 3-52 服务器端“数据块_1”

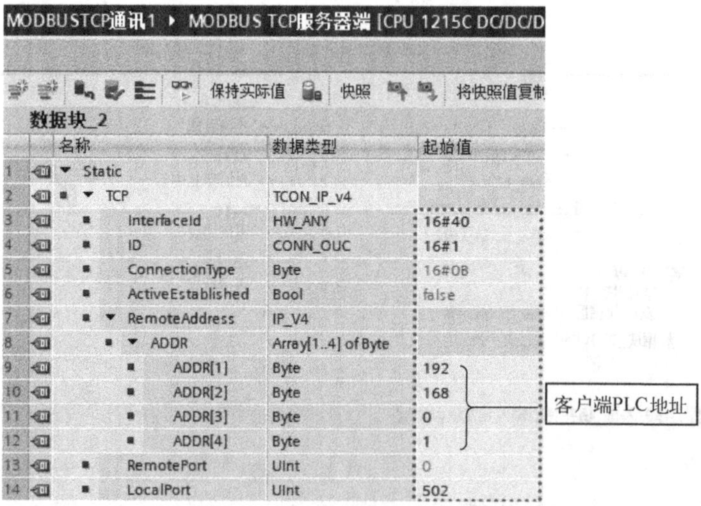

MODBUSTCP通讯1 ▸ MODBUS TCP服务器端 [CPU 1215C DC/DC/D

保持实际值 快照 将快照值复制

数据块_2

	名称	数据类型	起始值
1	▼ Static		
2	▪ ▼ TCP	TCON_IP_v4	
3	▪ InterfaceId	HW_ANY	16#40
4	▪ ID	CONN_OUC	16#1
5	▪ ConnectionType	Byte	16#0B
6	▪ ActiveEstablished	Bool	false
7	▪ ▼ RemoteAddress	IP_V4	
8	▪ ▼ ADDR	Array[1..4] of Byte	
9	▪ ADDR[1]	Byte	192
10	▪ ADDR[2]	Byte	168
11	▪ ADDR[3]	Byte	0
12	▪ ADDR[4]	Byte	1
13	▪ RemotePort	UInt	0
14	▪ LocalPort	UInt	502

客户端PLC地址

图 3-53 服务器端“数据块_2”

图 3-54 为服务器端程序，即采用 MB_SERVER 指令接收 4 个字，并将第一个字输出给 QW0。其中，MB_HOLD_REG 地址为“数据块_1”. 数据接收区，CONNECT 为“数据块_2”. TCP 变量。

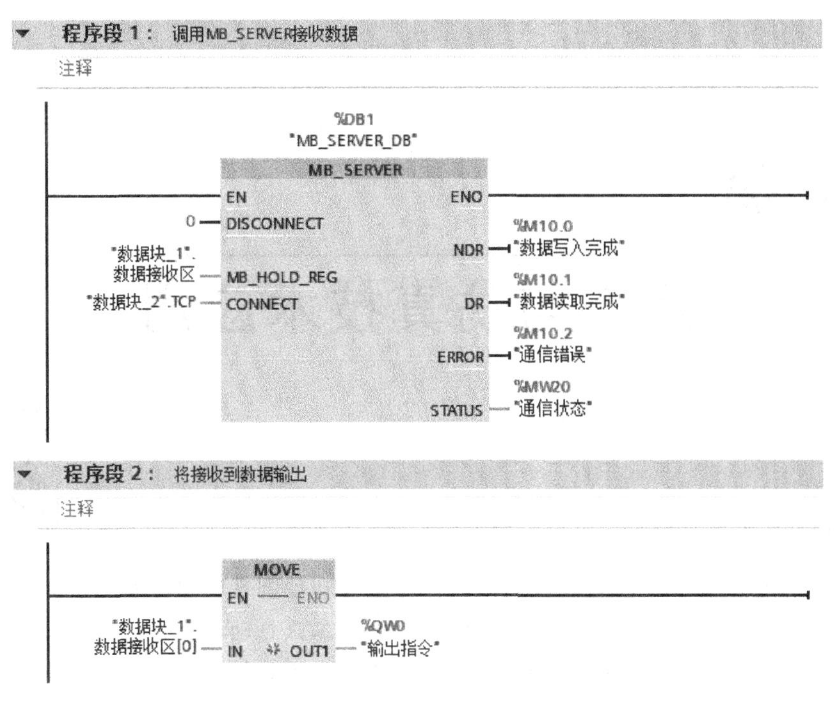

图 3-54　服务器端程序

步骤 3：通信调试

图 3-55 是客户端的数据情况，“发送数据区［0］”为“16#8700”，通过 MB_CLIENT 指令发送到服务器端 PLC。服务器端 PLC 通过 MB_SERVER 指令接收之后，放入“接收数据区［0］”，执行相应的输出。

MODBUSTCP通讯1 ▸ MODBUS TCP客户端 [CPU 1215C DC/DC/DC] ▸ 程序块 ▸ 数据块_1 [DB

保持实际值　快照　将快照值复制到起始值中　将起始值

数据块_1

		名称	数据类型	偏移量	起始值	监视值
1		▼ Static				
2		▪ ▼ 发送数据区	Array[0..3] of Word	0.0		
3		▪ 发送数据区[0]	Word	0.0	16#0	16#8700
4		▪ 发送数据区[1]	Word	2.0	16#0	16#0000
5		▪ 发送数据区[2]	Word	4.0	16#0	16#0000
6		▪ 发送数据区[3]	Word	6.0	16#0	16#0000

图 3-55　客户端的数据情况

第 4 章

组态与仿真技术应用

【导读】

组态是指一些数据采集与过程控制的软件，是自动控制系统监控层一级的软件平台和开发环境，使用灵活的配置方式，为用户提供快速构建工业自动控制系统监控功能的、通用层次的软件工具。博途、国产 MCGS 和组态王都是使用广泛的组态软件，可以将程序导入触摸屏或计算机，引入控件应用来替代开关、按钮、指示灯和数据输入等场合的操作现场，以 PLC 与触摸屏之间的变量值交换，控制现场信息就可以直接显示在触摸屏或计算机上并进行控制。S7-1200 PLC 还独有云组态技术，通过手机端和 PC 端均可控制现场变量。

 4.1 西门子精简触摸屏与 S7-1200 PLC 的组态

4.1.1 触摸屏概述

触摸屏又称人机界面（Human Machine Interface，HMI），主要应用于工业控制现场，常与 PLC 配套使用。如图 4-1 所示，可以通过触摸屏对现场设备进行参数设置、数据显示，并用曲线、动画等形式描述工艺控制过程。

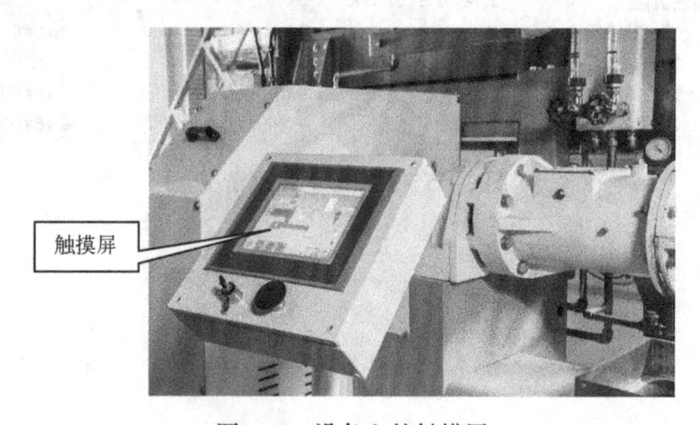

图 4-1 设备上的触摸屏

触摸屏的编程，通常又称为组态，是指编程人员根据工业应用对象及控制任务的要求，配置用户应用软件的过程，包括对象的定义、制作和编辑以及设定对象状态特征属性参数等。不同品牌的触摸屏或操作面板所开发的组态软件不同，但都具有一些通用功能，如画面、标签、配方、上传、下载、仿真等。触摸屏组态示意如图 4-2 所示。触摸屏与设备/过程之间通过变量与 PLC 进行数据传递，触摸屏本身也可以外接打印机、扫码枪、RFID、无线设备及其他外设等。

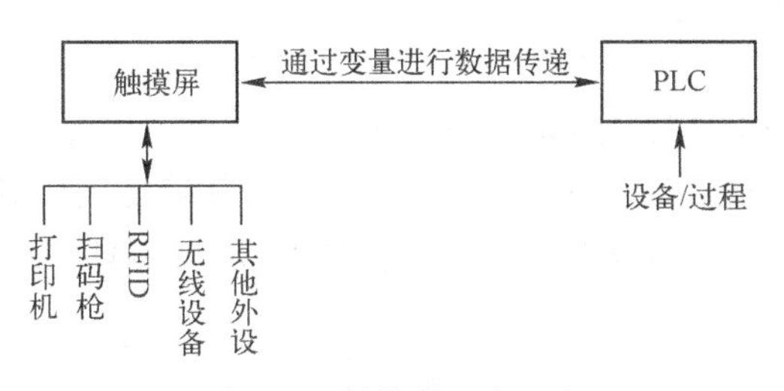

图 4-2　触摸屏组态示意

在组态触摸屏时，以按钮控件为例，如果触摸屏上的按钮对应 PLC 内部数字量 Mx. y 的“位”，按下按钮时 Mx. y 置位（为“1”），释放按钮时 Mx. y 复位（为“0”），只有建立了这种对应关系，如图 4-3 所示，触摸屏才可以与 PLC 的内部用户程序建立数据交互关系。

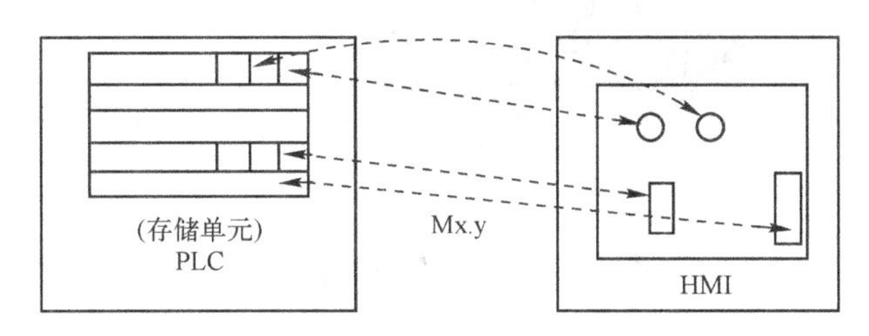

图 4-3　触摸屏与 PLC 之间的数据交互关系

组态完成后的触摸屏具有如下主要功能：

（1）过程可视化。在触摸屏画面上动态显示过程数据。

（2）操作员对设备的控制。操作员通过图形界面控制设备。例如，操作员可以通过触摸屏修改设定参数或控制电动机等。

（3）显示报警。设备的故障状态会自动触发报警并显示报警信息。

（4）记录功能。记录过程值和报警信息。

（5）配方管理。将设备的参数存储在配方中，可以将这些参数下载到 PLC。

4.1.2　西门子 KTP 精简触摸屏

西门子触摸屏产品主要分为精简系列面板（以下简称精简触摸屏）、精智面板和移动式面板，均可以通过博途软件进行一体化组态。其中，精简触摸屏是面向基本应用的触摸屏，适合与 S7-1200 PLC 配合使用，技术指标见表 4-1。

表 4-1　精简触摸屏技术指标

型　号	屏幕尺寸	可组态按键	分　辨　率	网络接口
KTP400 Basic	4.3″	4	480×272	PROFINET
KTP700 Basic	7″	8	800×480	PROFINET
KTP700 Basic DP	7″	8	800×480	PROFIBUS DP
KTP900 Basic	9″	8	800×480	PROFINET
KTP1200 Basic	12″	10	1280×800	PROFINET
KTP1200 Basic DP	12″	10	1280×800	PROFIBUS DP

图 4-4 为 KTP700 Basic PN（默认写法为 KTP700 Basic）触摸屏外观示意，具体部位名称为：①电源接口；②USB 接口；③PROFINET 接口；④装配夹的开口；⑤显示/触摸区域；⑥嵌入式密封件；⑦功能键；⑧铭牌；⑨功能接地的接口；⑩标签条导槽。

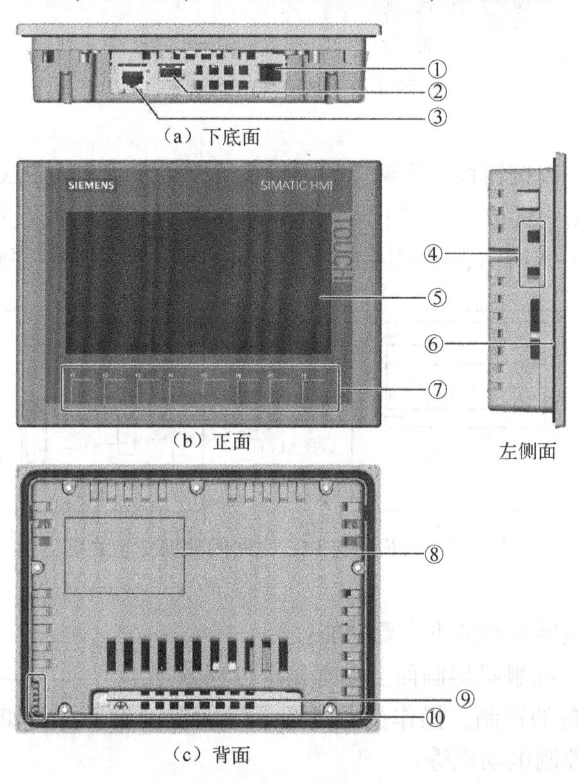

图 4-4　KTP700 Basic PN 触摸屏外观示意

同种尺寸规格的另外一种触摸屏 KTP700 Basic DP 的接口为 PROFIBUS DP，与 KTP700 Basic PN 不同的地方就是如图 4-5 所示的 KTP700 Basic DP 触摸屏下底面，具体部位名称为：①电源接口；②RS 422/RS 485 接口；③USB 接口。

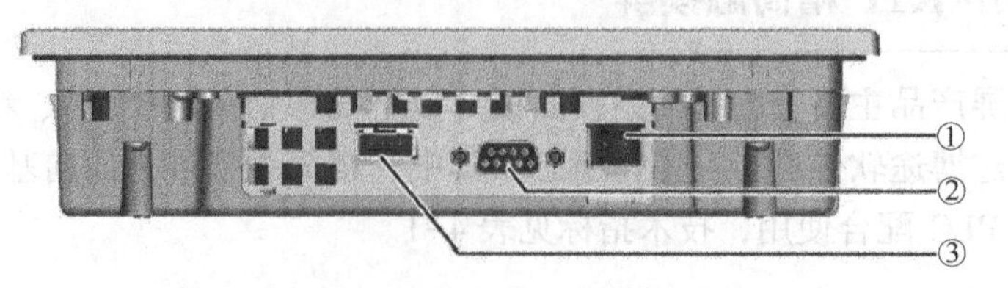

图 4-5　KTP700 Basic DP 触摸屏下底面

从以上图、表可以看出，西门子精简触摸屏的主要通信接口为 PROFINET、PROFIBUS DP，以 PROFINET 通信最方便。图 4-6 为触摸屏与组态计算机、S7-1200 PLC 之间通过交换机进行的 PROFINET 连接示意。

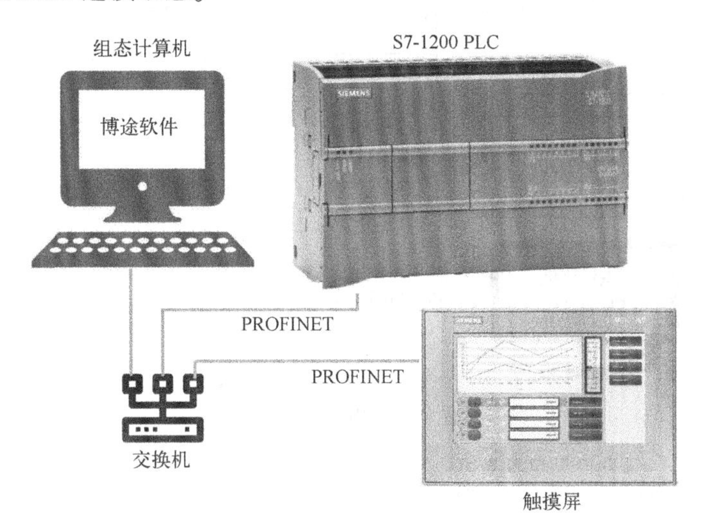

图 4-6　PROFINET 连接示意

4.1.3 【实例 4-1】精简触摸屏控制电动机

实例说明

在 KTP700 Basic 精简触摸屏上单击启动按钮后，电动机立即启动；单击停止按钮后，电动机延时 6s 后停机；要求在触摸屏上显示电动机的运行状态和延时停机时间。该控制系统还要求 PLC 外接紧急停止按钮。

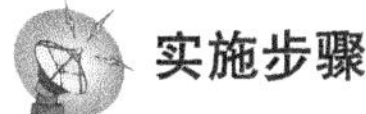

实施步骤

步骤 1：电气接线

图 4-7 为电气原理图。图中，触摸屏的电源为 DC 24V，触摸屏与 PLC、组态计算机与 PLC 之间通过 PROFINET 相连，可以不通过交换机或路由器，直接通过 CPU 1215C DC/DC/DC 的 X1P1R、X1P2R 端口连接。PLC 的输入端连接常闭触点的紧急停止按钮，输出端连接电动机接触器。

步骤 2：PLC 编程

新建或打开博途项目，配置 PLC 硬件（CPU 1215C DC/DC/DC）地址为 192.168.0.1，并将变量表和程序输入该项目中。表 4-2 为变量定义表。图 4-8 为梯形图。

表 4-2　变量定义表

名　称	HMI 启动按钮	HMI 停止按钮	紧急停止按钮	电动机接触器	停止延时变量
数据类型	Bool	Bool	Bool	Bool	Bool
地址	M8.0	M8.1	I0.0	Q0.0	M8.2

DC24V
L+
M
CPU 1215C
DC/DC/DC
4L+
4M
Q0.0
1M
I0.0
DC24V
X1P1R X1P2R
L+
M
X1
PROFINET
精简触摸屏
KTP700 Basic
组态计算机
博途软件
PROFINET

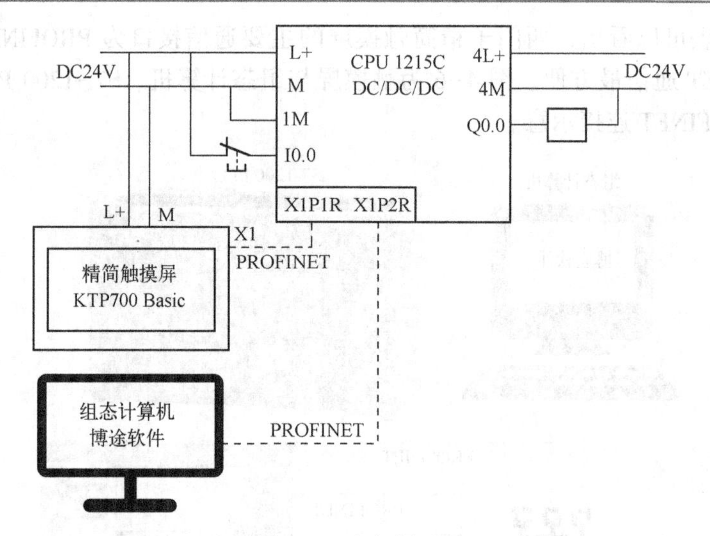

图 4-7 电气原理图

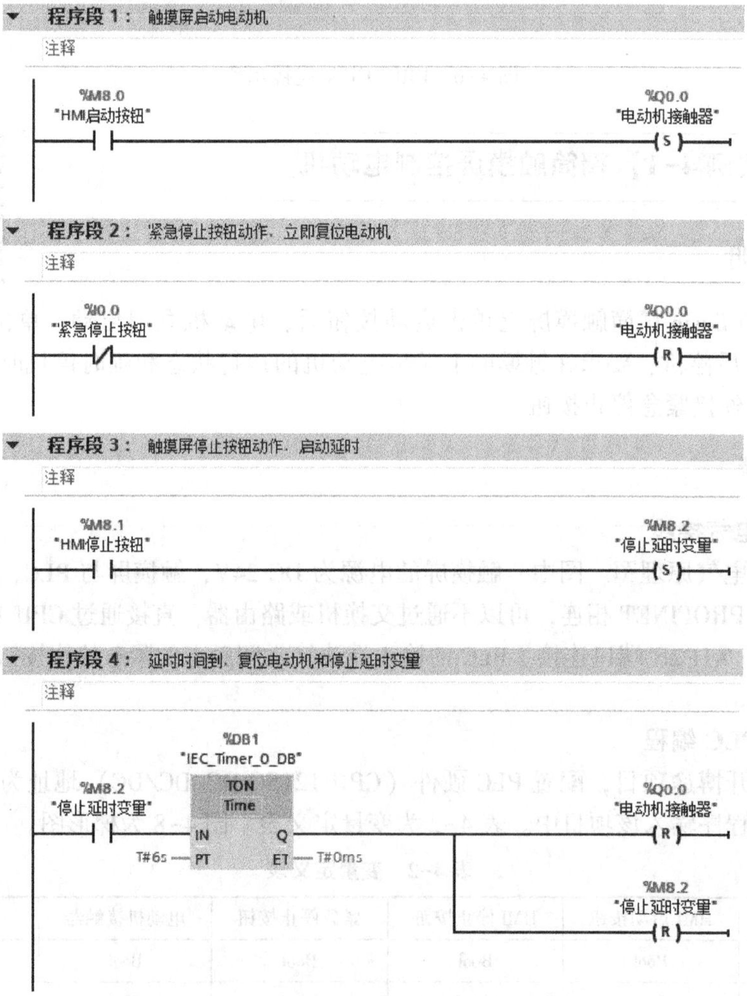

程序段 1： 触摸屏启动电动机
注释
%M8.0
"HMI启动按钮"
%Q0.0
"电动机接触器"
S
程序段 2： 紧急停止按钮动作，立即复位电动机
注释
%I0.0
"紧急停止按钮"
%Q0.0
"电动机接触器"
R
程序段 3： 触摸屏停止按钮动作，启动延时
注释
%M8.1
"HMI停止按钮"
%M8.2
"停止延时变量"
S
程序段 4： 延时时间到，复位电动机和停止延时变量
注释
%DB1
"IEC_Timer_0_DB"
TON
Time
%M8.2
"停止延时变量"
IN
Q
T#6s
PT
ET
T#0ms
%Q0.0
"电动机接触器"
R
%M8.2
"停止延时变量"
R

图 4-8 【实例 4-1】 的梯形图

步骤 3：按设备向导配置触摸屏功能

第一次使用触摸屏时，可以从“项目树”→“添加新设备”进入如图 4-9 所示的界面，选择本实例中用到的 KTP700 Basic，确认相应的订货号（6AV2 123-2GB03-0AX0）和版本号（这里选择 15.0.0.0）。

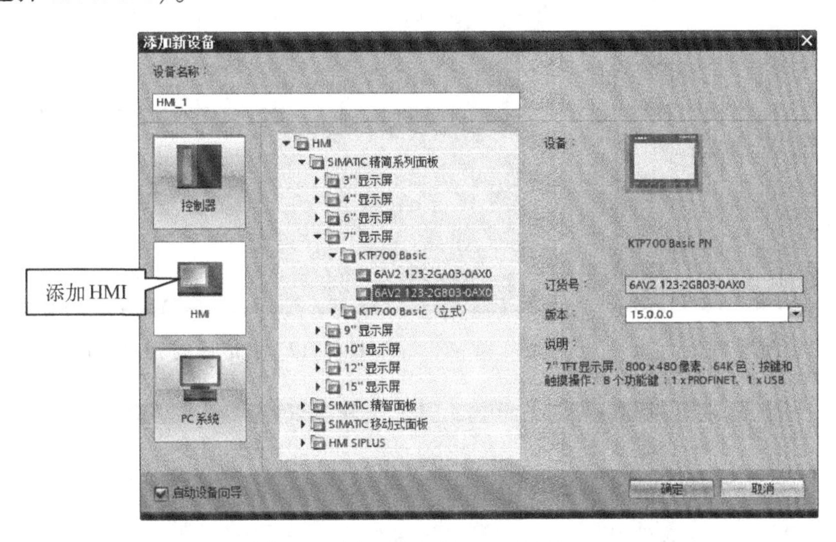

图 4-9　添加新设备 KTP700 Basic

单击“确定”按钮后，进入 HMI 设备向导界面，包括 PLC 连接、画面布局、报警、画面、系统画面和按钮等六个步骤。这六个步骤可以通过单击“下一步”按钮逐一完成，也可以直接单击“完成”按钮退出。图 4-10 为 PLC 连接步骤，由于本实例已经在步骤 2 完成了 PLC 硬件配置和软件编程，因此可以在如图 4-11 所示中选择 PLC，完成后的 PLC 连接如图 4-12 所示。由于本实例不涉及画面布局、报警、画面、系统画面和按钮等设置，因此可以直接触摸“完成”按钮退出 HMI 设备向导，就会出现如图 4-13 所示的完成后的根画面。

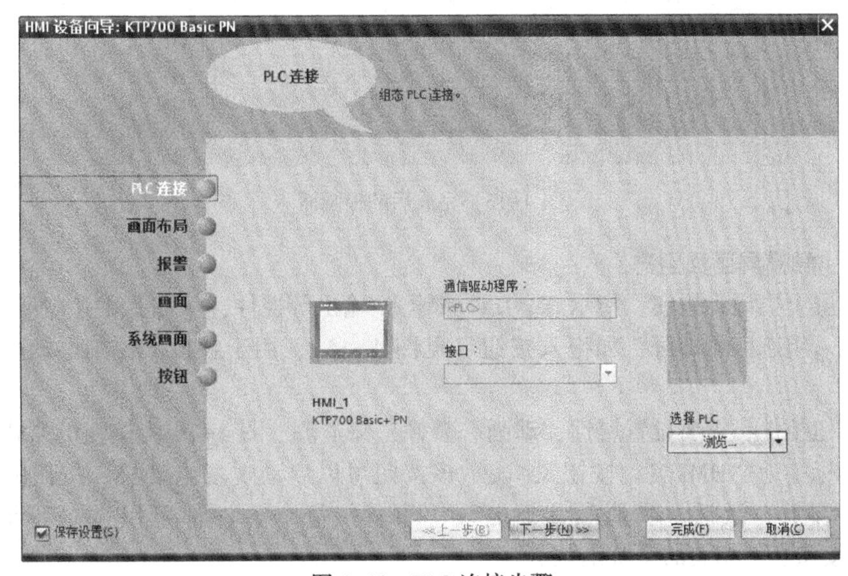

图 4-10　PLC 连接步骤

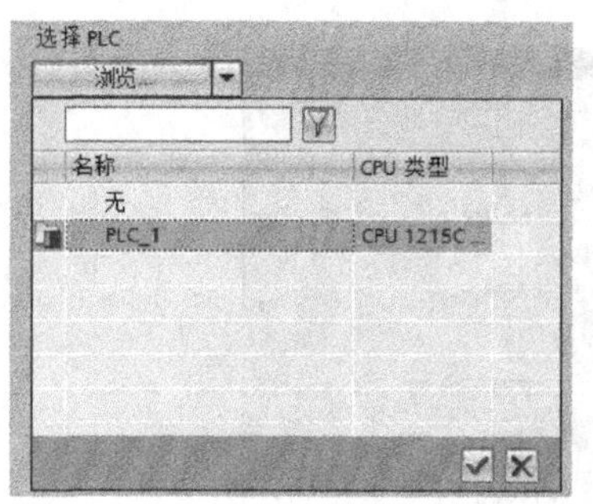

图 4-11　选择 PLC

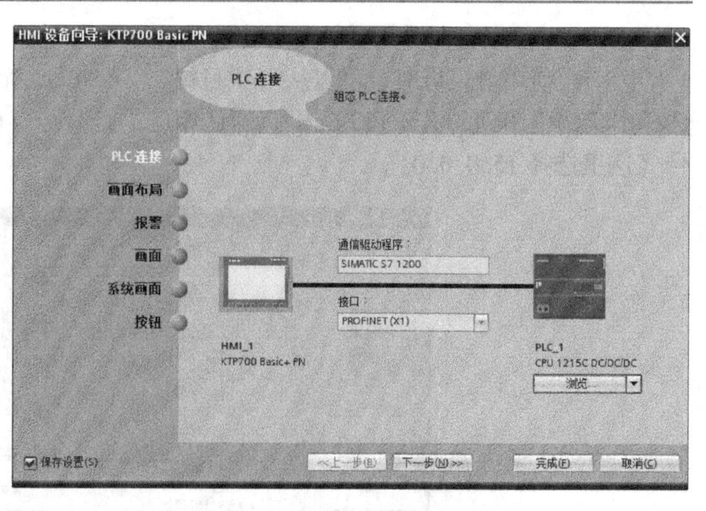

图 4-12　完成后的 PLC 连接

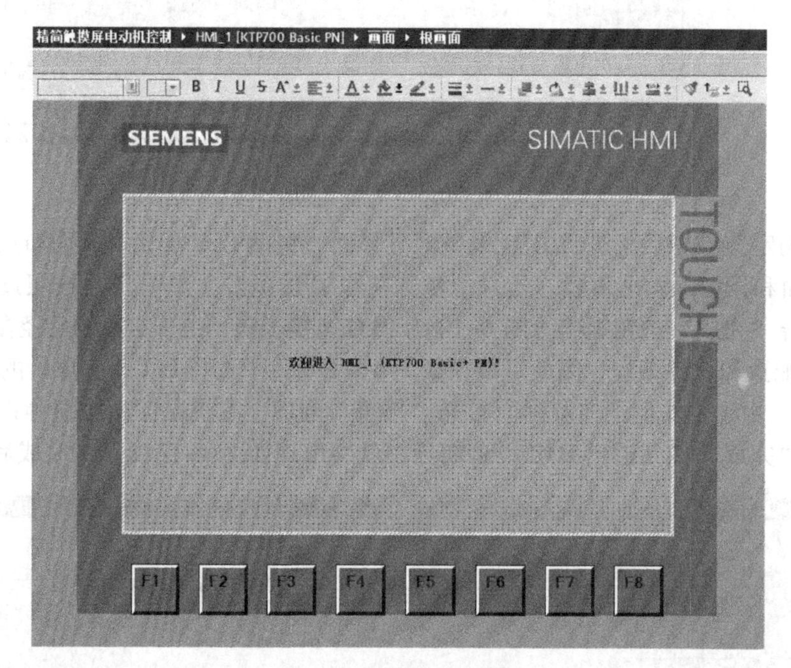

图 4-13　完成后的根画面

步骤 4：触摸屏画面组态

在触摸屏上要设计按钮、指示灯、I/O 域输入/输出等控件，从如图 4-14 所示的工具箱中将控件拖入组态区域即可，如拖入按钮（见图 4-15），用于触摸屏控制电动机的启动和停止。

对于按钮控件，需要设置属性、动画、事件、文本等。图 4-16 为按钮的常规属性。这里主要设置标签为“HMI 启动按钮”，表示该按钮可以启动现场电动机。按钮的动作有单击、按下、释放、激活、取消激活、更改等事件。每个事件都可以选择不同的函数。图 4-17 为按钮事件相关的系统函数。

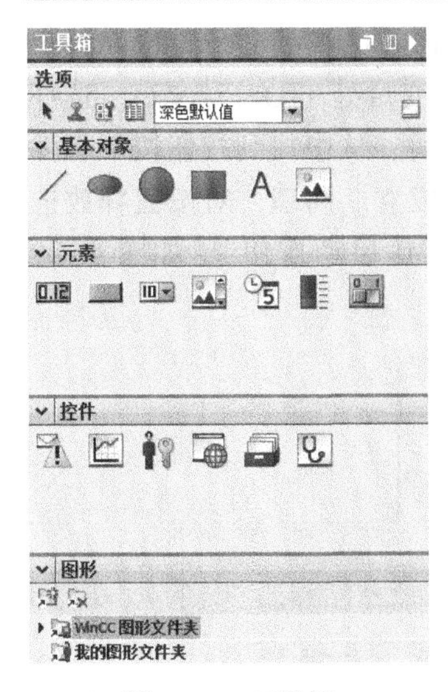

图 4-14　工具箱

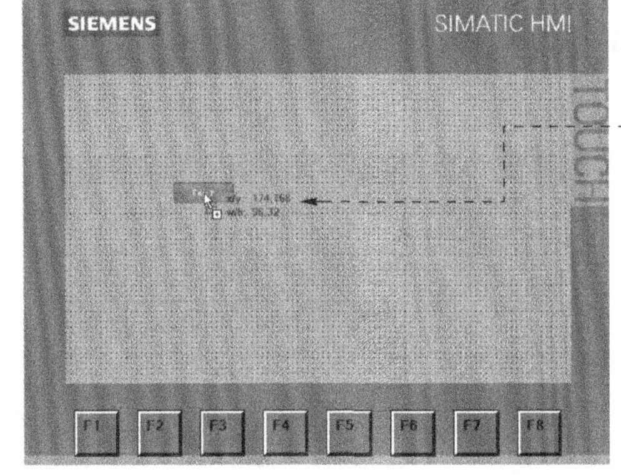

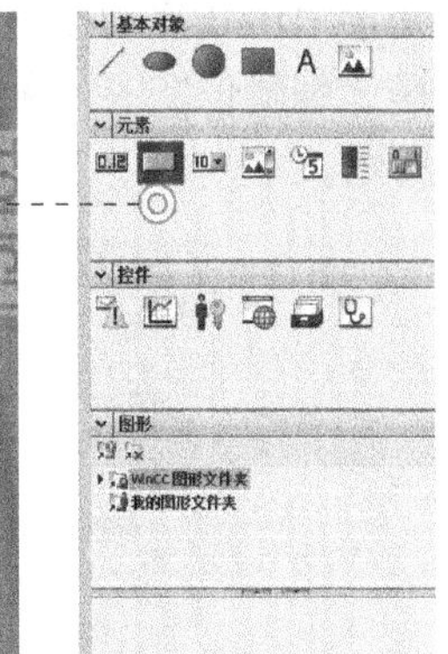

图 4-15　拖入按钮

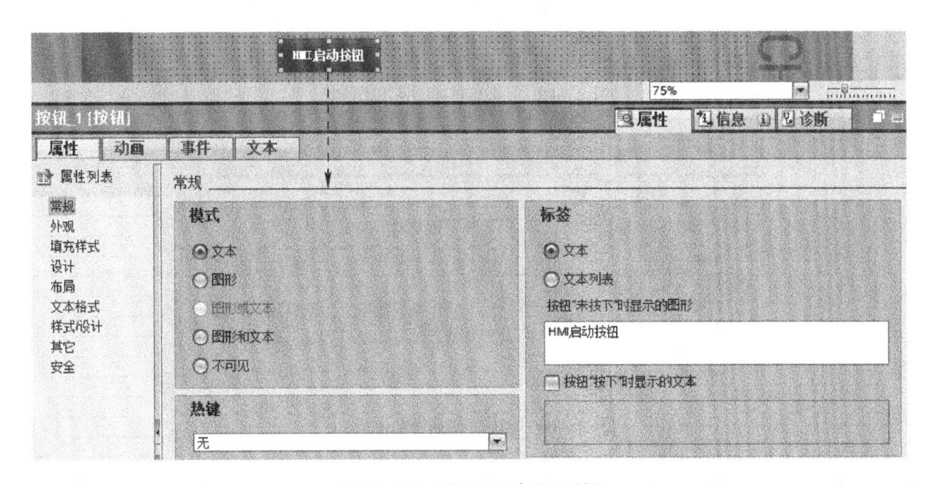

图 4-16　按钮的常规属性

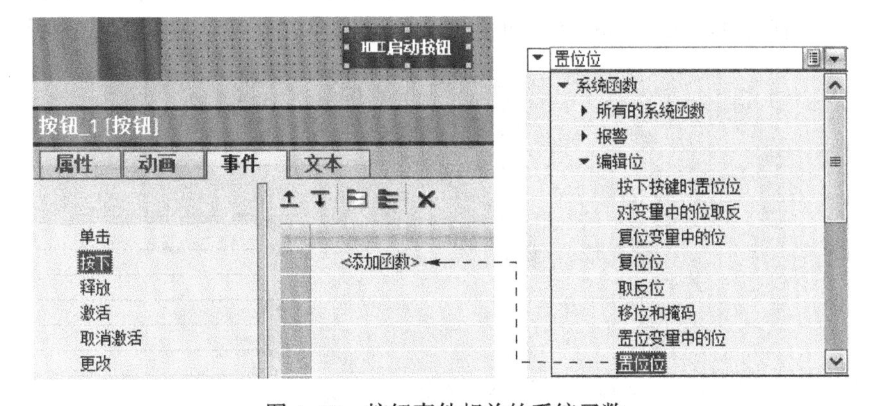

图 4-17　按钮事件相关的系统函数

在此定义“HMI 启动按钮”的属性为：当按下按钮时，将 PLC 的相关变量置位（该变量处于 ON 状态）；当释放按钮时，将 PLC 的相关变量复位（该变量处于 OFF 状态）。选择“编辑位”→“置位位”，通过[...]选择“PLC_1”中的 PLC 变量后，从中找到按钮按下事件变量“HMI 启动按钮”，如图 4-18 所示，[图标]表示按下事件已经成立。同理，对按钮释放选择“编辑位”→“复位位”事件，触发变量不变，仍旧为“HMI 启动按钮”，如图 4-19 所示。

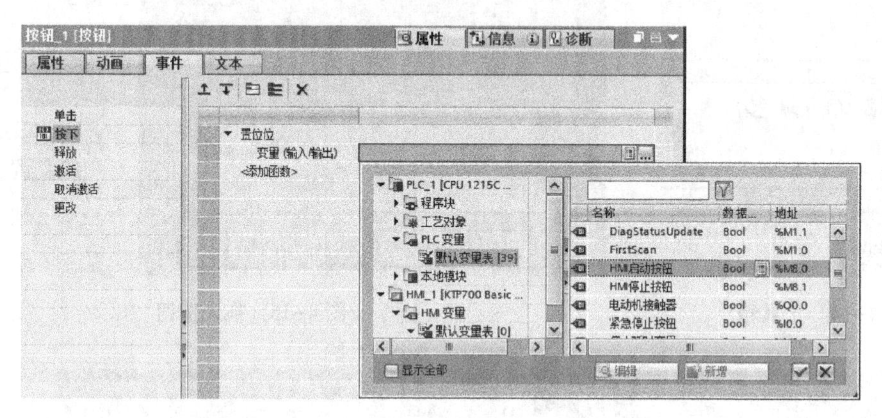

图 4-18　组态按钮按下事件

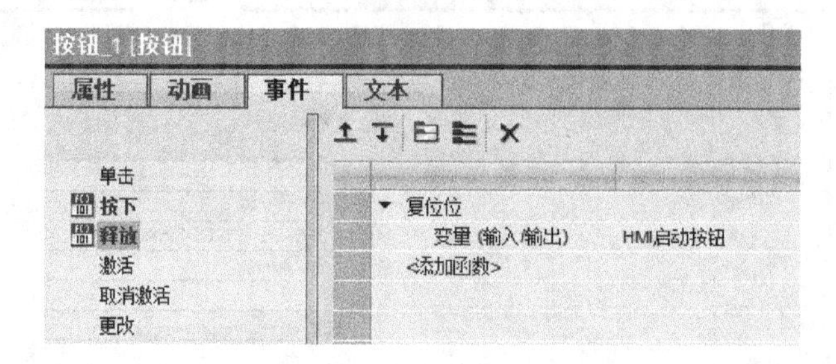

图 4-19　组态按钮释放事件

按照同样的方法，增加另外一个“HMI 停止按钮”，并进行按下和释放的事件组态。

添加指示灯如图 4-20 所示。与组态按钮不同，指示灯是动态元素，根据过程会改变指示灯的状态，共有两种状态，即外观、可见性，这里选择“外观”，如图 4-21 所示。

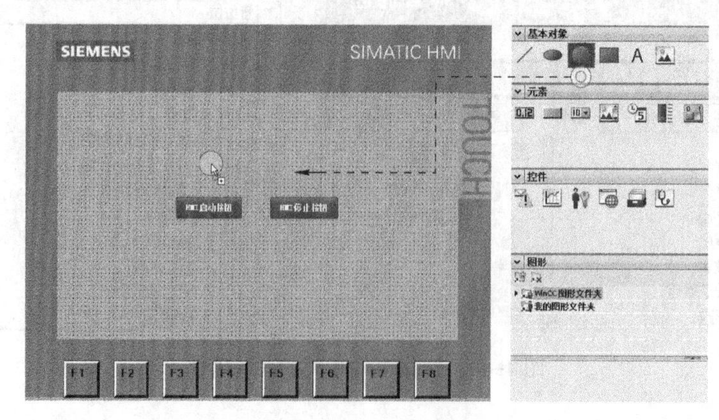

图 4-20　添加指示灯

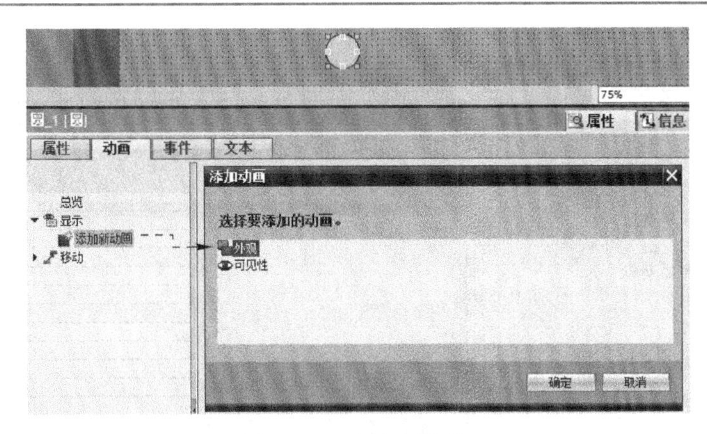

图 4-21　选择“外观”

触摸屏上的指示灯一般采用颜色变化，比如信号接通为红色、信号不接通为灰色等。图 4-22 为新建指示灯“外观”动画，与“电动机接触器”变量关联。在范围“0”处选择背景色、边框颜色和闪烁等属性，这里选择颜色为灰色；同样，单击“添加”，即会出现范围“1”，此时选择颜色为红色。

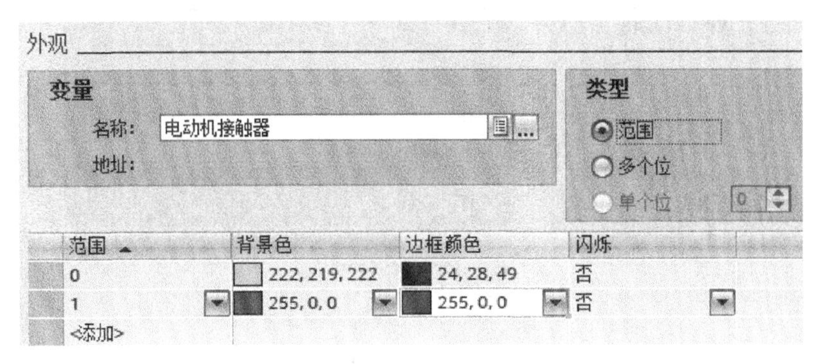

图 4-22　新建指示灯“外观”动画

最后是添加定时器的时间。它是 I/O 域，分别如图 4-23 到图 4-26 所示，添加变量连接为“IEC_Timer_0_DB_ET”，设置 I/O 格式为“9999”。

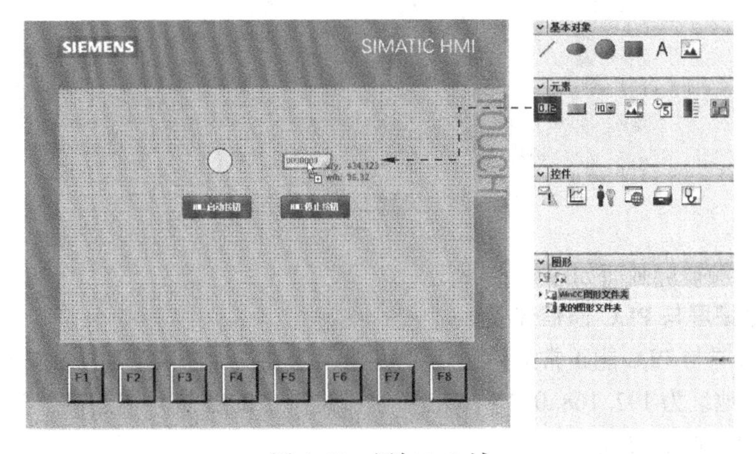

图 4-23　添加 I/O 域

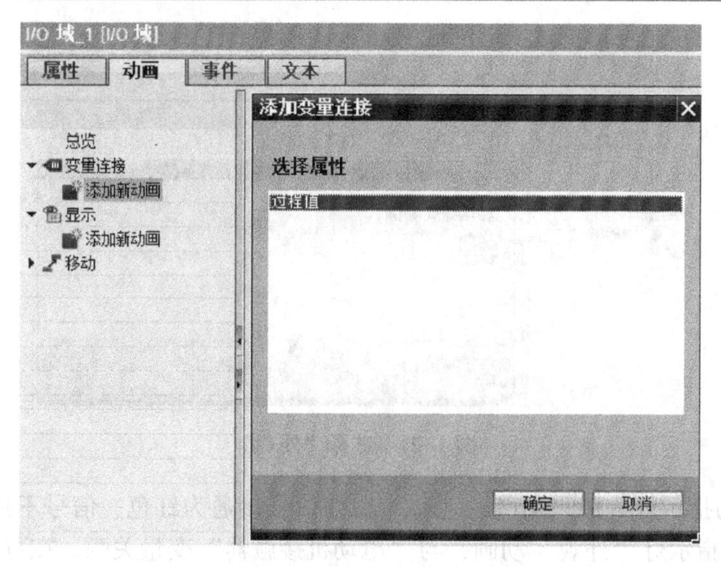

图 4-24 “添加变量连接”界面

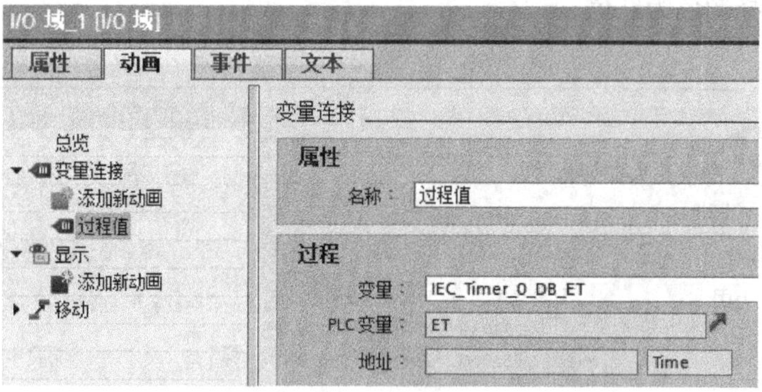

图 4-25 “变量连接”界面

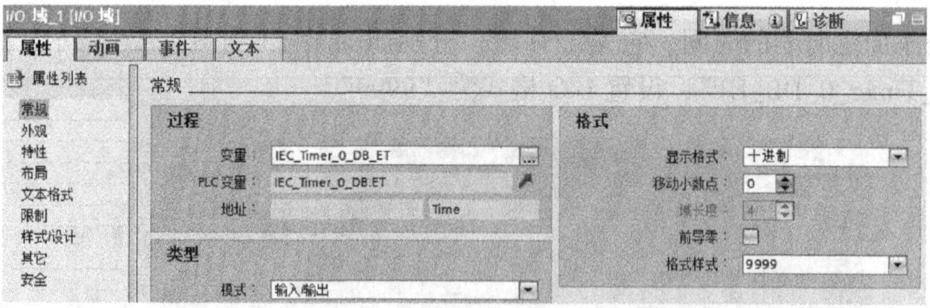

图 4-26 设置 I/O 域的格式

组态完成的触摸屏画面如图 4-27 所示。

步骤 5：触摸屏与 PLC 通信连接

为确保触摸屏与 PLC 能正常通信，需要确保两者在一个 IP 频段内，按如图 4-28 所示设置 HMI 的 IP 地址为 192.168.0.2。单击“项目树”中的触摸屏“连接”选项，就会出现如图 4-29 所示的通信连接。

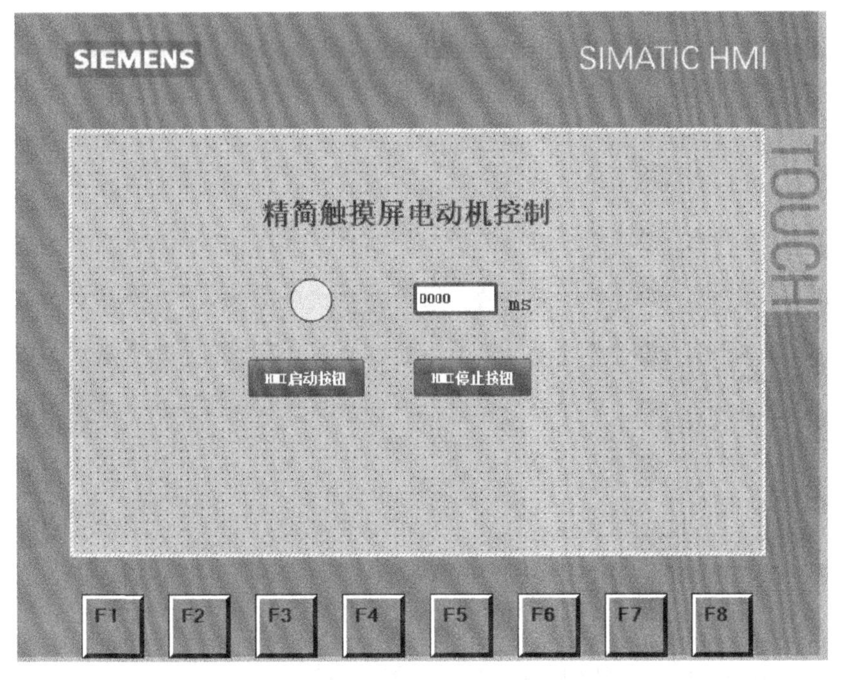

图 4-27　组态完成的触摸屏画面

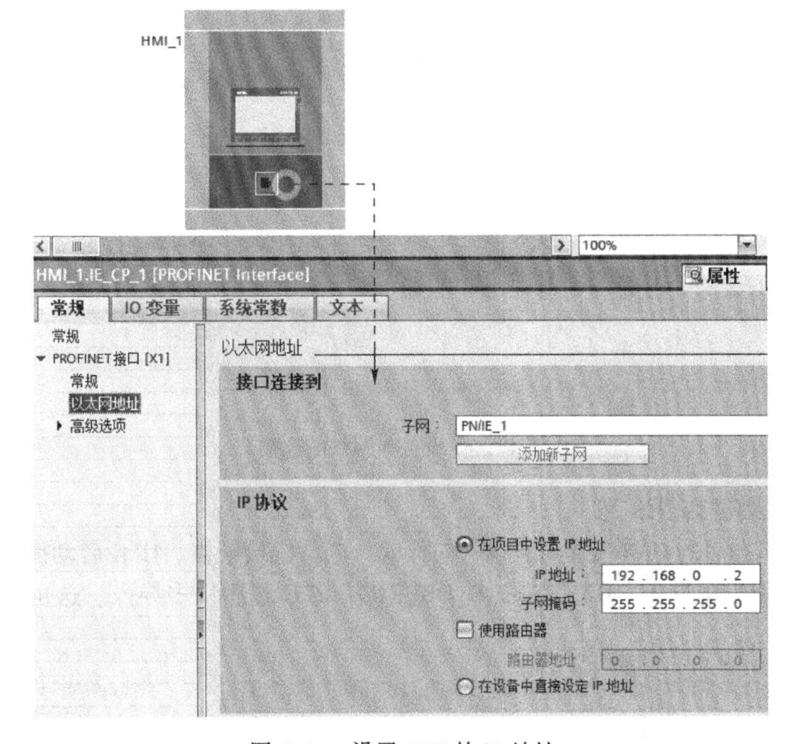

图 4-28　设置 HMI 的 IP 地址

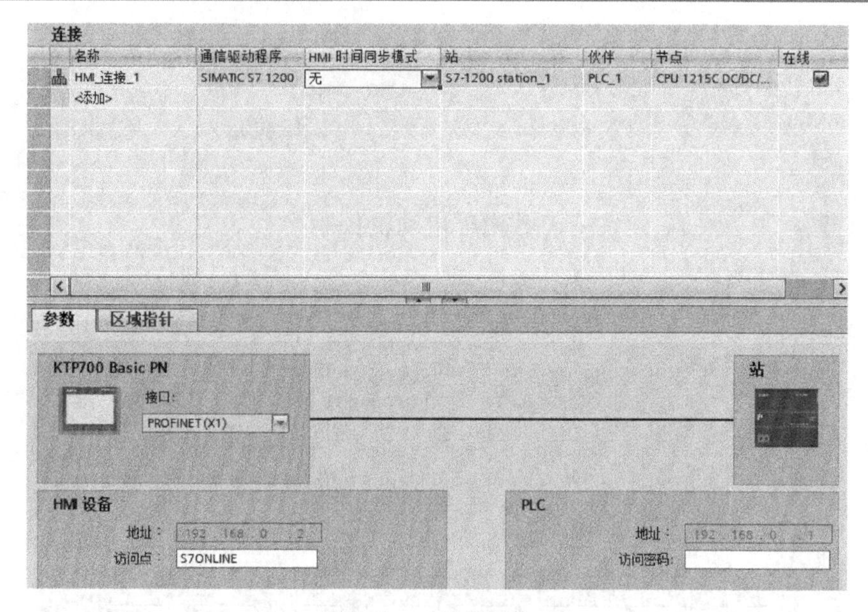

图 4-29　通信连接

在设备与网络中，可以看到如图 4-30 所示的连接情况。

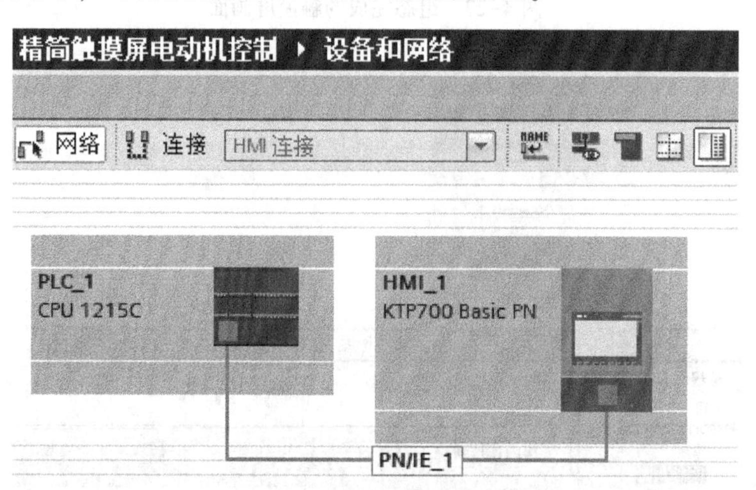

图 4-30　设备与网络的连接

步骤 6：触摸屏变量设置

完成画面组态后的 HMI 变量如图 4-31 所示。电动机接触器、HMI 启动按钮、HMI 停止按钮从 PLC 变量表中导入，IEC_Timer_0_DB_ET 从 PLC 程序块中导入。这也是博途软件的

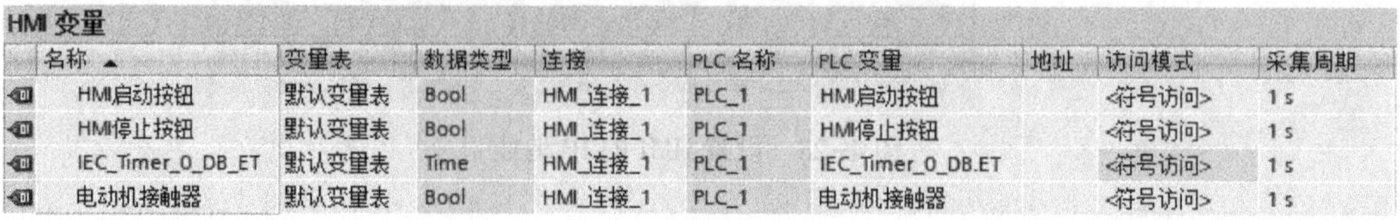

HMI 变量

名称 ▲	变量表	数据类型	连接	PLC 名称	PLC 变量	地址	访问模式	采集周期
HMI启动按钮	默认变量表	Bool	HMI_连接_1	PLC_1	HMI启动按钮		<符号访问>	1 s
HMI停止按钮	默认变量表	Bool	HMI_连接_1	PLC_1	HMI停止按钮		<符号访问>	1 s
IEC_Timer_0_DB_ET	默认变量表	Time	HMI_连接_1	PLC_1	IEC_Timer_0_DB.ET		<符号访问>	1 s
电动机接触器	默认变量表	Bool	HMI_连接_1	PLC_1	电动机接触器		<符号访问>	1 s

图 4-31　HMI 变量

重要功能之一，即变量共享。HMI 变量的采集周期可以选择，包括 100ms、500ms、1s、2s、5s、10s、1min、5min、10min 和 1h 等。用户可以根据实际情况调节。HMI 变量的访问模式也可以选择符号访问或绝对访问。

步骤 7：触摸屏组态下载与调试

将实体 HMI 通电之后，显示“Start Center”，如图 4-32 所示，通过按钮“Settings”对 HMI 进行参数化设置，包括操作设置、通信设置、密码保护设置、传输设置、屏幕保护程序设置、声音信号设置等，如图 4-33 所示。Start Center 分为导航区和工作区。如果设备配置为横向模式，则导航区在屏幕左侧，工作区在右侧。如果设备配置为纵向模式，则导航区在屏幕上方，工作区在下方。

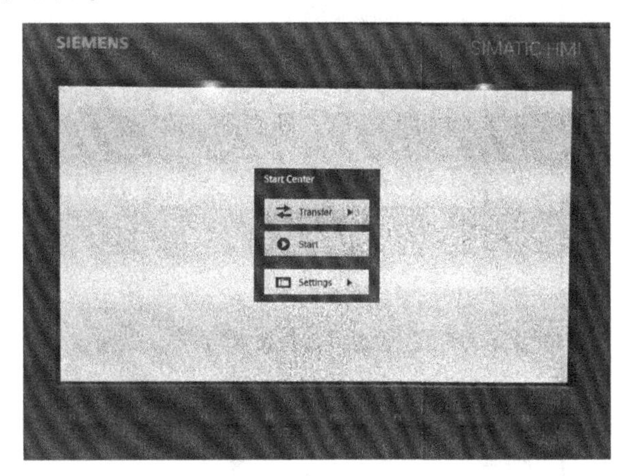

图 4-32　HMI 通电

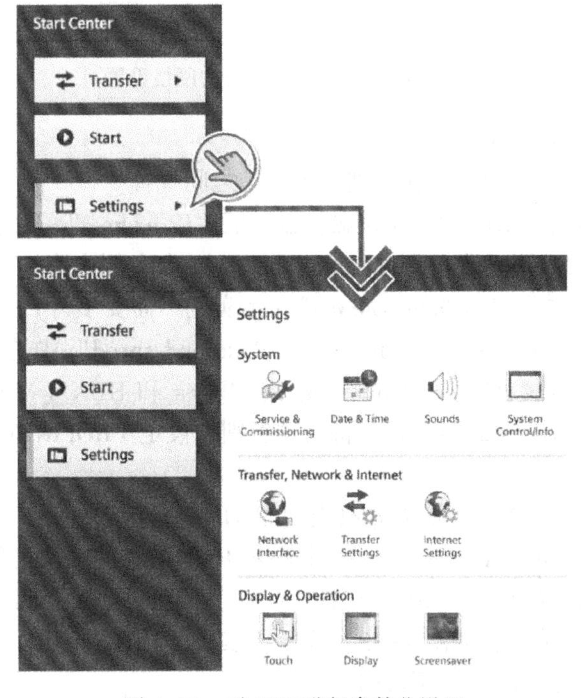

图 4-33　对 HMI 进行参数化设置

PROFINET 设备的网络设置如图 4-34 所示：

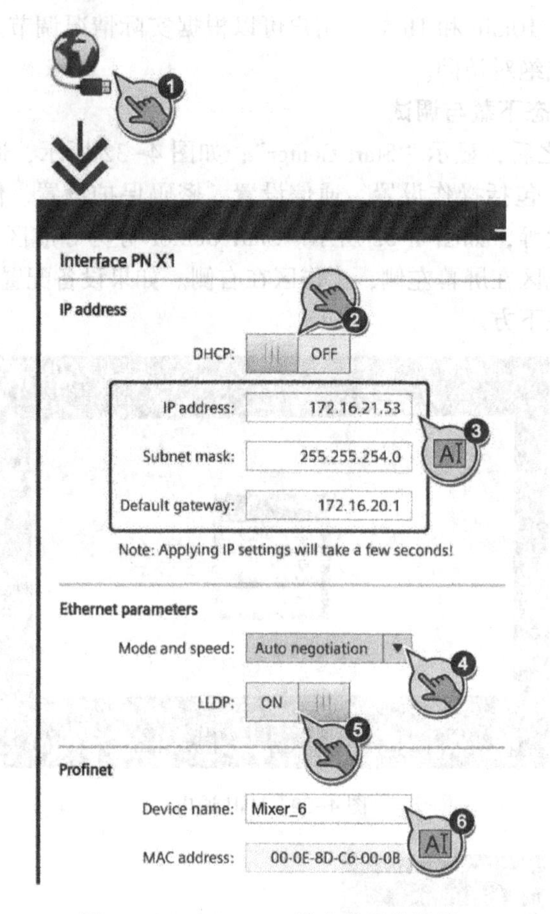

图 4-34　PROFINET 设备的网络设置

❶ 触摸“Network Interface”图标。

❷ 在“DHCP”自动分配地址和特别指定地址之间选择。

❸ 如果自行分配地址，则通过屏幕键盘在输入框“IP address”（本实例中为 192.168.0.2，与博途组态的地址必须保持一致）和“Subnet mask”（本实例中为 255.255.255.0）中输入有效的值，可能还需要填写“Default gateway”（本实例不需要填写）。

❹ 在“Ethernet parameters”下的选择框“Mode and speed”中选择 PROFINET 网络的传输率和连接方式。有效数值为 10Mbit/s 或 100Mbit/s 和 HDX（半双工）或 FDX（全双工）。如果选择条目“Auto negotiation”，将自动识别和设定 PROFINET 网络中的连接方式和传输率。

❺ 如果激活开关“LLDP”，则本 HMI 与其他 HMI 交换信息。

❻ 在“Profinet”下的“Device name”中输入 HMI 设备的网络名称。

将实体 HMI 画面切换到 Transfer，单击进入后，等待传送画面，既可以采用 PROFINET 传送，也可以采用 USB 传送，如图 4-35 所示。本实例采用 PROFINET 传送，确保 PC 的 IP 地址与 HMI 的 IP 地址处在同一个频段内。

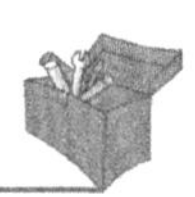

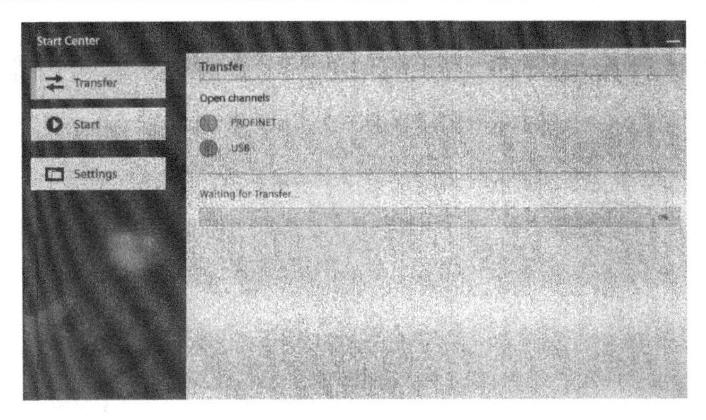

图 4-35　HMI 等待传送画面

进入博途软件，右键单击 HMI_1，选择“扩展下载到设备”→“软件（全部下载）”，弹出如图 4-36 所示的“扩展下载到设备”界面，如同 PLC 下载一样，开始搜索目标设备，直至找到实际的 HMI 设备，即 IP 地址为“192.168.0.2”的“hmi_1”。单击“下载”按钮，选择“全部覆盖”后下载，此时实体 HMI 等待传送画面中的绿色进度条从 0%→100%，最后进入“Start”画面，即如图 4-37 所示的根画面实际效果。

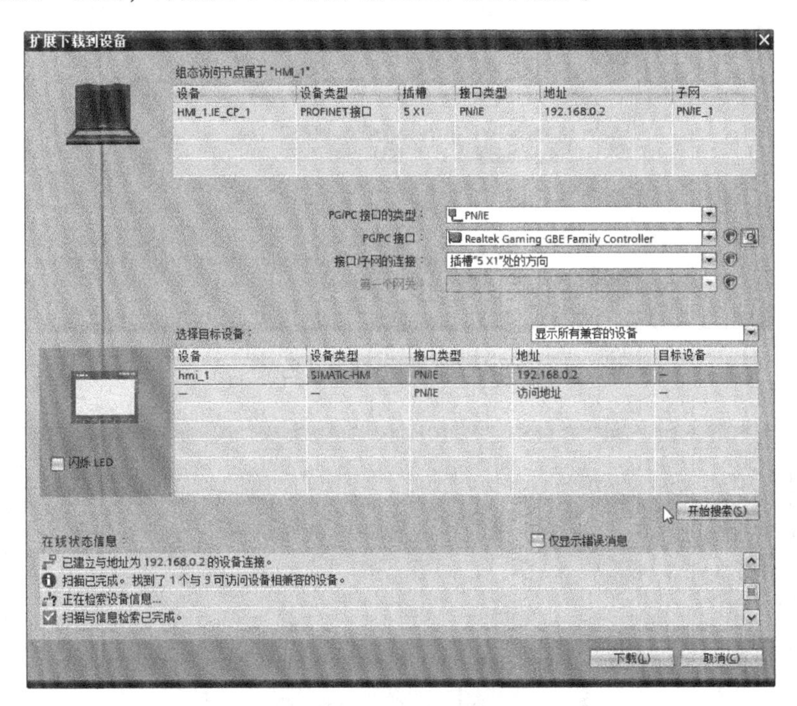

图 4-36　“扩展下载到设备”界面

当按下“HMI 启动按钮”后，电动机接触器动作，电动机接触器动作指示灯为红色，如图 4-38 所示。当按下“HMI 停止按钮”后，电动机接触器延时断开，显示定时器实时时间，如图 4-39 所示，直至电动机停止。

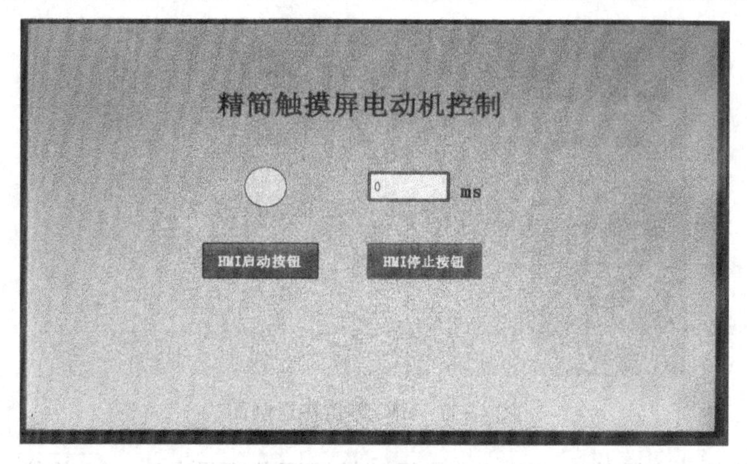

图 4-37　根画面实际效果

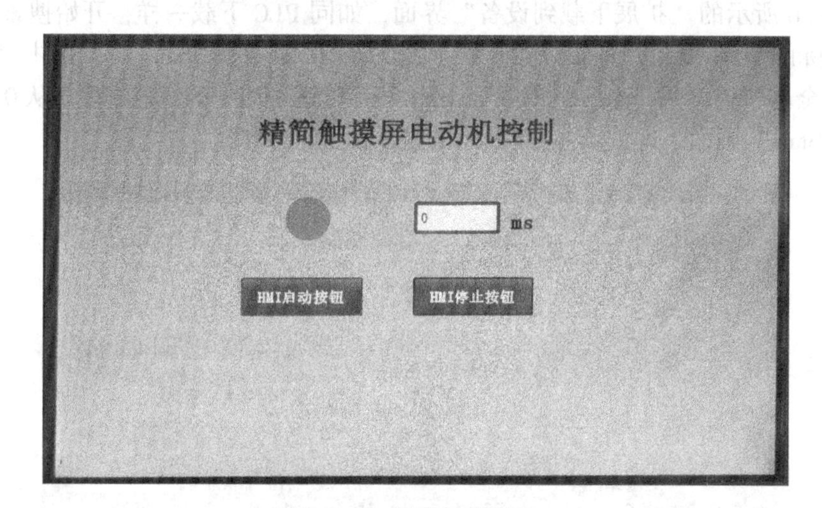

图 4-38　指示灯为红色

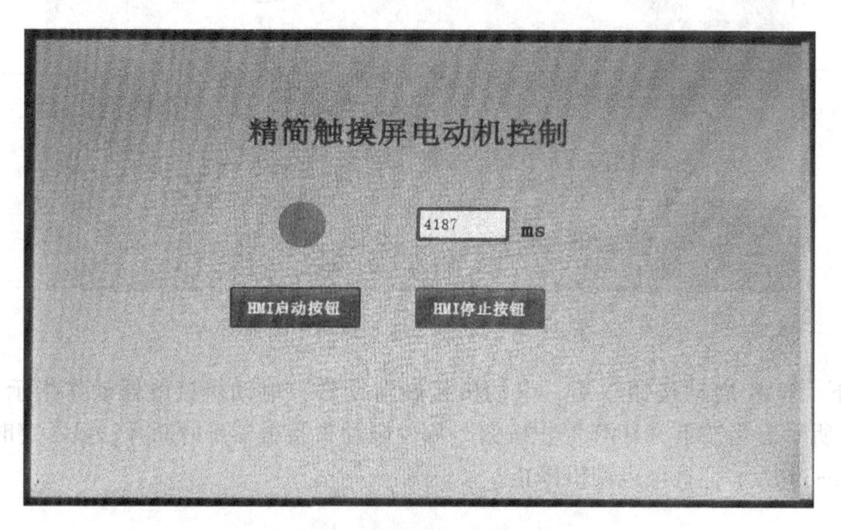

图 4-39　定时器实时时间显示

4.2　西门子仿真技术

4.2.1　仿真概述

西门子自动化仿真在工程文件尚未正式投入使用前进行，分为 PLC 离线仿真、触摸屏离线仿真和 PLC 触摸屏联合仿真三种情况。其中，PLC 离线仿真需要安装与 PLC 版本对应的 PLCSIM 软件，安装后的图标为。

一般情况下，虽然离线仿真不会从 PLC 等外部真实设备中获取数据，只从本地地址读取数据，所有的数据都是静态的，但却能方便用户直观预览，而不必每次都下载程序到 PLC 或触摸屏，极大提高了编程效率。在调试时使用离线仿真，可以节省大量的由于重复下载所花费的工程时间。

4.2.2 【实例 4-2】单按钮控制三台电动机启/停的 PLC 离线仿真

实例说明

用一个按钮控制三台电动机，起初每按一次按钮，对应启动一台电动机；待全部电动机完成启动后，每按一次按钮，对应停止一台电动机，先启动的电动机先停止运行。请用 PLC 离线仿真进行调试。

实施步骤

步骤 1：电气接线和输入/输出定义

电气原理图如图 4-40 所示。输入/输出定义见表 4-3。

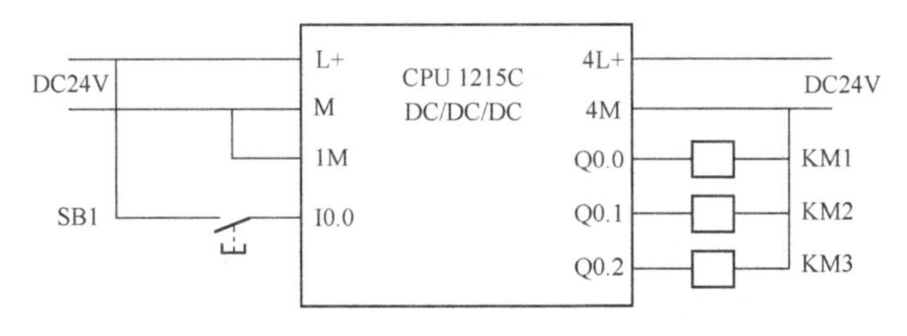

图 4-40　电气原理图

表 4-3　输入/输出定义

输　　入	说　　明	输　　出	说　　明
I0. 0	启停按钮 SB1	Q0. 0	电动机 1 接触器
		Q0. 1	电动机 2 接触器
		Q0. 2	电动机 3 接触器

步骤 2：PLC 编程

单按钮控制梯形图如图 4-41 所示。

▼ 程序段 1： 初始化设置电动机控制字为0

注释

%M1.0
"FirstScan"
MOVE
EN — ENO
0 — IN
OUT1 — %MW20 "电动机控制字"

▼ 程序段 2： 在电动机控制字小于6的情况下，每按一次按钮，控制字加1

注释

%I0.0
"启停按钮"
P
%M10.0
"正转启动中间变量"
%MW20
"电动机控制字"
<
Int
6
INC
Int
EN — ENO
%MW20
"电动机控制字" — IN/OUT

▼ 程序段 3： 根据电动机控制字从0-5的情况，分别输出相对应的QB0值

注释

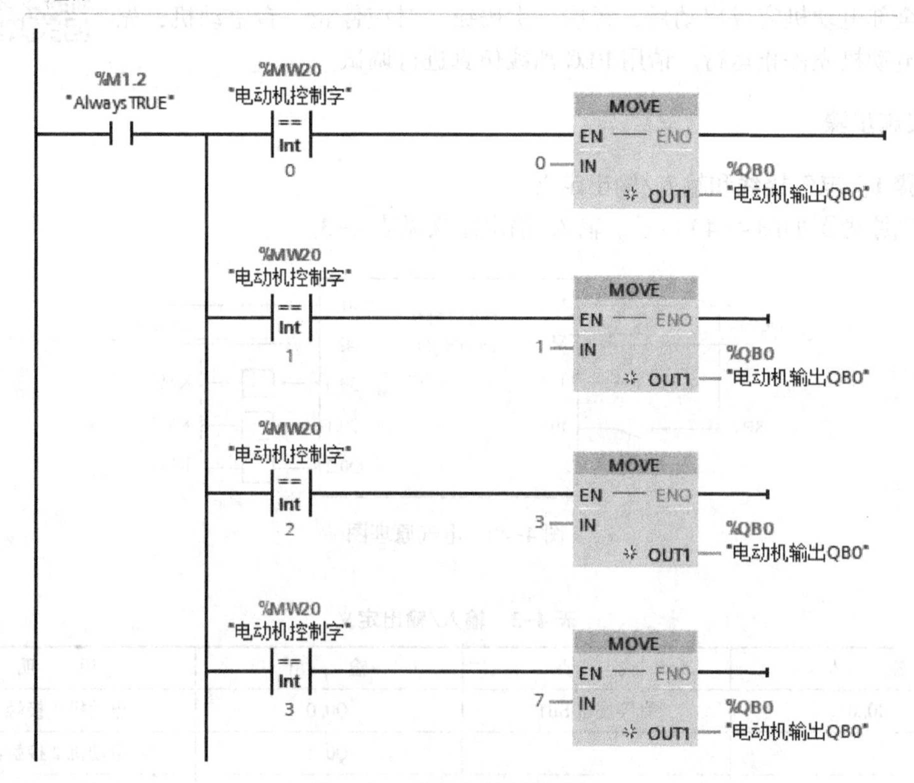

图 4-41　单按钮控制梯形图

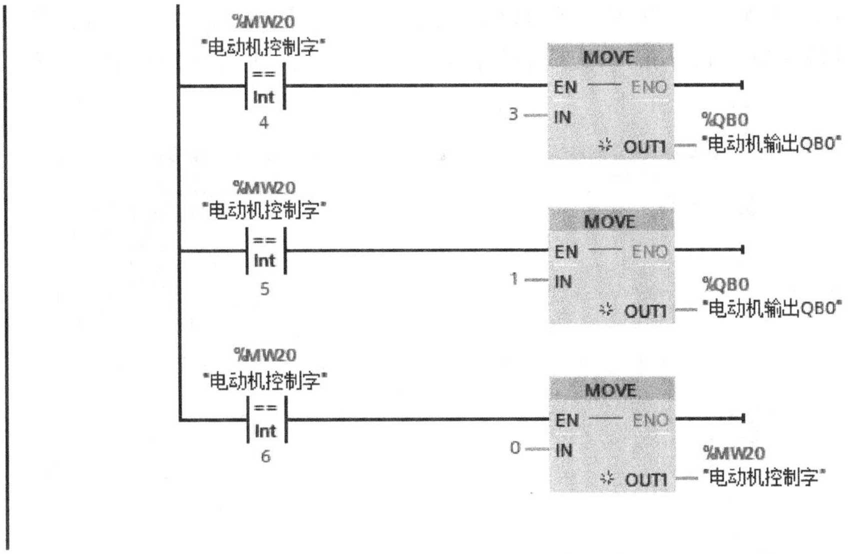

%MW20
"电动机控制字"
==
Int
4
MOVE
EN ENO
3 IN
OUT1 %QB0 "电动机输出QB0"

%MW20
"电动机控制字"
==
Int
5
MOVE
EN ENO
1 IN
OUT1 %QB0 "电动机输出QB0"

%MW20
"电动机控制字"
==
Int
6
MOVE
EN ENO
0 IN
OUT1 %MW20 "电动机控制字"

图 4-41　单按钮控制梯形图（续）

程序段 1：初始化设置电动机控制字 MW20 为 0。

程序段 2：在电动机控制字 MW20 小于 5 的情况下，每按一次按钮 I0.0，调用 INC 指令使得该控制字加 1，等于 6 时，直接赋值为 0。

程序段 3：根据电动机控制字 MW20 的情况，分别输出对应的 QB0 值，即 0→1→3→7→3→1→0。

步骤 3：PLC 离线仿真

完成编译后，单击右键，弹出如图 4-42 所示的菜单，选择“开始仿真”；也可以在选择 PLC 后，直接在菜单栏中选择仿真启动按钮。

图 4-42　选择“开始仿真”

在如图 4-43 所示的“扩展下载到设备”选项中，与实际 PLC 下载一样，选择 PN/IE_1、确认目标设备（CPUcommon），完成后如图 4-44 所示，包括项目 PLC 名称、运行灯、按钮和 IP 地址。

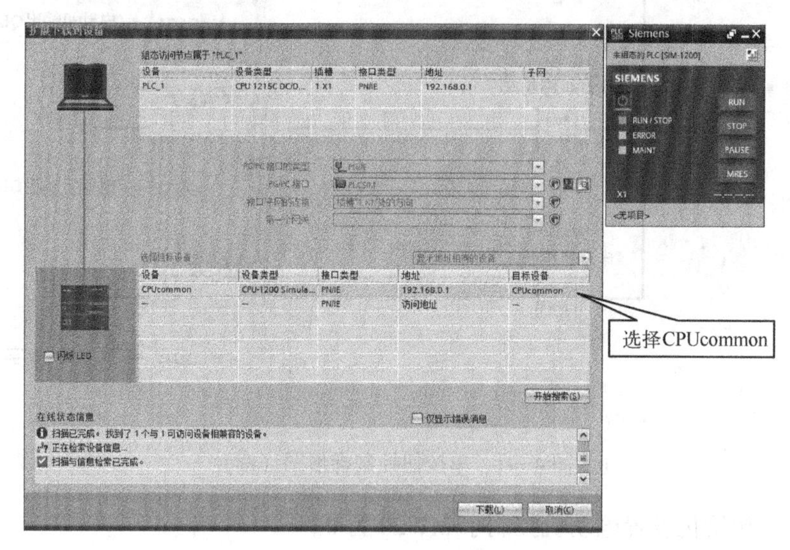

图 4-43 “扩展下载到设备”选项

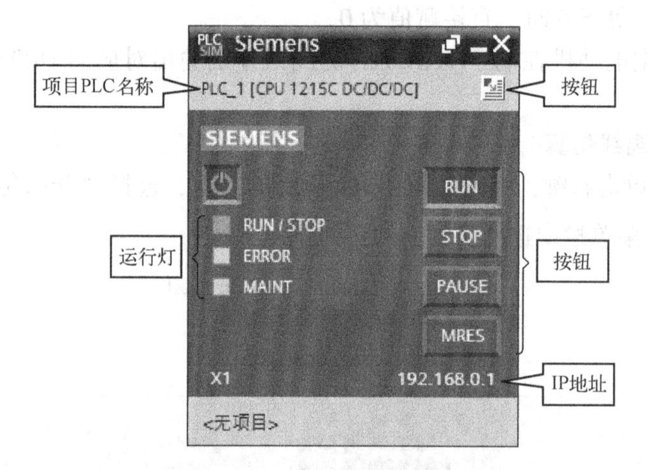

图 4-44 仿真器精简视图

通过如图 4-45 所示 PLC 仿真项目视图中的切换按钮，可以切换仿真器的精简视图和项目视图。这里选择项目视图后，单击“项目”→“新建”，创建新项目，仿真项目的后缀名为“.sim16”（V16 版本）。

在 PLCSIM 项目中，可以读出“设备组态”，如图 4-46 所示。在“设备组态”界面，单击相应模块，可以操作 PLC 程序中所需要的输入信号或显示实际程序运行的输出信号，如本实例中“启停按钮”为数字量输入信号。需要注意的是，它的表达方式为硬件直接访问模块（而不是使用过程映像区），在 I/O 地址或符号名称后附加后缀“:P”。

为了方便演示，将博途窗口和 PLCSIM 窗口合理排布，如图 4-47 所示，单击程序编辑窗口的 ，可以实时看到数据的变化情况，当按下启停按钮后，MW20 的数据截图就可以

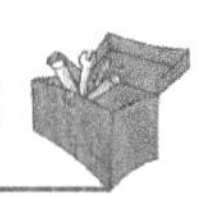

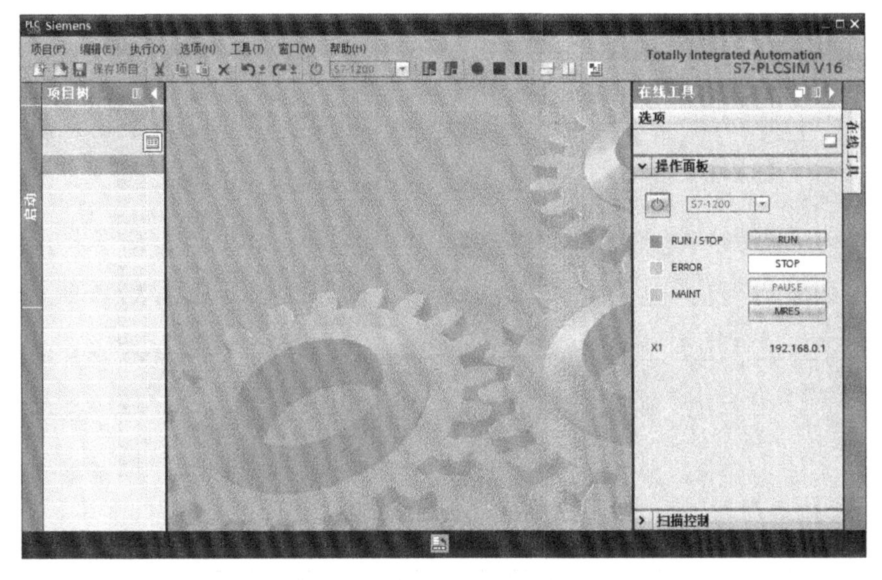

图 4-45　PLC 仿真项目视图

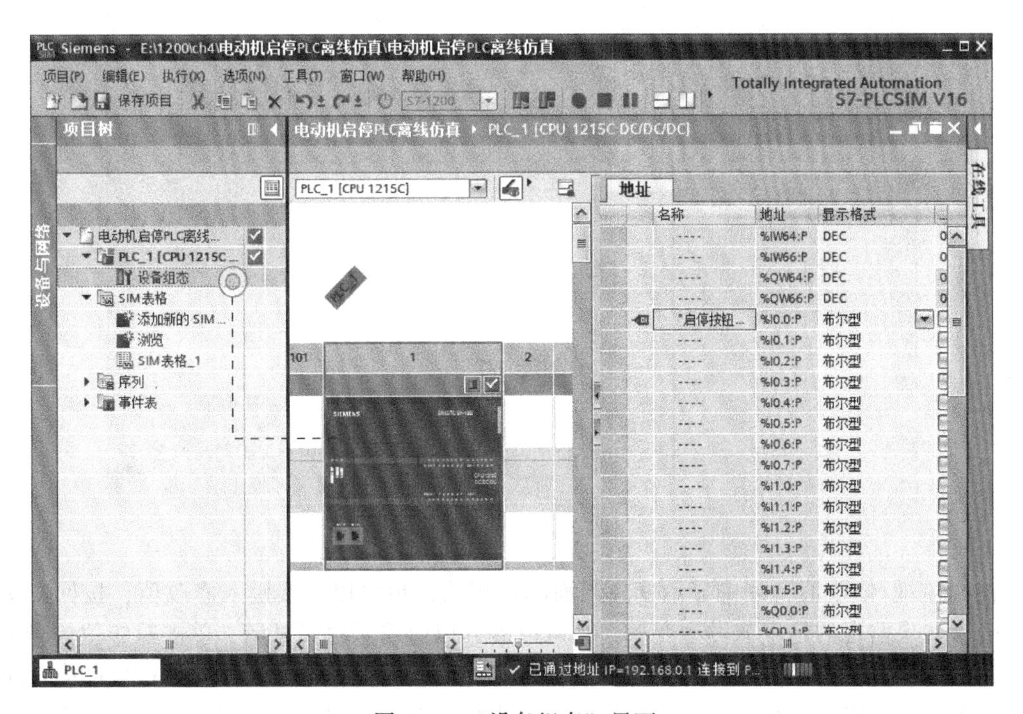

图 4-46　“设备组态”界面

非常清晰地显示出来。

步骤 4：创建 SIM 表格

PLCSIM 中，SIM 可用于修改仿真输入并能设置仿真输出，与 PLC 站点中的监视表功能类似。一个仿真项目可包含一个或多个 SIM 表格。用鼠标双击打开 SIM 表格，输入需要监控的变量，在“名称”列可以查询变量的名称，除优化的数据块之外，也可以在“地址”列直接键入变量的绝对地址，如图 4-48 所示。

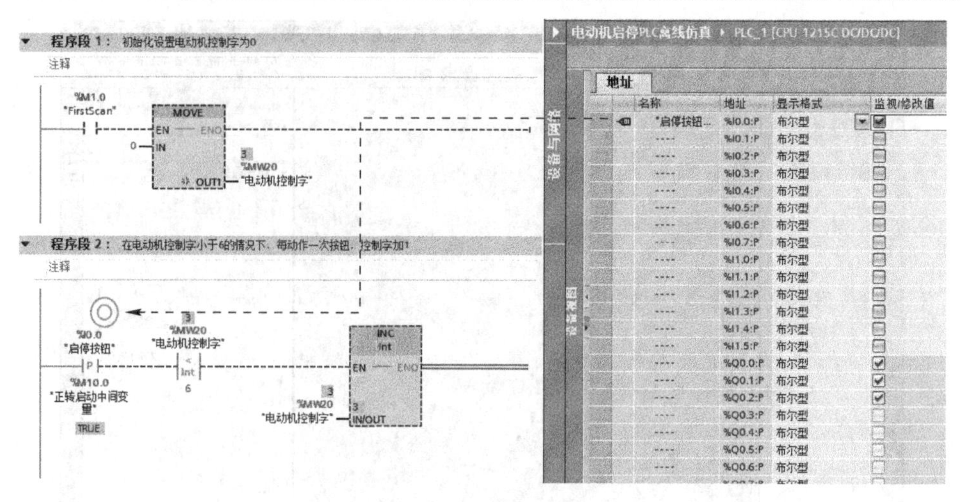

图 4-47　合理排布窗口

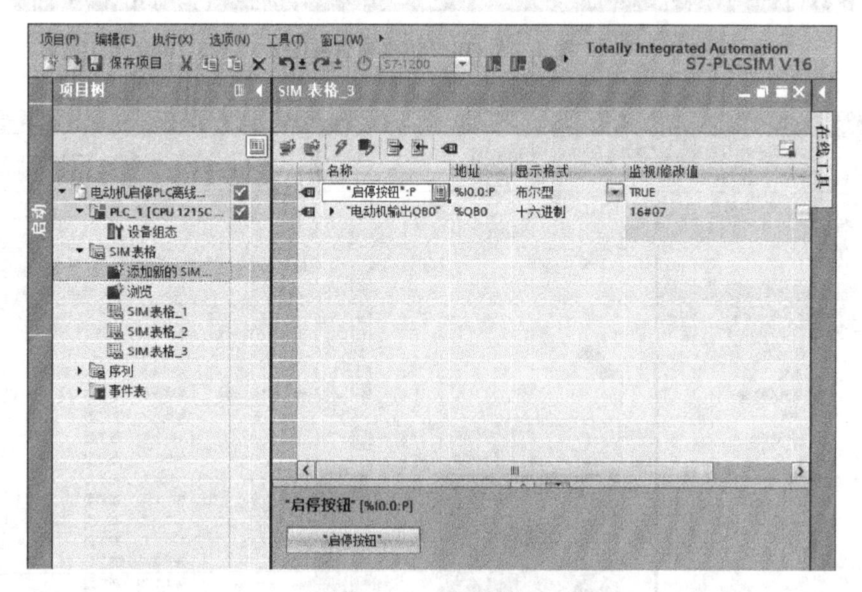

图 4-48　SIM 表格

在“监视/修改值”列中显示变量当前的过程值，也可以直接键入修改值，按回车键确认修改。如果监视的是字节类型变量，则可以展开以位信号格式显示，单击对应位信号的方格进行置位、复位操作。可以为多个变量输入需要修改的值，单击后面的方格使能，再单击SIM 表格中的“修改所有选定值”按钮，即可批量修改，可以更好地对过程进行仿真。

4.2.3 【实例 4-3】两台电动机延时启/停联合仿真

实例说明

某生产机械共有两台电动机需要进行 PLC 和 KTP700 Basic 控制，要求如下：在触摸

屏上，触摸启动按钮，第 1 台电动机启动，等待一定时间后（默认设置为 5s），第 2 台电动机启动，此时两台电动机都处于运行状态；触摸停止按钮，第 2 台电动机停止，等待一定时间后（默认设置为 10s），第 1 台电动机停止，此时两台电动机均停止；启动延时时间和停止延时时间可以在触摸屏上重新设定，单位为 s。请对 PLC、触摸屏编程并进行联合仿真。

实施步骤

步骤 1：电气接线和输入/输出定义

电气原理图如图 4-49 所示。表 4-4 为输入/输出定义。

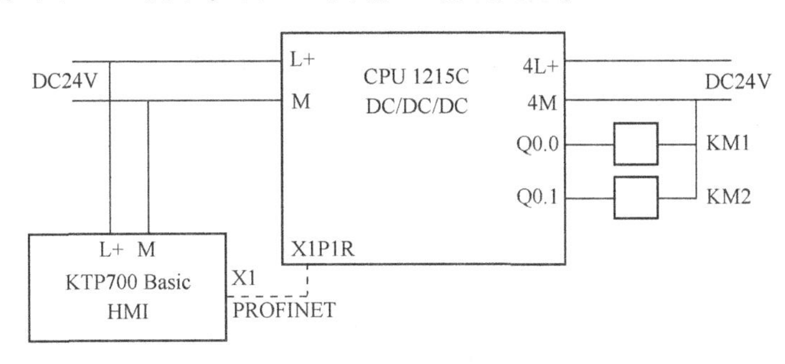

图 4-49　电气原理图

表 4-4　输入/输出定义

说　明	PLC 软元件	元件名称	备　注
PLC 输出	Q0. 0	KM1 接触器	控制第 1 台电动机运行
	Q0. 1	KM2 接触器	控制第 2 台电动机运行
触摸屏输入/输出	M10. 1	HMI 启动按钮	按钮属性
	M10. 2	HMI 停止按钮	按钮属性
	MD12	启动延时时间	DInt 类型，需要转换为 Time 类型
	MD16	停止延时时间	DInt 类型，需要转换为 Time 类型

步骤 2：PLC 编程

PLC 编程共有两个要点：第一，两台电动机的逻辑控制，这里采用启动中间变量 M10. 0 和停止中间变量 M10. 3；第二，启动延时时间和停止延时时间的转换，需要注意的是，IEC Time 的时基是 ms，因此设置值（s）必须先乘以 1000，再采用 T_CONV 指令转换，与 CONV 不同。

图 4-50 为 PLC 梯形图。

步骤 3：触摸屏 HMI 画面组态

图 4-51 为 HMI 画面组态，包括启动按钮、停止按钮、KM1 指示灯、KM2 指示灯以及启动延时设置和停止延时设置。

▼ **程序段 1：** 上电初始化．复位启动中间变量、停止中间变量并初始化启动延时设置、停止延时设置

注释

%M1.0
"FirstScan"

%M10.0
"启动中间变量"
(R)

%M10.3
"停止中间变量"
(R)

MOVE
EN — ENO
5 — IN
✲ OUT1 — %MD12 "启动延时设置"

MOVE
EN — ENO
10 — IN
✲ OUT1 — %MD16 "停止延时设置"

▼ **程序段 2：** 将启动延时设置、停止延时设置（单位为s）转为ms．并使用T_CONV指令转为IEC Time类型

注释

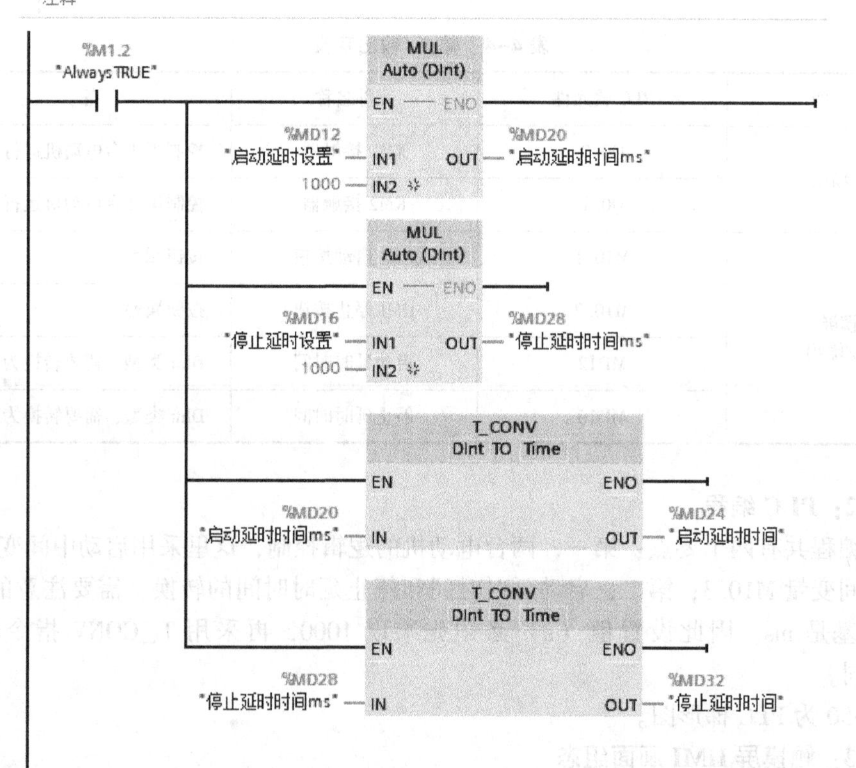

图 4-50　PLC 梯形图

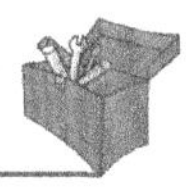

图 4-50　PLC 梯形图（续）

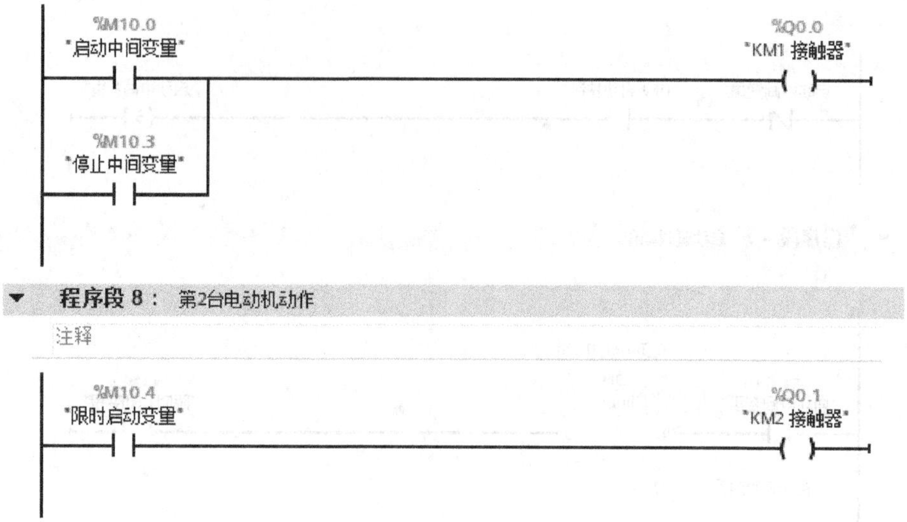

%M10.0
"启动中间变量"

%Q0.0
"KM1 接触器"

%M10.3
"停止中间变量"

▼ 程序段 8： 第2台电动机动作

注释

%M10.4
"限时启动变量"

%Q0.1
"KM2 接触器"

图 4-50　PLC 梯形图（续）

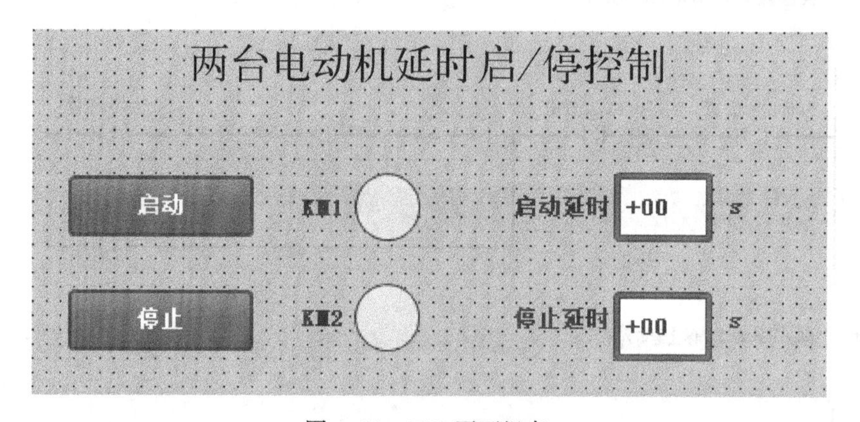

图 4-51　HMI 画面组态

步骤 4：PLC、触摸屏联合仿真

PLC、触摸屏联合仿真是指按照 PLC 仿真加上触摸屏仿真方式的仿真。在 PLC 处，右键单击“开始仿真”按钮，装载程序后，出现 PLC RUN 状态；在 HMI 处，右键单击“开始仿真”按钮，出现如图 4-52 所示的联合仿真初始画面。在仿真画面中可以对按钮、I/O 域进行动作，一方面可以看到触摸屏的变化，另外一方面可以监控 PLC 的实际情况。

单击启动延时 I/O 域（数字输入/输出），弹出如图 4-53 所示的 I/O 域输入画面，如输入“6”，则可以在 PLC 程序的仿真实时监控中看到相关的定时器变化情况，如图 4-54 所示。

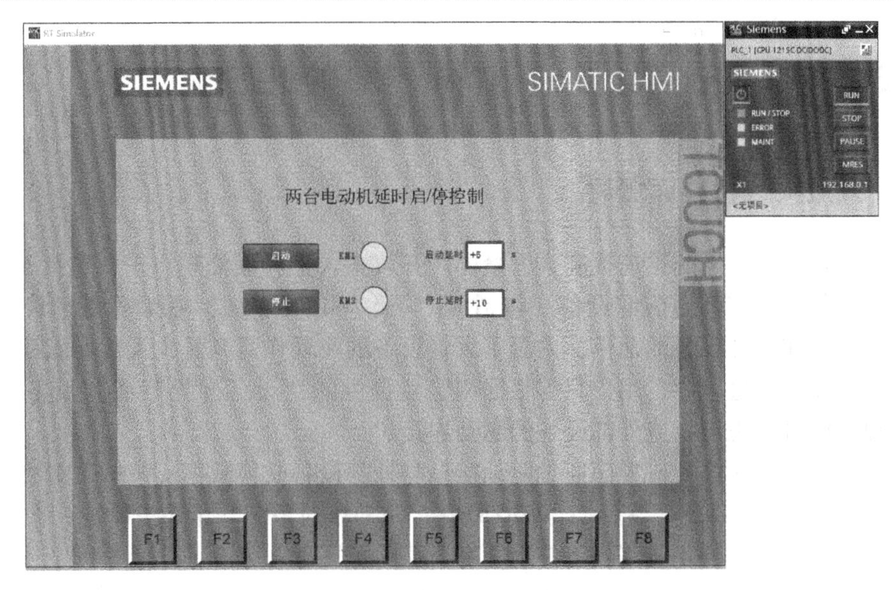

图 4-52　联合仿真初始画面

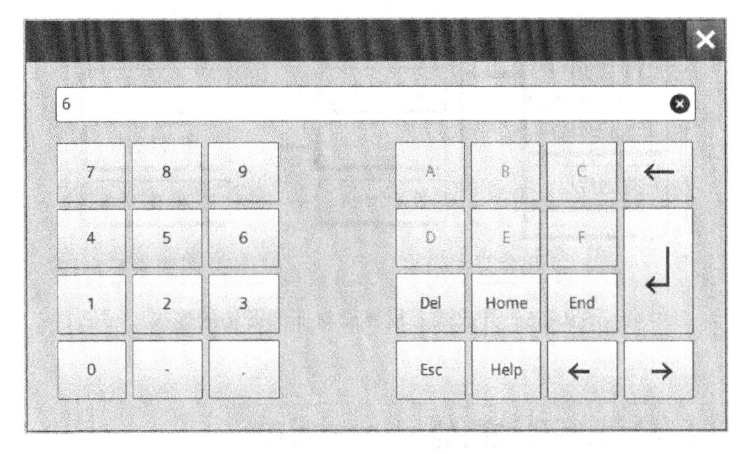

图 4-53　I/O 域输入画面

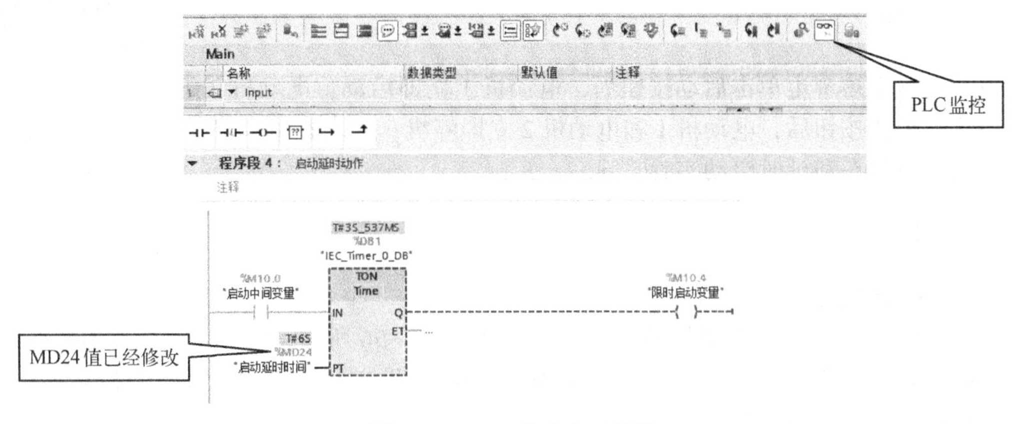

图 4-54　PLC 仿真实时监控

 4.3 MCGS 触摸屏与 S7-1200 PLC 的组态

4.3.1 开放式人机界面概述

随着工业自动化水平的迅速提高，大量国产开放式人机界面涌现出来，包括 MCGS、组态王等，即将每一台与其通信的设备（包括西门子 S7-1200 PLC）都看作外部设备。为实现国产人机界面和外部设备的通信，内置了大量设备的驱动作为开放式人机界面和外部设备的通信接口，在开发过程中，用户只需根据浏览器提供的“设备向导”或“设备管理”完成连接过程，即可实现与相应外部设备的驱动连接。

在运行期间，开放式人机界面通过驱动接口与外部设备交换数据，包括采集数据和发送数据/指令。如图 4-55 所示，每一个驱动都是一个 COM 对象，与组态王构成一个完整的系统，既可保证运行系统的高效率，也使系统有很强的扩展性。

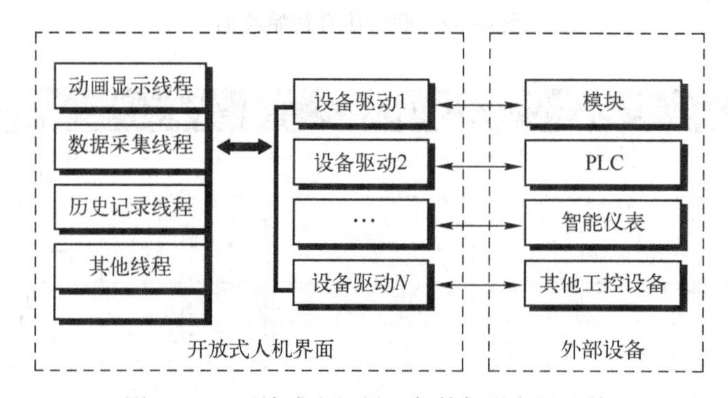

图 4-55 开放式人机界面与外部设备的连接

4.3.2 【实例 4-4】电动机控制的 MCGS 编程

 **实例说明**

在 MCGS 触摸屏上单击启动按钮后，电动机 1 立即启动，电动机 2 延时 6s 启动；单击触摸屏上的停止按钮后，电动机 1 和电动机 2 立即停机；要求在触摸屏上显示电动机 1、电动机 2 的运行状态和延时启动实时时间。

 **实施步骤**

步骤 1：电气接线

选用 MCGS TPC 7062Ti 触摸屏，电气原理图如图 4-56 所示。图中，LAN 口通过网线与 S7-1200 PLC 的 X1P1R 接口相连。PLC 的输出接 KM1 和 KM2 两个 DC 24V 直流接触器，用于控制电动机 1 和电动机 2。

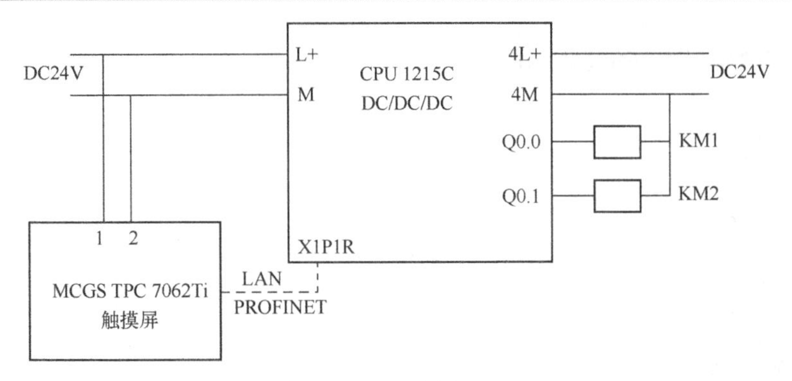

图 4-56　电气原理图

步骤 2：PLC 编程和属性设置

PLC 梯形图如图 4-57 所示。图中，程序段 1 采用 M10.0（中间变量，即触摸屏启动按钮）、M10.1（中间变量 1，即触摸屏停止按钮）、Q0.0（电动机 1）构成典型的自锁回路；程序段 2 调用 TON 定时器输出 Q0.1（电动机 2）。

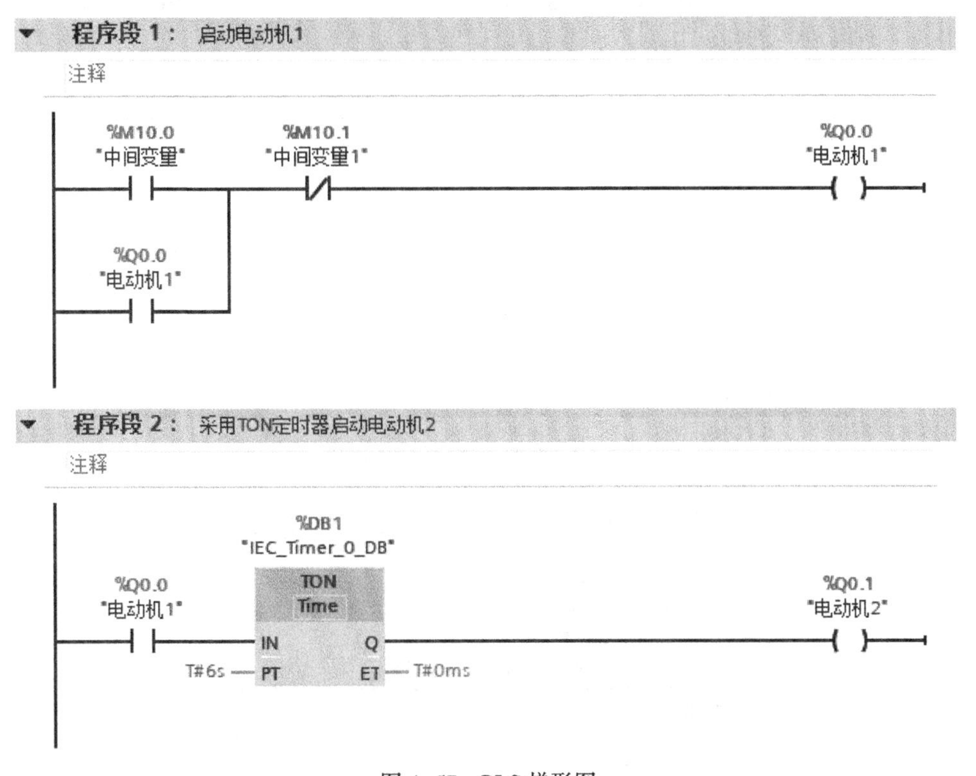

图 4-57　PLC 梯形图

单击“防护与安全”选项，如图 4-58 所示，勾选“允许来自远程对象的 PUT/GET 通信访问”。同时对于数据块 DB，要取消“优化的块访问”，如图 4-59 所示。取消之后，即可显示定时器各个参数的偏移量，如图 4-60 所示。

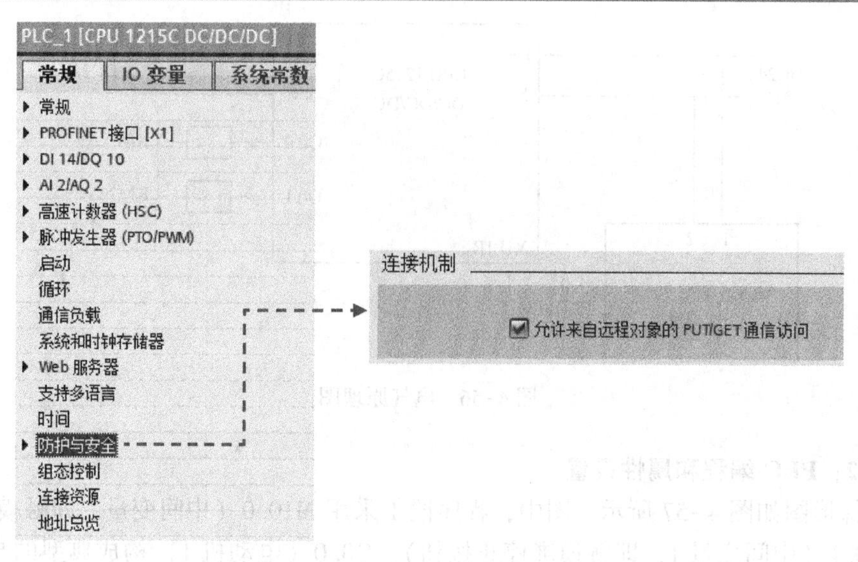

图 4-58 “防护与安全”选项

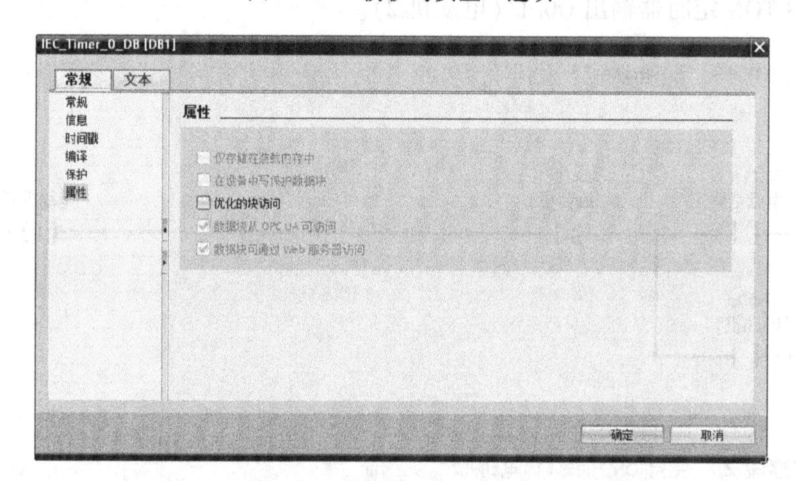

图 4-59 取消“优化的块访问”

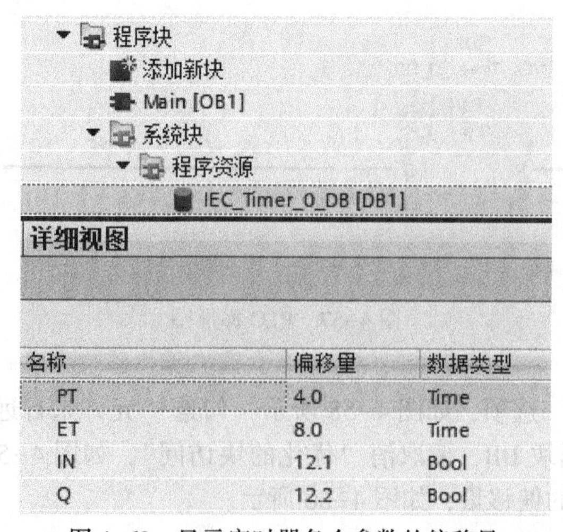

图 4-60 显示定时器各个参数的偏移量

步骤 3：MCGS 组态软件的通信与变量通道设置

打开 MCGS 的组态软件 MCGSE 之后，即可进入如图 4-61 所示工作台。右键单击空白位置可以打开“设备工具箱”，在其中找到“通用 TCP/IP 父设备”和“Siemens_1200”，如图 4-62 所示。如果找不到，则单击“设备工具箱”中的“设备管理”，找到“通用 TCP/IP 父设备”和“Siemens_1200”，单击“增加”按钮，如图 4-63 所示。

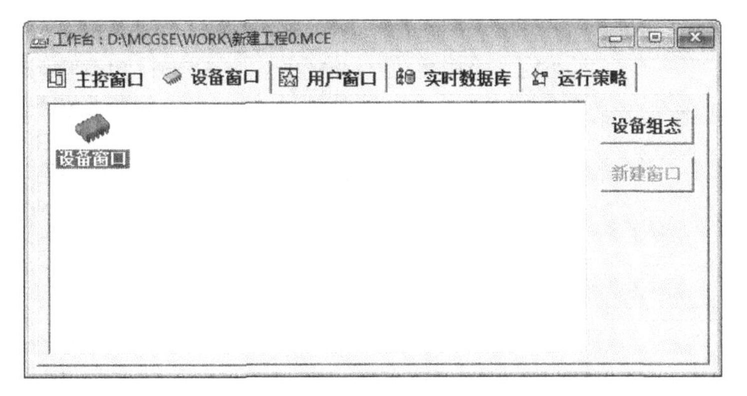

图 4-61　工作台

图 4-62　“设备工具箱”界面

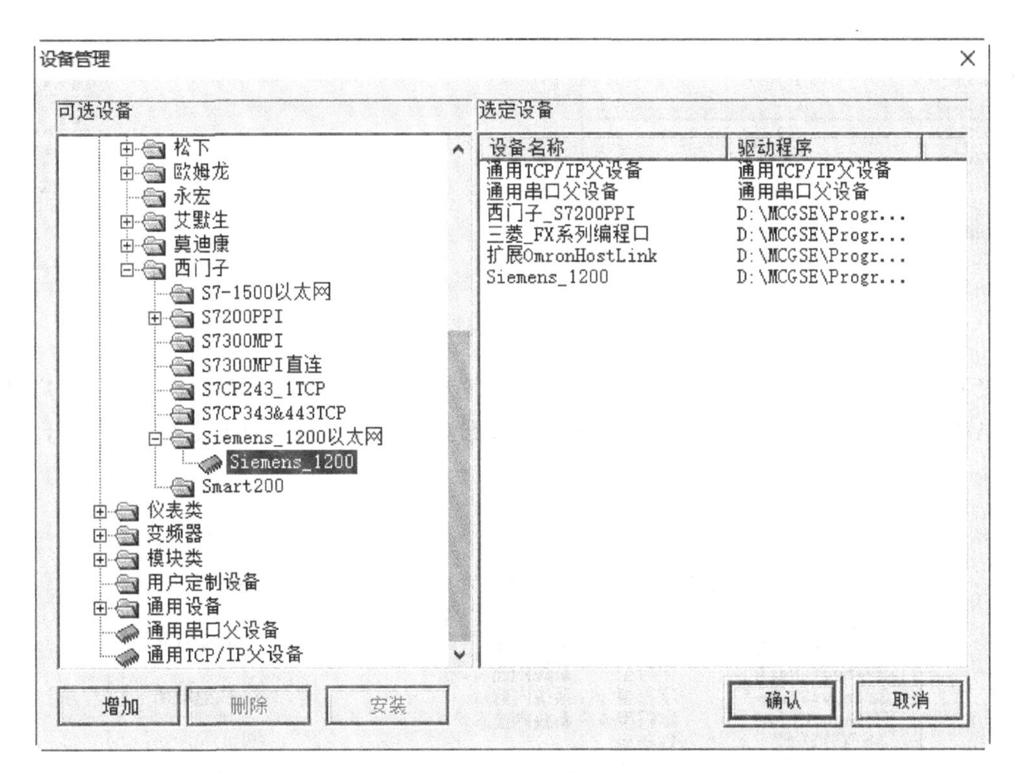

图 4-63　“设备管理”界面

设备组态如图 4-64 所示，分别添加“通用 TCP/IP 父设备”和“Siemens_1200”，并对“设备 0—[Siemens_1200]”进行设备属性编辑，如图 4-65 所示，包括在“远端 IP 地址”栏输入 S7-1200 PLC 的 IP 地址，“本地 IP 地址”栏输入触摸屏的 IP 地址或在线仿真的 PC 地址，并单击“确认”按钮。

图 4-64　设备组态

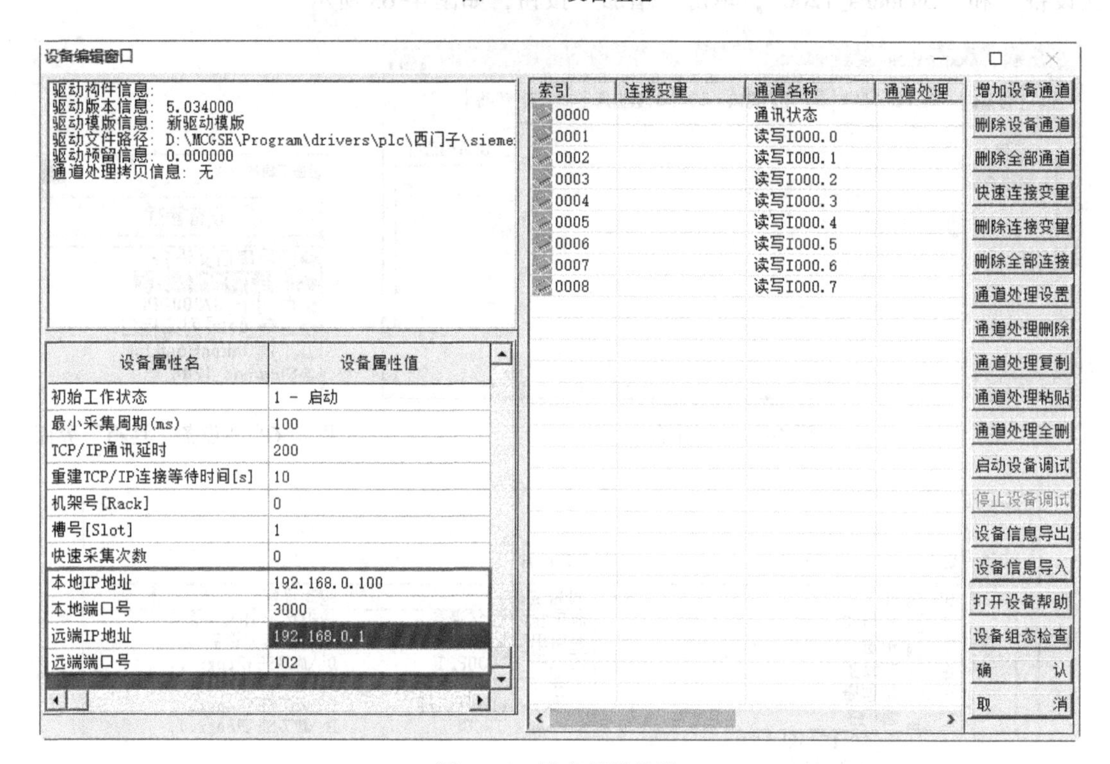

图 4-65　设备属性编辑

接下来，在如图 4-66 所示的工作台实时数据库中新增延时时间、停止按钮、启动按钮、电动机 1 运行、电动机 2 运行等共计 5 个数据对象，并确认属性是数值型还是开关型，如图 4-67 所示。

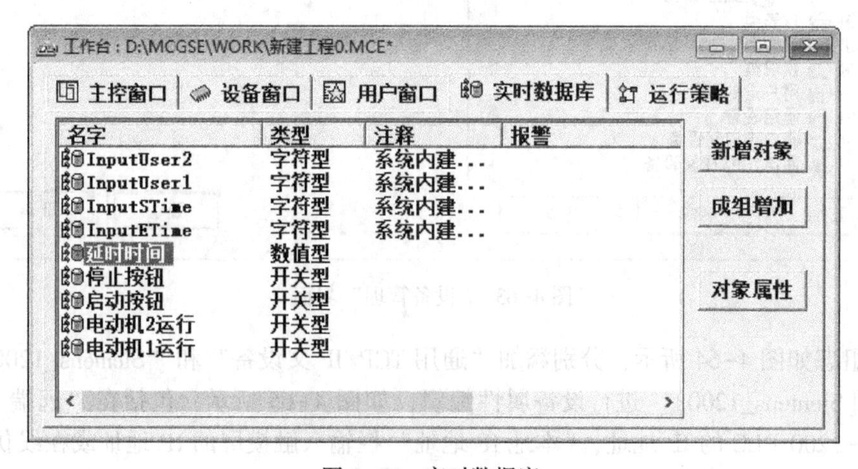

图 4-66　实时数据库

数据对象属性设置

基本属性　存盘属性　报警属性

对象定义

对象名称 延时时间　小数位 0

对象初值 0　最小值 -1e+010

工程单位　最大值 1e+010

对象类型

开关　数值　字符　事件　组对象

对象内容注释

检查(C)　确认(Y)　取消(N)　帮助[H]

图 4-67　“数据对象属性设置”界面

然后，切换到“设备编辑窗口”，如图 4-68 所示，单击“增加设备通道”，依次按表 4-5 所示将 5 个变量连接到相应通道。

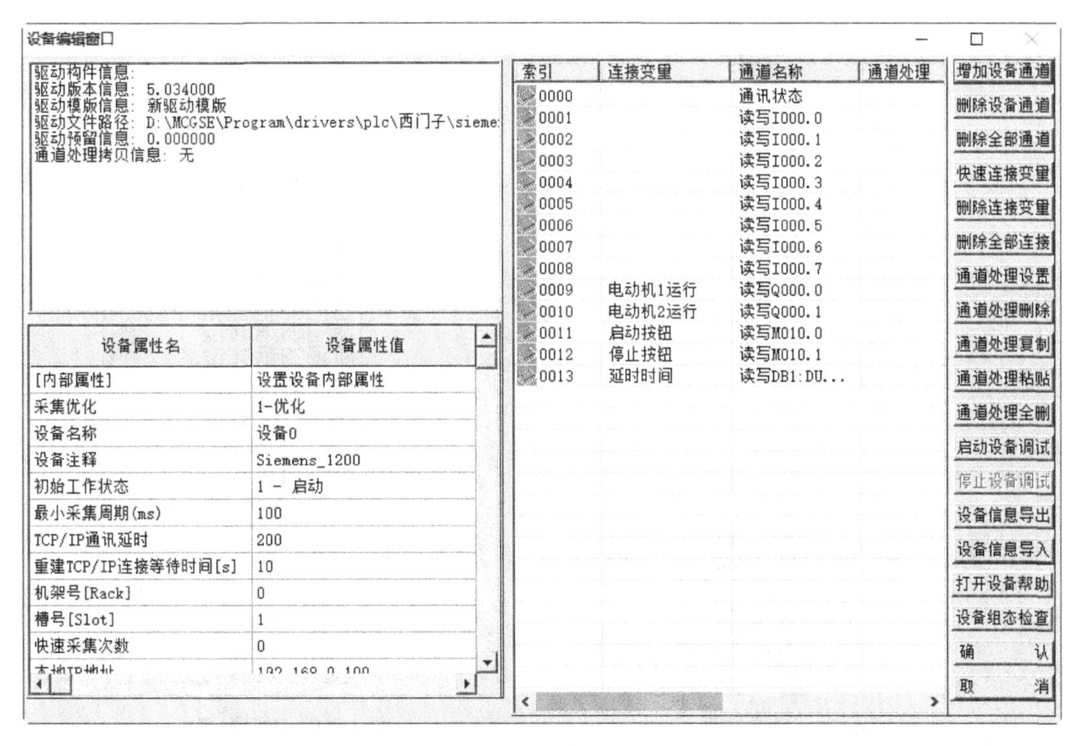

图 4-68　“设备编辑窗口”界面

表 4-5　变量连接

通道号	变　量	变量类型	通道名称	读写类型	寄存器名称	数据类型	寄存器地址
1	电动机 1 运行	INTEGER	读写 Q000.0	读写	Q 输出继电器	通道的第 00 位	0
2	电动机 2 运行	INTEGER	读写 Q000.1	读写	Q 输出继电器	通道的第 01 位	0
3	启动按钮	INTEGER	读写 M010.0	读写	M 内部继电器	通道的第 00 位	10
4	停止按钮	INTEGER	读写 M010.1	读写	M 内部继电器	通道的第 01 位	10
5	延时时间	SINGLE	读写 DB1：DUB008	读写	V 数据寄存器	32 位无符号二进制	1.8

图 4-69 为“添加设备通道”界面，标准的通道类型为 I 输入继电器、Q 输出继电器、M 内部继电器和 V 数据寄存器，如图 4-70 所示。数据类型为通道的第 00 位、……、通道的第 07 位、8 位（16 位、32 位）无符号二进制等，如图 4-71 所示。

图 4-69　“添加设备通道”界面

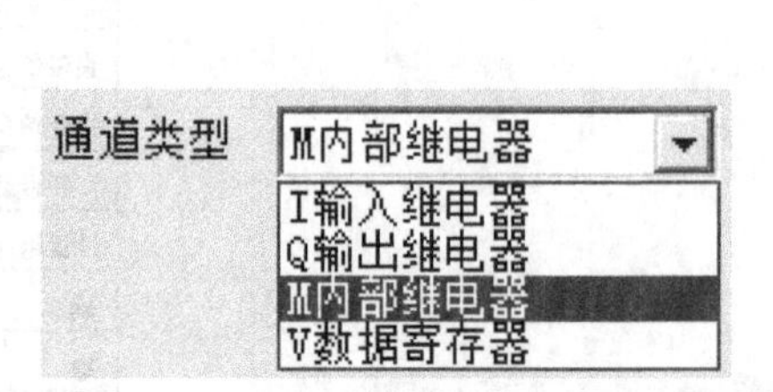

图 4-70　通道类型

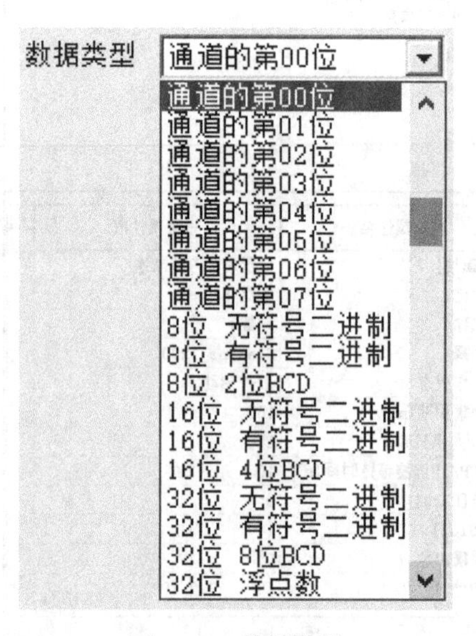

图 4-71　数据类型

I、Q 和 M 变量与常规 PLC 变量没有区别，但对于 DB 的变量，通道类型应选择“V 数据寄存器”，因为定时器 DB 的标号为 1，ET 的偏移量为 8，所以一个通道数据类型选择“32 位无符号二进制”，通道地址为 1.8（1 表示 DB 编号，8 表示偏移量）。

步骤 4：MCGS 画面组态

在工作台的“用户窗口”界面，如图 4-72 所示，新建“窗口 0”，并从如图 4-73 所示的“工具箱”中找到按钮、圆、标签等控件。

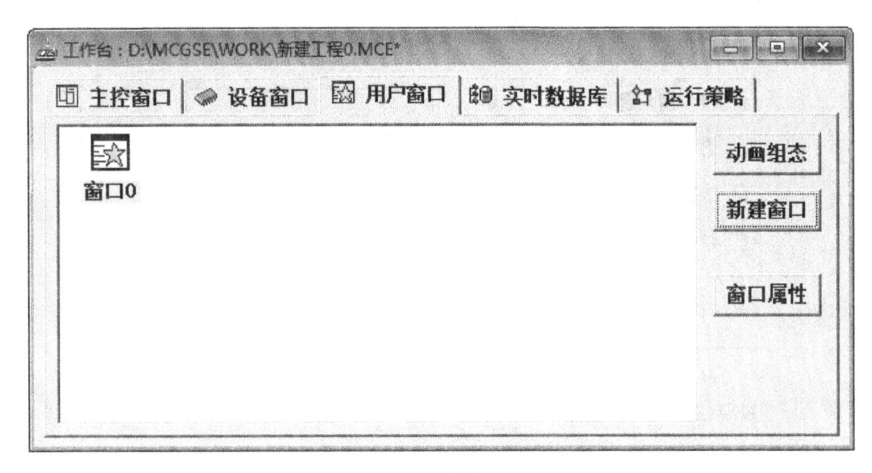

图 4-72　“用户窗口”界面

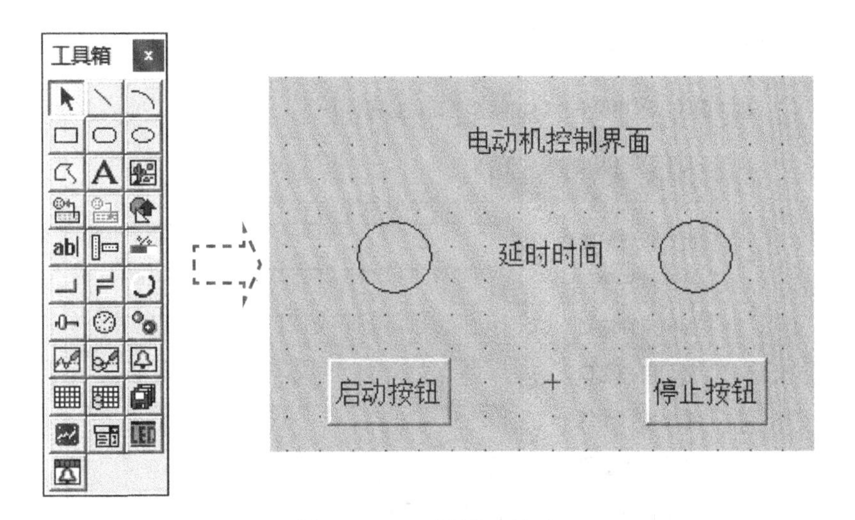

图 4-73　“工具箱”界面

以“启动按钮”为例，在“标准按钮构件属性设置”界面，选择操作属性的“抬起功能”和“按下功能”选择，分别如图 4-74、图 4-75 所示。变量的选择可以从 ? 处，按照如图 4-76 所示选择。

“电动机 1 运行”的指示灯需要进行“动画组态属性设置”，按如图 4-77 所示进行“填充颜色”和变量“表达式”的选择。“电动机 2 运行”指示灯的设置相同。

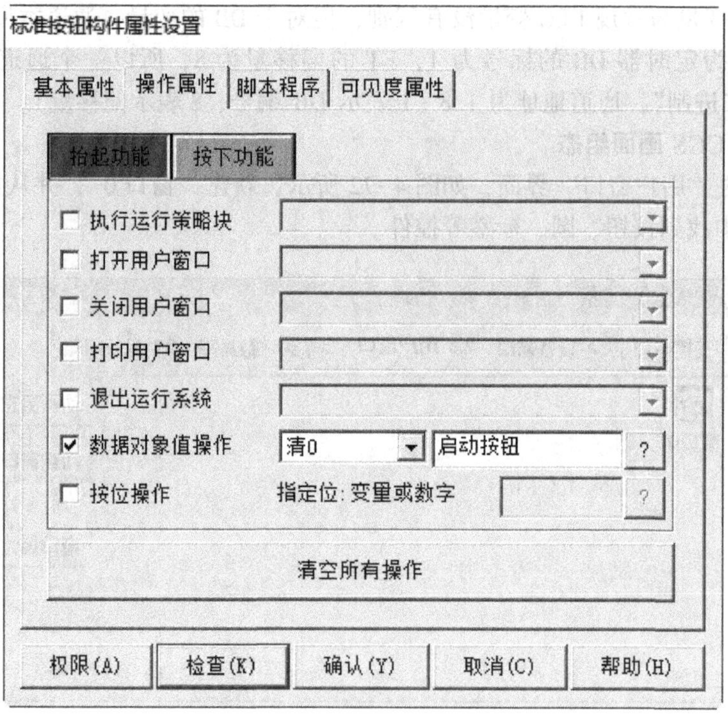

标准按钮构件属性设置

基本属性　操作属性　脚本程序　可见度属性

抬起功能　按下功能

☐ 执行运行策略块
☐ 打开用户窗口
☐ 关闭用户窗口
☐ 打印用户窗口
☐ 退出运行系统
☑ 数据对象值操作　清0　启动按钮　?
☐ 按位操作　指定位：变量或数字　?

清空所有操作

权限(A)　检查(K)　确认(Y)　取消(C)　帮助(H)

图 4-74 “抬起功能”选项

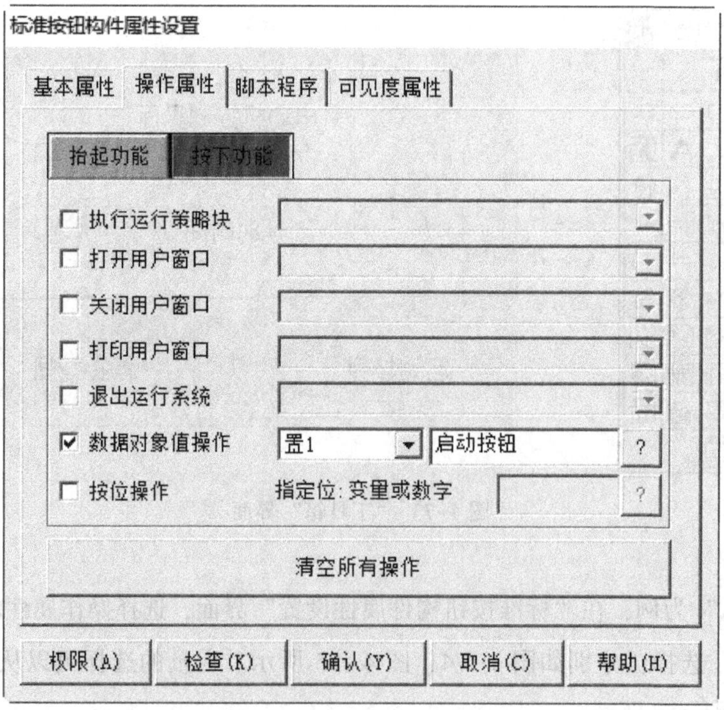

标准按钮构件属性设置

基本属性　操作属性　脚本程序　可见度属性

抬起功能　按下功能

☐ 执行运行策略块
☐ 打开用户窗口
☐ 关闭用户窗口
☐ 打印用户窗口
☐ 退出运行系统
☑ 数据对象值操作　置1　启动按钮　?
☐ 按位操作　指定位：变量或数字　?

清空所有操作

权限(A)　检查(K)　确认(Y)　取消(C)　帮助(H)

图 4-75 “按下功能”选项

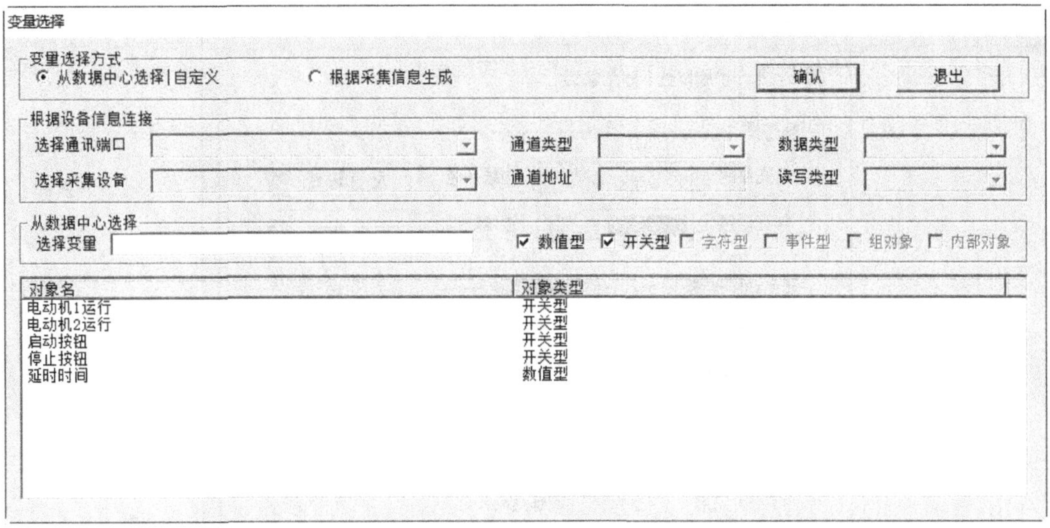

图 4-76　变量选择

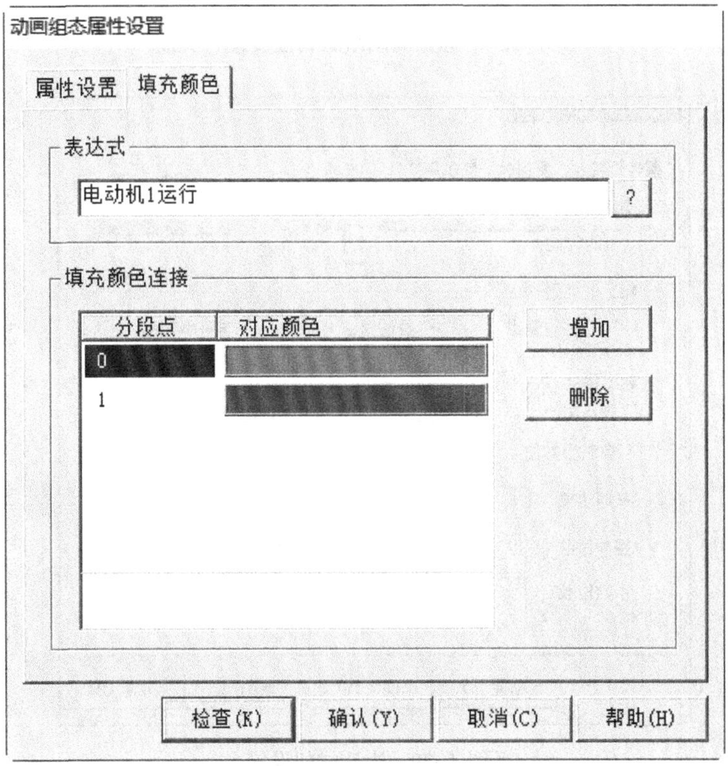

图 4-77　指示灯的设置

延时时间属于“标签”，动画设置如图 4-78 所示，首先在“属性设置”中将“输入输出连接”勾选为“显示输出”，随后将表达式设置为变量“延时时间”，单位为“ms”，如图 4-79 所示。

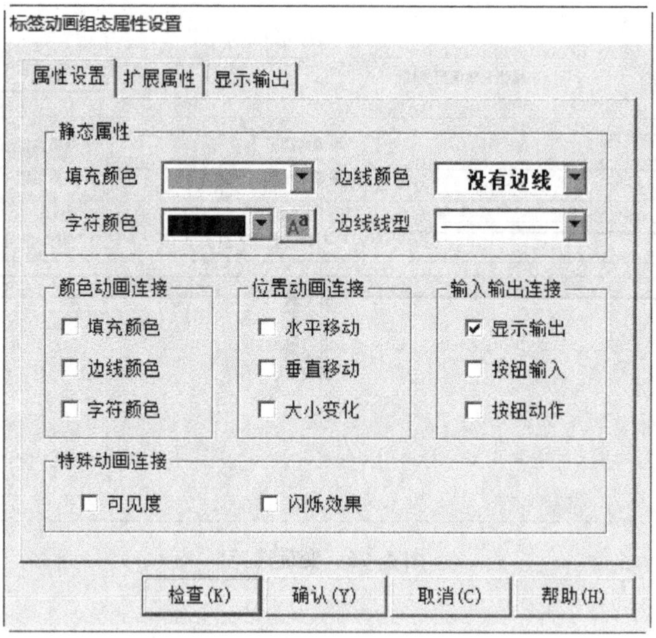

标签动画组态属性设置
属性设置 扩展属性 显示输出
静态属性
填充颜色 边线颜色 没有边线
字符颜色 边线线型
颜色动画连接
填充颜色
边线颜色
字符颜色
位置动画连接
水平移动
垂直移动
大小变化
输入输出连接
显示输出
按钮输入
按钮动作
特殊动画连接
可见度 闪烁效果
检查(K) 确认(Y) 取消(C) 帮助(H)

图 4-78 “标签动画组态属性设置”界面

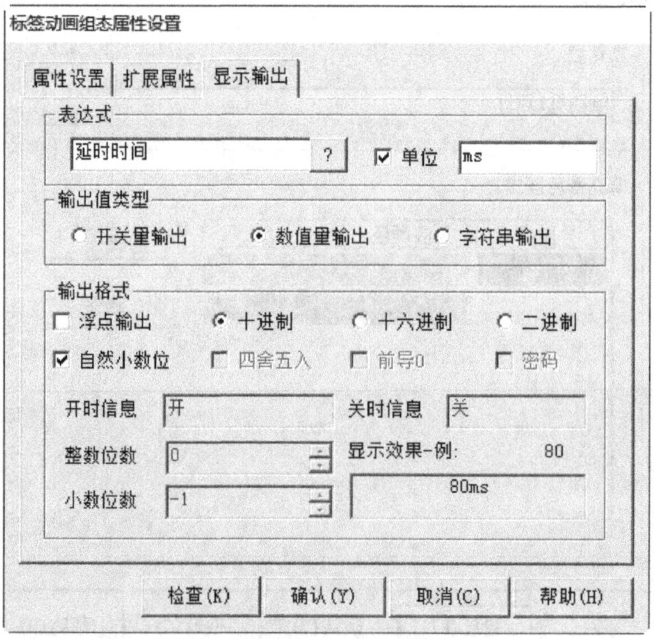

标签动画组态属性设置
属性设置 扩展属性 显示输出
表达式
延时时间 ? 单位 ms
输出值类型
开关量输出 数值量输出 字符串输出
输出格式
浮点输出 十进制 十六进制 二进制
自然小数位 四舍五入 前导0 密码
开时信息 开 关时信息 关
整数位数 0 显示效果-例: 80
小数位数 -1 80ms
检查(K) 确认(Y) 取消(C) 帮助(H)

图 4-79 表达式的设置

步骤 5：在线仿真

单击“文件”→“进入运行环境”，如图 4-80 所示。

在如图 4-81 所示的“下载配置”选项中，依次选择“模拟运行”“工程下载”“启动运行”进行在线仿真。

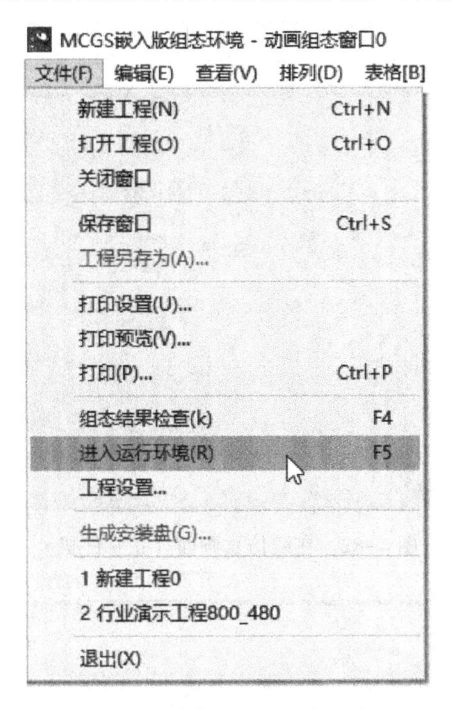

图 4-80　单击“进入运行环境”

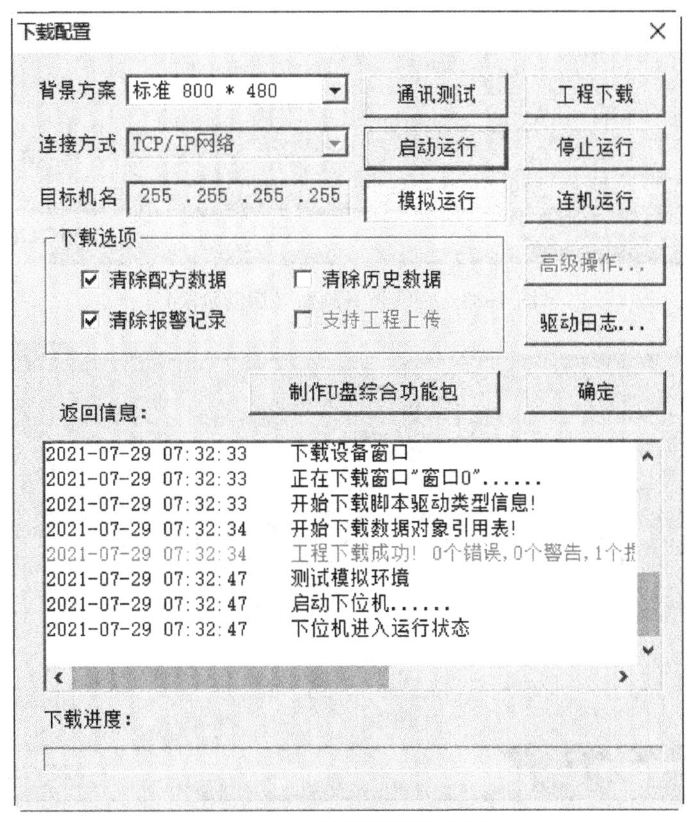

图 4-81　“下载配置”选项

图 4-82 到图 4-84 分别为正常停机、启动阶段和正常运行等三个在线仿真画面。

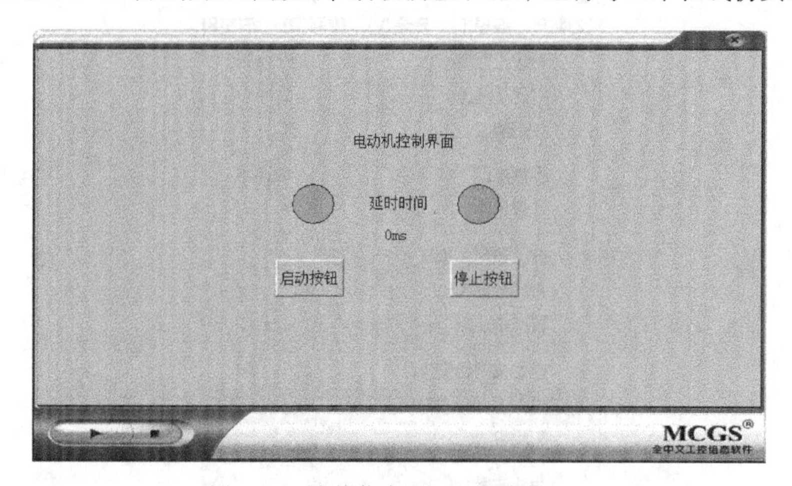

图 4-82　在线仿真画面（正常停机）

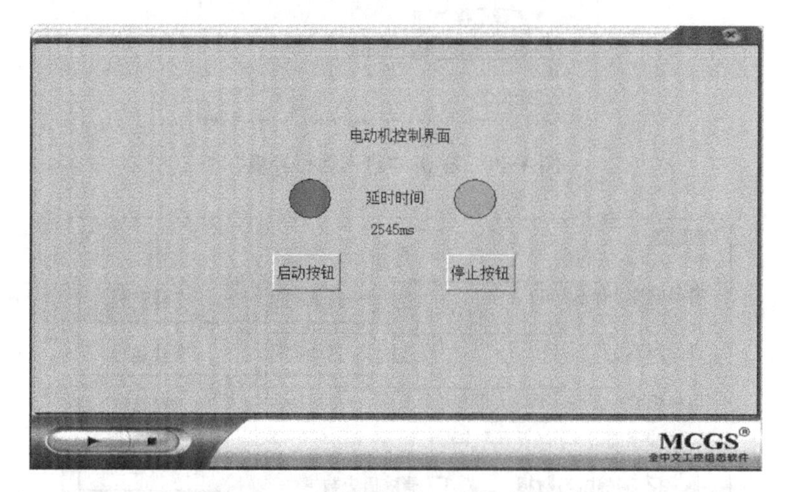

图 4-83　在线仿真画面（启动阶段）

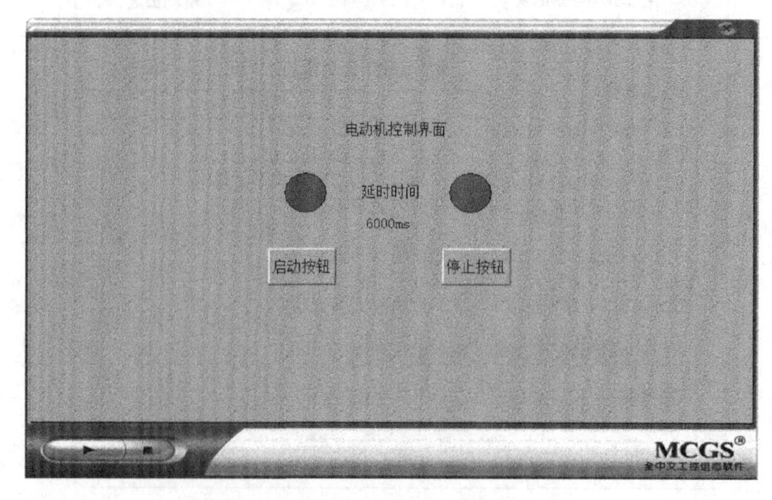

图 4-84　在线仿真画面（正常运行）

步骤6：触摸屏本体调试

首先，断电重启触摸屏，开机后，按住启动属性，分别如图4-85到图4-87所示，进入系统设置→系统维护→设置系统参数→设置IP地址后，重启系统，IP地址即设置完成。然后，在MCGS软件中进入下载配置→连机运行→工程下载，即可进行实际触摸屏画面调试，与在线仿真结果一致。

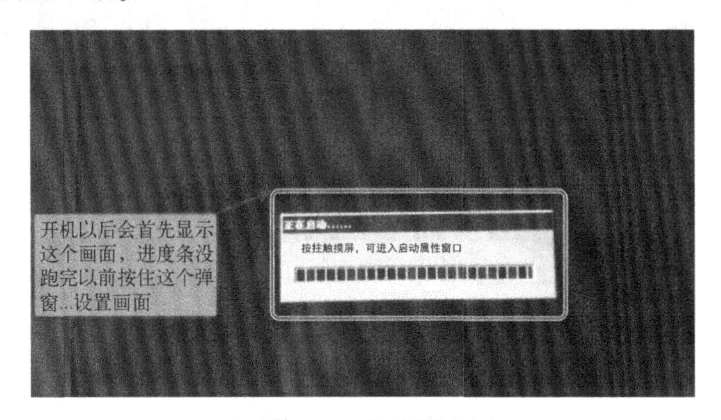

图4-85　启动画面

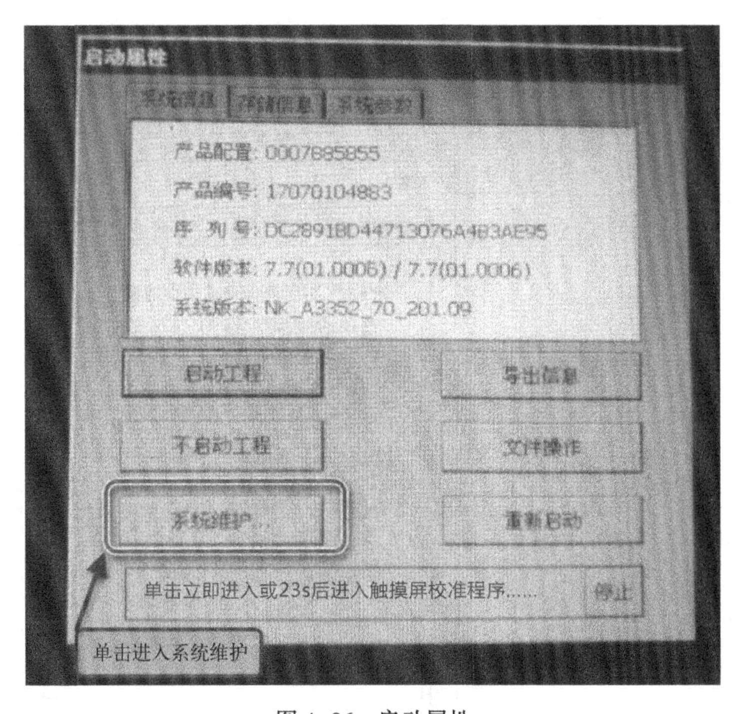

图4-86　启动属性

小贴士

除了MCGS国产组态软件，组态王也是应用非常广泛的一种组态软件。它与S7-1200 PLC的通信建立如图4-88所示，通过“设备配置向导”对话框，选择西门子S7-1200 PLC的TCP通信方式。

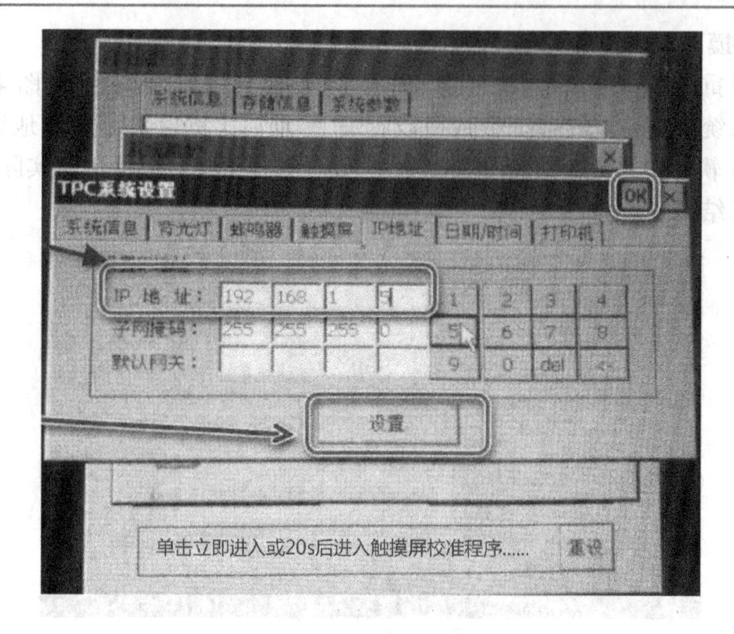

图 4-87　TPC 系统设置中的 IP 地址

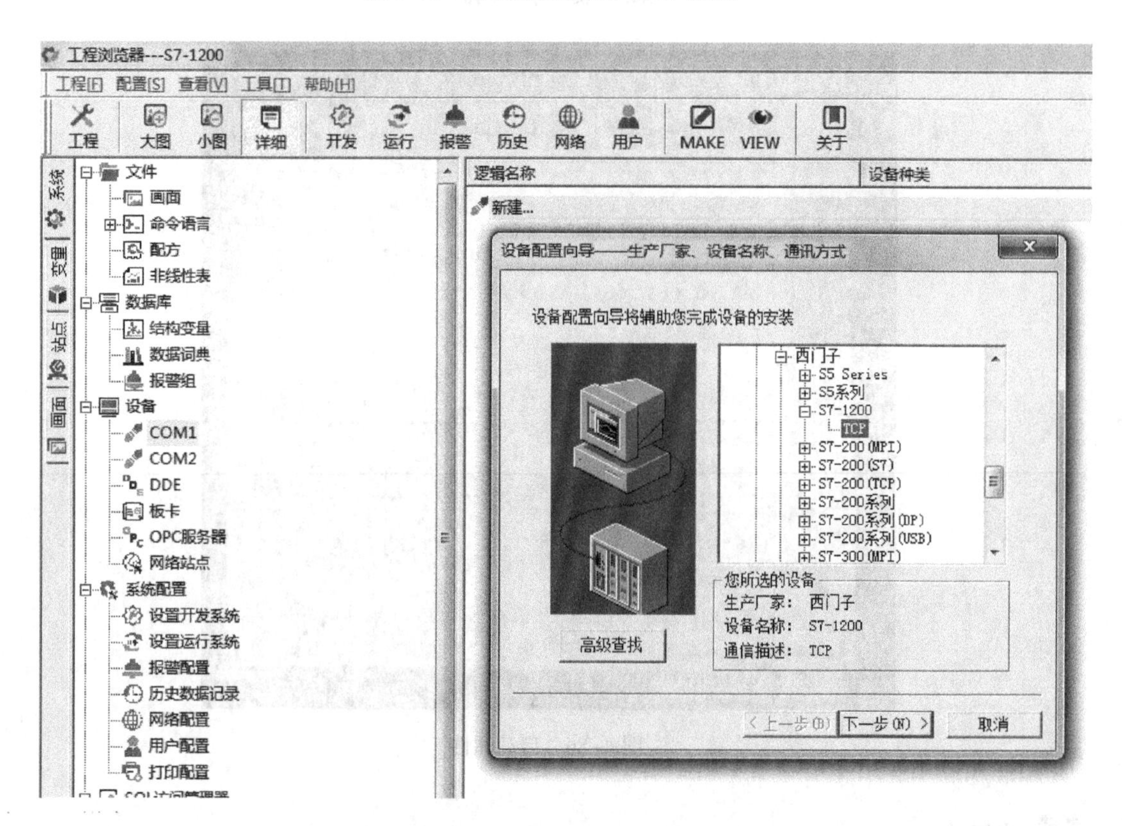

图 4-88　“设备配置向导”对话框

依次单击“下一步”按钮，按如图 4-89 所示设置通信地址，需要注意 CPU 槽号，默认为 0，则地址为“192. 168. 0. 1:0”。

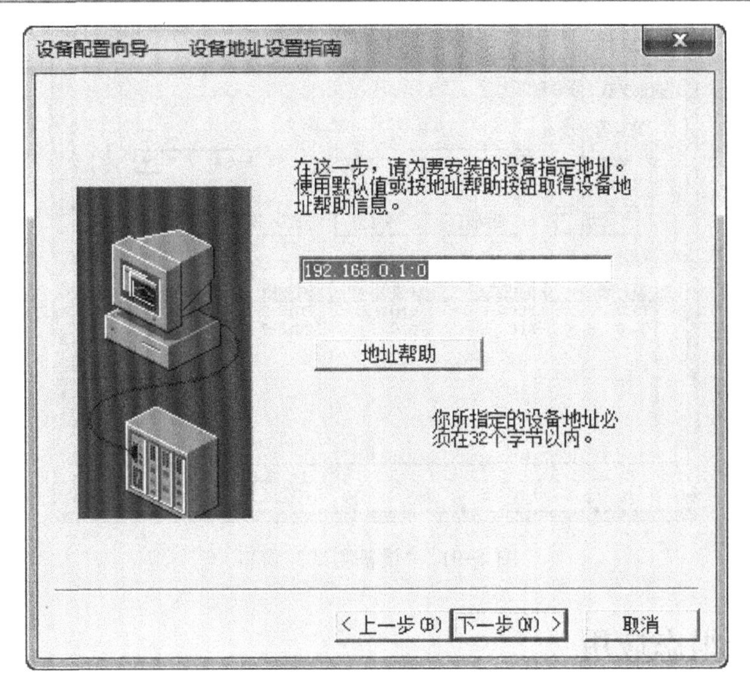

图 4-89　设置通信地址

为了测试 S7-1200 PLC 与组态王之间是否可以正常通信，可右键单击，弹出如图 4-90 所示的菜单，选择“测试 西门子 1200PLC”后，进入“设备测试”窗口，如图 4-91 所示。此时，可以添加寄存器，如“I0.0”“Q0.0”，数据类型为“Bit”，如果可以正确读取该变量的状态值（位），就说明通信成功。当然，前提还是与 MCGS 一样：PLC 的 IP 地址为同一频段内的不同 IP 地址，勾选“允许来自远程对象的 PUT/GET 通信访问”，取消数据块“优化的块访问”。

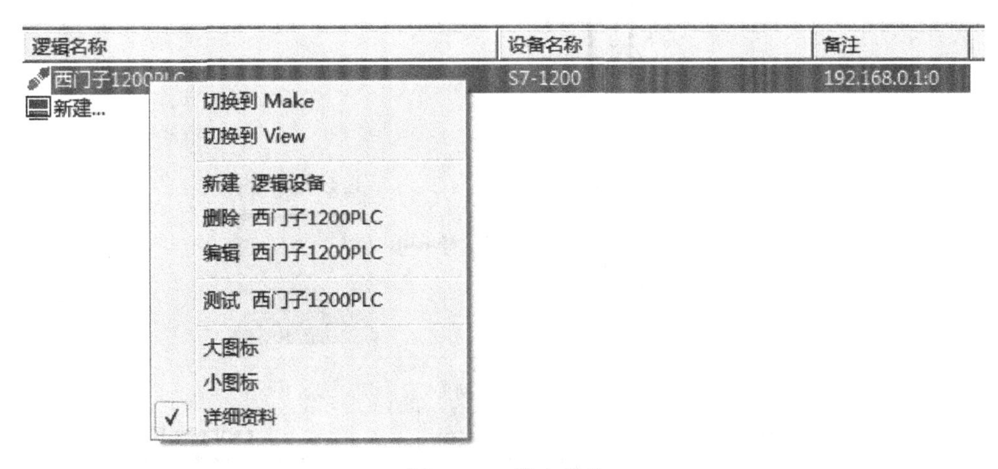

图 4-90　弹出菜单

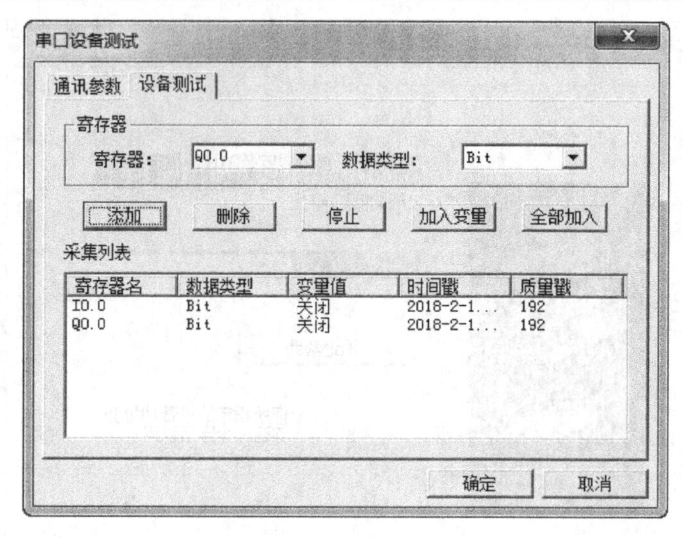

图 4-91 “设备测试”窗口

 4.4 云组态应用

4.4.1 云组态概述

云组态是指依托在线组态技术，通过各种图元与点位图直观地观察工业控制的现场情况，具有实时监控，实现设备管理、设备监控、故障预警、设备维保、设备数据分析等功能，可以带来场景化物联监控新体验。

S7-1200 PLC 云服务器功能如图 4-92 所示。

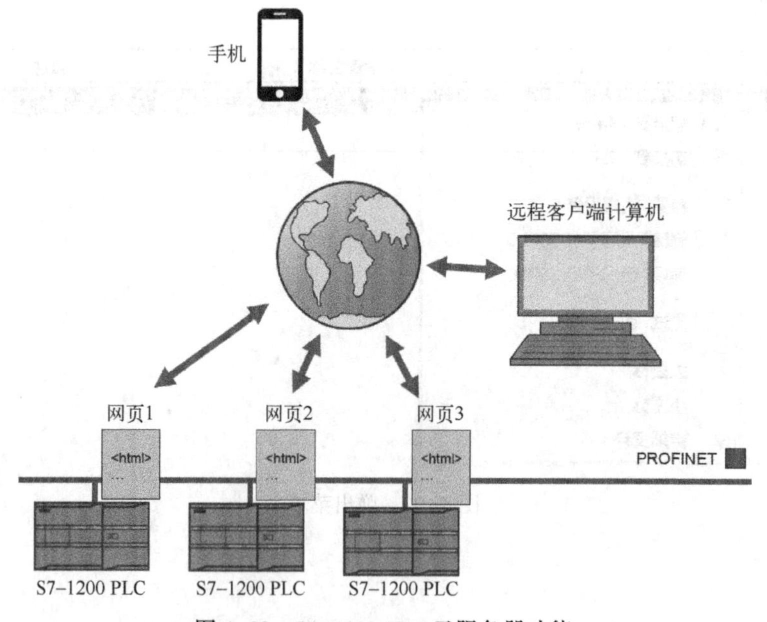

图 4-92 S7-1200 PLC 云服务器功能

4.4.2　云组态指令 WWW 和 HTML 调用函数 AWP

1. 云组态指令 WWW

云组态指令 WWW 用于对 S7-1200 CPU 的 Web 服务器进行初始化，或使用 PLC 中的用户程序对用户自定义的 Web 页面（用户页面）同步。凭借 Web 服务器和用户 Web 页面，S7-1200 PLC 可通过一个 Web 浏览器访问各种不同设计的 CPU Web 页面。

借助用户 Web 页面的脚本指令（如 Javascript）和 HTML 代码，可通过 Web 浏览器将数据传送到 CPU 中进行进一步处理，以及在 Web 浏览器中显示 CPU 操作数中的数据。

通过如图 4-93 所示的 WWW 指令，用户 Web 页面将被“封装”在数据块中，便于 CPU 进行处理。在组态过程中，必须从源文件（如 HTML 文件、画面、Javascript 文件等）中生成正确的数据块。Web Control DB 具有特殊的作用（默认为 DB 333），包含状态和控制信息，并通过编码 Web 页面链接至其他数据块，将这些带有编写 Web 页面的数据块称为 DB 段。在启动 DB 段时，调用 WWW 指令将通知 CPU 使用哪一个 DB 段作为 Web Control DB，进行初始化后，才可通过 Web 浏览器访问这些用户页面。

图 4-93　WWW 指令

WWW 指令参数功能说明见表 4-6。

表 4-6　WWW 指令参数功能说明

参　数	声　明	数据类型	存储区	说　明
CTRL_DB	Input	DB_WWW	I、Q、M、D、L 或常量	描述用户页面的数据块（Web Control DB）
RET_VAL	Output	Int	I、Q、M、D、L	错误信息

2. HTML 调用函数 AWP

表 4-7 为 AWP 部分函数功能及举例。AWP 部分函数可用于将相应变量传送到 HTML 文件的源代码中，并在 HMTL 文件中通过调用生成一个变量，可在 HTML 文件的对应位置使用。

表 4-7　AWP 部分函数功能及举例

功　能	在 HTML 文件中调用举例	在 HTML 元素中输出举例
数据输出	<!-- AWP_In_Variable Name='"SLI_gDB_www".tankLevel' -->	:="SLI_gDB_www".tankLevel:
枚举（值替换）	<!-- AWP_Enum_Def Name="OpValvValue" Values='0:"Closed",1:"Opened"' -->	<!-- AWP_Enum_Ref Name='"SLI_gDB_www".valveOutput' Enum="OpValvValue" -->:="SLI_gDB_www".valveOutput:
值更改（从 Int）	<!-- AWP_In_Variable Name='"SLI_gDB_www".flowrate' -->	<form method="post" action="" onsubmit="return check();"> <input type="text" name='"SLI_gDB_www".flowrate' size="10px"/> <input class="button1" type="submit" value="Set flowrate"/> </form>
值更改（从 Bool）	<!-- AWP_Enum_Def Name="ResetValue" Values='0:"Off",1:"On"' -->	<form method="post" action=""> <input class="button1" type="submit" value="Reset"/> <input type="hidden" name='"SLI_gDB_www".reset' size="34px" value="1"/> </form>

4.4.3 【实例 4-5】手机端或 PC 端实现电动机正/反转控制

实例说明

如图 4-94 所示，在手机端或 PC 端能通过无线 WIFI 实现对与 PLC 端相连电动机的正/反转控制。

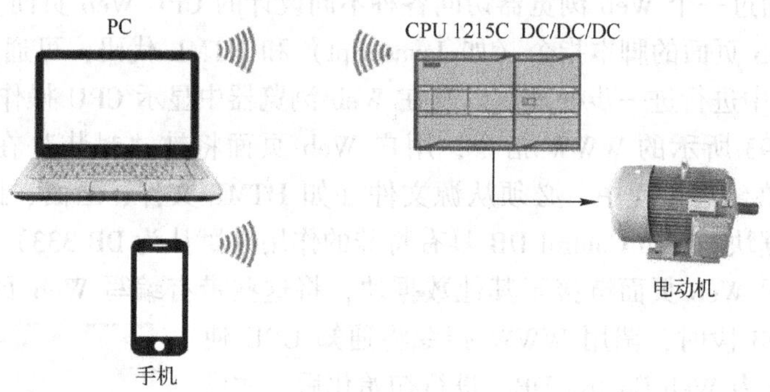

图 4-94　控制示意

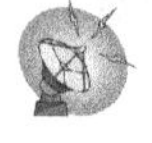

实施步骤

步骤 1：PLC 无线组网

将 PLC、无线路由器、装有博途软件的 PC，按照如图 4-95 所示连接。图中，PLC 连接在无线路由器的 LAN 口，而不是 WAN 口。

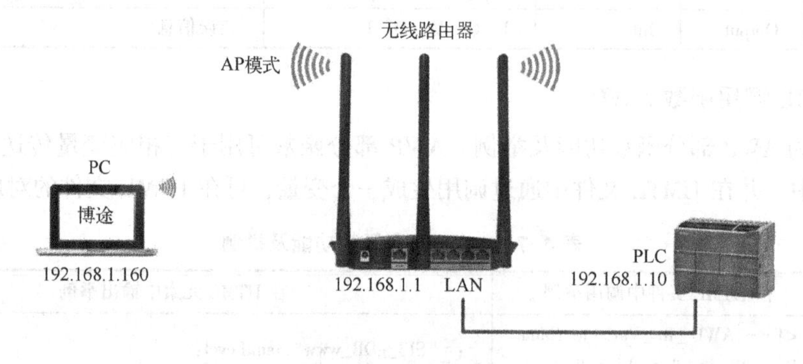

图 4-95　连接示意

按如图 4-96 所示进行无线路由器 AP 模式的设置，首先是 LAN 口设置，如本实例中设置 IP 地址为“192. 168. 1. 1”。这个是大部分无线路由器的默认地址，可以根据实际情况进行设置。

LAN口设置

本页设置LAN口的基本网络参数。

MAC地址：　B0-48-7A-7E-56-72

IP地址：　192.168.1.1

子网掩码：　255.255.255.0

保存　帮助

图 4-96　“LAN 口设置”界面

按如图 4-97 所示进行无线路由器 LAN 口设置，如“SSID 号”设置为“S7-1200WIFI”，“信号”设置为“自动”等。

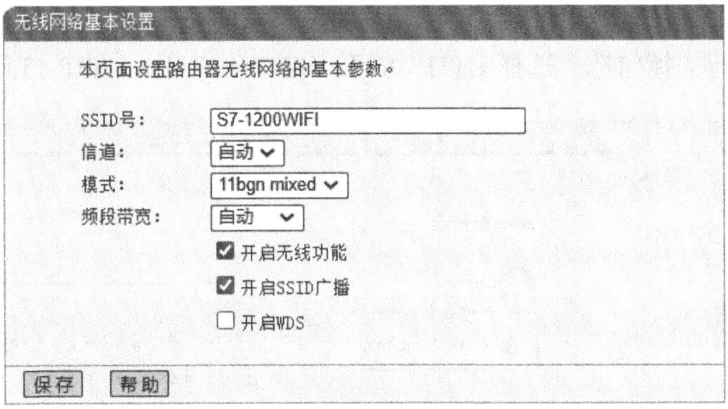

无线网络基本设置

本页面设置路由器无线网络的基本参数。

SSID号：S7-1200WIFI

信道：自动

模式：11bgn mixed

频段带宽：自动

开启无线功能

开启SSID广播

开启WDS

保存　帮助

图 4-97　“无线网络基本设置”界面

完成以上设置后，重启无线路由器，并在 PC 中找到该无线信号后连接，如图 4-98 所示。

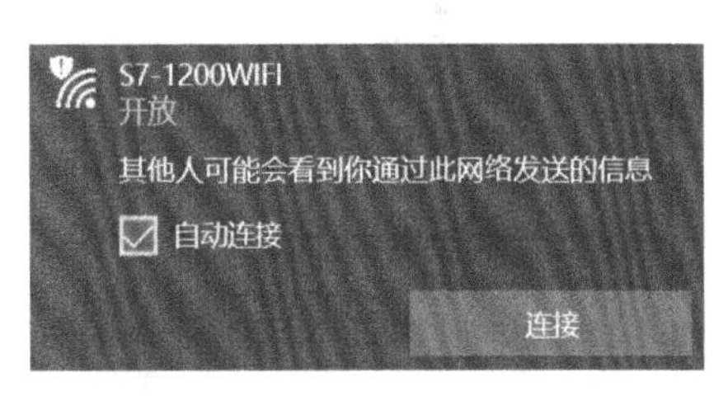

图 4-98　连接 S7-1200WIFI

在“转至在线”界面设置“PG/PC 接口”为 PC 的无线网卡，即如图 4-99 所示的“Realtek 8821CE Wireless LAN 802.11ac PCI-E NIC”（不同 PC 的无线网卡不一样）。此时即可找到目标 PLC 设备，如 PLC_1。

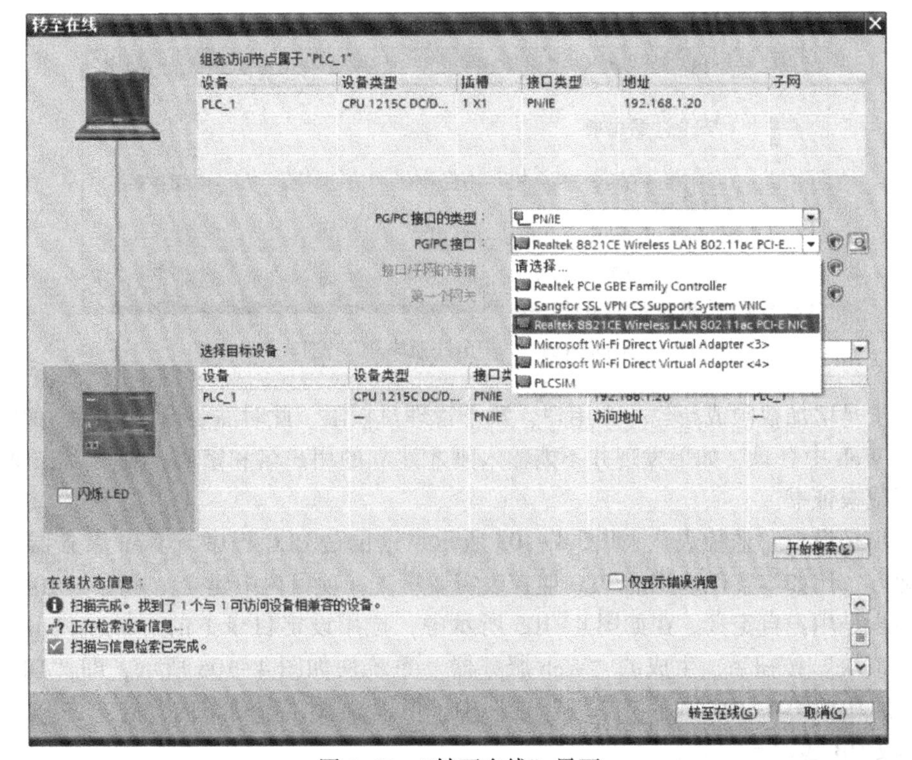

图 4-99　“转至在线”界面

步骤 2：PLC 的 Web 服务器功能设置

对 PLC 进行 Web 服务器功能设置，第一步是要激活 Web 服务器，如图 4-100 所示，弹出“安全注意事项”窗口，如图 4-101 所示。此时，系统会自动勾选“仅允许通过 HTTPS 访问”，也可以自行去掉勾选，选择 HTTP 访问，HTTPS 访问比 HTTP 访问更安全。

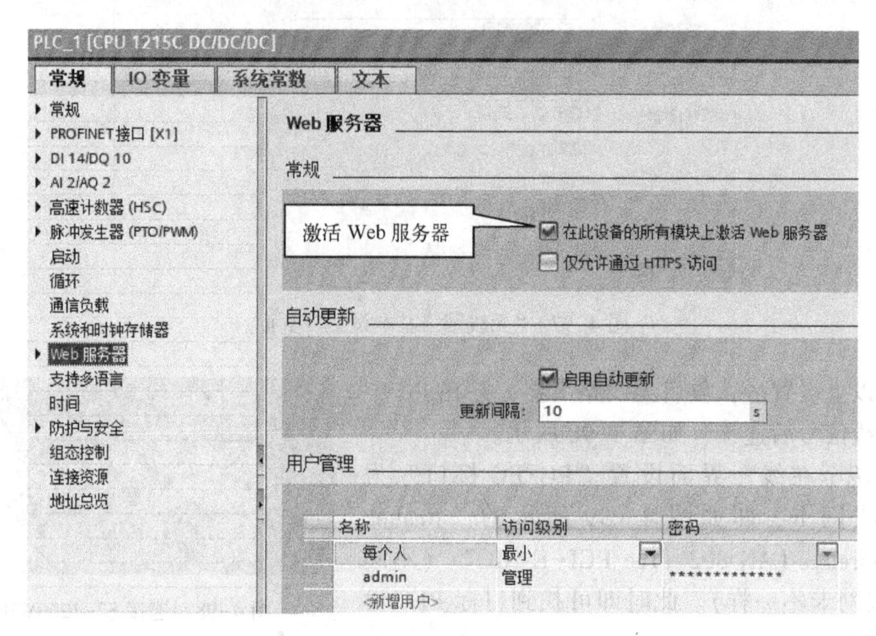

图 4-100 激活 Web 服务器

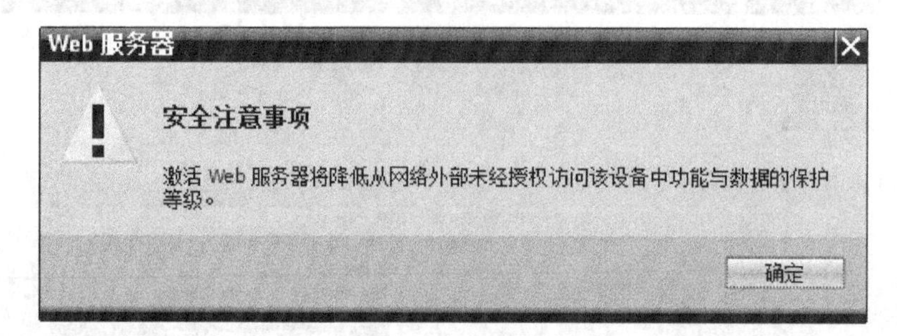

图 4-101 “安全注意事项”窗口

第二步是增加权限或新建一个用户，赋予管理员权限，此时需要设置密码，如图 4-102 所示。在 Web 中登录，如果发现并不能输入刚才建立的用户名和密码，则可以在 Web 页面右上角下载根证书。

第三步是设置“监控表”，如图 4-103 所示。这也是 PLC 程序与 Web 服务器变量数据交换的地方，比如本实例选用的 PLC 监控表需要事先在项目树中建立，如图 4-104 所示。

第四步是用户自定义。在如图 4-105 所示中，选用设定目录下的“index. html”页面，单击“生成块”按钮后，生成的“Web 服务器”系统块如图 4-106 所示，即“DB333”和“DB334”。在如图 4-107 所示“高级”选项中，可以设置“带动态内容的文件”“Web DB 号”“片段 DB 起始号”等。

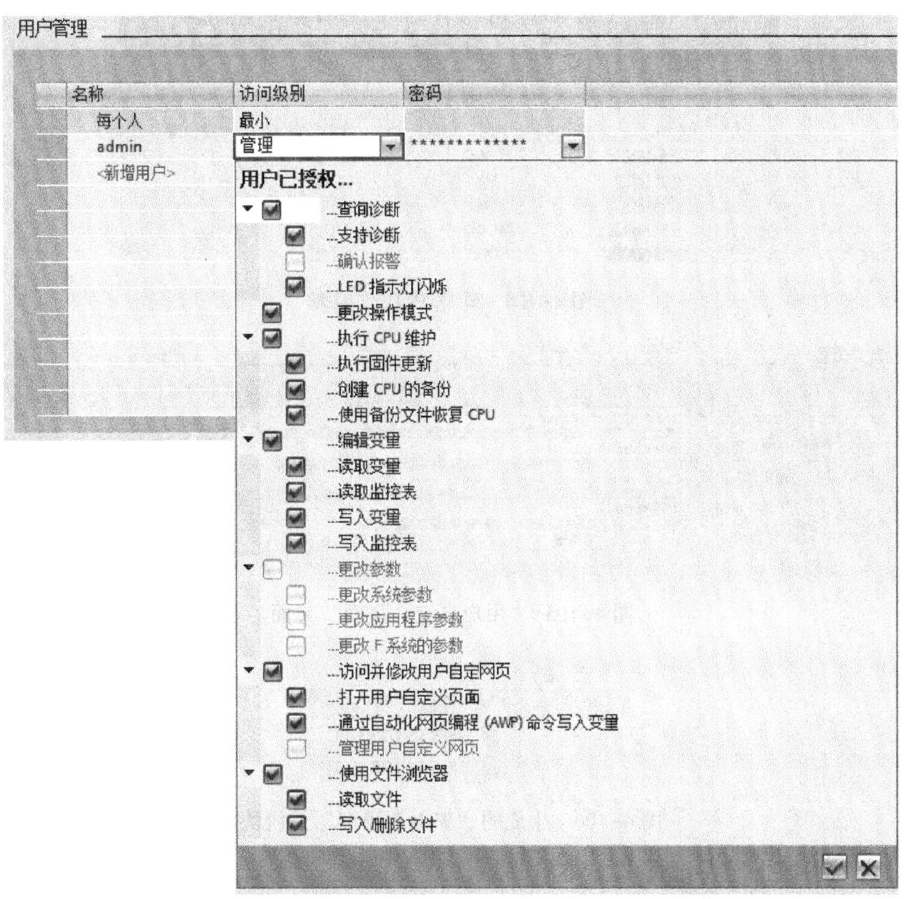

图 4-102　“用户管理”界面

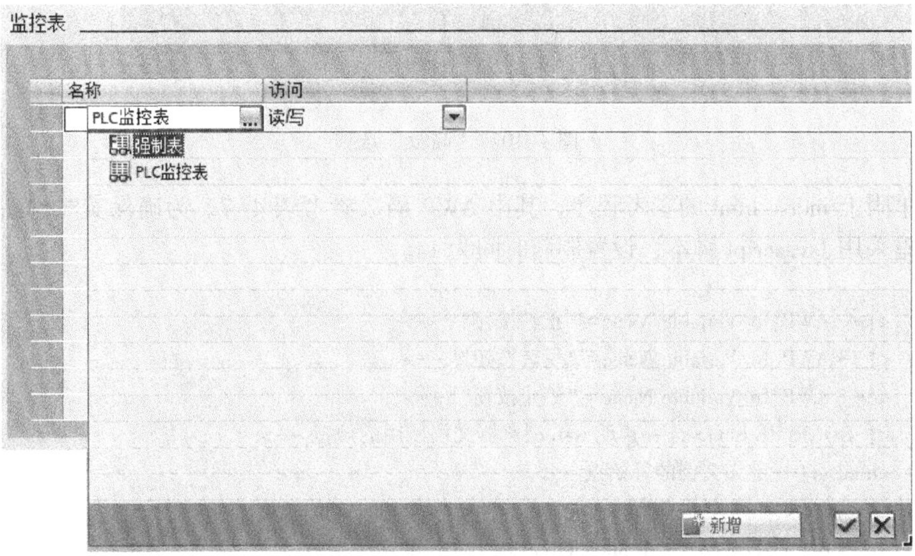

监控表
名称
访问
PLC监控表
读/写
强制表
PLC监控表
新增

图 4-103　设置“监控表”

云组态1 ▸ PLC_1 [CPU 1215C DC/DC/DC] ▸ 监控与强制表 ▸ PLC监控表

	i	名称	地址	显示格式	监视值
1		"正转按钮"	%M8.0	布尔型	
2		"停止按钮"	%M8.1	布尔型	
3		"反转按钮"	%M8.2	布尔型	
4		"正转接触器"	%Q0.0	布尔型	
5		"反转接触器"	%Q0.1	布尔型	

图 4-104　建立 PLC 监控表

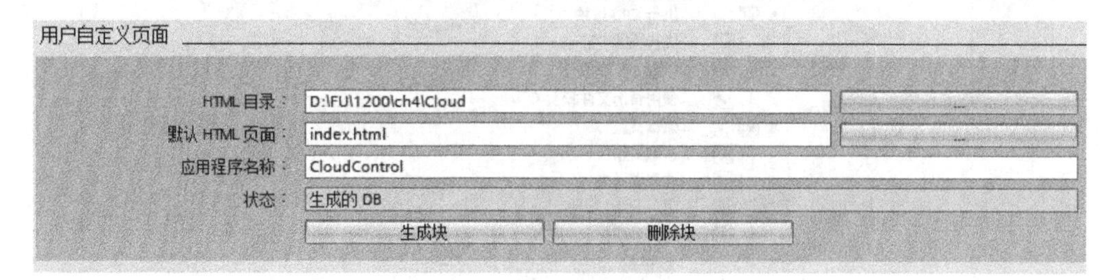

图 4-105　“用户自定义页面”界面

系统块
Web 服务器
DB 333 [DB333]
DB 334 [DB334]

图 4-106　生成的“Web 服务器”系统块

高级
带动态内容的文件：.htm;.html
Web DB 号：333
片段 DB 起始号：334

图 4-107　“高级”选项

这里附上 index. html 的参考程序，其中 AWP 函数参考表 4-7。为确保实时刷新输出变量，这里采用 Javascript 脚本，设置刷新时间为 1s。

```
<!-- AWP_In_Variable Name='"正转按钮"' -->
<!-- AWP_In_Variable Name='"反转按钮"' -->
<!-- AWP_In_Variable Name='"停止按钮"' -->
<! DOCTYPE html><!--声明 web 浏览器文档使用的规范 -->
<html><!--定义文档的开始点 -->
  <head><!--文档的头部 -->
    <title>Webserver - Application</title><!--设置标题 -->
    <meta charset="UTF-8" ><!--规定 HTML 文档的字符编码 -->
    <!--设定刷新时间为 1s -->
```

```
        <script language= "javascript ">
var timer_id = window. setTimeout("refreshOnce()", 1000);
function refreshOnce()
{
window. clearTimeout(timer_id);
}
</script>
  </head>
  <body><!--文档的主体 -->
    <table width="840px" height="100px" border=0><!--设置页面大小 -->
    <center><!--对其所包括的文本进行水平居中 -->
    <H2>电动机正反转控制</H2><!-- 设置标题 2 -->
    <form method="post" action=""><!--提交表单数据触发 -->
      <input type="submit" value="正转按钮" style="height: 45px; width: 100px"><!-- 设置
正转按钮名称、属性及外观 -->
      <input type="hidden" name='"正转按钮"' value="1"><!-- 将值 1 赋值给声明过的 PLC
变量“正转按钮” -->
    </form>
    <br>
    <form method="post" action="">
      <input type="submit" value="停止按钮" style="height: 45px; width: 100px"><!-- 设置
停止按钮名称、属性及外观 -->
      <input type="hidden" name='"停止按钮"' value="1"><!-- 将值 0 赋值给声明过的 PLC
变量“停止按钮” -->
    <br>
     </form>
     <form method="post" action="">
      <input type="submit" value="反转按钮" style="height: 45px; width: 100px"><!-- 设置
反转按钮名称、属性及外观 -->
      <input type="hidden" name='"反转按钮"' value="1"><!-- 将值 0 赋值给声明过的 PLC
变量“反转按钮” -->
    </form>
    <p>正转接触器:: ="正转接触器":</p><!-- 读取 PLC 变量“正转接触器”的值 -->
    <p>反转接触器:: ="反转接触器":</p><!-- 读取 PLC 变量“反转接触器”的值 -->
  </body>
</html><!--定义文档的结束点 -->
```

步骤 3：PLC 编程

主程序如图 4-108 所示。图中，程序段 1 是核心，调用云组态 www 指令，其余为常规控制。由于网页的按钮提交设置相应变量为“1”，因此需要在动作完成后进行自动复位，程序段 2、3、4 均用（R）指令。

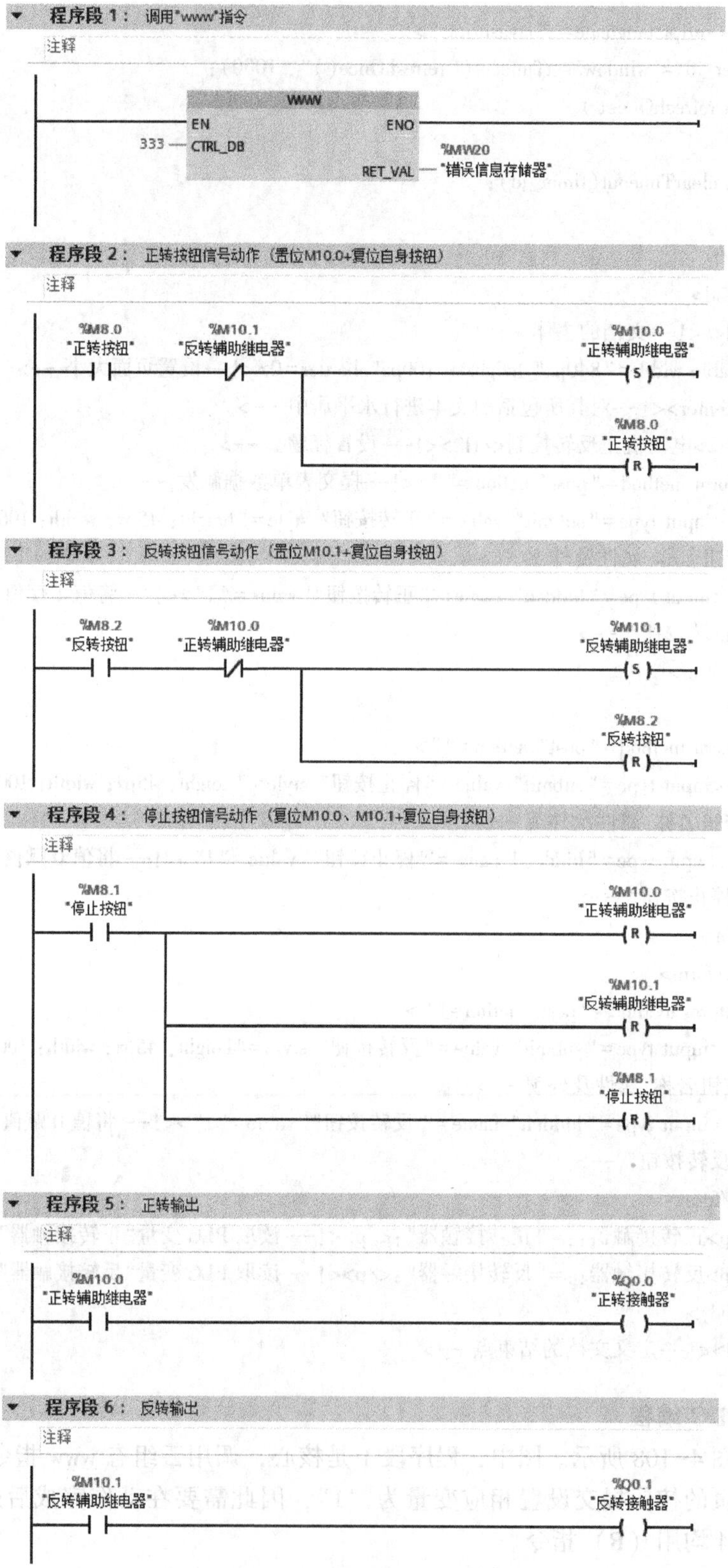

程序段 1： 调用"www"指令

注释

www

EN ENO

333 — CTRL_DB

%MW20

RET_VAL — "错误信息存储器"

程序段 2： 正转按钮信号动作（置位M10.0+复位自身按钮）

注释

%M8.0 "正转按钮"

%M10.1 "反转辅助继电器"

%M10.0 "正转辅助继电器" (S)

%M8.0 "正转按钮" (R)

程序段 3： 反转按钮信号动作（置位M10.1+复位自身按钮）

注释

%M8.2 "反转按钮"

%M10.0 "正转辅助继电器"

%M10.1 "反转辅助继电器" (S)

%M8.2 "反转按钮" (R)

程序段 4： 停止按钮信号动作（复位M10.0、M10.1+复位自身按钮）

注释

%M8.1 "停止按钮"

%M10.0 "正转辅助继电器" (R)

%M10.1 "反转辅助继电器" (R)

%M8.1 "停止按钮" (R)

程序段 5： 正转输出

注释

%M10.0 "正转辅助继电器"

%Q0.0 "正转接触器" ( )

程序段 6： 反转输出

注释

%M10.1 "反转辅助继电器"

%Q0.1 "反转接触器" ( )

图 4-108 【实例 4-5】主程序

步骤 4：在线访问

完成上述步骤后，下载到 PLC 复位重启。可以选择 PC 端或手机端通过 WIFI 访问 PLC 的网址，即 192. 168. 1. 10。图 4-109 为未登录的起始画面。

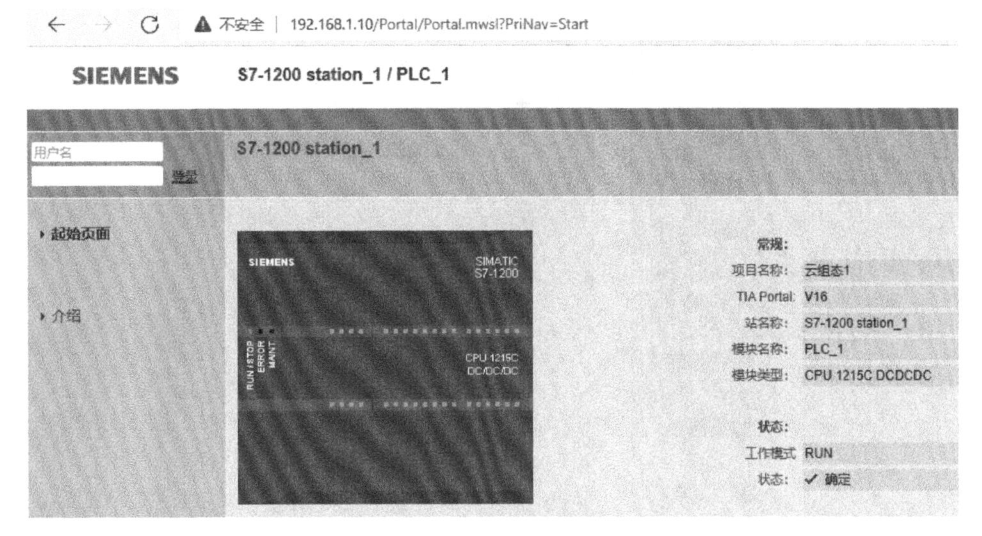

图 4-109　未登录的起始画面

在左上角登录后，可以看到 PLC 变量表实时数据，如图 4-110 所示。

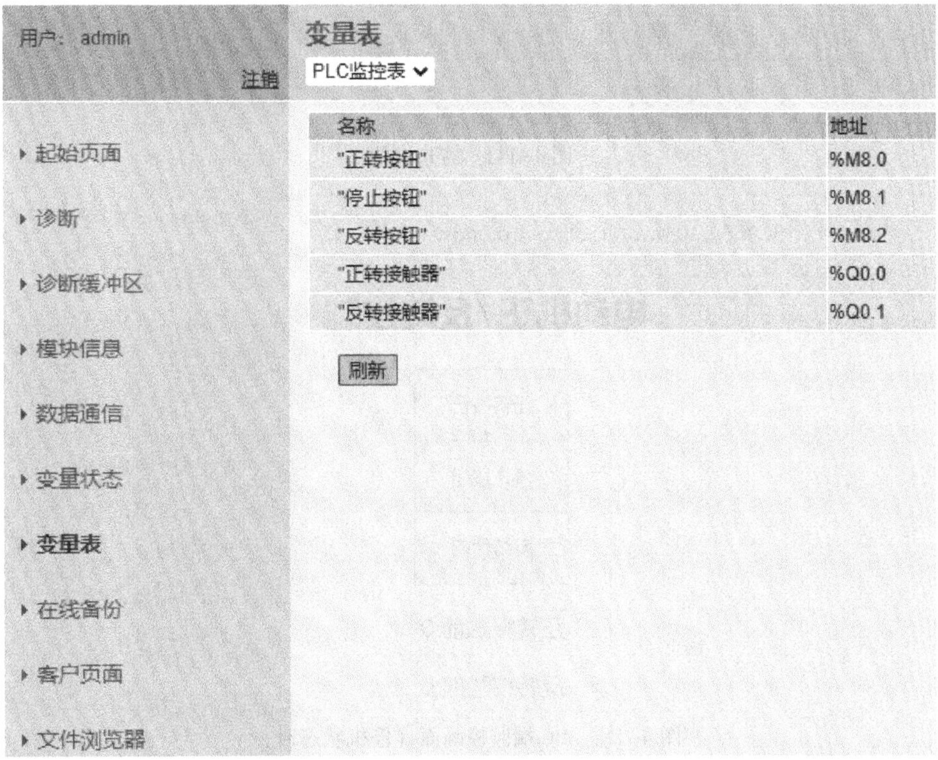

用户：admin　注销

变量表　PLC监控表

起始页面 / 诊断 / 诊断缓冲区 / 模块信息 / 数据通信 / 变量状态 / 变量表 / 在线备份 / 客户页面 / 文件浏览器

名称	地址
"正转按钮"	%M8.0
"停止按钮"	%M8.1
"反转按钮"	%M8.2
"正转接触器"	%Q0.0
"反转接触器"	%Q0.1

刷新

图 4-110　PLC 变量表实时数据

图 4-111 是本实例最重要的客户页面，单击后，即可进入应用程序主页。图 4-112 和图 4-113 分别为 PC 端监控画面。图 4-114 为手机端监控画面，由于浏览器与操作系统不同，所以画面显示略有差异，但执行效果完全一致。

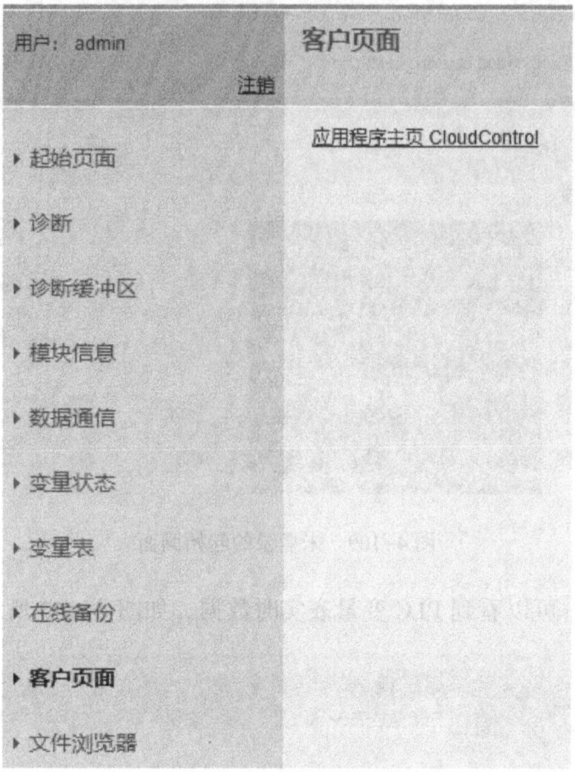

用户： admin
注销
客户页面
应用程序主页 CloudControl
▸ 起始页面
▸ 诊断
▸ 诊断缓冲区
▸ 模块信息
▸ 数据通信
▸ 变量状态
▸ 变量表
▸ 在线备份
▸ **客户页面**
▸ 文件浏览器

图 4-111　客户页面

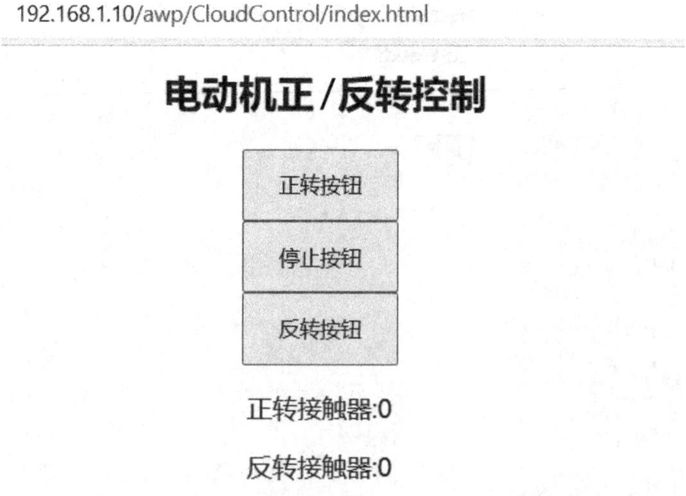

192.168.1.10/awp/CloudControl/index.html

电动机正/反转控制

正转按钮
停止按钮
反转按钮

正转接触器:0

反转接触器:0

图 4-112　PC 端监控画面（停机状态时）

192.168.1.10/awp/CloudControl/index.html

电动机正/反转控制

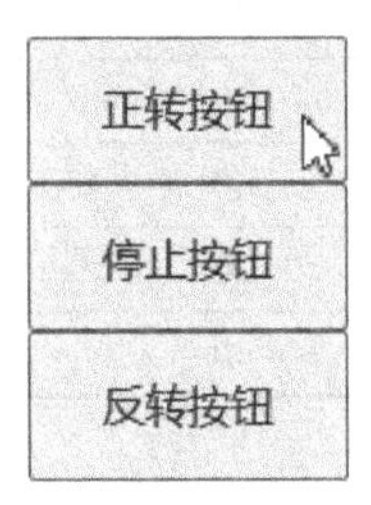

正转接触器:1

反转接触器:0

图 4-113　PC 端监控画面（正转按钮动作后）

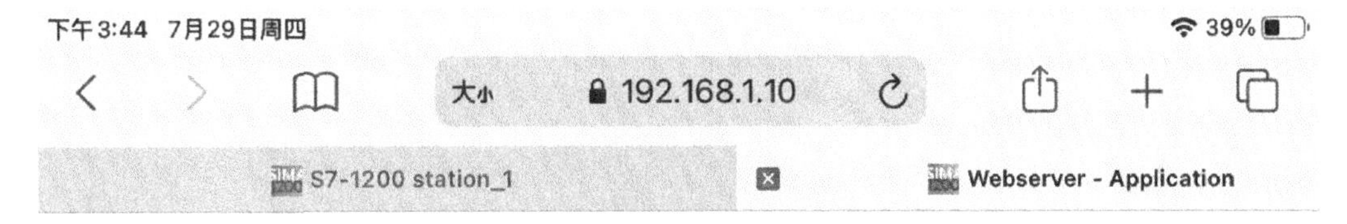

电动机正/反转控制

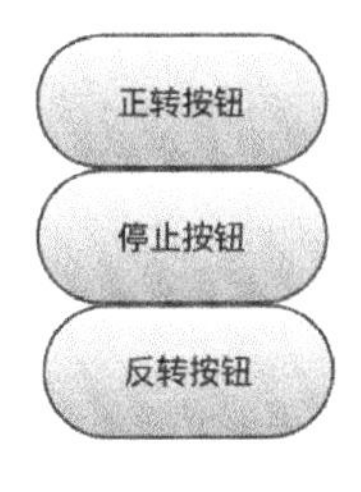

正转接触器:0

反转接触器:1

图 4-114　手机端监控画面

小贴士

在 HTML 代码中，可通过 form 表单指令写 PLC 变量。对于写操作的变量，必须在表单指令执行前对变量进行 AWP 语法声明，即语法：<!-- AWP_In_Variable Name=变量名称' -->。

需要注意的是，CPU 和内置网络服务器之间的内部传输时间取决于要传输的变量数量，与变量大小几乎无关，传输速率可以提高，但是以程序循环时间为代价。表 4-8 为 S7-1200 PLC 云组态变量数量与通信载荷、刷新时间的关系。

表 4-8　S7-1200 PLC 云组态变量数量与通信载荷、刷新时间的关系

变量数量（个）	通信载荷（%）	刷新时间（s）
10	20	2.4
10	40	2.1
20	20	3.3
20	40	2.8
40	20	5.9
40	40	4.8

第 5 章

S7-1200 PLC 控制变频器

【导读】

PLC 控制变频器的方式有很多种，目前最主流的方式就是 PLC 通过通信方式控制变频器的启/停和速度的设定。对于多台变频器来说，一根通信线就可解决问题。对于 S7-1200 PLC 来说，可以通过 PROFIBUS 控制变频器，抗干扰能力强、传输速率高、传输距离远、造价低廉；也可以通过 PROFINET 控制变频器，速度快，不需要编程指令。

5.1 S7-1200 PLC 通过 PROFIBUS 控制变频器

5.1.1 现场总线概述

现场总线是控制器与现场设备之间进行通信的桥梁。随着现场总线技术的日益发展，其高速性、准确性、可靠性等优点也逐渐显露出来。由西门子公司率先提出的 PROFIBUS 标准，已经作为国际现场总线标准的一种，在工厂自动化领域得到了广泛的应用，不同厂商的产品都可以通过它来进行通信。PROFIBUS 标准共有 PROFIBUS-DP、PROFIBUS-FMS 和 PROFIBUS-PA 三个标准。三者之间互相兼容。本书介绍的是 PROFIBUS-DP 标准。

1. CM1243-5 主站模块

图 5-1 所示的 CM1243-5 模块是 S7-1200 PLC 实现 PROFIBUS DP 主站功能的通信模块，可以与 CM1242-5 从站模块、触摸屏和 PG/PC/IPC 工作站等相连，组成 PROFIBUS 网络，如图 5-2 所示。

将 CM1243-5 安装到 S7-1200 PLC 的步骤如下：

（1）将 CM1243-5 安装在 DIN 导轨上，将导轨连接到 S7-1200 CPU 左侧的插槽上。

（2）固定导轨后，将电源线固定到 CPU 的电源输出端。

（3）将电源线固定在随 CM1243-5 一起供电的插头上，并将插头插入 CM1243-5 顶部的插座中。

图 5-1 CM1243-5 模块

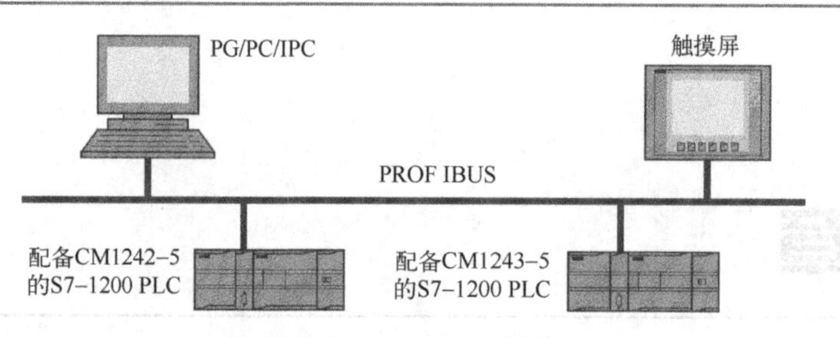

图 5-2　PROFIBUS 网络

（4）将 PROFIBUS 电缆连接到 CM1243-5 的 D 型母连接器上。

（5）接通电源后，进入编程调试。

2. PROFIBUS 编程指令

单击“扩展指令”→“分布式 I/O”→“其他”，读取和写入 PROFIBUS-DP 标准从站的两个指令，分别是 DPRD_DAT、DPWR_DAT，如图 5-3 所示。

扩展指令

名称	描述	版本
日期和时间		V2.2
字符串＋字符		V3.7
分布式 I/O		V2.7
DP & PROFINET		
RDREC	读取数据记录	V1.0
WRREC	写入数据记录	V1.1
GETIO	读取过程映像	V1.1
SETIO	传送过程映像	V1.2
GETIO_PART	读取过程映像区	V1.2
SETIO_PART	传送过程映像区域	V1.2
RALRM	接收中断	V1.0
D_ACT_DP	启用/禁用DP从站	V1.2
其他		
DPRD_DAT	读取 DP 标准从站的一致性数据	V1.0
DPWR_DAT	将一致性数据写入 DP 标准从站	V1.0

图 5-3　两个从站指令

（1）DPRD_DAT 指令

DPRD_DAT 指令用于读取 DP 标准从站的一致性数据，如图 5-4 所示。表 5-1 为 DPRD_DAT 指令的参数及说明。参数 LADDR 选择 DP 标准从站设备模块；参数 RECORD 定义读取数据的目标范围，目标范围长度至少应与所选模块的输入长度相同，如果目标范围大于模块的输入，则从输入值之前写入，对于 S7-1200 CPU 来说，目标范围的剩余字节保持不变。参数 RET_VAL 为返回值：0000 表示未发生错误；8090 表示尚未组态指定硬件标识的模块，或者忽略了有关一致性数据长度的限制，或者尚未在参数 LADDR 处将硬件标识指定为一个地址；8092 表示 RECORD 参数中的数据类型不受支持；8093 表示没有可从中读取一致性数据的 DP 模块或模块没有输入；80A0 表示访问 I/O 时检测到访问错误；80B1 表示参数 RECORD 指定目标区域的长度小于所组态的用户数据长度；80C0 表示还未读取数据。

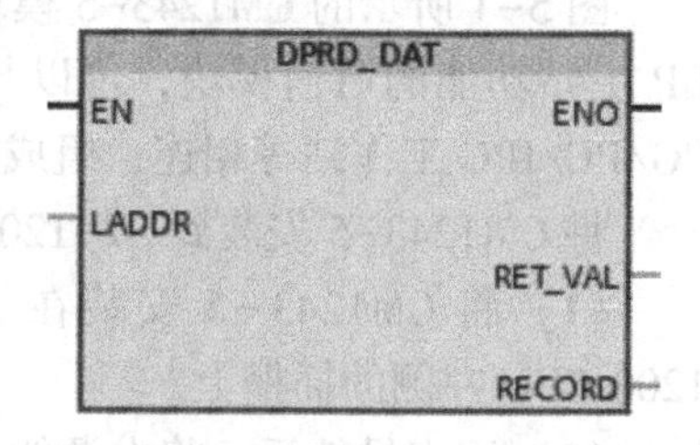

图 5-4　DPRD_DAT 指令示意

表 5-1　DPRD_DAT 指令的参数及说明

参　数	声　明	数据类型	存　储　区	说　明
LADDR	Input	HW_IO	I、Q、M、L 或常量	将读取其数据模块的硬件 ID。 硬件标识符可以在系统常量中找到
RET_VAL	Return	INT	I、Q、M、D、L	在指令执行过程中如果发生错误，则返回值将包含错误代码
RECORD	Output	VARIANT	I、Q、M、D、L	所读取用户数据的目标范围

（2）DPWR_DAT 指令

DPWR_DAT 指令用于将一致性数据写入 DP 标准从站，如图 5-5 所示，参数及说明与 DPRD_DAT 指令相同。

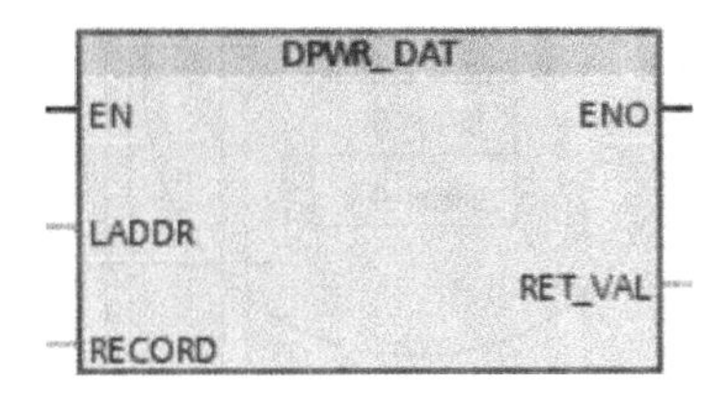

图 5-5　DPWR_DAT 指令示意

5.1.2 【实例 5-1】S7-1200 PLC 通过 PROFIBUS 控制变频器 ACS800

实例说明

S7-1200 PLC（CPU 1215C AC/DC/Rly）通过 PROFIBUS 总线实现与 ACS800 系列变频器的通信，并预留与计算机 CP5612 通信卡相连的 DP 接口，便于上位机监控。

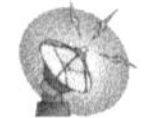

实施步骤

步骤 1：现场总线接线

表 5-2 为现场总线节点说明。总线连接方式示意如图 5-6 所示。

表 5-2　现场总线节点说明

总线节点	总线接口说明	功　能	地　址
第 1 个总线节点	计算机 CP5612DP 接口	从站	5
第 2 个总线节点	PLC CM1243-5 模块	主站	2
第 3 个总线节点	ABB 变频器	从站	3

步骤 2：硬件组态

在博途软件平台上创建一个“ABB 变频器 DP 通信”项目，添加 CPU 1215C AC/DC/Rly，并在设备视图中添加“CM1243-5”主站模块（6GK7 243-5DX30-0XE0）到 PLC 的左侧 101 处，如图 5-7 所示。

支持 PROFIBUS 协议的第三方设备都有 GSD 文件，这些 GSD 文件可以从相关网站获取，如图 5-8 所示，可以获取 ABB 变频器的 PROFIBUS 文件。本项目为“ABB Drives RPBA-

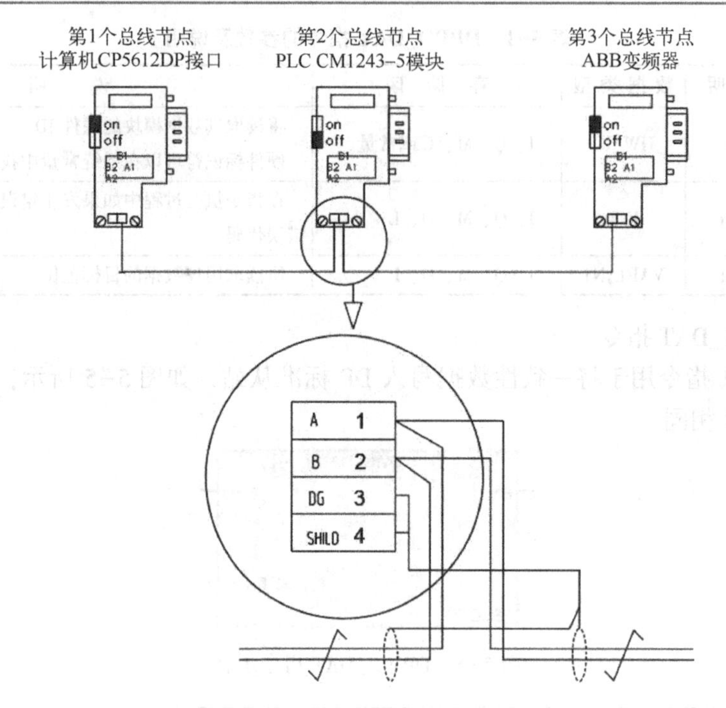

图 5-6　总线连接方式示意

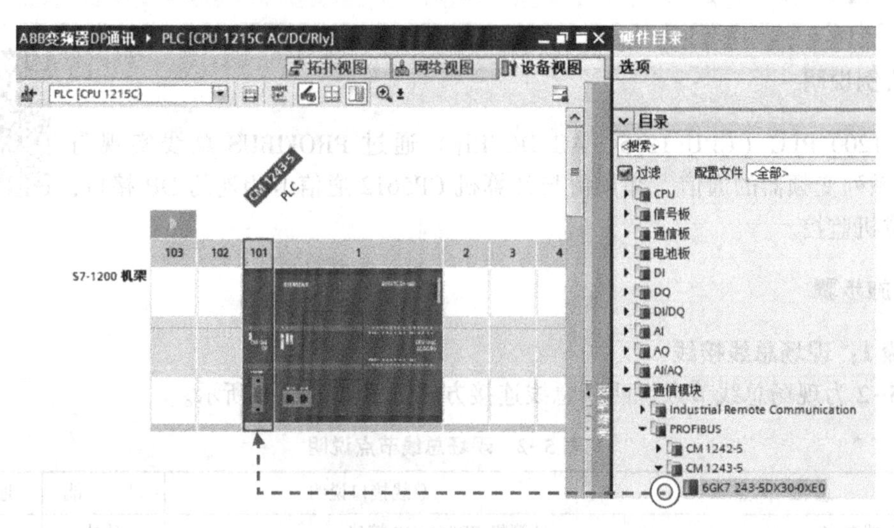

图 5-7　添加主站模块

01”，GSD 文件名为“abb_0812. gsd”。

在组态从站系统时，需要手动装入 GSD 文件，如图 5-9 所示，单击“选项”→“管理通用站描述文件（GSD）”，找到“abb_0812. gsd”并选中，单击安装。图 5-10 显示的是已经安装的 GSD 文件。

安装完成后，会在网络视图的右侧“硬件目录”→“其他现场设备”→“PROFIBUS DP”→“驱动器”→“ABB Oy”→“ABB Drives RPBA-01”下找到已经安装的驱动文件，将“ABB Drives RPBA-01”直接拖至网络视图窗口，如图 5-11 所示，默认名称为“Slave_1”。

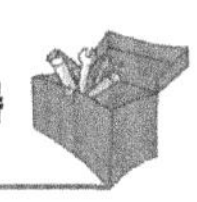

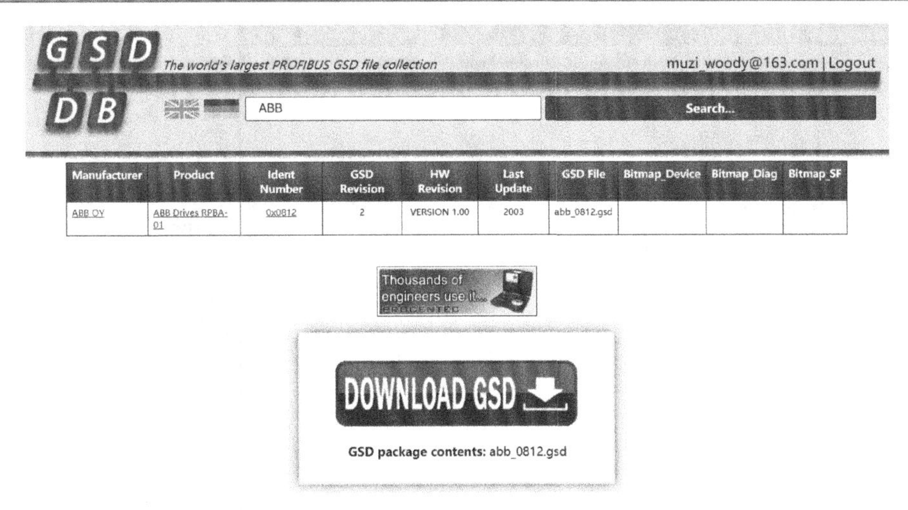

图 5-8　获取 GSD 文件

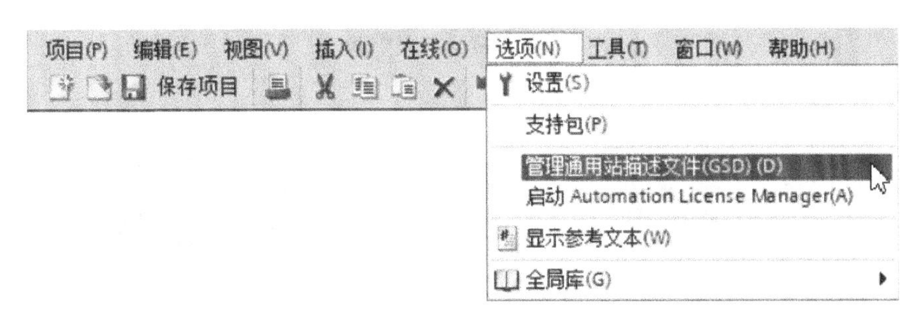

图 5-9　选择“管理通用站描述文件（GSD）”

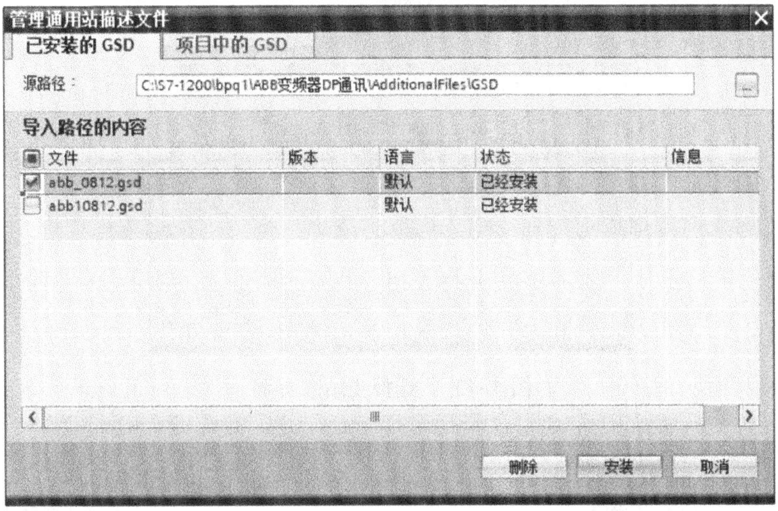

图 5-10　已经安装的 GSD 文件

在 Slave_1 显示的“未分配”处单击右键，就会出现如图 5-12 所示的“分配到新主站”菜单选项。单击后，进入如图 5-13 所示的“选择主站”界面。本项目只有一个主站，因此选择“PLC. CM1243-5. DP 接口”。完成后的 PLC 变频控制 PROFIBUS 主站系统如图 5-14 所示。

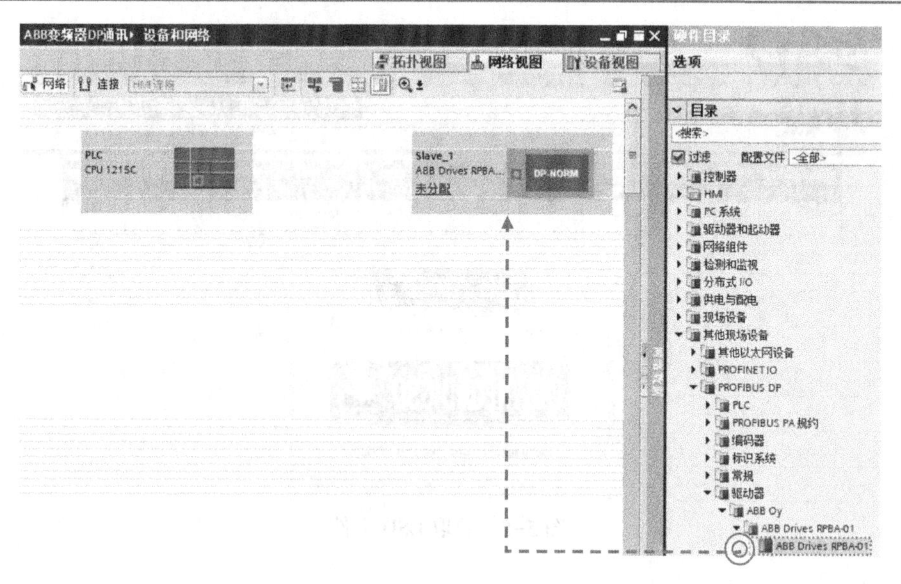

图 5-11 “硬件目录”界面

图 5-12 “分配到新主站”菜单选项

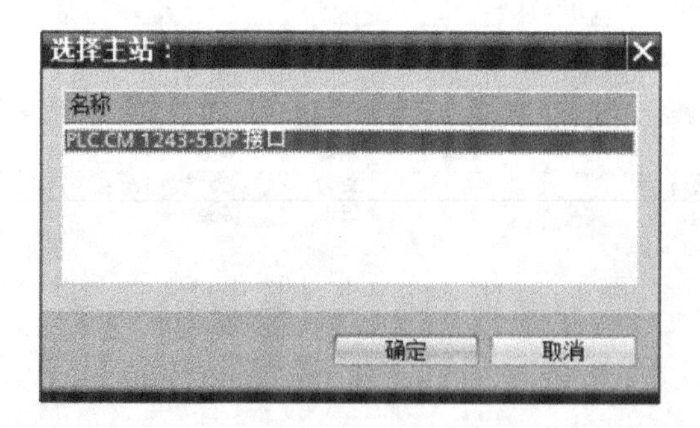

图 5-13 “选择主站”界面

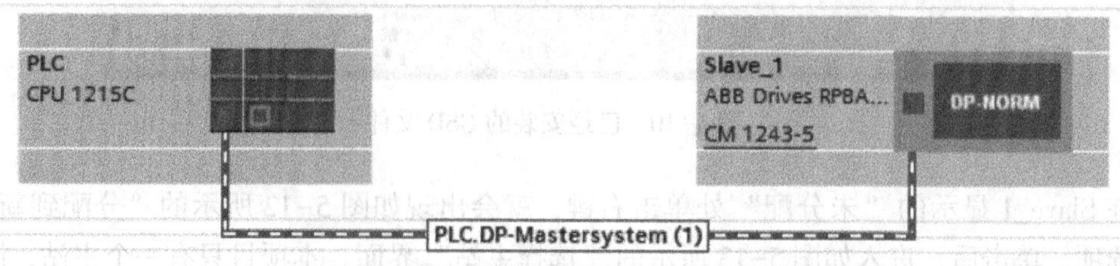

图 5-14 PLC 变频控制 PROFIBUS 主站系统

可通过选中 DP 接口后单击右键，选择“属性”就会出现 PROFIBUS 地址及参数，分别如图 5-15、图 5-16 所示。这里系统分配给 PLC 的 PROFIBUS 地址为 2，变频器的 PROFIBUS 地址为 3。该地址也可以自定义，可选范围为 0~126。0、1、2 这三个地址通常作为主站地址，所以“Slave_1”设备的地址尽量用 3 及以后的地址。

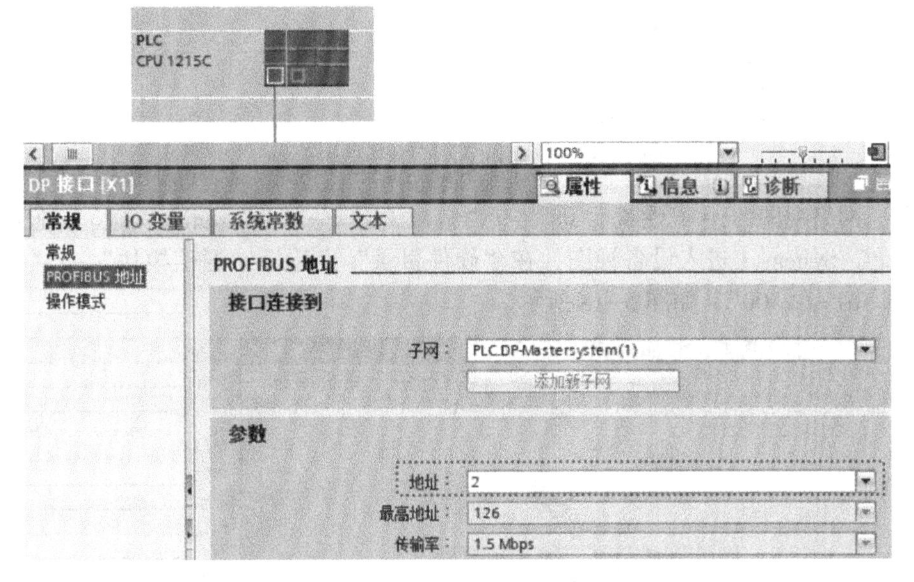

图 5-15　PLC 的 PROFIBUS 地址

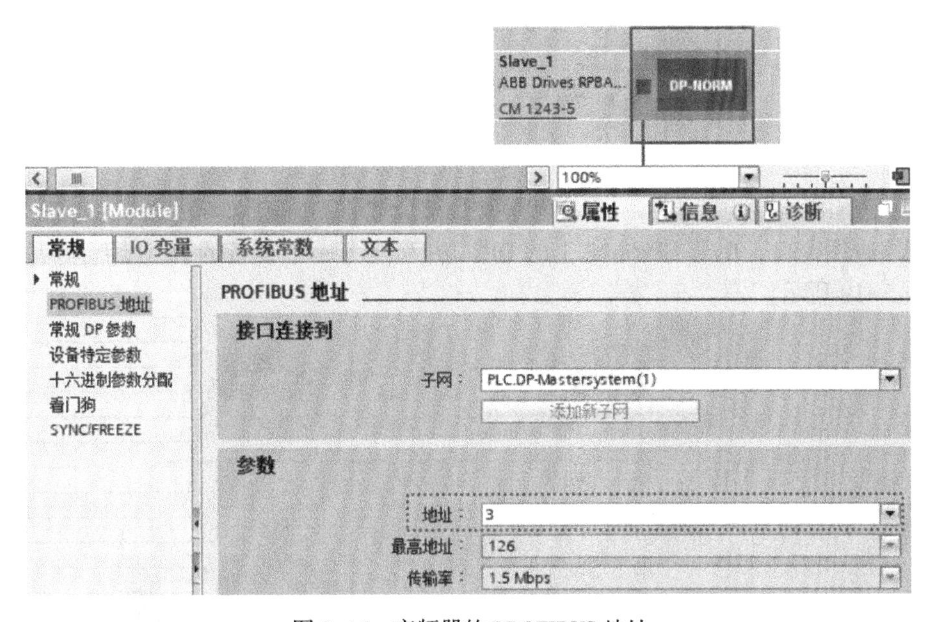

图 5-16　变频器的 PROFIBUS 地址

双击“Slave_1”设备，进入“Slave_1”设备视图，单击右侧目录下的“PPO Type 4”，将其拖到“设备概览”中的 0 机架 1 插槽上，如图 5-17 所示，选择属性，单击 1 插槽可以看到硬件标识符。这里的硬件标识符是系统自动生成的，不可以更改。本实例的硬件标识符为 284。注意，在第一次打开时，此标识符可能有所不同，可根据实际地址更改。

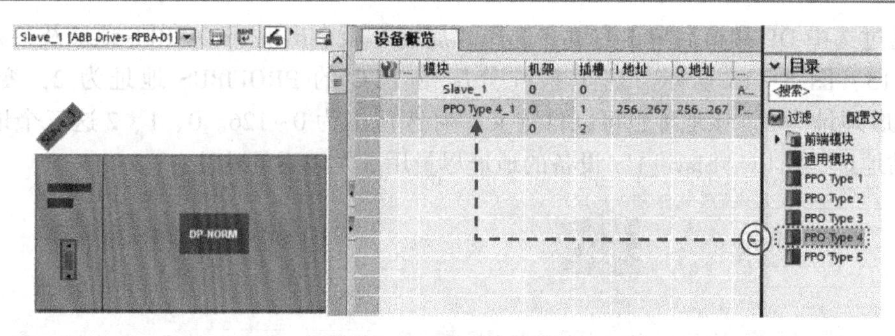

图 5-17　将“PPO Type 4”拖到插槽上

选择“网络视图”→“硬件目录”→“常规 PC”→“PC station”，将其拖到网络视图，双击 PC-System_1 进入设备视图，在“硬件目录”上选择“通信模块”→“CP 5612”→“6GK1 561-2AA00”，如图 5-18 所示。

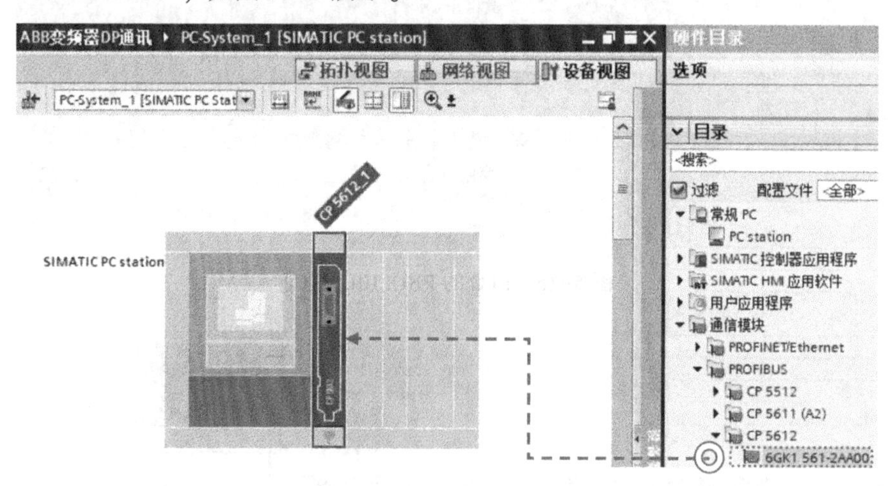

图 5-18　添加“CP 5612”

在网络视图窗口，单击 CP 5612 上的 DP 口并移至另一个设备的 DP 口上，网络组态完成，如图 5-19 所示。

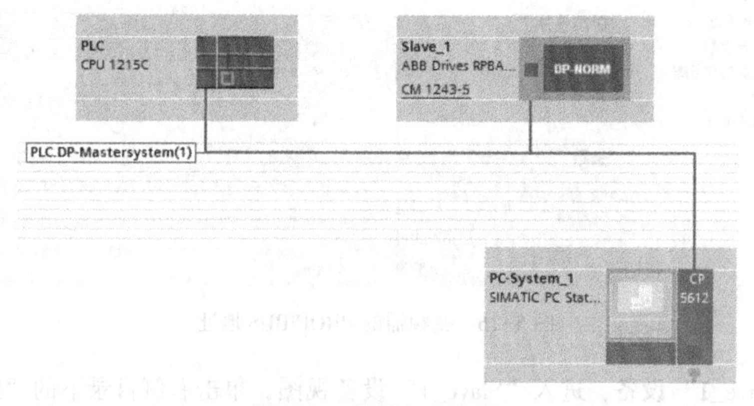

图 5-19　网络组态完成

步骤 3：定义变频器现场总线控制参数

现场总线系统与 ABB 变频器之间的通信采用数据集，每一个数据集（DS）包括三个 16

位字，称为数据字（DW）。ACS800 变频器标准应用程序支持四个数据集，每一个方向上有两个，用于发送与接收。

两个数据集作为主给定数据集和辅助给定数据集用于控制变频器，分别从参数 90.04 和参数 90.05 中读取。主给定数据集的内容是固定的。辅助给定数据源的内容可以通过使用参数 90.01、90.02 和 90.03 选择。两个数据集作为主实际信号数据集和辅助实际信号数据集包含有传动单元的实际信息，内容可由参数组 92 选定。

表 5-3 为变频器与现场总线控制器的数据交换。

表 5-3　变频器与现场总线控制器的数据交换

从现场总线控制器到变频器的数据			从变频器到现场总线控制器的数据		
字	内容	可选值	字	内容	可选值
主给定数据集			主实际信号数据集		
第一个字	控制字	（固定）	第一个字	状态字	（固定）
第二个字	给定 1	（固定）	第二个字	实际信号 1	参数 92.02
第三个字	给定 2	（固定）	第三个字	实际信号 2	参数 92.03
辅助给定数据集			辅助实际信号数据集		
第一个字	给定 3	参数 90.01	第一个字	实际信号 3	参数 92.04
第二个字	给定 4	参数 90.02	第二个字	实际信号 4	参数 92.05
第三个字	给定 5	参数 90.03	第三个字	实际信号 5	参数 92.06

在使用过程中，应注意以下几点：

（1）实际信号 1 固定为实际信号 01.02SPEED（DTC 电动机控制模式）或 01.03 FREQUENCY（Scalar 模式）。

（2）主给定数据集和主实际信号数据集的更新时间为 6ms，辅助给定数据集和辅助实际信号数据集的更新时间为 100ms。

（3）控制字见 ABB ACS800 标准应用程序。

（4）给定 1 为速度，固定 REF1 的给定范围为-20000~+20000，对应电动机正/反最大速度。

（5）给定 2 为扭矩，固定 REF2 的给定范围为-10000~+10000，对应电动机正/反最大扭矩。

（6）给定 2 在转矩控制宏时有用，如果不用转矩控制，则可以不给值。

（7）表里给定与实际信号参数 90.01~90.03 和 92.02~92.06 对应的写入给定参数和反馈信号，对应的信号值与 PLC 通信数据块定义相同。

表 5-4 为变频器参数设置。

表 5-4　变频器参数设置

名称	选　项	说　明	备　注
10.01	COMM. CW	现场总线控制字	定义外部控制 EXT1 的启动、停止、转向信号源
10.02	COMM. CW	现场总线控制字	定义外部控制 EXT2 的启动、停止、转向信号源
10.03	REQUEST	允许用户定义转向	—
11.01	REF1（rpm）	REF1（速度），默认 rpm	—
11.02	COMM. CW	现场总线控制字，位 11	—
11.03	COMM. REF	现场总线给定值 REF1 信号源	—
11.04	0	外部给定 REF1 的最小值	0~18000rpm
11.05	3000	外部给定 REF1 的最大值	0~18000rpm

续表

名称	选　项	说　明	备　注
11.06	COMM. REF	现场总线给定值 REF2 信号源	—
11.07	0	外部给定 REF2 的最小值	0%~100%
11.08	100	外部给定 REF2 的最大值	0%~100%
14.01	READY	运行准备好信号	继电器 RO1 输出（允许运行信号）
14.02	RUNNING	运行信号	继电器 RO2 输出
14.03	FAULT/WARN	故障信号	继电器 RO3 输出
20.04	100%	最大转矩极限值 1	—
20.15	-100%	最小转矩极限值 1	—
21.01	AUTO	自动启动方式	电动机启动方式
21.03	COAST	切断电动机电源停机	电动机停止模式
21.07	COAST STOP	自由停车	允许运行信号无效时停车方式
22.01	ACC/DEC1	加速/减速时间 1	时间由 22.02 与 22.03 设置
22.02	300S	加速时间 1	—
22.03	300S	减速时间 1	—
22.07	0S	紧急停车时间	—
99.02	FACTORY	工厂宏	选择应用宏程序
99.04	DTC	选择电动机控制模式	模式适用于大多数情况
99.05	380V	定义电动机额定电压值	电动机铭牌上的值
99.06	355	定义电动机额定电流值	电动机铭牌上的值
99.07	50Hz	定义电动机额定频率	电动机铭牌上的值
99.08	3300	定义电动机额定速度	电动机铭牌上的值
99.09	180kW	定义电动机额定功率	电动机铭牌上的值
98.02	FIELDBUS	激活外总串行通信接口	只有设定为 FIELDBUS 后，才能看见 51 组参数
51.01	PROFIBUS DP	通信类型	—
51.02	3	通信地址	这个地址要与 PLC 硬件组态时的 DP 站地址相同
51.03	1500	波特率	—
51.04	4	PPO 类型	PPO 类型，要与 PLC 中设置相同
51.05	3	PZD3 OUT	数据集固定地址，可以不必理会，只要记下就行
51.06	6	PZD3 IN	
51.07	7	PZD4 OUT	
51.08	10	PZD4 IN	
51.09	8	PZD5 OUT	
51.10	11	PZD5 IN	
51.11	9	PZD6 OUT	
51.12	12	PZD6 IN	
51.13	13	PZD7 OUT	
51.14	16	PZD7 IN	
51.15	14	PZD8 OUT	
51.16	17	PZD8 IN	
51.17	15	PZD9 OUT	
51.18	18	PZD9 IN	
51.19	19	PZD10 OUT	
51.20	22	PZD10 IN	

续表

名称	选　项	说　明	备　注
90.01	20.01	最小转速度允许值	辅助给定数据集第 1 个字，也是给定 3
90.02	20.02	最大转速度允许值	辅助给定数据集第 2 个字，也是给定 4
90.03	20.03	最大电流极限值（A）	辅助给定数据集第 3 个字，也是给定 5
92.02	1.02	电动机转速算计值	20000=100%，-20000=-100%
92.03	1.05	电动机转矩算计值	10000=100%，-10000=-100%
92.04	1.04	电动机电流的测量值	10=1A
92.05	1.07	中间回路电压的测量值	1=1V
92.06	1.06	电动机功率	1000=100%，-1000=-100%

步骤 4：定义 PLC 通信数据块

在 PLC 中新建全局数据块共享 DB5，双击打开后，先输入写入数据 6 个字，再输入读取数据 6 个字。控制字与状态字均为 16 位，要注意 PLC 中的高字节低地址原则，分别如图 5-20 和图 5-21 所示。这里的数据里有偏移量列是地址列，只有编译过后才能显示出地址。

名称	数据类型	偏移量	起始值	保持	从 HMI/OPC..	从 H...	在 HMI ...	设定值	注释
▼ Static				☐	☐	☐	☐	☐	
ConWord8	Bool	0.0	false	☐	☑	☑	☑	☐	未使用
ConWord9	Bool	0.1	false	☐	☑	☑	☑	☐	未使用
ConWord10	Bool	0.2	false	☐	☑	☑	☑	☐	允许总线控制
ConWord11	Bool	0.3	false	☐	☑	☑	☑	☐	1控制地EXT2，0控制地EXT1
ConWord12	Bool	0.4	false	☐	☑	☑	☑	☐	保留
ConWord13	Bool	0.5	false	☐	☑	☑	☑	☐	保留
ConWord14	Bool	0.6	false	☐	☑	☑	☑	☐	保留
ConWord15	Bool	0.7	false	☐	☑	☑	☑	☐	保留
ConWord0	Bool	1.0	false	☐	☑	☑	☑	☐	运行
ConWord1	Bool	1.1	false	☐	☑	☑	☑	☐	急停 惯性停车
ConWord2	Bool	1.2	false	☐	☑	☑	☑	☐	急停 减速停车
ConWord3	Bool	1.3	false	☐	☑	☑	☑	☐	使能信号
ConWord4	Bool	1.4	false	☐	☑	☑	☑	☐	正常运行
ConWord5	Bool	1.5	false	☐	☑	☑	☑	☐	允许斜坡函数
ConWord6	Bool	1.6	false	☐	☑	☑	☑	☐	正常运行
ConWord7	Bool	1.7	false	☐	☑	☑	☑	☐	复位
SpeedSetpoint	Int	2.0	0	☐	☑	☑	☑	☐	速度给定
TorqueSetpoint	Int	4.0	0	☐	☑	☑	☑	☐	扭矩给定
tpoint3	Int	6.0	0	☐	☑	☑	☑	☐	正扭矩限制
tpoint4	Int	8.0	0	☐	☑	☑	☑	☐	负扭矩限制
tpoint5	Int	10.0	0	☐	☑	☑	☑	☐	给定5

图 5-20　写入数据 6 个字

步骤 5：PLC 编程

FC1 的输入/输出定义如图 5-22 所示。

FC1 梯形图如图 5-23 所示。

程序段 1：调用 DPRD_DAT 指令从变频器处读取信息，LADDR 为从站的硬件标识；RET_VAL 为错误代码表示，格式为 INT 型，此处定义为“MW104”；RECORD 为读取用户数据的目标区域，必须与所选定模块组态的长度完全相同，只允许数据类型 BYTE，这里为“P#DB5. DBW12. 0 BYTE 12”，即 12 个字节（6 个字）。

名称	数据类型	偏移量	起始值	保持	从 HMI/OPC..	从 H...	在 HMI ...	设定值	注释
StaWord8	Bool	12.0	false	☐	☑	☑	☑	☐	实际值=给定值=1
StaWord9	Bool	12.1	false	☐	☑	☑	☑	☐	外部控制1/面板0
StaWord10	Bool	12.2	false	☐	☑	☑	☑	☐	实际值≥极限值=1
StaWord11	Bool	12.3	false	☐	☑	☑	☑	☐	1控制地EXT2，0控制地EXT1
StaWord12	Bool	12.4	false	☐	☑	☑	☑	☐	接收外部信号=1
StaWord13	Bool	12.5	false	☐	☑	☑	☑	☐	保留
StaWord14	Bool	12.6	false	☐	☑	☑	☑	☐	保留
StaWord15	Bool	12.7	false	☐	☑	☑	☑	☐	通讯模块出错=1
StaWord0	Bool	13.0	false	☐	☑	☑	☑	☐	运行准备=1
StaWord1	Bool	13.1	false	☐	☑	☑	☑	☐	变频器运行=1
StaWord2	Bool	13.2	false	☐	☑	☑	☑	☐	允许运行
StaWord3	Bool	13.3	false	☐	☑	☑	☑	☐	故障=1
StaWord4	Bool	13.4	false	☐	☑	☑	☑	☐	急停 惯性停车=0
StaWord5	Bool	13.5	false	☐	☑	☑	☑	☐	急停 减速停车=0
StaWord6	Bool	13.6	false	☐	☑	☑	☑	☐	switch-on inhibited
StaWord7	Bool	13.7	false	☐	☑	☑	☑	☐	警告/报警=1
ACT1	Int	14.0	0	☐	☑	☑	☑	☐	速度
ACT2	Int	16.0	0	☐	☑	☑	☑	☐	扭矩
ACT3	Int	18.0	0	☐	☑	☑	☑	☐	电流
ACT4	Int	20.0	0	☐	☑	☑	☑	☐	直流母线电压
ACT5	Int	22.0	0	☐	☑	☑	☑	☐	功率

图 5-21　读取数据 6 个字

名称	数据类型	默认值	注释
▼ Input			
Start_Stop	Bool		1启动—0停止
Speed_Torque	Bool		0速度—1转矩
SpeedSet	Int		速度设定
TorqueSet	Int		转矩设定
PLC_Control	Bool		PLC控制
RESET	Bool		复位
Urgent_Stop	Bool		急停
▼ Temp			
speed1	Real		
speed2	Real		
speed3	Real		
torque1	Real		
torque2	Real		
torque3	Real		

图 5-22　FC1 的输入/输出定义

程序段 2：调用 DPWR_DAT 指令向变频器写入信息，即 P#DB5.DBX0.0 BYTE 12 为 DB5 数据块的第一个点 0.0 开始的连续 12 个字节（6 个字）。

程序段 3：根据输入信号情况进行急停（减速停车）、急停（惯性停车）、运行、正常运行、允许斜坡函数等。

程序段 4：当启动变频器信号为 ON 时，置位变频器使能信号。

程序段 5：若在变频器运行时出现故障，则复位变频器使能信号。

程序段 6：根据输入信号选择速度/转矩控制模式。

程序段 7：根据输入信号复位。

程序段 8、9：速度给定计算。

程序段 10、11：转矩给定计算。

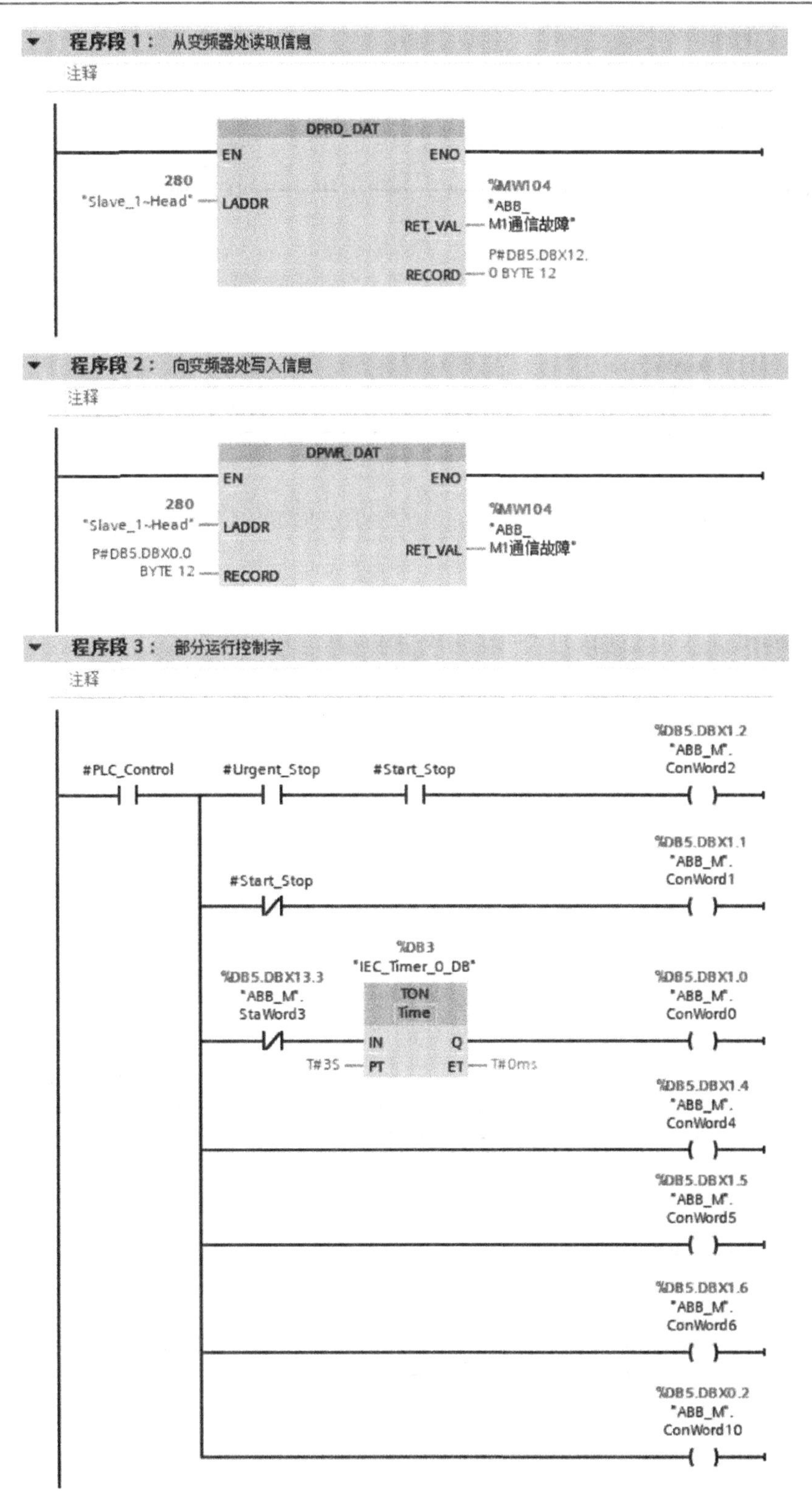
程序段 1：　从变频器处读取信息
注释
DPRD_DAT
EN
ENO
280
"Slave_1~Head"
LADDR
%MW104
"ABB_
M1通信故障"
RET_VAL
P#DB5.DBX12.
0 BYTE 12
RECORD
程序段 2：　向变频器处写入信息
注释
DPWR_DAT
EN
ENO
280
"Slave_1~Head"
LADDR
P#DB5.DBX0.0
BYTE 12
RECORD
%MW104
"ABB_
M1通信故障"
RET_VAL
程序段 3：　部分运行控制字
注释
#PLC_Control
#Urgent_Stop
#Start_Stop
%DB5.DBX1.2
"ABB_M".
ConWord2
#Start_Stop
%DB5.DBX1.1
"ABB_M".
ConWord1
%DB3
"IEC_Timer_0_DB"
TON
Time
%DB5.DBX13.3
"ABB_M".
StaWord3
IN
Q
T#3S
PT
ET
T#0ms
%DB5.DBX1.0
"ABB_M".
ConWord0
%DB5.DBX1.4
"ABB_M".
ConWord4
%DB5.DBX1.5
"ABB_M".
ConWord5
%DB5.DBX1.6
"ABB_M".
ConWord6
%DB5.DBX0.2
"ABB_M".
ConWord10

图 5-23　FC1 梯形图

程序段 4： 使能信号

注释

#Start_Stop —| |— %DB5.DBX1.3 "ABB_M".ConWord3 —(S)—

程序段 5： 使能停止

注释

#Start_Stop —| |— %DB5.DBX13.3 "ABB_M".StaWord3 —| |— %DB5.DBX1.3 "ABB_M".ConWord3 —(R)—

程序段 6： 速度/转矩选择

注释

#Speed_Torque —| |— %DB5.DBX0.3 "ABB_M".ConWord11 —( )—

程序段 7： 复位

注释

#RESET —| |— %DB5.DBX1.7 "ABB_M".ConWord7 —( )—

程序段 8： 速度给定（计算第一步）

注释

CONV Int to Real: EN; IN — #SpeedSet; ENO; OUT — #speed1

MUL Auto (Real): EN; IN1 — #speed1; IN2 — 20000.0; ENO; OUT — #speed2

程序段 9： 速度给定（计算第二步）

注释

DIV Auto (Real): EN; IN1 — #speed2; IN2 — 3000.0; ENO; OUT — #speed3

CONV Real to Int: EN; IN — #speed3; ENO; OUT — %DB5.DBW14 "ABB_M".ACT1

图 5-23　FC1 梯形图（续）

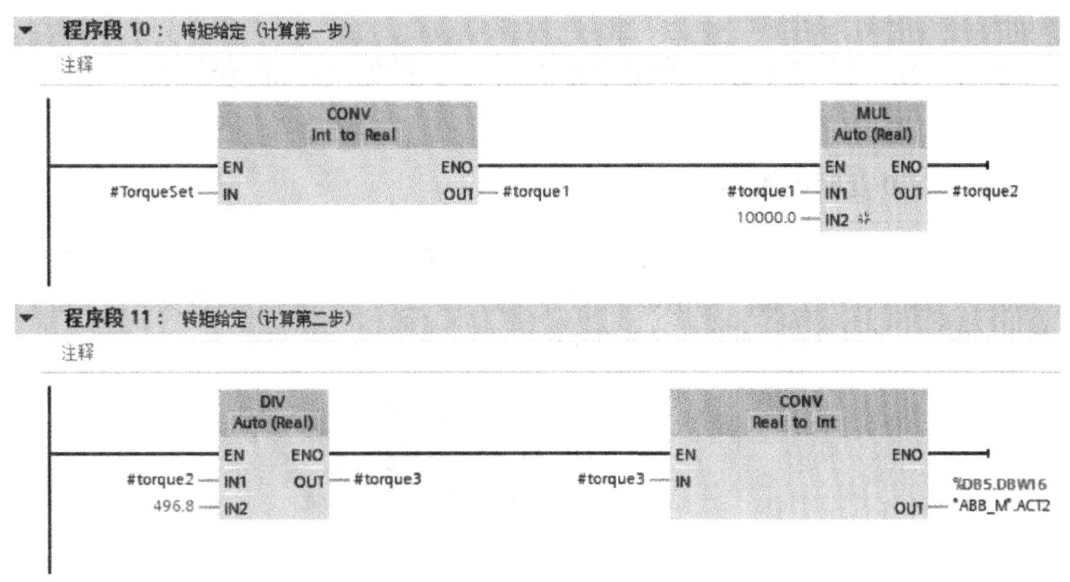

图 5-23　FC1 梯形图（续）

图 5-24 为 OB1 梯形图。程序段 1：调用 FC1（ABB_M1）进行 DP 端口读写，包括变频器启停信号、模式切换、启停开关、急停按钮等。

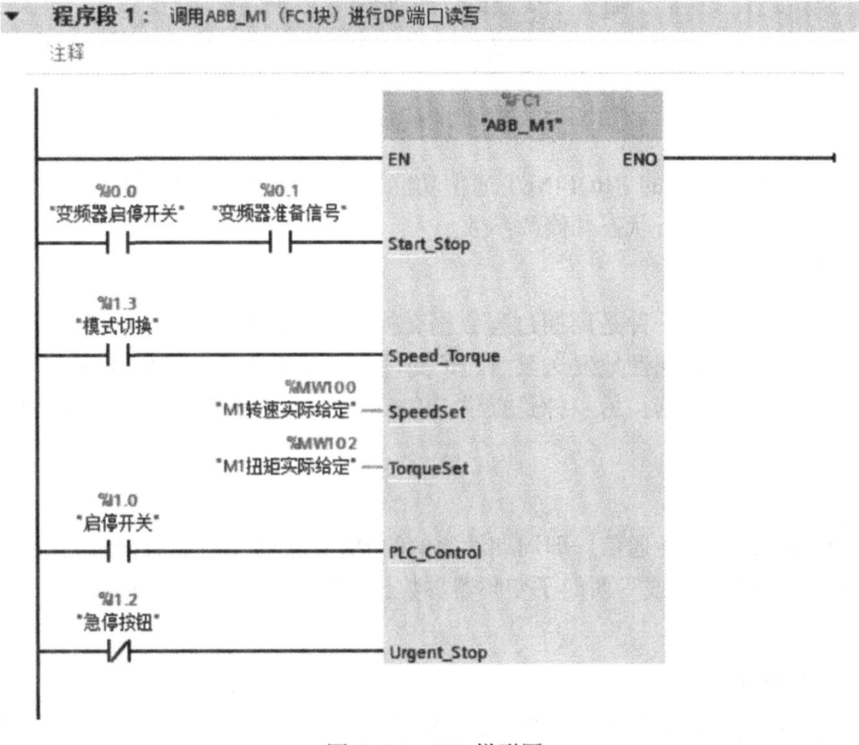

图 5-24　OB1 梯形图

 5.2　S7-1200 PLC 通过 PROFINET 控制 G120 变频器

5.2.1　G120 变频器概述

西门子变频器 SINAMICS G120 系列在工业自动化控制领域应用广泛，可为用户提供高精度的速度控制或转矩控制，采用模块化设计（见图 5-25），提供了高度的灵活性，便于用户使用、维护，并可以在带电的情况下更换操作单元、控制单元等模块。

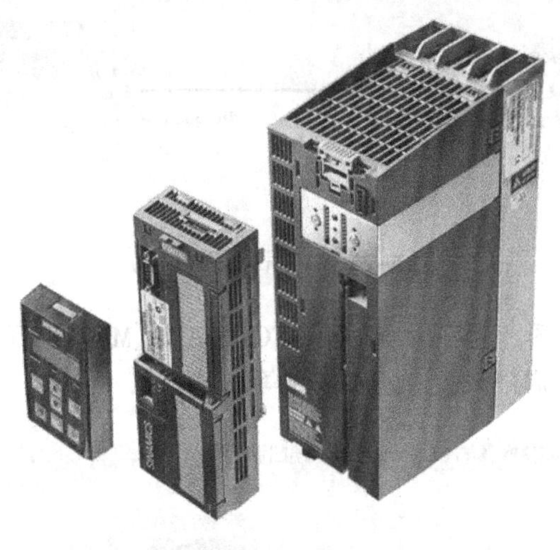

图 5-25　模块化设计的 G120 变频器

G120 变频器具有强大的 PROFINET 通信功能，能与多个设备之间进行通信，使用户可以方便地监控变频器的运行状态并修改参数。

1. 参数访问

参数访问分为两种：一种是周期过程数据交换，即 PROFINET IO 控制器可以将控制字和主给定值等过程数据周期性地发送至西门子变频器，并从西门子变频器中周期性地读取状态字和实际转速等过程数据；另一种是提供 PROFINET IO 控制器访问西门子变频器参数的接口。

2. 周期性通信

西门子变频器的周期性通信，即周期性通信的 PKW 通道（参数数据区）：通过 PKW 通道 PROFINET IO 控制器读或写西门子变频器参数，每次只能读或写一个参数，PKW 通道的长度固定为 4 个字。

3. 非周期性通信

西门子变频器的非周期性通信，即 PROFINET IO 控制器通过非循环通信访问西门子变频器数据记录区，每次可以读或写多个参数。

5.2.2 【实例 5-2】通过博途软件对 G120 变频器进行参数设置与调试

实例说明

如图 5-26 所示，通过博途软件实施 0.75kW 的 G120 变频器（选配 CU250S-2 PN Vector）对 0.37kW 三相异步电动机进行参数设置与调试。

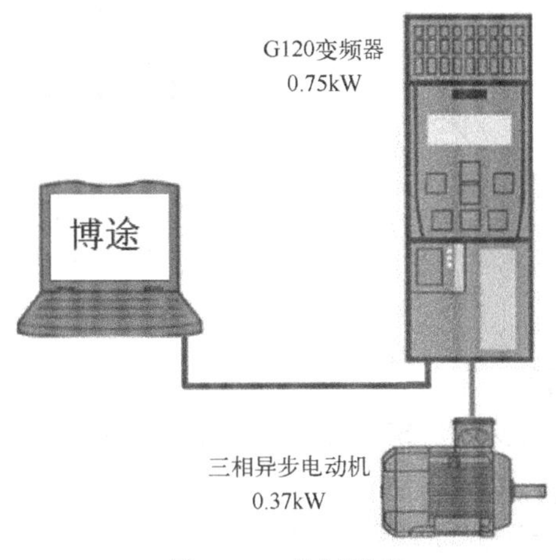

图 5-26　控制示意

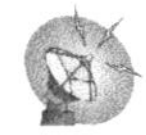

实施步骤

步骤 1：G120 变频器的型号

表 5-5 为 G120 变频器的型号，包括控制单元、功率单元两部分。G120 变频器的单元外形如图 5-27 所示。

表 5-5　G120 变频器的型号

名　　称	型　　号	说　　明
G120 变频器控制单元	6SL3 246-0BA22-1FA0	CU250S-2 PN Vector
G120 变频器功率单元	6SL3 210-1PE12-3UL1	PM240-2 IP20（U 400V 0.75kW）

（a）控制单元

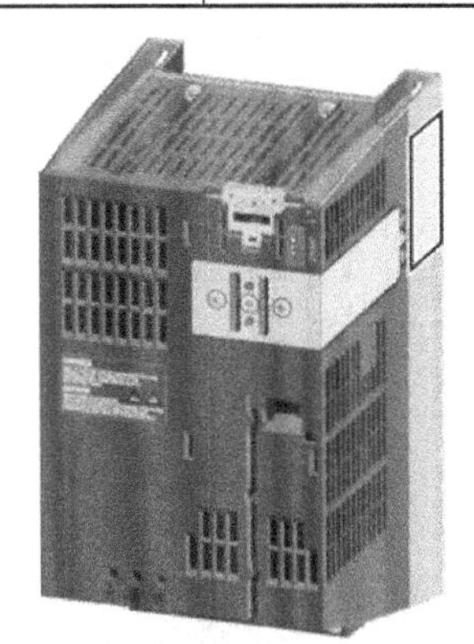

（b）功率单元

图 5-27　G120 变频器的单元外形

电气接线共分两部分：第一部分是动力接线，如图 5-28 所示，将进线和出线接在 PM240-2 的端子上；第二部分是网线，如图 5-29 所示，将网线插入 X150 端口的 P1 或 P2 接口，注意不是 X100 的 DRIVE-CLiQ 接口。

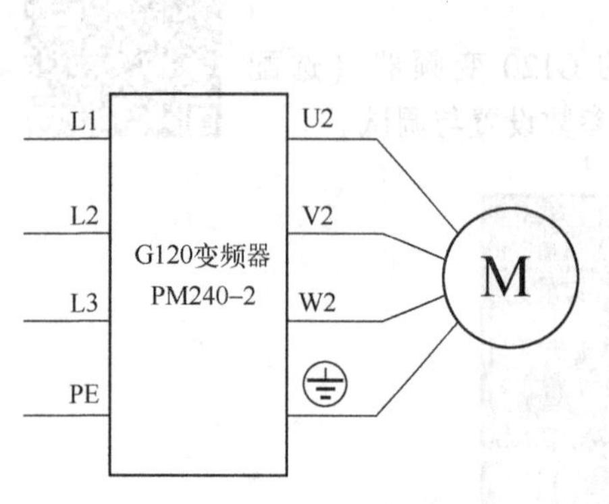

图 5-28　动力接线

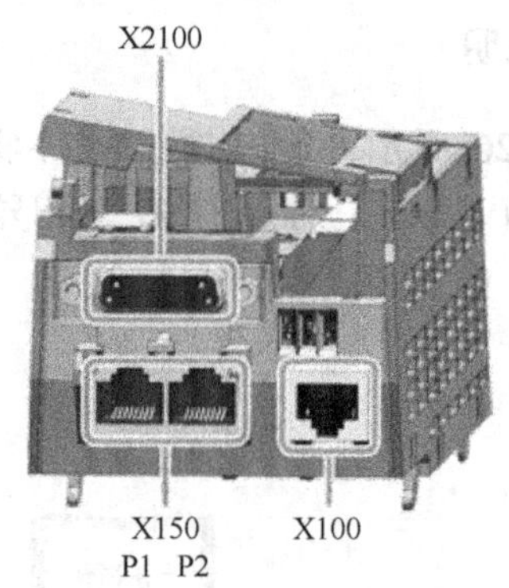

X2100：编码器接口；X150：PROFINET接口；X100：DRIVE-CLiQ 接口。

图 5-29　网线接口

步骤 2：变频器硬件配置

实施本步骤之前，需要先安装“SINAMICS Startdrive Advanced 驱动包”，且保证与博途版本一致。

图 5-30 为“添加新设备”界面，即添加 G120 控制单元 CU250S-2 PN Vector（订货号为 6SL3246-0BA22-1FA0）。

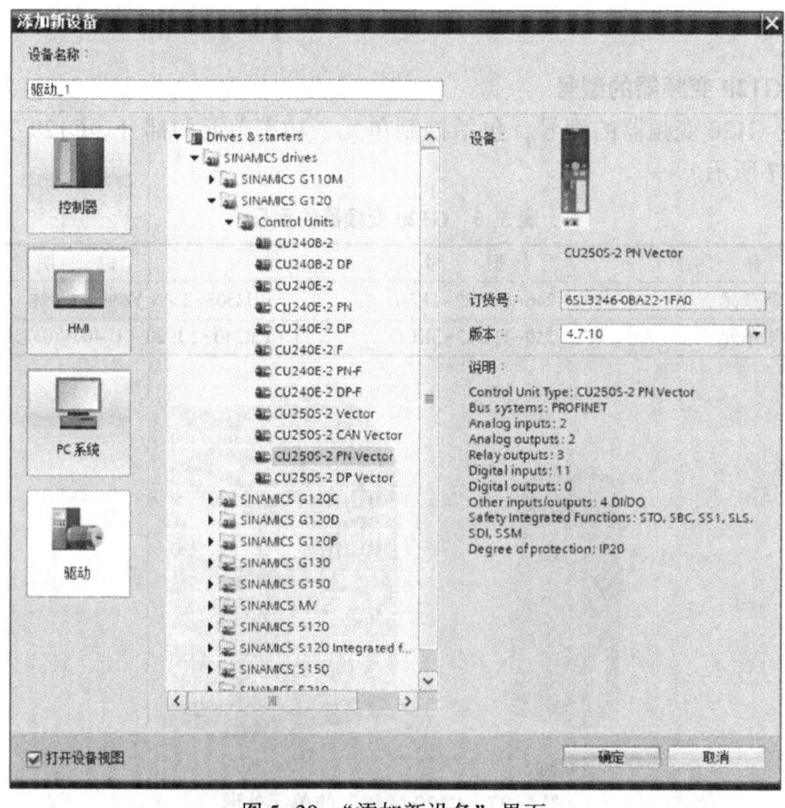

图 5-30　“添加新设备”界面

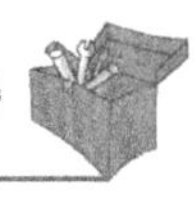

添加之后，继续添加功率模块，将如图 5-31 所示中的“Power units”→“PM240-2”→“3AC 380-480V”→“FSA”→“IP20 U400 0.75kW”拉到左侧，即可完成 G120 变频器的硬件添加。如果出现订货号不对的情况，则可以单击右键选择“更改设备”，如图 5-32 所示。

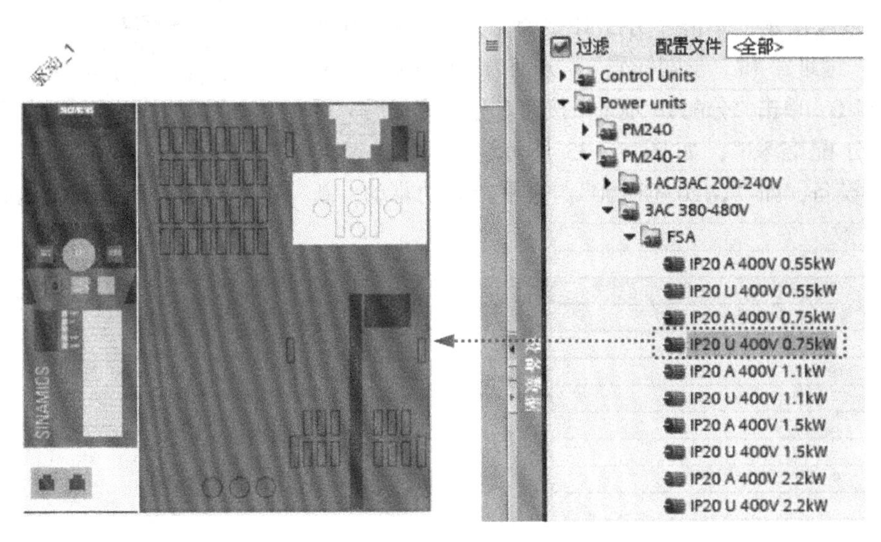

图 5-31　添加功率模块

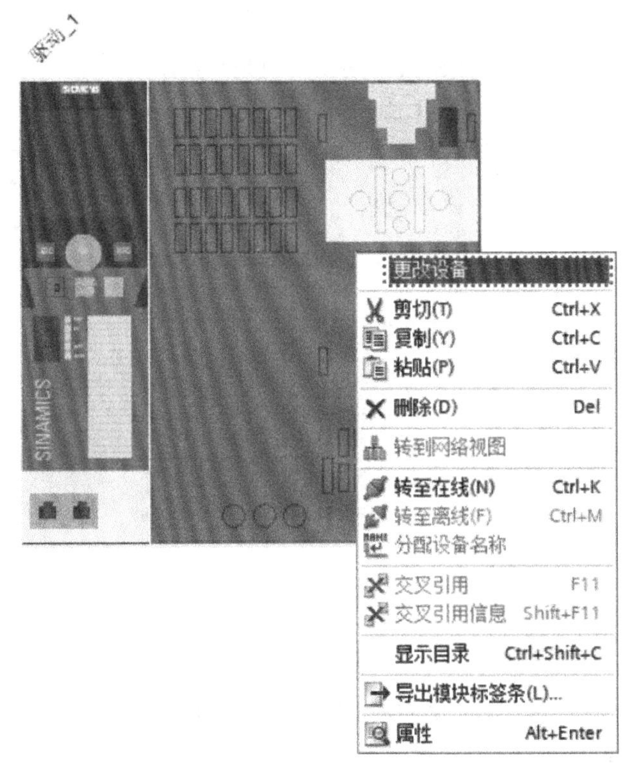

图 5-32　选择“更改设备”

步骤 3：修改变频器的 IP 地址

选择“项目树”→“设备”→“在线访问”→“更新可访问的设备”，即可出现如图 5-33 所示的驱动，由于该驱动尚未设置 IP 地址，因此出现的是 MAC 地址（68-3E-02-11-01-32）。

图 5-33　MAC 地址

如图 5-34 所示，单击“分配 IP 地址”，设置 G120 变频器的“IP 地址”和“子网掩码”，分别为 192.168.0.15、255.255.255.0，单击“分配 IP 地址”按钮。分配完成后，可以选择“分配名称”，如图 5-35 所示，定义组态的 PROFINET 设备，如“G120-CU250”，需重新启动驱动，新配置才能生效。

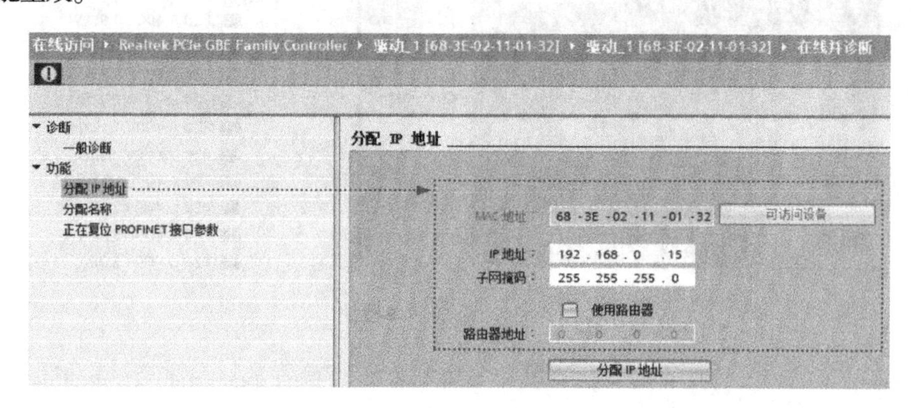

图 5-34 “分配 IP 地址”界面

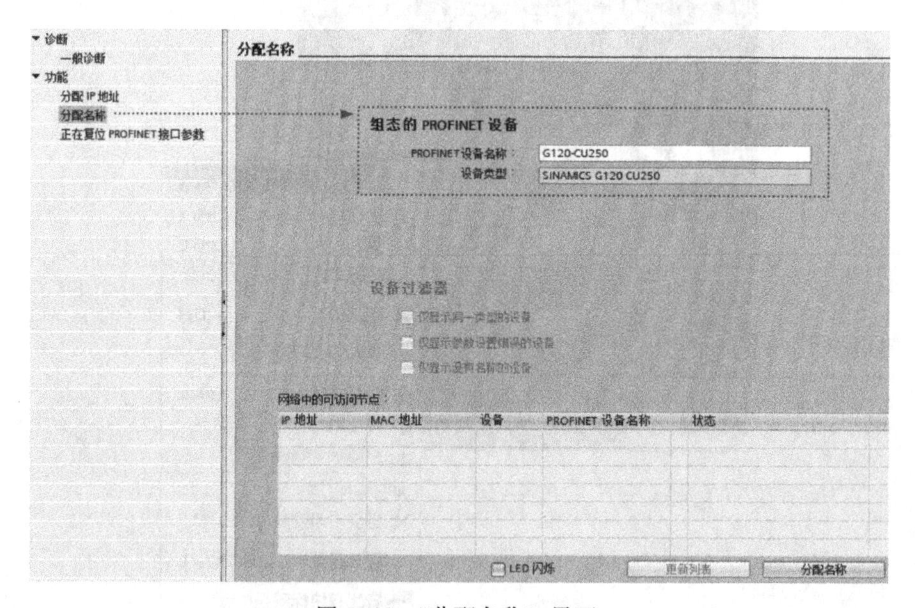

图 5-35 “分配名称”界面

步骤 4：调试向导

如图 5-36 所示，选择调试菜单，进入包括调试向导、控制面板、电机优化和保存/复位等四个功能的调试区域，如图 5-37 所示。

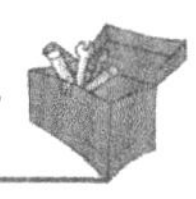

调试向导需按步骤对驱动进行基本调试，根据不同的 CU 控制单元，界面会有所不同。这里仅针对 CU250S-2 PN Vector 进行介绍。

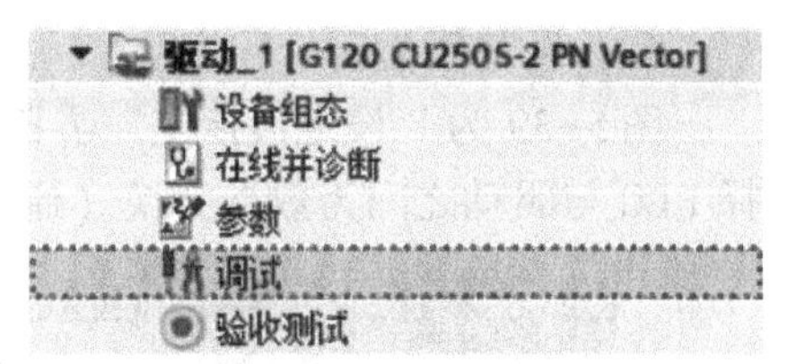

图 5-36　调试菜单

（1）应用等级

图 5-38 为“应用等级”选择，包括[0] Expert、[1] Standard Drive Control（SDC）和[2] Dynamic Drive Control（DDC）三种，分别对应于所有应用、鲁棒矢量控制和精密矢量控制。这里选择“[1] Standard Drive Control（SDC）”。

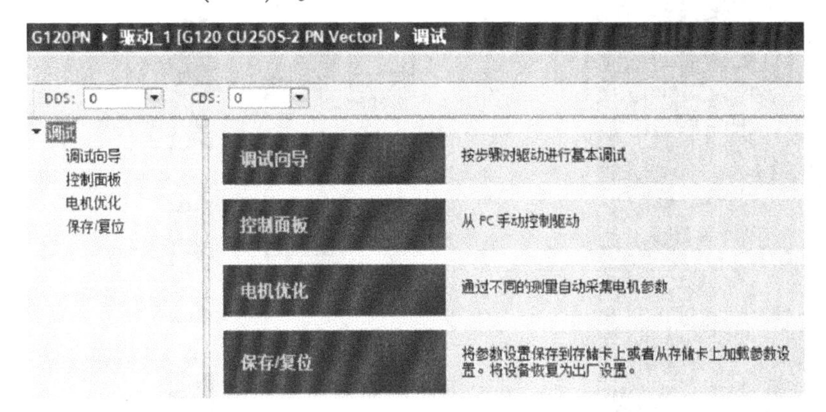

图 5-37　调试区域

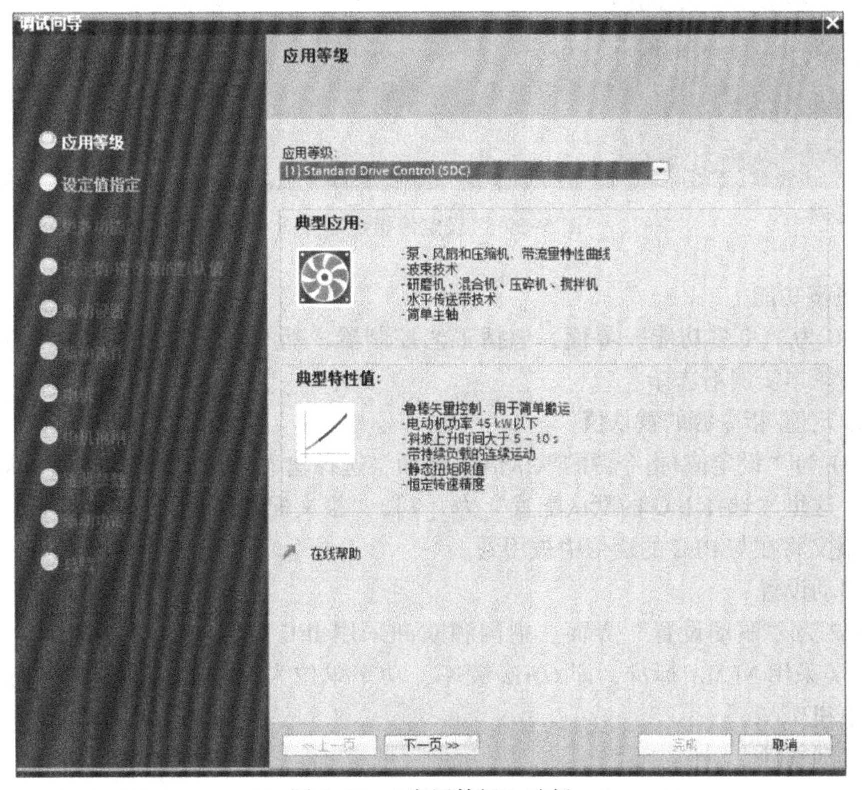

图 5-38　“应用等级”选择

（2）设定值指定

图 5-39 为“设定值指定”界面，选择驱动是否连接 PLC 及在何处创建设定值，这里选择 PLC 与驱动之间为数据交换（通信），且驱动中实现斜坡功能。

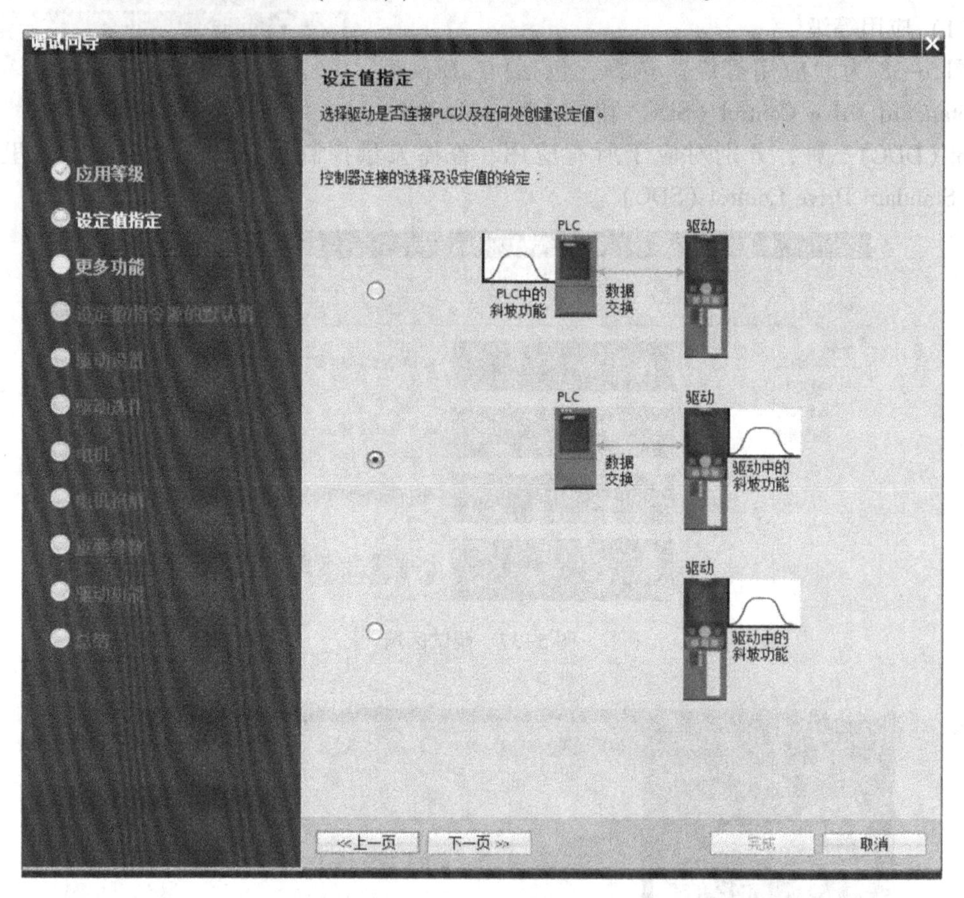

图 5-39 “设定值指定”界面

（3）更多功能

图 5-40 为“更多功能”界面，包括工艺控制器、基本定位器、扩展显示信息/监控、自由功能块。本实例不选择。

（4）设定值/指令源的默认值

图 5-41 为“设定值/指令源的默认值”界面，选择输入/输出及可能的现场总线报文预定义互联。这里“选择 I/O 的默认配置”为［7］，“报文配置”为“［1］标准报文 1，PZD-2/2”。该报文将在与 PLC 的通信中被用到。

（5）驱动设置

图 5-42 为“驱动设置”界面。中国和欧洲采用 IEC 标准，即 50Hz 频率，功率单位为 kW。北美采用 NEMA 标准，即 60Hz 频率，功率单位为 hp 或 kW。这里“标准”选择“［0］IEC 电机”。

（6）驱动选件

图 5-43 为“驱动选件”界面，包括制动电阻和滤波器选件。这里不选择。

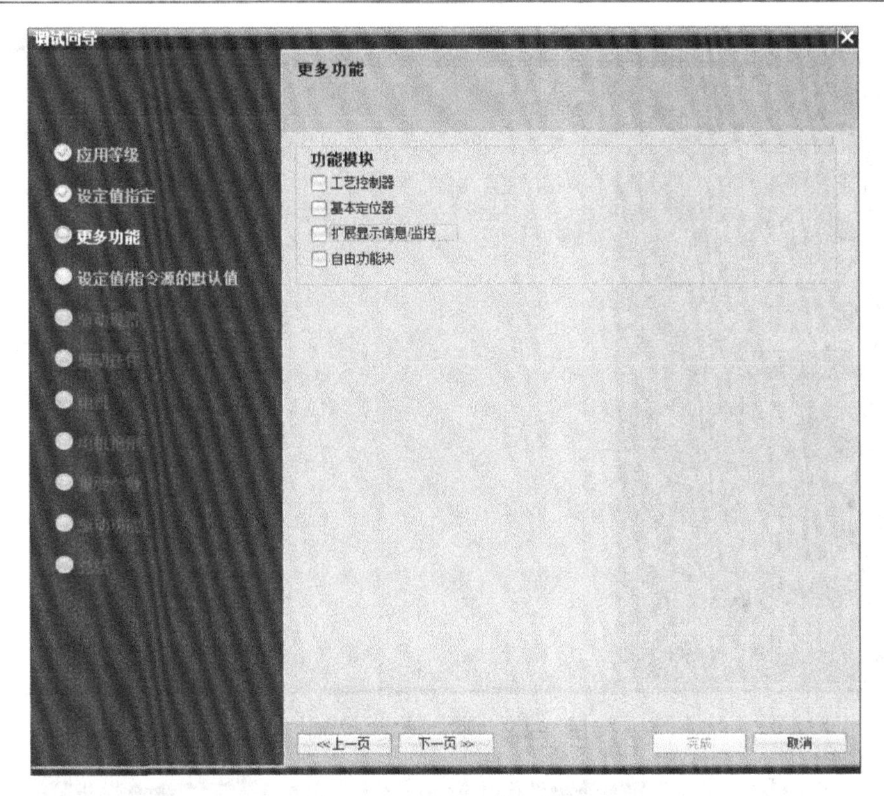

图 5-40　“更多功能”界面

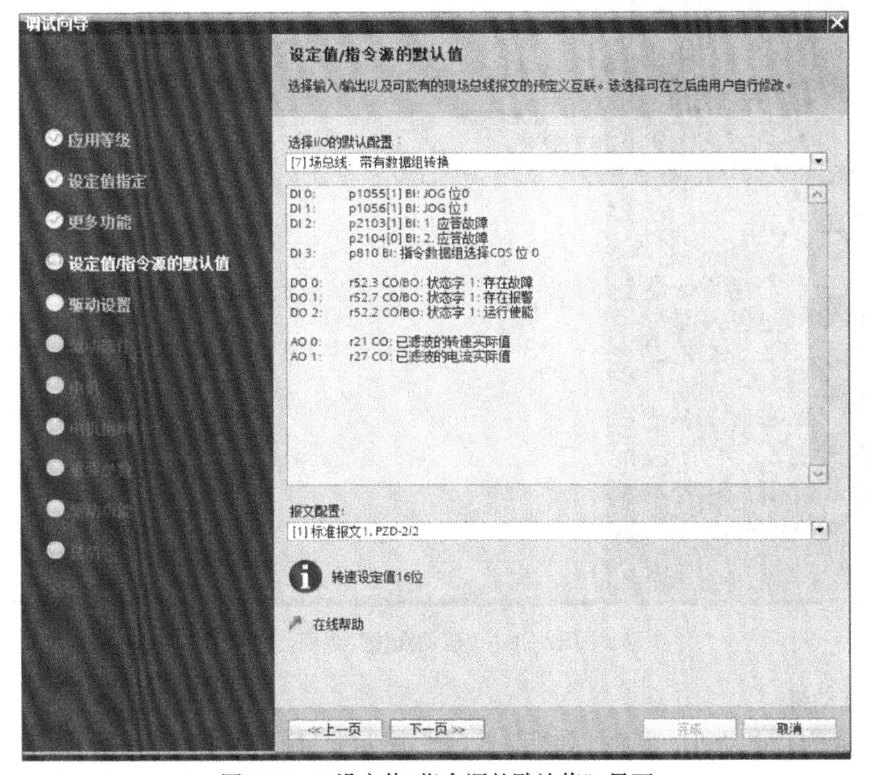

图 5-41　“设定值/指令源的默认值”界面

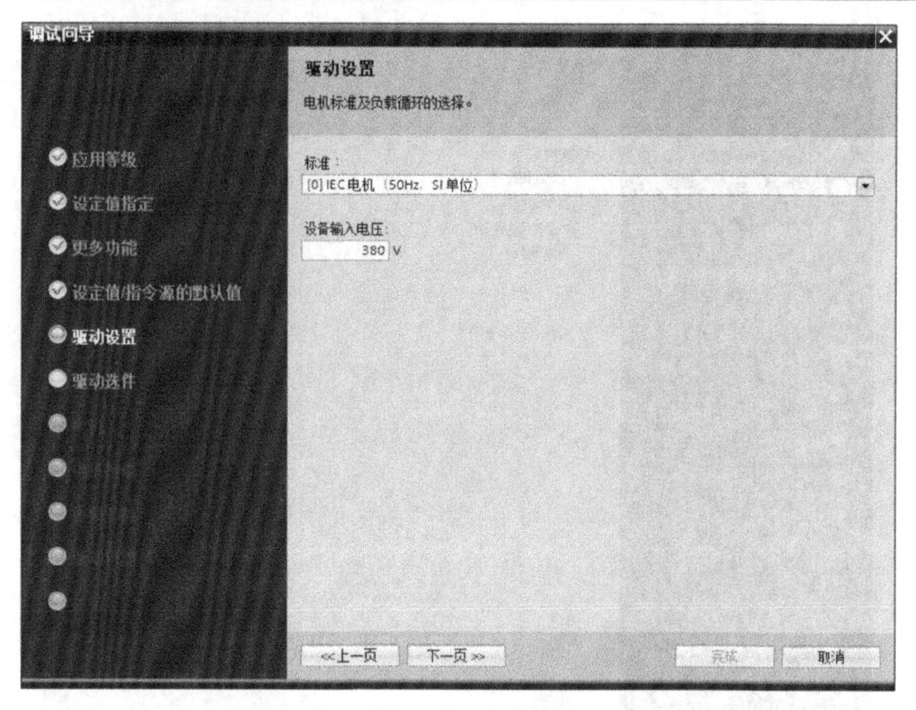

图 5-42 “驱动设置”界面

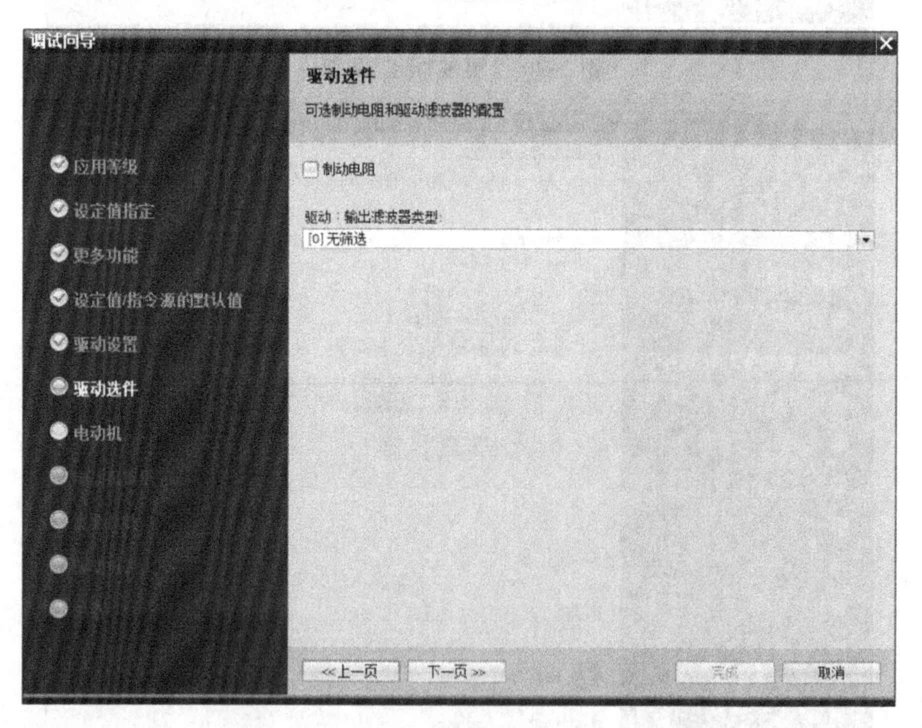

图 5-43 “驱动选件”界面

（7）电动机

图 5-44 为“电动机”界面。如果是西门子电动机，则只需电动机订货号，否则需要记录电动机铭牌上的相关数据，如图 5-45 所示。这里采用国产电动机，需要输入电动机数

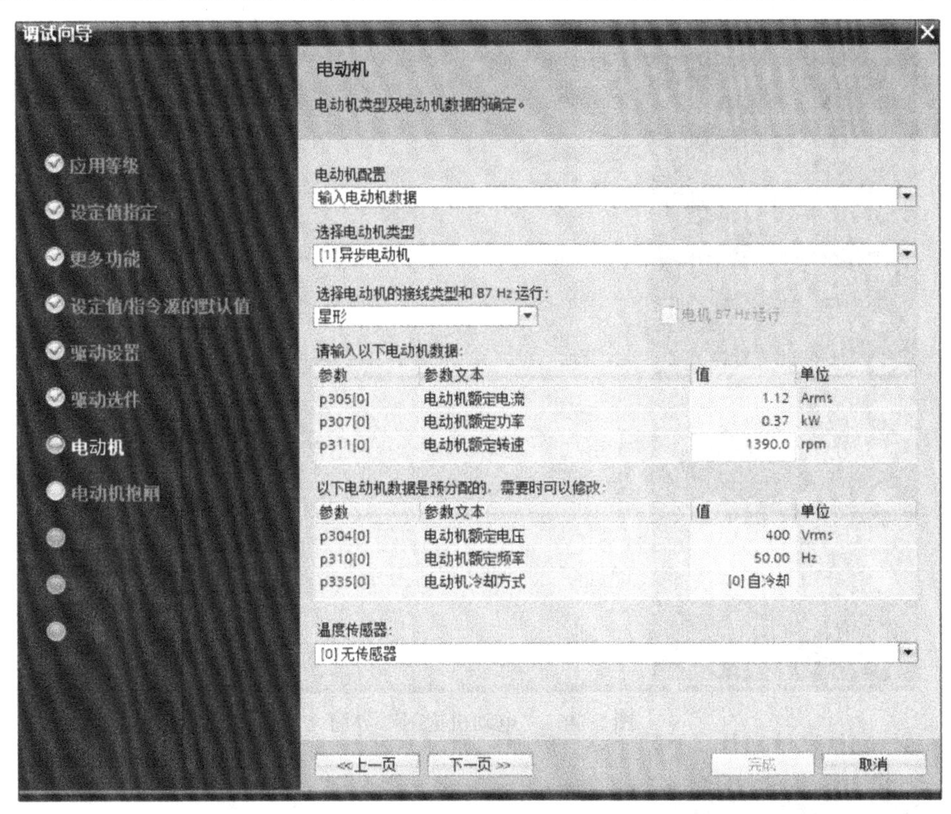

图 5-44　“电动机”界面

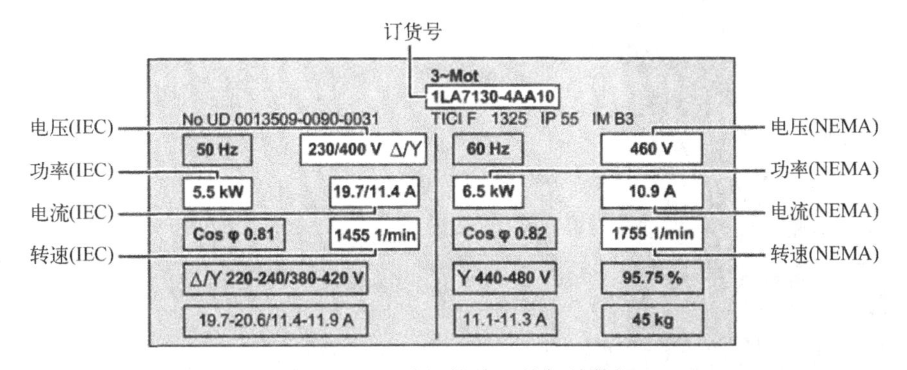

图 5-45　电动机铭牌上的相关数据

据，并选择星状连接。若数据输入错误或空缺，则会出现如下提示信息：

没有完整地输入电动机数据。请完整输入电动机数据。

（8）电动机抱闸

图 5-46 为“电动机抱闸”界面。这里选择无。

（9）重要参数

图 5-47 为“重要参数”界面，包括参考转速、最大转速、斜坡上升时间、OFF1 斜坡下降时间、OFF3 斜坡下降时间、电流极限。

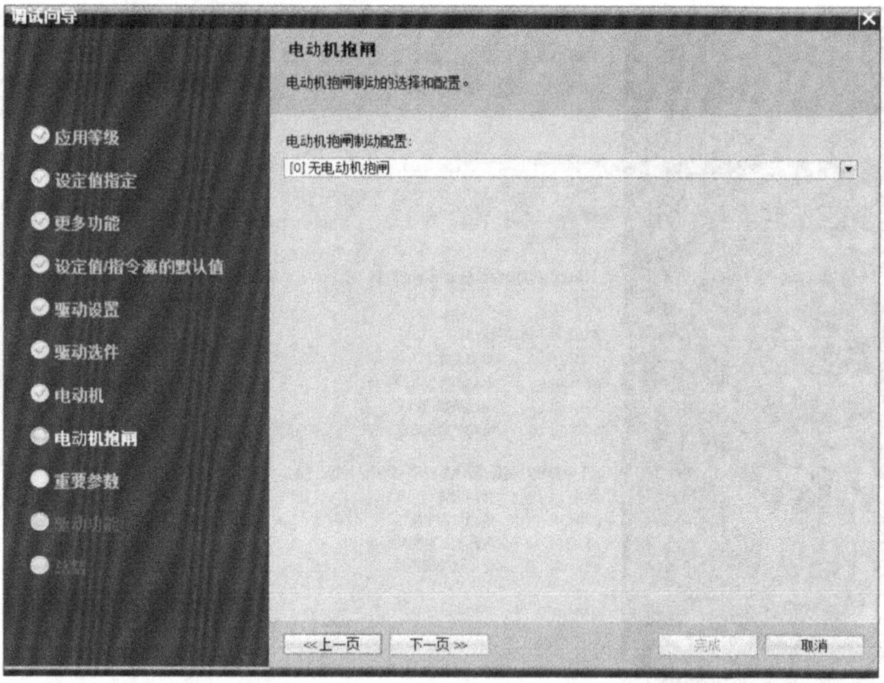

图 5-46 “电动机抱闸”界面

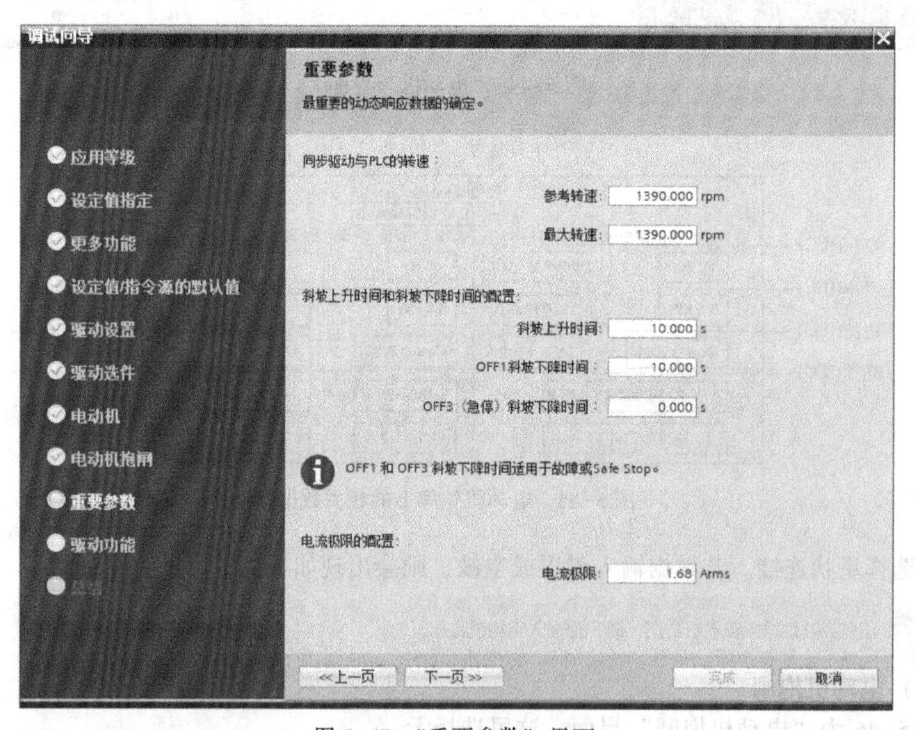

图 5-47 “重要参数”界面

(10) 驱动功能

图 5-48 为“驱动功能”界面，包括工艺应用和电动机识别。这里选择“[0]恒定负载(线性特性曲线)”和“[2]电动机数据检测（静止状态)”。

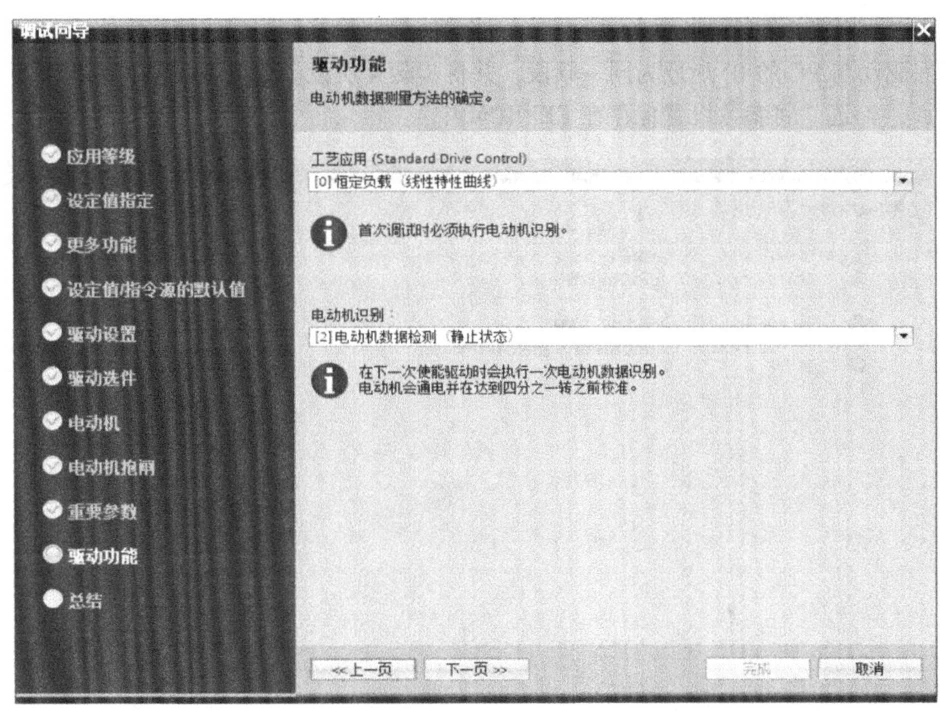

图 5-48　“驱动功能”界面

图 5-49 为“总结”界面，将上述设置的功能全部汇总显示出来以便用户检查。

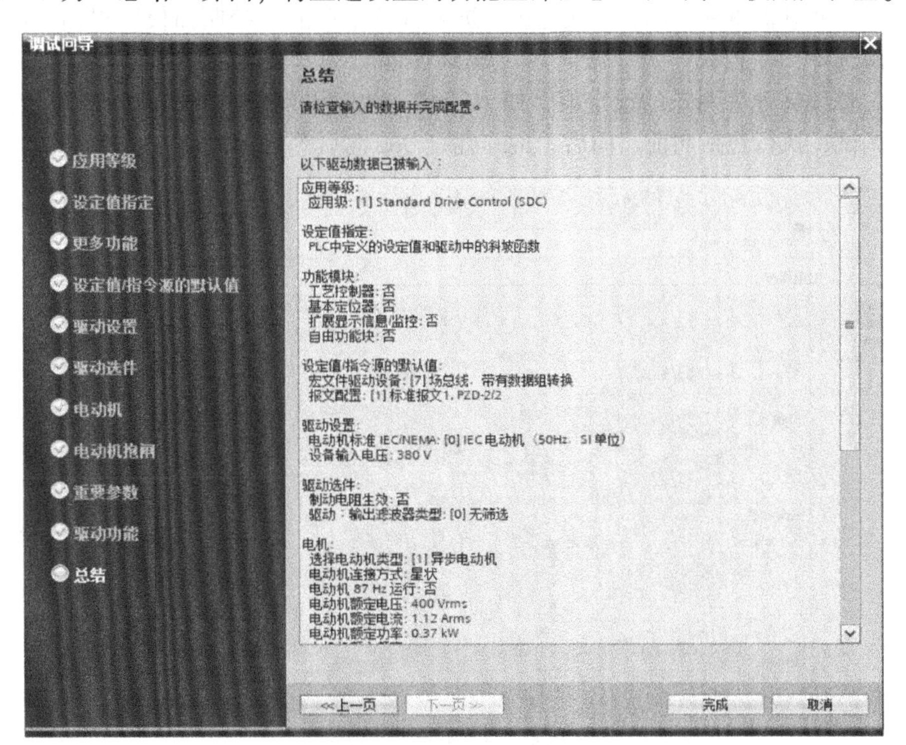

图 5-49　“总结”界面

步骤 5：下载并调试

确保驱动与 PC 的 IP 地址为同一频段，并将步骤 4 所设参数下载，图 5-50 为“下载预览”界面，勾选“将参数设置保存在 EEPROM 中”。

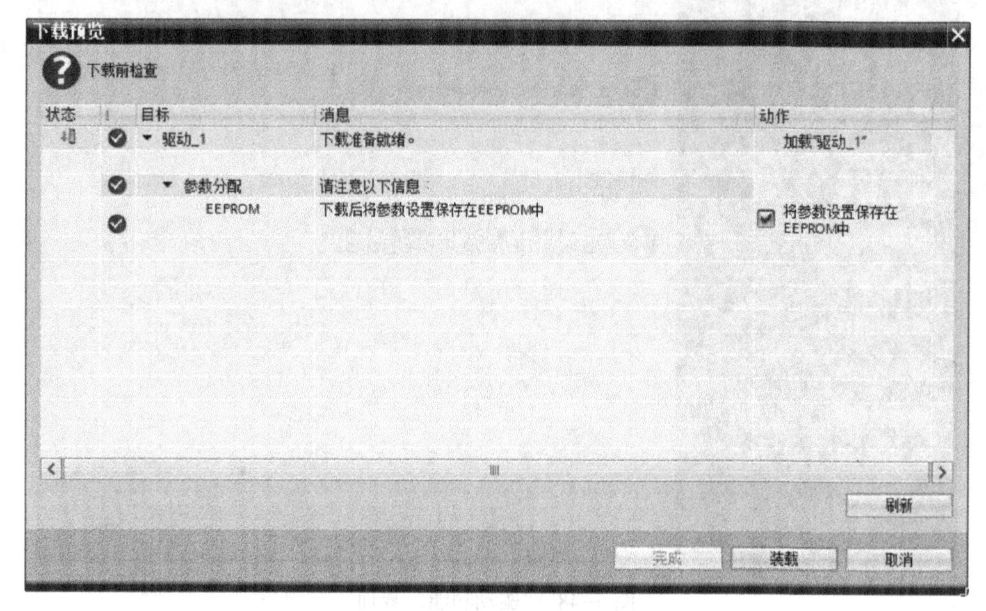

图 5-50 “下载预览”界面

下载后，变频器重新上电，再次连机，进入调试菜单的“控制面板”界面，如图 5-51 所示，依次选择“主控权”为“激活”、“驱动使能”为“设置”、“运行方式”为“转速设定”后，修改转速为用户的设定值，如“300”。此时可以观察到驱动状态为绿色，表示可以正常调试，执行包括向前、向后、Jog 向前、Jog 向后等运行指令。

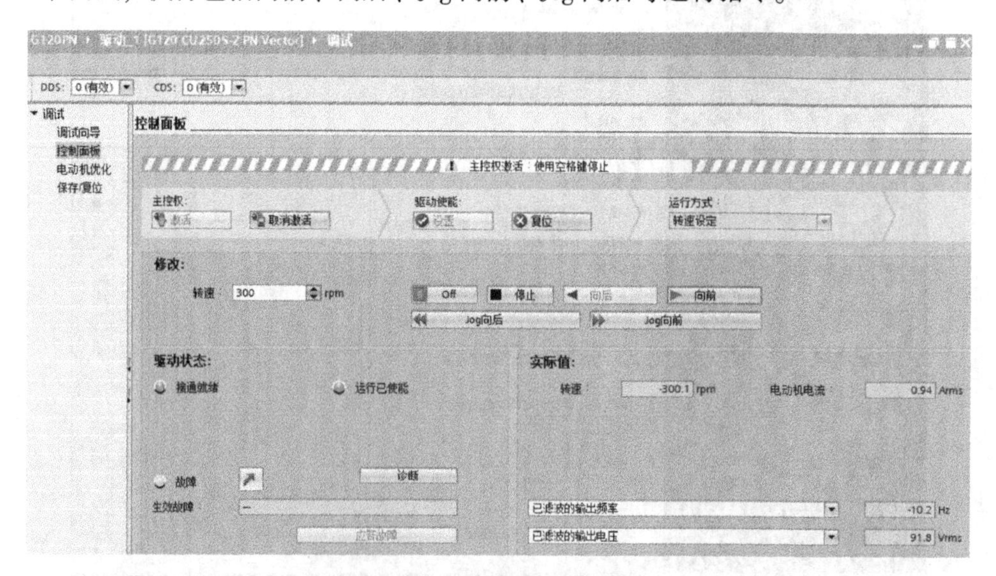

图 5-51 “控制面板”界面

5.2.3 【实例 5-3】触摸屏控制 G120 变频器启/停并设定运行速度

实例说明

如图 5-52 所示，需要在触摸屏 KTP700 上实现对 G120 变频器的启/停控制，并设置相应的转速，其中电动机为 4 极，额定转速为 1390rpm。

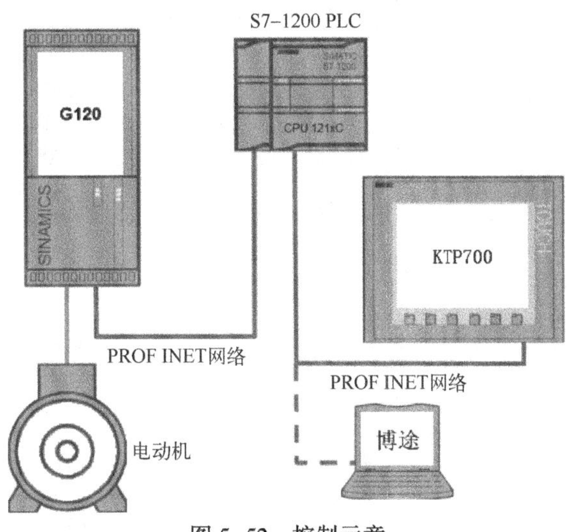

图 5-52　控制示意

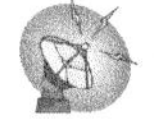

实施步骤

步骤 1：设备联网

在博途软件平台上添加 PLC、G120 变频器和触摸屏设备，并按如图 5-53 所示进行设备 PN 联网，包括 PLC_1(CPU 1215C)、驱动_1(G120 CU250S-2 PN)、HMI_1(KTP700 Basic PN)，其 IP 地址分别为 192. 168. 0. 1、192. 168. 0. 15 和 192. 168. 0. 10。

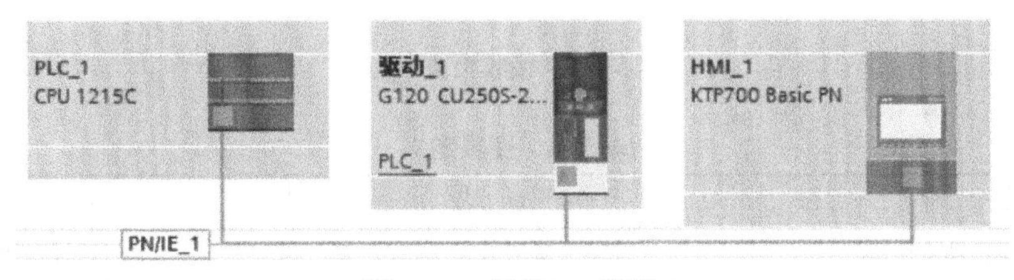

图 5-53　设备 PN 联网

步骤 2：G120 变频器报文配置

在【实例 5-2】中仅设置报文格式为［1］标准报文 1，PZD-2/2。这里需要详细设置报文配置，分别如图 5-54、图 5-55 所示。无论发送还是接收，起始地址都可以改变。这里选择默认值“I256”和“Q256”。

步骤 3：触摸屏画面组态和 PLC 编程

表 5-6 为变量定义，包括触摸屏变量、PLC 到 G120 变频器控制字及数据块_1(DB1)。数据块定义如图 5-56 所示。

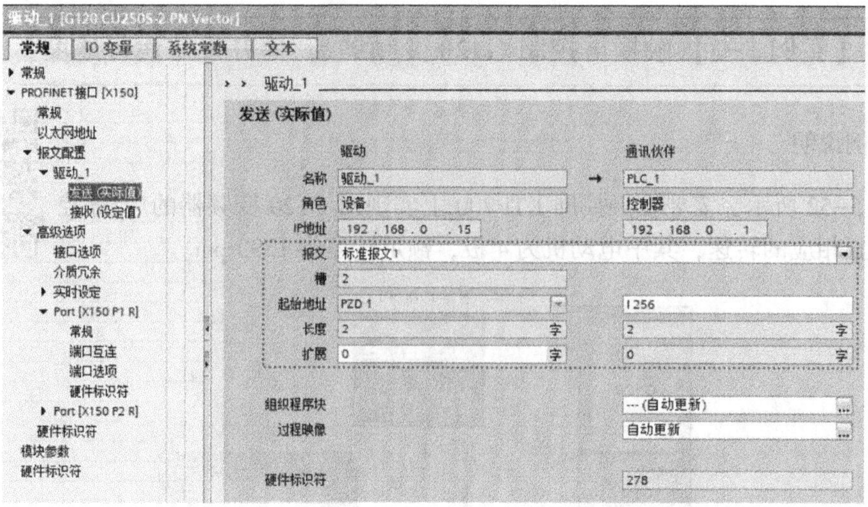

图 5-54　发送报文配置

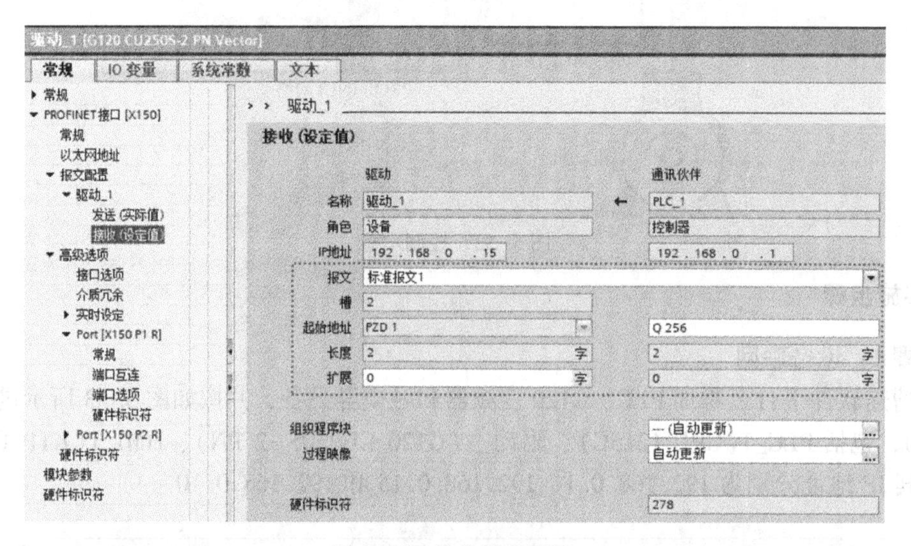

图 5-55　接收报文配置

表 5-6　变量定义

名　　称	变 量 名	备　　注
HMI 启动按钮	M10.0	触摸屏按钮
HMI 停止按钮	M10.1	触摸屏按钮
变频器启停信号	M10.2	中间变量
控制字 1	QW256	PLC→G120 变频器
控制字 2	QW258	PLC→G120 变频器
触摸屏设定速度	"数据块_1".speed1	Int 类型
变频器实际设定值	"数据块_1".speed2	Int 类型
速度转换中间值	"数据块_1".speedreal1	Real 类型

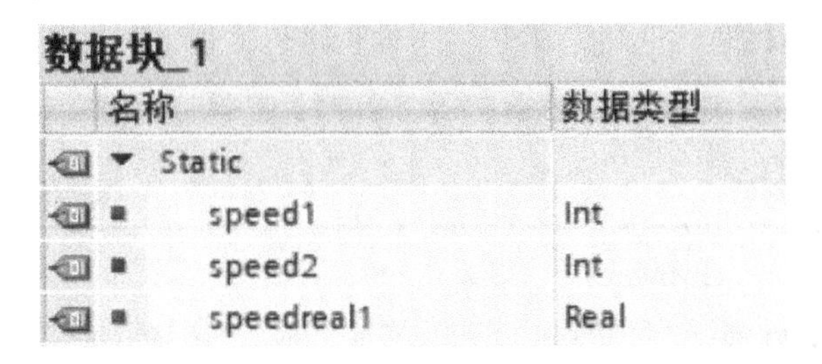

数据块_1

	名称	数据类型
	▼ Static	
	■ speed1	Int
	■ speed2	Int
	■ speedreal1	Real

图 5-56　数据块定义

触摸屏 KTP700 的画面组态如图 5-57 所示，常规设置如图 5-58 所示，包括“变量”为“数据块_1. speed1”、“模式”为“输入”、“显示格式”为“十进制”、“格式样式”为“s9999”。

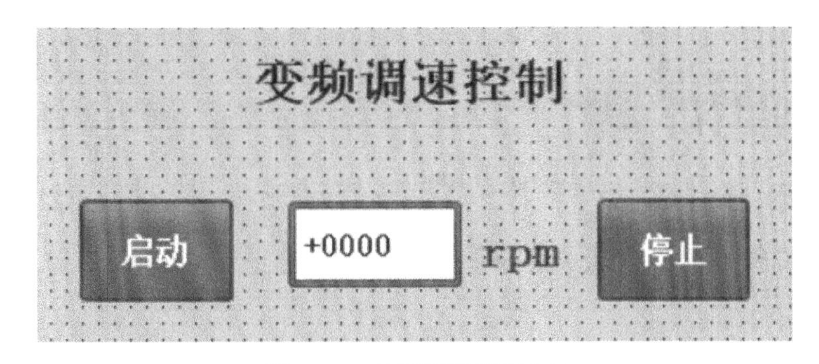

图 5-57　触摸屏的画面组态

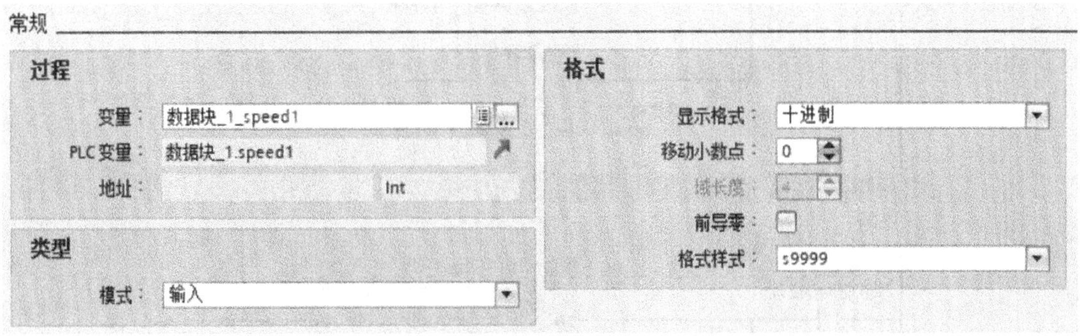

常规
过程
变量：数据块_1_speed1
PLC 变量：数据块_1.speed1
地址：Int
类型
模式：输入
格式
显示格式：十进制
移动小数点：0
域长度：4
前导零：
格式样式：s9999

图 5-58　常规设置

图 5-59 为 PLC 梯形图，具体分析如下：

程序段 1、2：在触摸屏上实现按钮启、停，对变频器启、停信号 M10.2 进行操作。

程序段 3：当变频器停机，即 M10.2=OFF 时，发送 16#047e 给控制字 1。

程序段 4：当变频器运行，即 M10.2=ON 时，发送 16#047f 给控制字 1，发送变频器实际设定值（“数据块_1”. speed2）到控制字 2。

程序段 5：在变频器运行时，将触摸屏上的速度设定值通过 NORM_X 转换为速度转换中间值，再通过 SCALE_X 转换为变频器实际设定值。

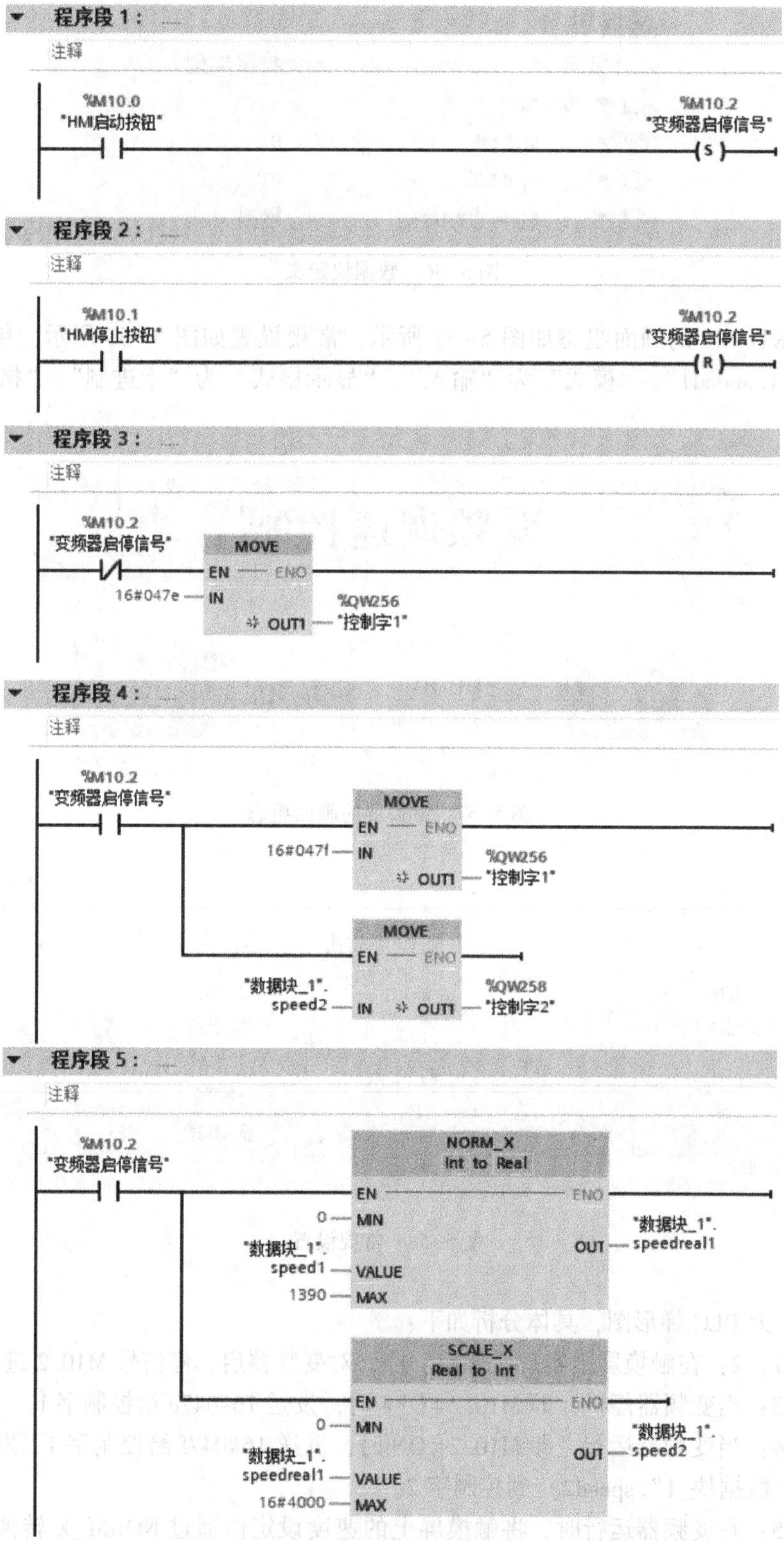

▼ 程序段 1： ……

注释

%M10.0
"HMI启动按钮"

%M10.2
"变频器启停信号"

(S)

▼ 程序段 2： ……

注释

%M10.1
"HMI停止按钮"

%M10.2
"变频器启停信号"

(R)

▼ 程序段 3： ……

注释

%M10.2
"变频器启停信号"

MOVE
EN — ENO
16#047e — IN
OUT1 — %QW256 "控制字1"

▼ 程序段 4： ……

注释

%M10.2
"变频器启停信号"

MOVE
EN — ENO
16#047f — IN
OUT1 — %QW256 "控制字1"

MOVE
EN — ENO
"数据块_1".speed2 — IN
OUT1 — %QW258 "控制字2"

▼ 程序段 5： ……

注释

%M10.2
"变频器启停信号"

NORM_X
Int to Real
EN — ENO
0 — MIN
"数据块_1".speed1 — VALUE
1390 — MAX
OUT — "数据块_1".speedreal1

SCALE_X
Real to Int
EN — ENO
0 — MIN
"数据块_1".speedreal1 — VALUE
16#4000 — MAX
OUT — "数据块_1".speed2

图 5-59　PLC 梯形图

步骤 4：调试

图 5-60 为变频器运行时，输入运行速度为 750r/min，变频器实际设定值为 8840。图 5-61 为数据监控。

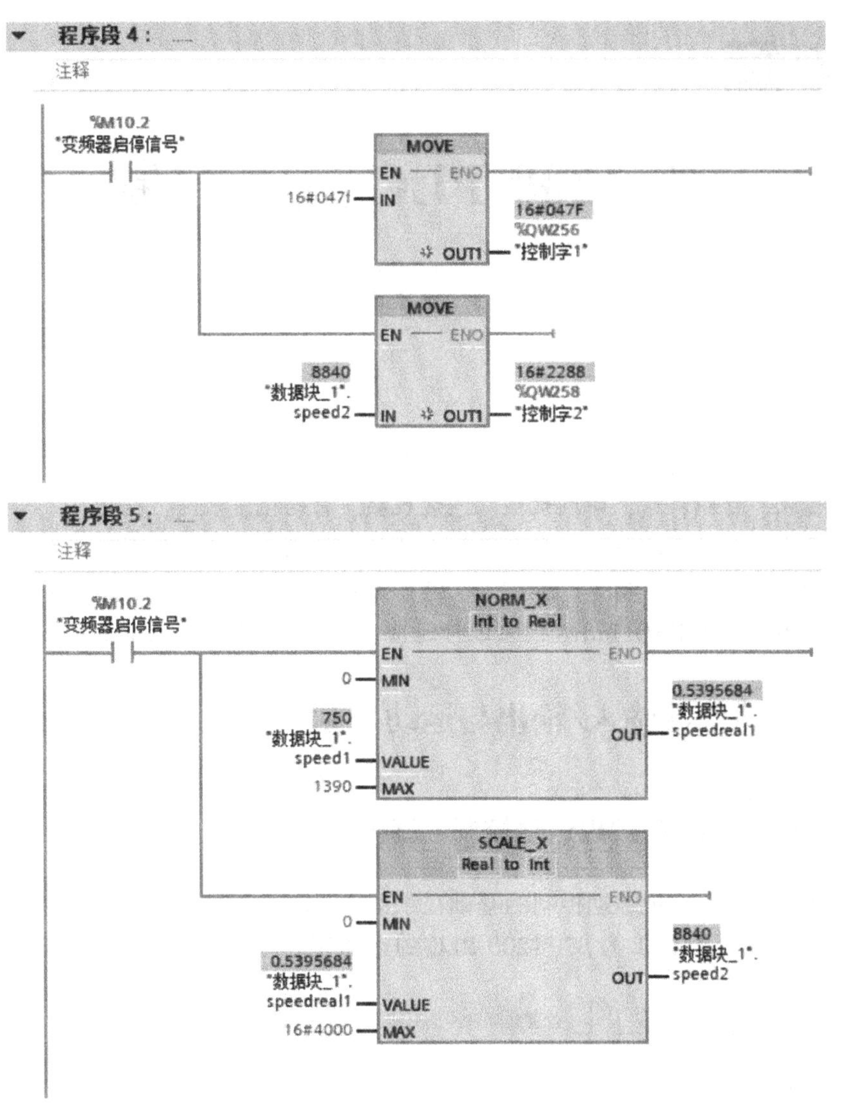

图 5-60　变频器运行时的程序监控

数据块_1

	名称	数据类型	起始值	监视值
1	▼ Static			
2	■ speed1	Int	0	750
3	■ speed2	Int	0	8840
4	■ speedreal1	Real	0.0	0.5395684

图 5-61　数据监控

第 6 章

S7-1200 PLC 运动控制

【导读】

运动控制是指实现对设备的位置、速度、加速度和转矩等的控制，广泛应用于高精度数控机床、机器人、纺织机械、印刷机械、包装机械、自动化流水线，最常见是步进与伺服控制。本章主要介绍步进电动机、伺服电动机及其控制基础，以及如何通过指令实现回零、速度控制、相对移动或绝对移动等。S7-1200 PLC 虽不提供定位模块，但可以采用 PROFINET 方式连接驱动器，采用 PROFIdrive 报文进行通信，可实现高精度的定位控制。

 6.1 高速脉冲输入/输出与运动控制

6.1.1 S7-1200 PLC 实现运动控制的基础

S7-1200 PLC 可以实现运动控制的基础在于集成了高速计数口、高速脉冲输出口等硬件和相应的软件功能。图 6-1 为 S7-1200 PLC 的运动控制应用，即 S7-1200 CPU 输出脉冲

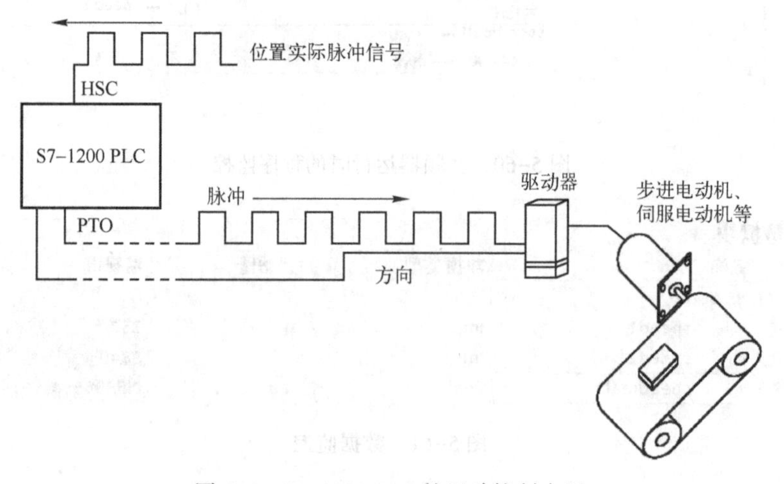

图 6-1 S7-1200 PLC 的运动控制应用

（脉冲串输出，Pulse Train Output，简称 PTO）到驱动器（步进或伺服），驱动器将 S7-1200 CPU 输入的给定值处理后，输出到步进电动机或伺服电动机，控制电动机加速、减速和移动到制定位置。同时，S7-1200 PLC 可以从 HSC 口获得位置实际脉冲信号，用于闭环控制或位置检测。

S7-1200 PLC 的高速脉冲输出包括脉冲串输出 PTO 和脉冲调制输出 PWM。前者可以输出一串脉冲（占空比为 50%），用户可以控制脉冲的周期和个数，如图 6-2（a）所示。后者可以输出连续的、占空比可以调制的脉冲串，用户可以控制脉冲的周期和脉宽时间，如图 6-2（b）所示。

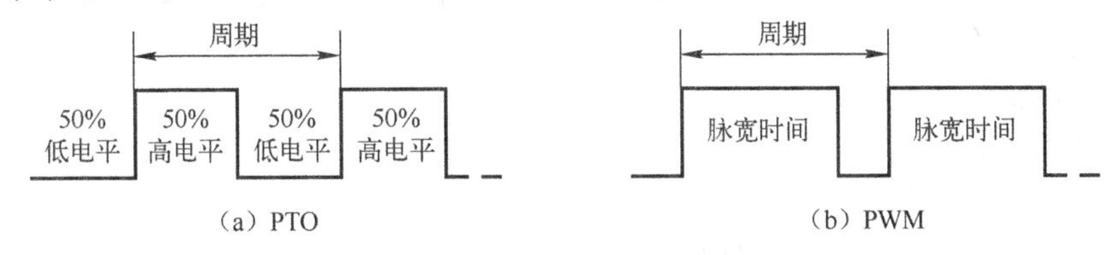

图 6-2　高速脉冲输出

需要注意的是，目前 S7-1200 CPU 只支持 PNP 输出、电压为 DC 24V 的脉冲信号。继电器的点不能用于 PTO 功能，在与驱动器连接的过程中尤其要关注。

6.1.2　运动控制的相关指令

在工艺指令中可以获得如图 6-3 所示的一系列运动控制指令，具体为：MC_Power，启用/禁用轴；MC_Reset，确认错误，重新启动；MC_Home，归位轴，设置起始位置；MC_Halt，暂停轴；MC_MoveAbsolute，以绝对方式定位轴；MC_MoveRelative，以相对方式定位轴；MC_MoveVelocity，以预定义速度移动轴；MC_MoveJog，以“点动”模式移动轴；MC_CommandTable，按移动顺序运行轴作业；MC_ChangeDynamic，更改轴的动态设置；MC_WriteParam，写入工艺对象的参数；MC_ReadParam，读取工艺对象的参数。

1. MC_Power 指令

轴在运动之前必须先使能，使用运动控制指令 MC_Power 可集中启用或禁用轴。如果启用了轴，则分配给此轴的所有运动控制指令都将被启用。如果禁用了轴，则用于此轴的所有运动控制指令都将无效，并将中断当前的所有作业。

图 6-4 为 MC_Power 指令，输入端说明如下：

工艺

名称	描述	版本
计数		V1.1
PID 控制		
Motion Control		V6.0
MC_Power	启动/禁用轴	V6.0
MC_Reset	确认错误、重新启动...	V6.0
MC_Home	归位轴，设置起始位置	V6.0
MC_Halt	暂停轴	V6.0
MC_MoveAbsolute	以绝对方式定位轴	V6.0
MC_MoveRelative	以相对方式定位轴	V6.0
MC_MoveVelocity	以预定义速度移动轴	V6.0
MC_MoveJog	以“点动”模式移动轴	V6.0
MC_CommandTable	按移动顺序运行轴作业	V6.0
MC_ChangeDynamic	更改轴的动态设置	V6.0
MC_WriteParam	写入工艺对象的参数	V6.0
MC_ReadParam	读取工艺对象的参数	V6.0

图 6-3　运动控制指令

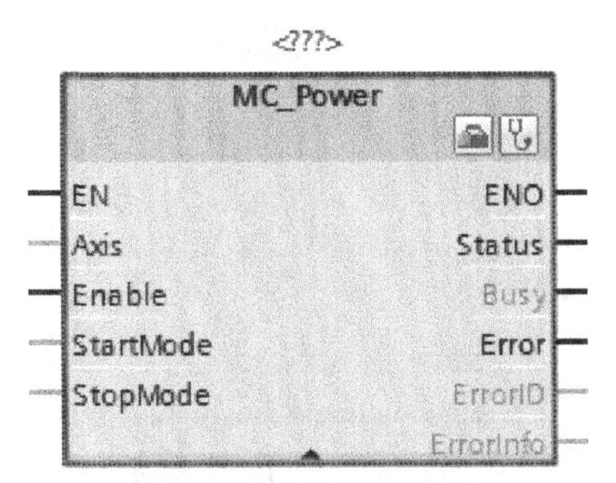

图 6-4　MC_Power 指令

① EN：MC_Power 指令的使能端，不是轴的使能端。MC_Power 指令必须在程序里一直调用，并保证 MC_Power 指令在其他 Motion Control 指令的前面调用。

② Axis：轴名称。

③ Enable：轴使能端。当 Enable 端变为高电平后，CPU 就按照工艺对象中组态好的方式使能外部驱动器；当 Enable 端变为低电平后，CPU 就按照 StopMode 中定义的模式停车。

2. MC_Reset 指令

MC_Reset 指令如图 6-5 所示，即如果存在一个需要确认的错误，则可通过上升沿激活 Execute 端，进行复位。

输入端说明如下：

① EN：使能端。

② Axis：轴名称。

③ Execute：启动位，用上升沿触发。

④ Restart：Restart=0，用来确认错误；Restart=1，将轴的组态从装载存储器下载到工作存储器（只有在禁用轴的时候才能执行该指令）。

输出端 Done：轴的错误已确认。

3. MC_Home 指令

MC_Home 指令如图 6-6 所示。回原点期间，参考点坐标设置在定义的轴机械位置处。回原点模式共有 4 种模式：

① Mode=3，主动回原点。在主动回原点模式下，MC_Home 执行所需要的参考点逼近，取消其他所有激活的运动。

② Mode=2，被动回原点。在被动回原点模式下，MC_Home 不执行参考点逼近，不取消其他激活的运动。逼近参考点开关必须由用户通过运动控制语句或由机械运动执行。

③ Mode=0，绝对式直接回原点。无论参考凸轮位置为何，都设置轴位置，不取消其他激活的运动。立即激活 MC_Home 语句中 Position 参数值作为轴的参考点和位置值，轴必须处于停止状态时才能将参考点准确分配到机械位置。

④ Mode=1，相对式直接回原点。无论参考凸轮位置为何，都设置轴位置，不取消其他激活的运动，适用于参考点和轴位置的规则：新的轴位置=当前轴位置+Position 参数值。

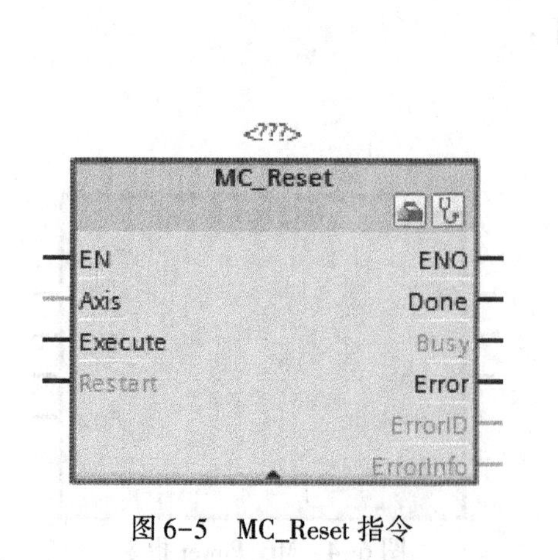

图 6-5　MC_Reset 指令

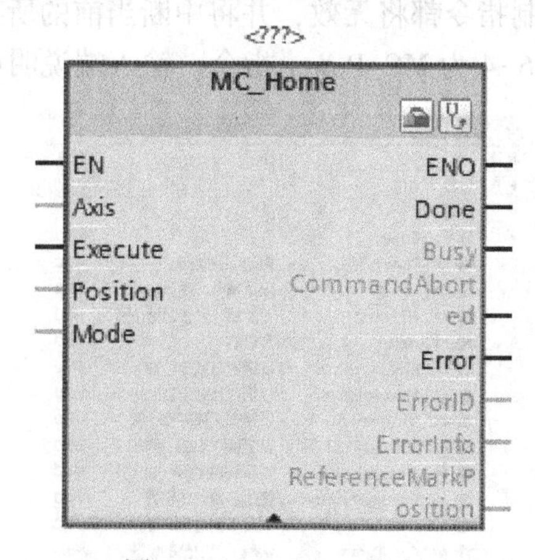

图 6-6　MC_Home 指令

4. MC_Halt 指令

MC_Halt 指令如图 6-7 所示，每个被激活的运动指令，都可由此指令停止，上升沿使能 Execute 后，轴会立即按照组态好的减速曲线停车。

5. MC_MoveAbsolute 指令

MC_MoveAbsolute 指令如图 6-8 所示。它需要在定义好参考点、建立起坐标系后才能使用，通过指定参数 Position 和 Velocity 可到达机械限位内的任意一点，当上升沿使能 Execute 选项后，系统会自动计算当前位置与目标位置之间的脉冲数，并加速到指定速度，在到达目标位置时减速到启动/停止速度。

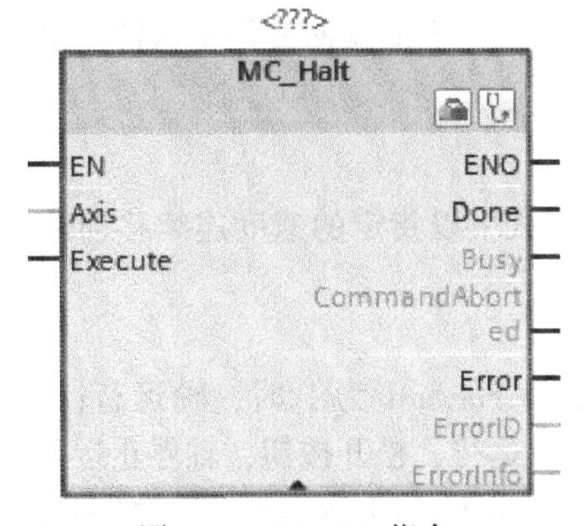

图 6-7　MC_Halt 指令

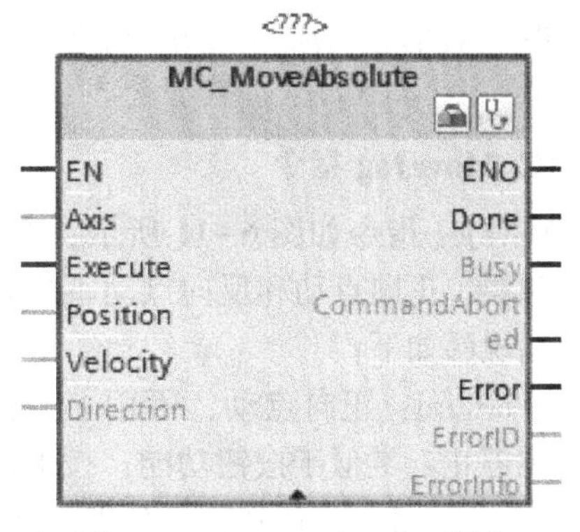

图 6-8　MC_MoveAbsolute 指令

6. MC_MoveRelative 指令

MC_MoveRelative 指令如图 6-9 所示。它的执行不需要建立参考点，只需定义运行距离、方向及速度。当上升沿使能 Execute 端后，轴按照设置好的距离与速度运行，方向根据距离值的符号决定。

绝对位置移动指令与相对位置移动指令的主要区别在于：是否需要建立坐标系统（是否需要参考点）。绝对位置移动指令需要知道目标位置在坐标系中的坐标，根据坐标自动决定运动方向，不需要定义参考点；相对位置移动指令只需要知道当前点与目标位置的距离（Distance），由用户给定方向，不需要建立坐标系。

7. MC_MoveVelocity 指令

MC_MoveVelocity 指令如图 6-10 所示，可使轴以预设的速度运行。

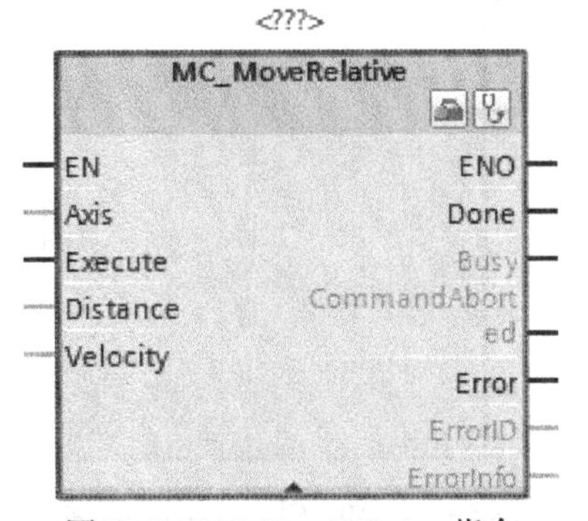

图 6-9　MC_MoveRelative 指令

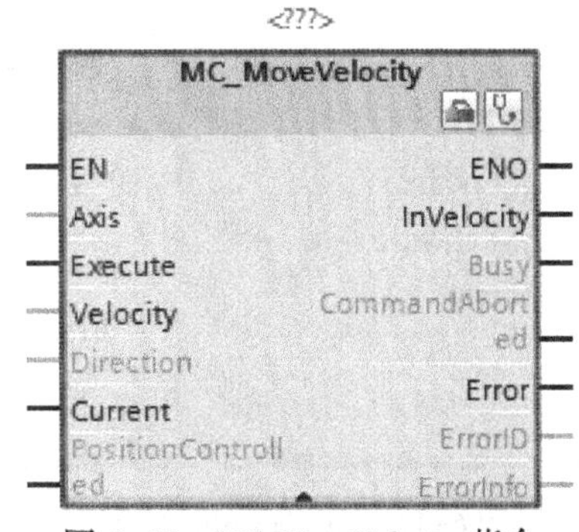

图 6-10　MC_MoveVelocity 指令

输入端说明如下：

① Velocity：轴的速度。

② Direction：方向数值。

Direction=0，旋转方向取决于参数 Velocity 值的符号。

Direction=1，正方向旋转，忽略参数 Velocity 值的符号。

Direction=2，负方向旋转，忽略参数 Velocity 值的符号。

③ Current：

Current=0，轴按照参数 Velocity 和 Direction 值运行。

Current=1，轴忽略参数 Velocity 和 Direction 值，以当前速度运行。

可以设定 Velocity 数值为 0.0，触发指令后，轴会以组态的减速度停止运行，相当于 MC_Halt 指令。

8. MC_MoveJog 指令

MC_MoveJog 指令如图 6-11 所示，即在点动模式下以指定的速度连续移动轴。在使用该指令的时候，正向点动和反向点动不能同时触发。

输入端说明如下：

① JogForward：正向点动，不用上升沿触发，JogForward 为 1 时，轴运行；JogForward 为 0 时，轴停止。类似于按钮功能，按下按钮，轴就运行，松开按钮，轴停止运行。

② JogBackward：反向电动。在执行点动指令时，保证 JogForward 和 JogBackward 不会同时触发，可以用逻辑互锁。

③ Velocity：点动速度。

9. MC_ChangeDynamic 指令

MC_ChangeDynamic 指令如图 6-12 所示，即更改轴的动态设置参数，包括加速时间（加速度）值、减速时间（减速度）值、急停减速时间（急停减速度）值、平滑时间（冲击）值等。

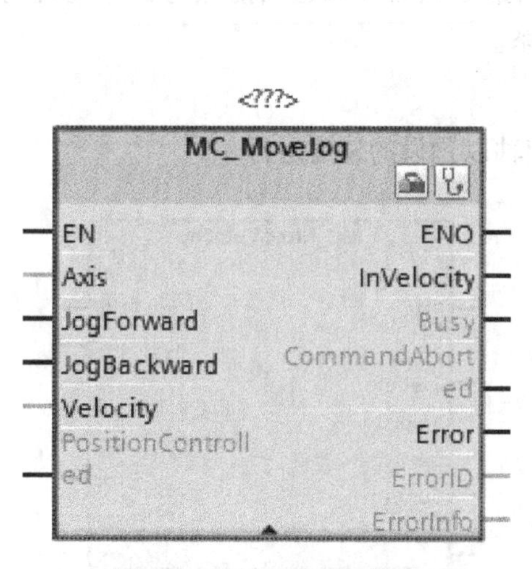

图 6-11　MC_MoveJog 指令

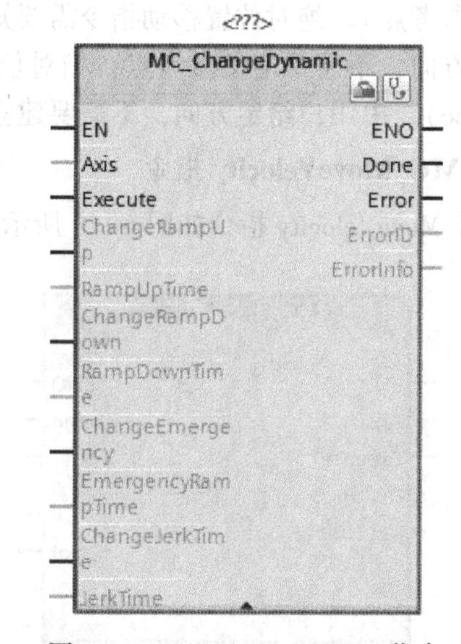

图 6-12　MC_ChangeDynamic 指令

输入端说明如下：

① ChangeRampU：更改 RampUpTime 参数值的使能端。当该值为 0 时，表示不进行 RampUpTime 参数的修改；该值为 1 时，进行 RampUpTime 参数的修改。每个可修改的参数都有相应的使能设置位。这里只介绍一个。当触发 MC_ChangeDynamic 指令的 Execute 端时，使能修改的参数值将被修改，不使能的不会被更新。

② RampUpTime：轴参数中的加速时间。

③ RampDownTime：轴参数中的减速时间。

10. MC_WriteParam 指令

MC_WriteParam 指令如图 6-13 所示，可在用户程序中写入或更改轴工艺对象和命令表对象中的变量。

输入端说明如下：

① Parameter：输入需要修改的轴的工艺对象参数，数据类型为 VARIANT 指针。

② Value：根据 Parameter 数据类型，输入新参数值所在的变量地址。

11. MC_ReadParam 指令

MC_ReadParam 指令如图 6-14 所示，即读参数指令，可在用户程序中读取轴工艺对象和命令表对象中的变量。

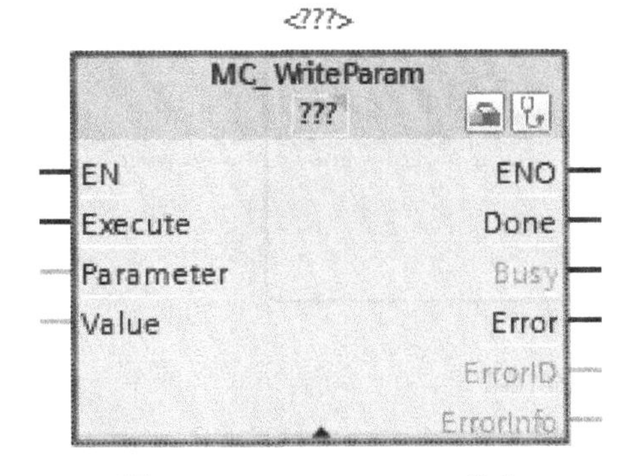

图 6-13　MC_WriteParam 指令

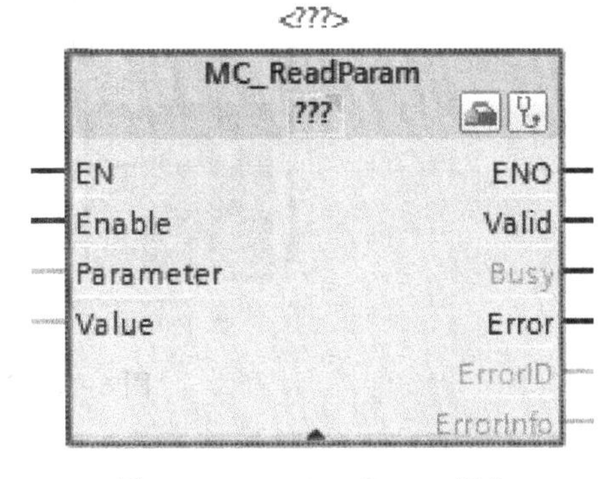

图 6-14　MC_ReadParam 指令

 6.2　高速脉冲输入 HSC

6.2.1　高速计数器概述

S7-1200 CPU 最多可组态 6 个高速计数器（HSC1～HSC6）。以目前版本的 CPU 为例，其内置输入是 100kHz。高速计数器可用于连接接近开关、增量式编码器等，通过对硬件组态和调用相关指令实现计数功能。

S7-1200 PLC 高速计数器的计数类型主要分为以下 4 种：

（1）计数：计算脉冲次数，并根据方向控制递增或递减计数值，在指定事件上可以重置计数、取消计数和启动当前值捕获等。

（2）周期：在指定的时间周期内计算输入脉冲的次数。

（3）频率：测量输入脉冲和持续时间后，计算脉冲的频率。

（4）运动控制：用于运动控制工艺对象，不适用于高速计数。

图 6-15 为连接接近开关的 HSC，可以用来控制计数、周期和频率。图 6-16 为连接编码器的 HSC，可以用来控制计数（定长切割）。

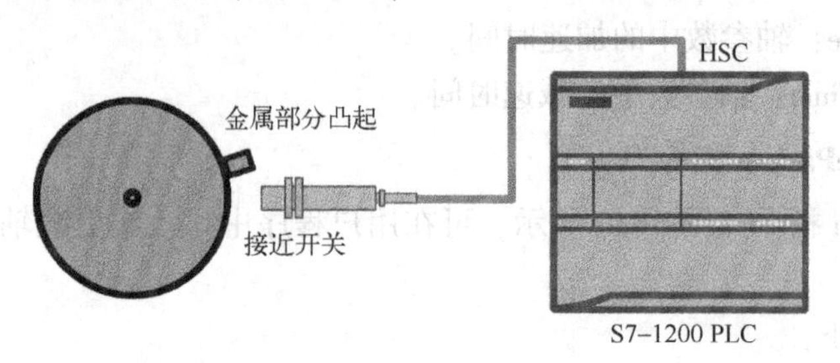

图 6-15　连接接近开关的 HSC

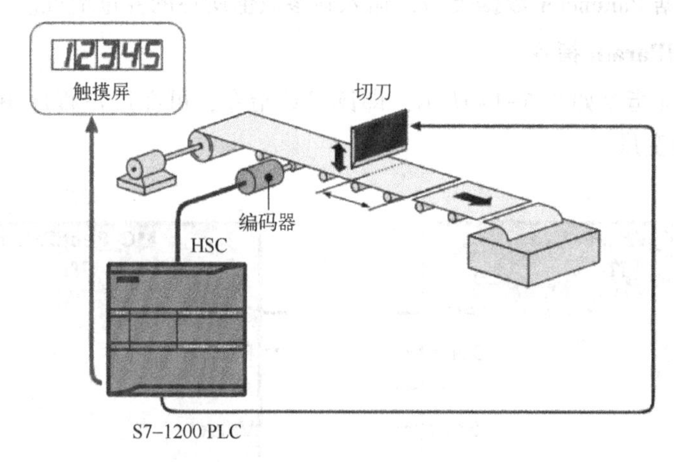

图 6-16　连接编码器的 HSC

6.2.2　高速脉冲输入指令

1. CTRL_HSC 指令

CTRL_HSC 是 Control High-Speed Counter 的简称，即控制高速计数器指令。该指令可以在如图 6-17 所示的工艺计数指令中找到。图 6-18 为 CTRL_HSC 指令示意。CTRL_HSC 指令能调用背景数据块，并对参数进行设置，通过将新值加载到计数器来控制 CPU 支持的高速计数器。CTRL_HSC 指令的执行需要启用待控制的高速计数器，对于指定的高速计数器，不能在程序中同时执行多个 CTRL_HSC 指令。

表 6-1 为 CTRL_HSC 指令参数功能，可以将以下参数值加载到高速计数器。

（1）计数方向（NEW_DIR）

计数方向用于定义高速计数器是加计数还是减计数。计数方向通过输入以下值来定义：1 = 加计数，-1 = 减计数。只有通过程序参数设置方向控制后，才能使用 CTRL_HSC 指令更改计数方向。输入 NEW_DIR 指定的计数方向将在置位输入 DIR 位时装载到高速计数器。

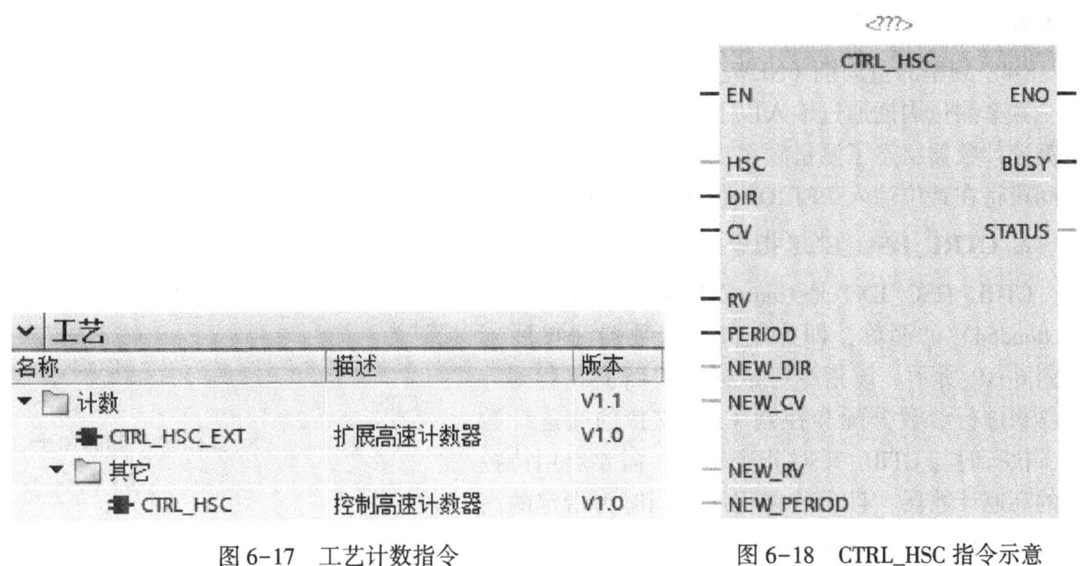

图 6-17　工艺计数指令　　　　图 6-18　CTRL_HSC 指令示意

表 6-1　CTRL_HSC 指令参数功能

参　　数	声　　明	数据类型	存　储　区	说　　明
EN	INPUT	Bool	I、Q、M、D、L、T、C	使能输入
ENO	OUTPUT	Bool	I、Q、M、D、L	使能输出
HSC	INPUT	HW_HSC	I、Q、M 或常数	高速计数器的硬件地址（HW-ID）
DIR	INPUT	Bool	I、Q、M、D、L 或常数	启用新的计数方向（参见 NEW_DIR）
CV	INPUT	Bool	I、Q、M、D、L 或常数	启用新的计数值（参见 NEW_CV）
RV	INPUT	Bool	I、Q、M、D、L 或常数	启用新的参考值（参见 NEW_RV）
PERIOD	INPUT	Bool	I、Q、M、D、L 或常数	启用新的频率测量周期（参见 NEW_PERIOD）
NEW_DIR	INPUT	Int	I、Q、M、D、L 或常数	DIR=TRUE 时装载的计数方向
NEW_CV	INPUT	DInt	I、Q、M、D、L 或常数	CV=TRUE 时装载的计数值
NEW_RV	INPUT	DInt	I、Q、M、D、L 或常数	当 RV=TRUE 时，装载参考值
NEW_PERIOD	INPUT	Int	I、Q、M、D、L 或常数	PERIOD=TRUE 时装载的频率测量周期
BUSY	OUTPUT	Bool	I、Q、M、D、L	处理状态
STATUS	OUTPUT	Word	I、Q、M、D、L	运行状态

（2）计数值（NEW_CV）

计数值是高速计数器开始计数时使用的初始值。计数值的范围为 -2147483648～2147483647。输入 NEW_CV 指定的计数值将在置位输入 CV 位时装载到高速计数器。

（3）参考值（NEW_RV）

可以通过比较参考值和当前计数器的值触发一个报警。与计数值类似，参考值的范围为 -2147483648～2147483647。输入 NEW_RV 指定的参考值将在置位输入 RV 位时装载到高速计数器。

（4）频率测量周期（NEW_PERIOD）

频率测量周期通过输入以下值来指定：10 = 0.01s，100 = 0.1s，1000 = 1s。如果为指定高速计数器组态了测量频率功能，那么可以更新该时间段。输入 NEW_PERIOD 中指定的时间段将在置位输入 PERIOD 位时装载到高速计数器。

2. CTRL_HSC_EXT 指令

CTRL_HSC_EXT 是 Control High-Speed Counter（Extended）的简称，即控制高速计数器（扩展），如图 6-19 所示。该指令可以通过将新值装载到计数器来进行参数分配和控制 CPU 支持的高速计数器，执行时与 CTRL_HSC 指令一样，需要启用待控制的高速计数器，且无法在程序中同时为指定的高速计数器执行多个指令。

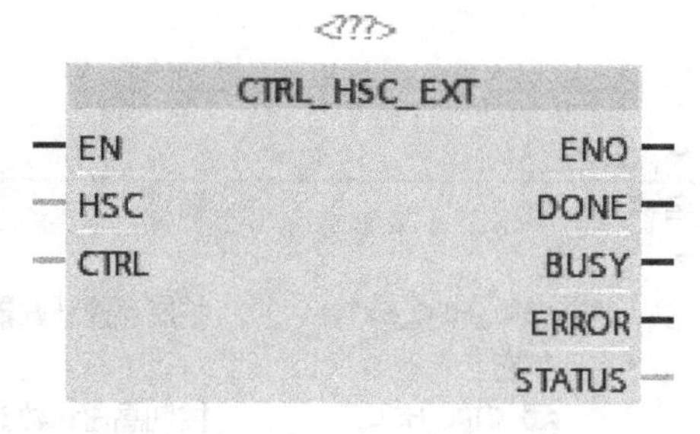

图 6-19　CTRL_HSC_EXT 指令示意

表 6-2 为 CTRL_HSC_EXT 指令参数功能。

表 6-2　CTRL_HSC_EXT 指令参数功能

参　数	声　明	数据类型	存　储　区	说　明
EN	INPUT	Bool	I、Q、M、D、L、T、C	使能输入
ENO	OUTPUT	Bool	I、Q、M、D、L	使能输出
HSC	INPUT	HW_HSC	I、Q、M 或常数	高速计数器的硬件地址（HW-ID）
CTRL	INOUT	VARIANT	M、D	使用系统数据类型（SDT）
DONE	OUTPUT	Bool	I、Q、M、D、L	成功处理指令后的反馈
BUSY	OUTPUT	Bool	I、Q、M、D、L	处理状态
ERROR	OUTPUT	Bool	I、Q、M、D、L	错误处理指令的反馈
STATUS	OUTPUT	Word	I、Q、M、D、L	运行状态

对于周期测量，CTRL_HSC_EXT 指令支持系统数据类型 SDT 381 “HSC_Period”。表 6-3 为 HSC_Period 字节说明。HSC_Period 数据类型与周期操作模式下组态的 HSC 相对应。通过该指令，程序可在指定的测量时间间隔内访问一定数量的输入脉冲，并计算输入脉冲间精度为 ns 的时间周期。

表 6-3　HSC_Period 字节说明

字　节	参　数	声明	数据类型	说　明
0 ... 3	ElapsedTime	OUT	UDInt	Edge_Count 上升沿之间的时间
4 ... 7	EdgeCount	OUT	UDInt	Elapsed_Time 中的上升沿数量。 如果 Edge_Count = 0，则 Elapsed_Time 表示自从上一个上升沿后的时间
8.0	EnHSC	IN	Bool	通过门控制使能输入。 FALSE：测量已停止。 TRUE：测量已启用

续表

字　节	参　数	声明	数据类型	说　明
8.6	EnPeriod	IN	Bool	周期更新。 FALSE：无更新。 TRUE：更新周期
10 … 11	NewPeriod	IN	Int	以毫秒为单位的周期测量间隔。 有效值是 10、100 和 1000

在 HSC_Period 中，ElapsedTime 用于指定连续测量间隔最后一个计数器事件之间的时间（单位为 ns）。如果在测量间隔内未发生计数事件，则 ElapsedTime 将输出从最后一个计数事件开始的累计时间。ElapsedTime 的范围为 0～4294967280ns（0x0000 0000～0xFFFF FFF0）。

EdgeCount 将输出测量间隔中所收到的计数事件数量，仅当 EdgeCount 的值大于 0 时，才能计算该周期。如果 ElapsedTime 为 0（未收到输入脉冲）或 0xFFFF FFFF（周期溢出），则 EdgeCount 无效。如果 EdgeCount 有效，则可使用周期 = ElapsedTime/EdgeCount 计算（单位为 ns）。

计算得出的周期为测量间隔内所有发生脉冲时间周期的平均值。如果脉冲周期大于测量间隔（10、100 或 1000ms），则计算周期需要多个测量间隔。

6.2.3 【实例 6-1】编码器计数动作指示

实例说明

用 CPU 1215C DC/DC/DC 对某生产车间旋转轴所配增量式编码器发出的脉冲进行计数，当记录的脉冲数为 3000 时，置位 Q0.0 输出；当记录的脉冲数为 4000 时，复位 Q0.0 输出。

实施步骤

步骤 1：电气接线

图 6-20 为电气原理图。图中，编码器输出 A、B 相正交脉冲信号，分别接入 CPU 的 I0.5 端和 I0.6 端，VCC 端和 GND 端接 DC 24V 和 0V，1M 的接线与编码器输出是 NPN 或 PNP 相关。如果输出 NPN，则 1M 与 L+相连。如果输出 PNP，则 1M 与 M 相连。本实例是 PNP 型编码器。

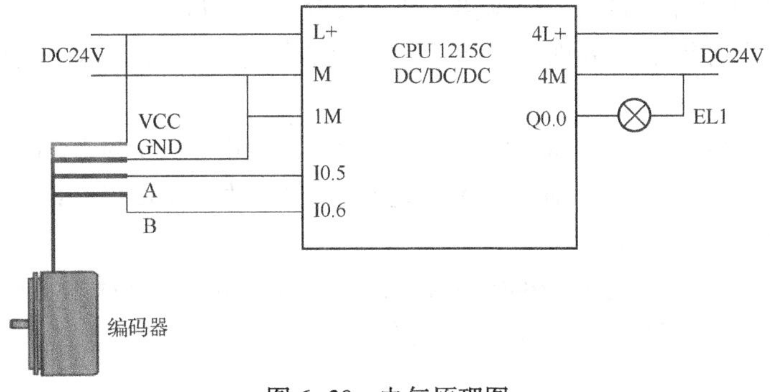

图 6-20　电气原理图

表 6-4 为输入/输出定义。

表 6-4 输入/输出定义

	PLC 软元件	元件符号/名称
输入	I0.5	A/编码器 A 相
	I0.6	B/编码器 B 相
输出	Q0.0	EL1/输出指示灯

步骤 2：硬件中断 OB40 编程

添加硬件中断 OB40 为 Hardware interrupt。OB40 硬件中断梯形图如图 6-21 所示。

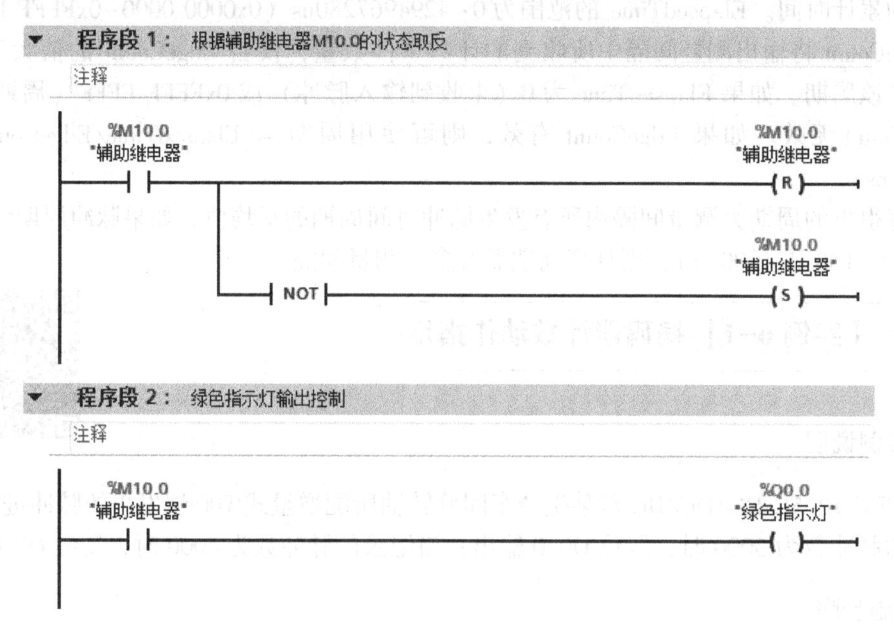

图 6-21 OB40 硬件中断梯形图

步骤 3：HSC 设置

如图 6-22 所示，在 CPU 属性中选择“高速计数器（HSC）”中的“HSC1”，在“常规”界面中勾选“启用该高速计数器”，并按如图 6-23 所示选择功能：“工作模式”选择“A/B 计数器”；“初始计数方向”选择“加计数”。

图 6-24 为“初始值”界面，根据实例要求设置为“3000”。

图 6-25 为“事件组态”界面，勾选“为计数器值等于参考值这一事件生成中断”后，与硬件中断 OB40 关联。

图 6-26 为“硬件输入”界面，可以选择 I0.5 为 A 相、I0.6 为 B 相。

图 6-27 为“I/O 地址”界面，“起始地址”设置为“1000”，Dint 数据类型，因此 ID1000 为实际 HSC 的数据值。

HSC 设置完成后，可以打开 OB40 的属性，弹出如图 6-28 所示的“触发器”界面，即当“计数器值等于参考值 0”时触发，“优先级”为“18”。

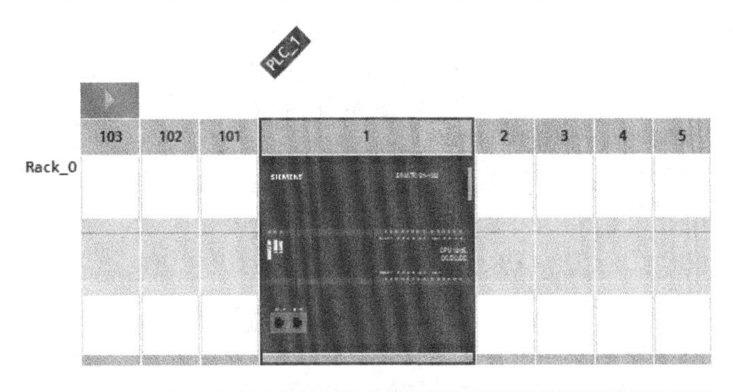

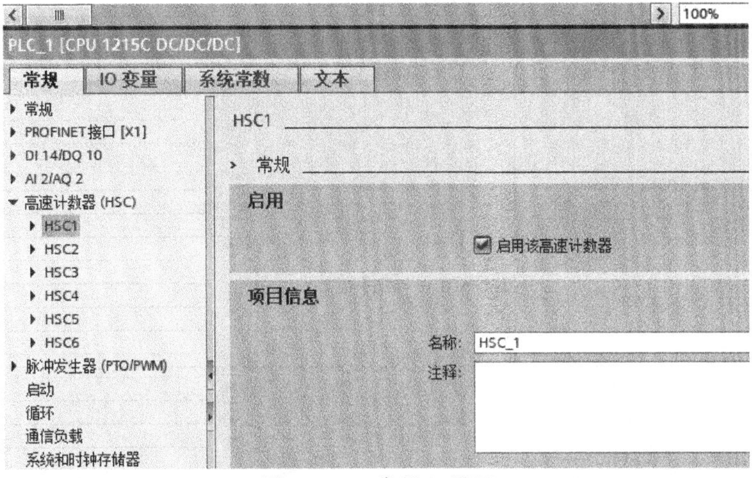

图 6-22 “常规”界面

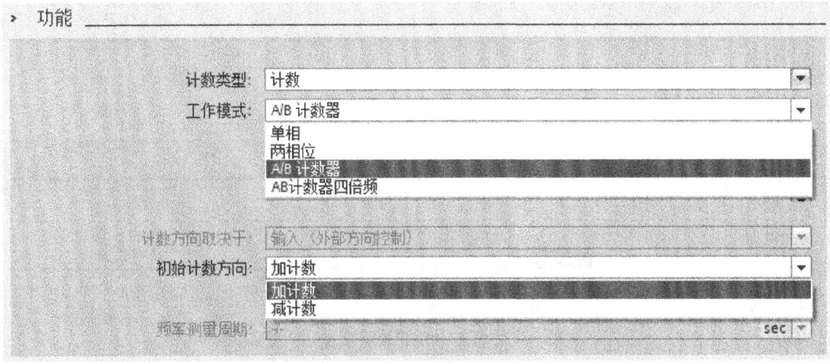

功能
计数类型: 计数
工作模式: A/B 计数器
单相
两相位
A/B 计数器
AB计数器四倍频
计数方向取决于: 输入（外部方向控制）
初始计数方向: 加计数
加计数
减计数
频率测量周期: sec

图 6-23 “功能”界面

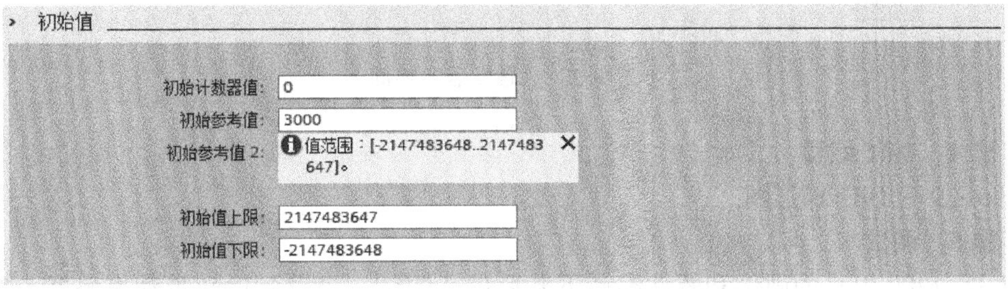

初始值
初始计数器值: 0
初始参考值: 3000
初始参考值 2: 值范围：[-2147483648..2147483647]。
初始值上限: 2147483647
初始值下限: -2147483648

图 6-24 “初始值”界面

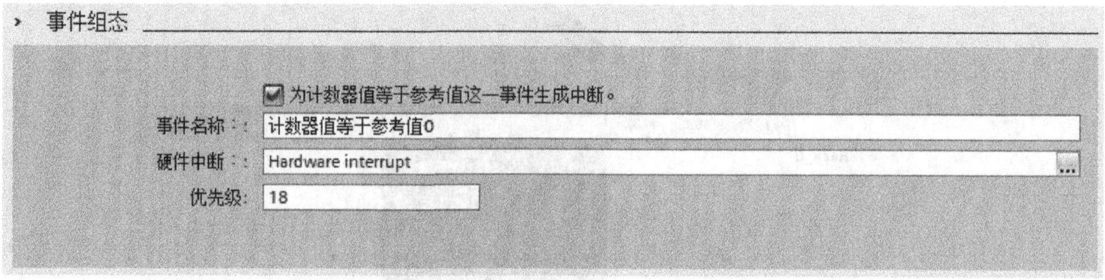

图 6-25 “事件组态”界面

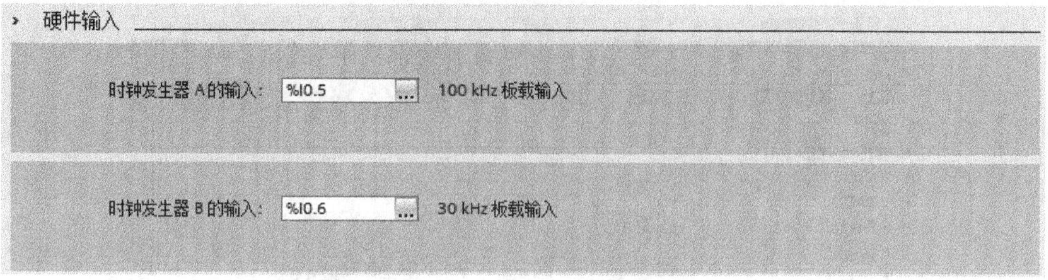

图 6-26 “硬件输入”界面

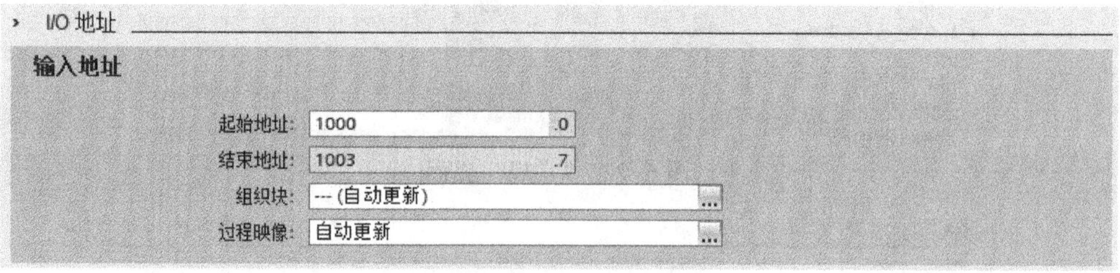

图 6-27 “I/O 地址”界面

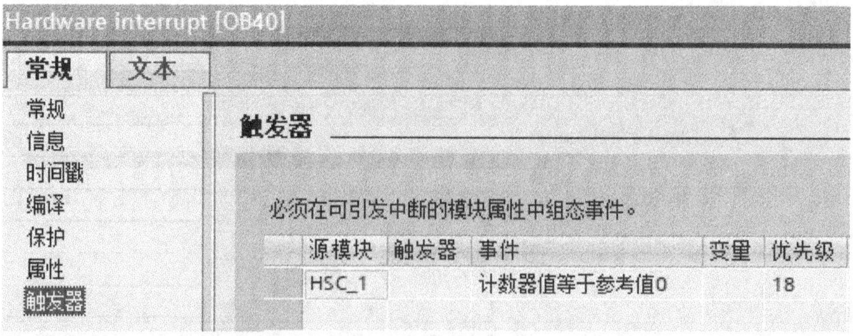

图 6-28 “触发器”界面

步骤 4：OB1 编程

图 6-29 为 OB1 梯形图。

步骤 5：调试

将 S7-1200 PLC 的硬件和软件编译下载后进行调试：当设备运转带动编码器，编码器计数值为 3000 时，Q0.0 指示灯亮；当编码器计数值为 4000 时，Q0.0 指示灯熄灭。

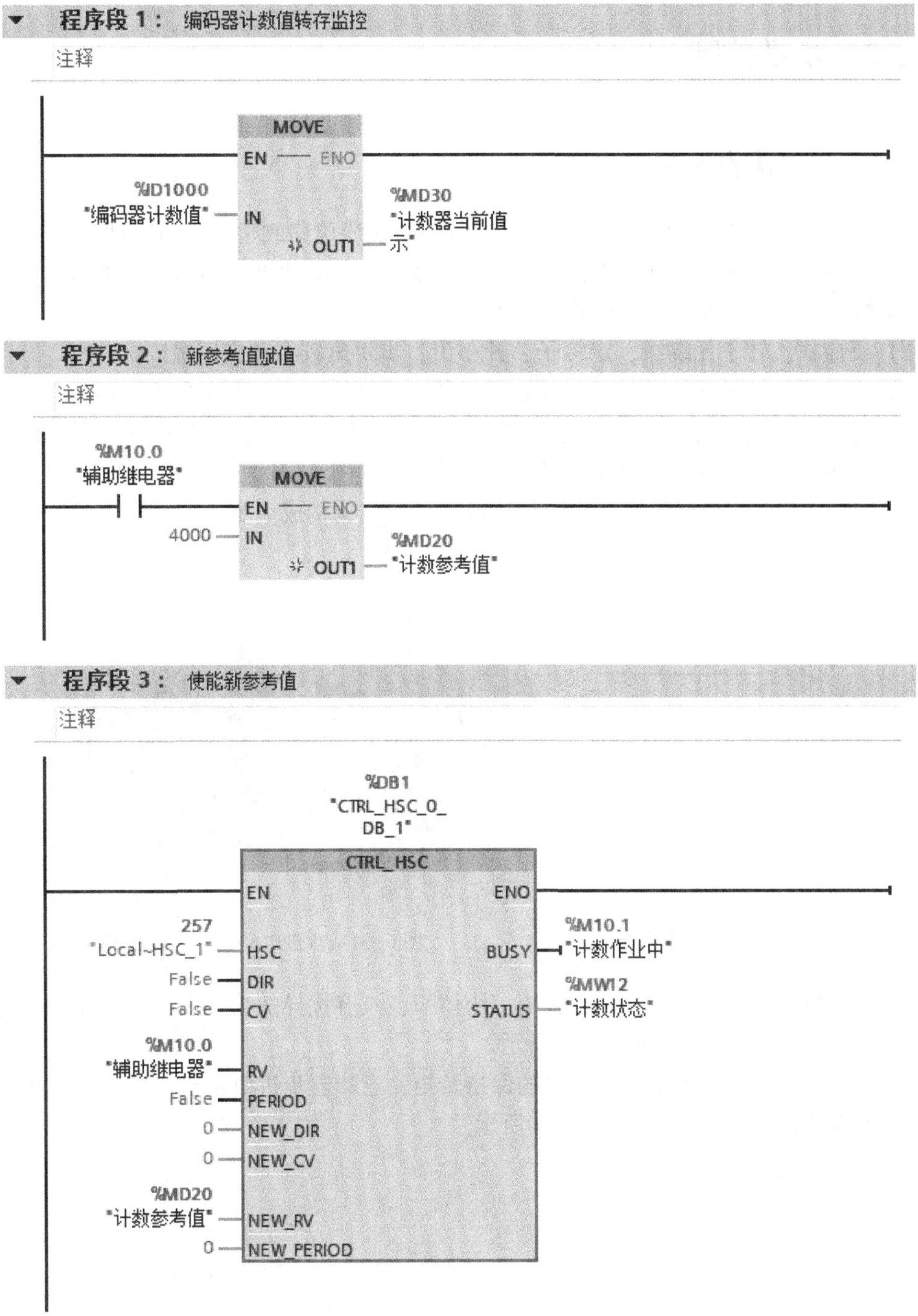

程序段 1：编码器计数值转存监控
注释
MOVE
EN
ENO
%ID1000
"编码器计数值"
IN
OUT1
%MD30
"计数器当前值示"
程序段 2：新参考值赋值
注释
%M10.0
"辅助继电器"
MOVE
EN
ENO
4000
IN
OUT1
%MD20
"计数参考值"
程序段 3：使能新参考值
注释
%DB1
"CTRL_HSC_0_DB_1"
CTRL_HSC
EN
ENO
257
"Local~HSC_1"
HSC
BUSY
%M10.1
"计数作业中"
False
DIR
%MW12
"计数状态"
False
CV
STATUS
%M10.0
"辅助继电器"
RV
False
PERIOD
0
NEW_DIR
0
NEW_CV
%MD20
"计数参考值"
NEW_RV
0
NEW_PERIOD

图 6-29　OB1 梯形图

6.3 步进控制

6.3.1 步进电动机概述

步进电动机是利用电磁铁原理，将脉冲信号转换成线位移或角位移的电动机。如图 6-30 所示，每来一个电平脉冲，电动机就转动一个角度，最终带动机械移动一段距离。

通常按励磁方式，步进电动机分为三大类：

(1) 反应式：转子无绕组，定转子，开小齿，步距角较小，应用最广。

(2) 永磁式：转子的极数等于每相定子极数，不开小齿，步距角较大，转矩较大。

(3) 感应子式（混合式）：开小齿，比永磁式转矩更大、动态性能更好、步距角更小。

步进电动机主要由两部分构成，即定子和转子，如图 6-31 所示。它们均由磁性材料构成。定子和转子的铁芯由软磁材料或硅钢片叠成凸极结构构成。步进电动机定子和转子磁极上均有小齿，齿数相等。

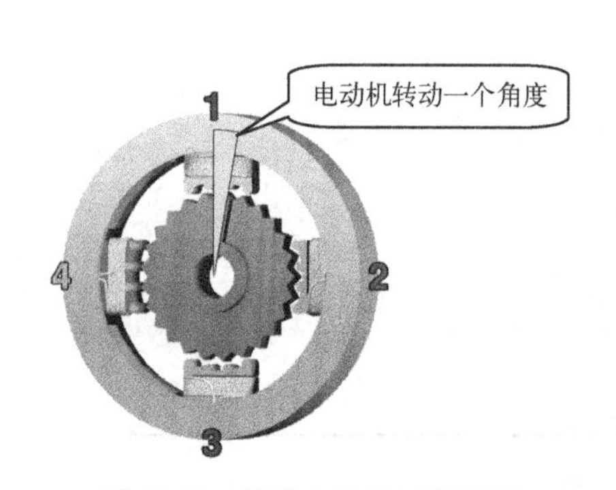

图 6-30　步进电动机工作原理

图 6-31　步进电动机的定子和转子

步进电动机的重要特征之一是高转矩、小体积，具有优异的加速和响应，非常适合需要频繁启动和停止的应用中，如图 6-32 所示。

绕组通电时，步进电动机具有全部的保持转矩，意味着步进电动机可以在不使用机械刹车的情况下保持在停止位置，如图 6-33 所示。

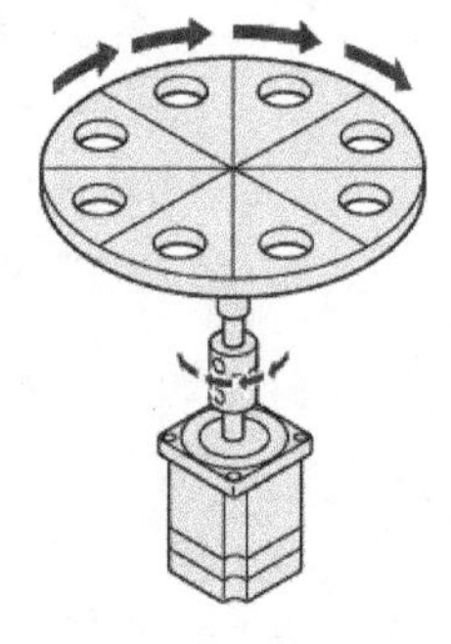
图 6-32　应用在频繁启动/停止场合

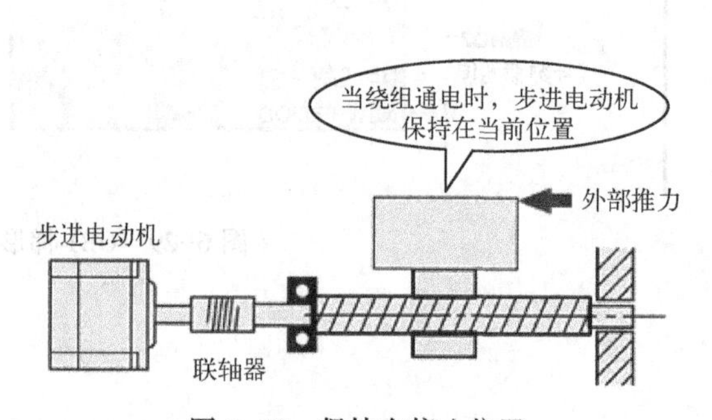

图 6-33　保持在停止位置

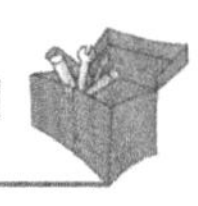

一旦电源被切断，步进电动机自身的保持转矩丢失，不能在垂直操作中或施加外力作用下保持在停止位置，此时在提升和其他相似应用中需要使用带电磁刹车的步进电动机，如图6-34所示。

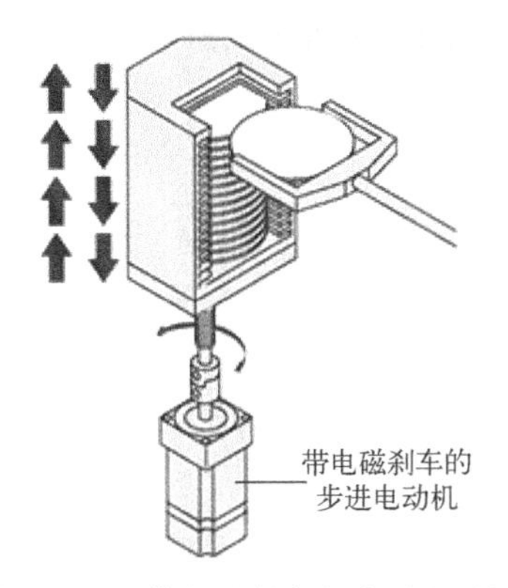

图6-34　带电磁刹车的步进电动机

6.3.2　步进电动机的应用

1. 选型

一般而言，步进电动机的步距角、静转矩及电流三大要素被确定之后，型号便确定下来了。目前市场上流行的步进电动机是以机座号（电动机外径）来划分的，根据机座号可划分为42BYG（BYG为感应子式步进电动机代号）、57BYG、86BYG、110BYG等国际标准代号，70BYG、90BYG、130BYG等为国内标准代号。图6-35为57步进电动机外观及其接线端子。

步进电动机转速越高、转矩越大，电流就越大，驱动电压越高，电压对转矩的影响如图6-36所示。

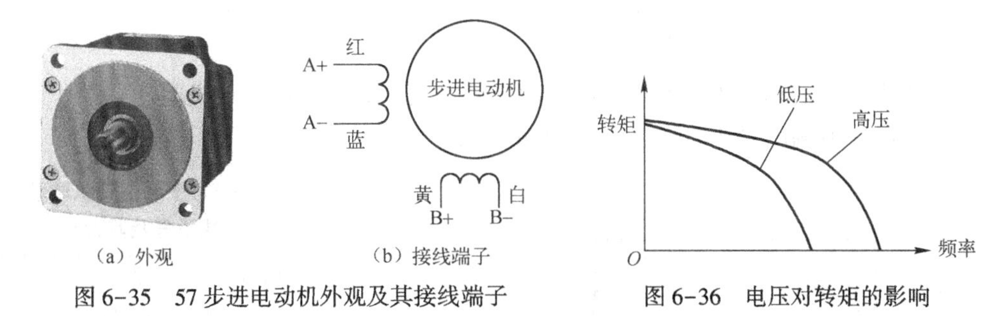

（a）外观　（b）接线端子

图6-35　57步进电动机外观及其接线端子

图6-36　电压对转矩的影响

2. 步距角

步进电动机的步距角表示控制系统每发送一个脉冲信号时所转动的角度，也可以说，每输入一个脉冲信号，步进电动机转子转过的角度，用θ_s表示。图6-37为两相步进电动机步距角$\theta_s=1.8°$的示意。

步进电动机的特点是来一个脉冲，转一个步距角，其角位移量或线位移量与电脉冲数成正比，即步进电动机的转动距离正比于施加到驱动器上的脉冲信号数（脉冲数）。步进电动机转动（出力轴转动角度）和脉冲数的关系为：

$$\theta=\theta_s\times A\begin{cases}\theta\text{:出力轴转动角度(°)}\\\theta_s\text{:步距角(°/步)}\\A\text{:脉冲数(个)}\end{cases}\tag{6-1}$$

根据式（6-1），可以得出如图 6-38 所示的脉冲数与转动角度的关系。

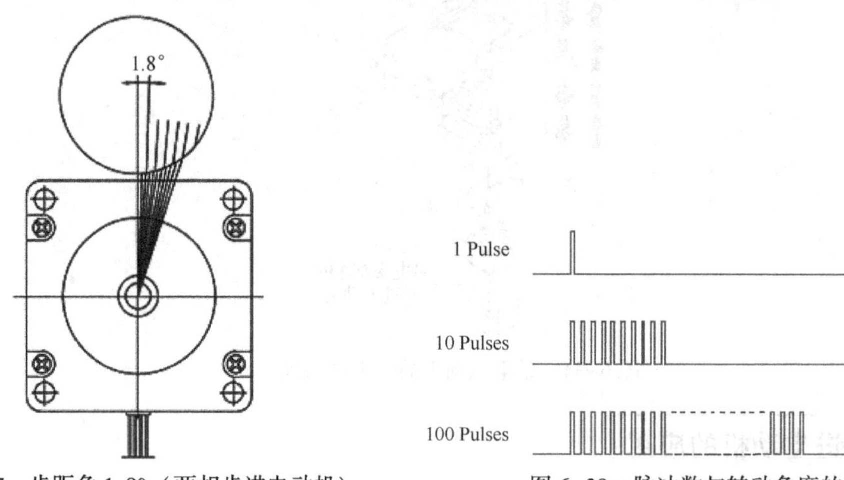

图 6-37　步距角 1.8°（两相步进电动机）　　图 6-38　脉冲数与转动角度的关系

3. 步进电动机的速度

控制脉冲频率，可以控制步进电动机的转速，因为步进电动机的转速与施加到步进电动机驱动器上的脉冲信号频率成比例关系。

步进电动机的转速［r/min］与脉冲频率［Hz］的关系为（在整步模式下）：

$$N=\frac{\theta_s}{360}\times f\times 60\begin{cases}N\text{:出力轴转速(r/min)}\\\theta_s\text{:步距角(°/步)}\\f\text{:脉冲频率(Hz)(每秒输入脉冲数)}\end{cases}\tag{6-2}$$

4. 驱动器与步进电动机的接线

图 6-39 为步进电动机驱动器与步进电动机的接线示意。步进电动机驱动器端子号及其含义见表 6-5。其中端子称呼不同，品牌略有不同，但含义均相同。

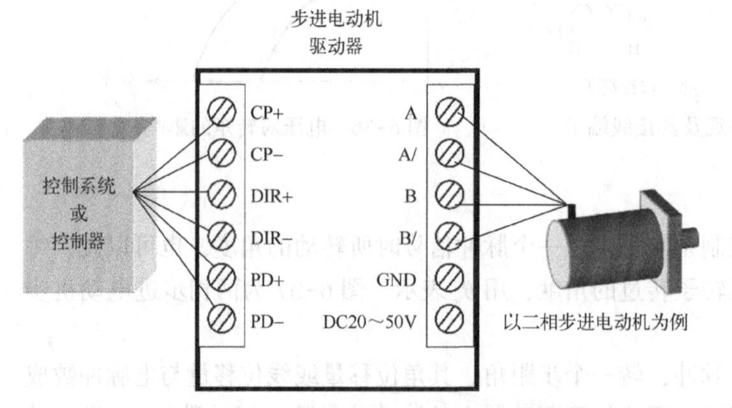

图 6-39　步进电动机驱动器与步进电动机的接线示意

表 6-5　步进电动机驱动器端子号及其含义

端子号	含　义
CP+	脉冲正输入端
CP−	脉冲负输入端
DIR+	方向电平正输入端
DIR−	方向电平负输入端
PD+	脱机信号正输入端
PD−	脱机信号负输入端

步进电动机驱动器是把控制系统或控制器（这里指 PLC）提供的弱电信号放大为步进电动机能够接受的强电流信号。控制系统提供给步进电动机驱动器的信号主要有以下三个方面：

（1）步进脉冲信号 CP：这是最重要的一路信号，因为步进电动机驱动器的原理就是要把控制系统发出的脉冲信号转化为步进电动机的角位移。步进电动机驱动器每接受一个脉冲信号 CP，就驱动步进电动机旋转一步距角，CP 的频率和步进电动机的转速成正比。CP 的脉冲个数决定步进电动机旋转的角度。这样，控制系统通过脉冲信号 CP 就可以达到步进电动机调速和定位的目的了。

（2）方向电平信号 DIR：此信号决定步进电动机的旋转方向，若为高电平，则顺时针旋转，若为低电平，则逆时针旋转。此种换向方式被称为单脉冲方式。

（3）脱机信号 PD：此信号为选用信号，不是必须要用的，只在一些特殊情况下使用，输入 5V 信号时，步进电动机处于无转矩状态；输入高电平或悬空不接时，步进电动机正常运行；若不需采用此功能，则只需将此端悬空即可。

6.3.3 【实例 6-2】滑动座步进电动机的控制

实例说明

现需要对工作台滑动座步进电动机进行控制，如图 6-40 所示，根据如下要求进行编程：

（1）滑动座③由步进电动机②带动丝杠①在轨道上左右滑行；

（2）磁性限位开关⑧分别代表左极限、外部参考点、右极限，直接输入到 S7-1200 PLC 的输入点；

（3）滑动座需要左右点动、速度运行、回原点等基本功能。

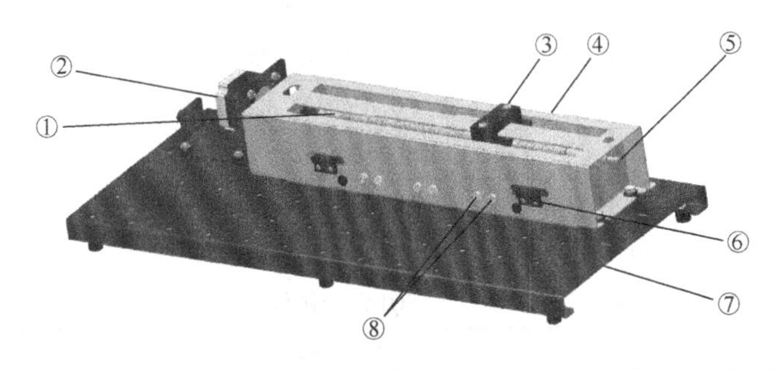

①丝杠；②步进电动机；③滑动座；④机盖；⑤杆端；⑥左、右机械限位；⑦工作台底座；
⑧磁性限位开关（分别是左极限、外部参考点、右极限）。

图 6-40　工作台滑动座步进电动机

实施步骤

步骤 1：电气接线和输入/输出定义

图 6-41 为滑动座步进电动机控制电气接线图。图中，步进驱动器采用 HB-4020M 系列，步进电动机采用 57 两相系列。HB-4020M 细分型步进电动机驱动器的驱动电压

为 DC12~32V，适配 4、6 或 8 出线、电流为 2.0A 以下、外径为 39~57mm 的两相混合式步进电动机，可应用在对细分精度有一定要求的设备上。由于 PLC 的脉冲信号为 PNP 24V，因此需要串接 2kΩ 电阻。

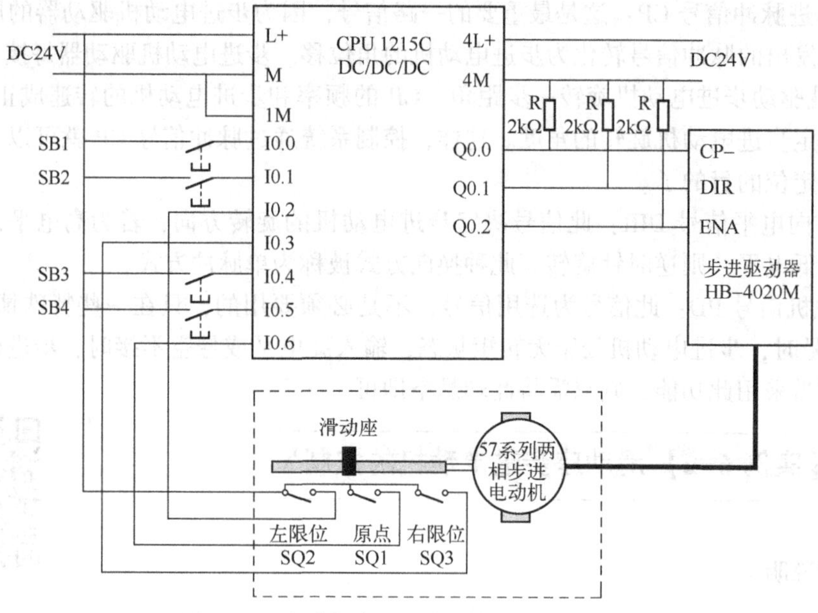

图 6-41　滑动座步进电动机控制电气接线图

表 6-6 为输入/输出定义。

表 6-6　输入/输出定义

	PLC 软元件	元件符号/名称
输入	I0. 0	SB1/回原点按钮
	I0. 1	SB2/速度运行按钮
	I0. 2	SQ2/左限位
	I0. 3	SQ3/右限位
	I0. 4	SB3/正向点动按钮
	I0. 5	SB4/反向点动按钮
	I0. 6	SQ1/原点限位
输出	Q0. 0	PTO 脉冲输出
	Q0. 1	方向
	Q0. 2	使能（本实例可以省去）

步骤 2：工艺对象“轴”的组态

在组态之前，首先要按如图 6-42 所示设定 PTO，即脉冲 A 和方向 B。本实例选用 PTO1，脉冲输出为 Q0. 0，方向输出为 Q0. 1。

“新增对象”界面如图 6-43 所示。这里特指用“轴”工艺对象表示驱动器工艺映像。“轴”工艺对象是用户程序与驱动器之间的接口，接收用户程序中的运动控制命令、执行这些命令并监视其运行情况。运动控制命令在用户程序中通过运动控制指令启动。

图 6-42　设定 PTO

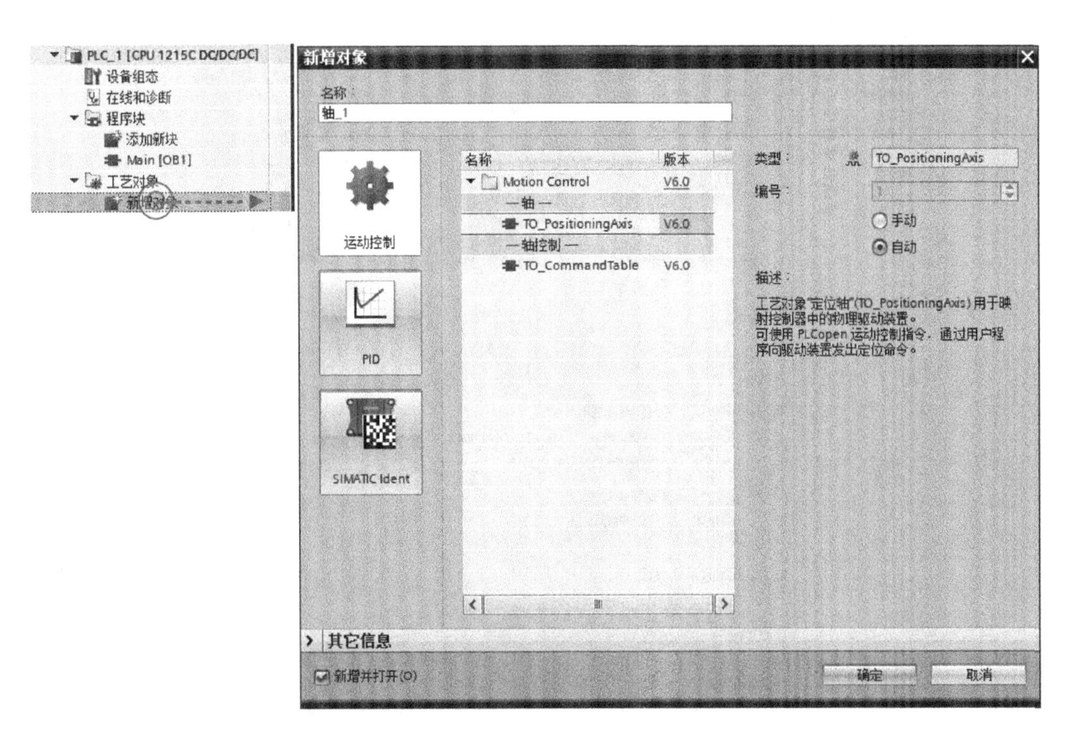

图 6-43　“新增对象”界面

新增“轴”对象后，即可在项目树的“工艺对象”中找到“轴_1”，并选择“组态”菜单即可，如图 6-44 所示。

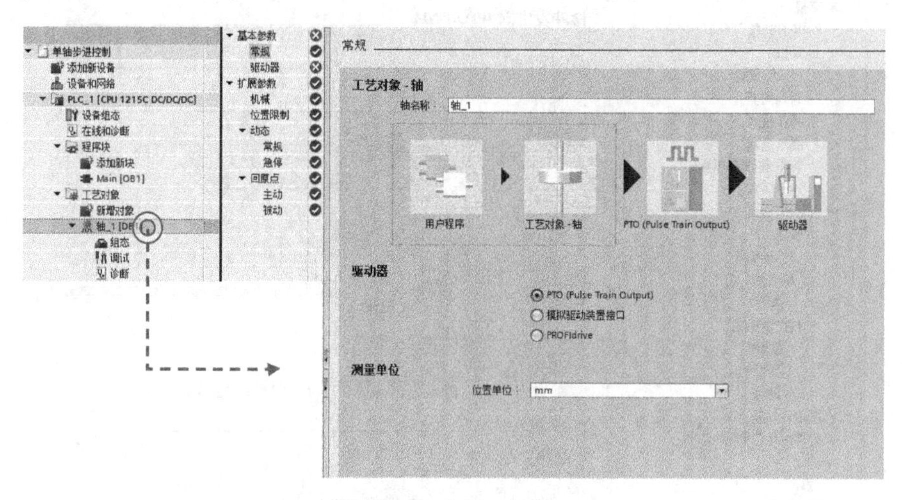

图 6-44　找到“轴_1”

在如图 6-45 所示的“驱动器”组态界面中，选择脉冲发生器为 Pulse_1、脉冲输出为 Q0.0、方向为 Q0.1，不选择轴使能信号，同时将“就绪输入”参数设为“TRUE”。

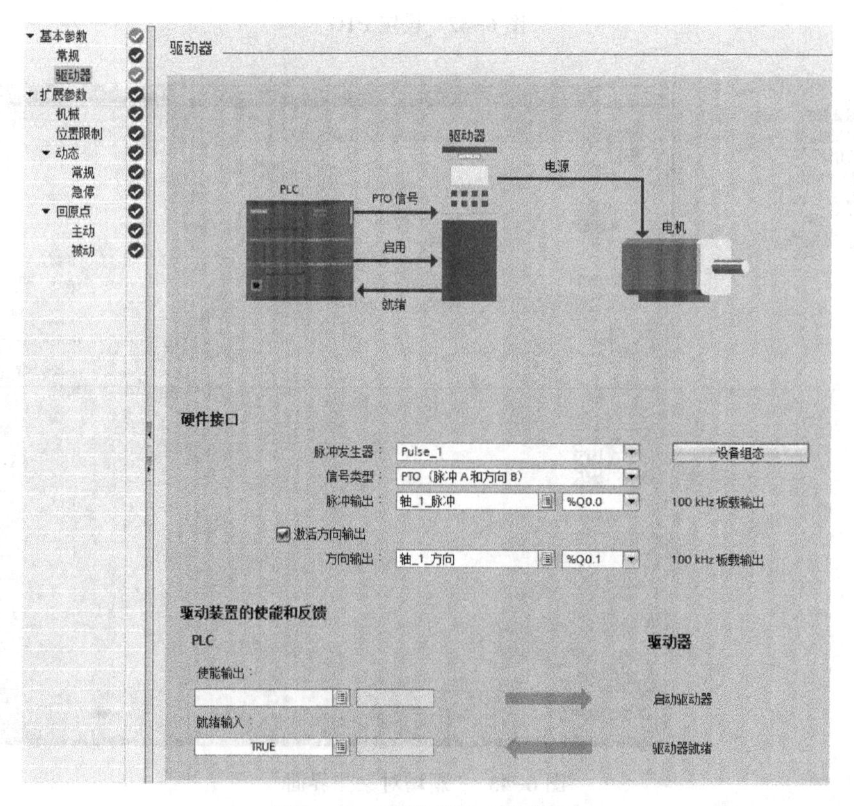

图 6-45　“驱动器”组态界面

“机械”组态界面如图 6-46 所示，“电动机每转的脉冲数”设置为电动机旋转一周所产生的脉冲个数，“电动机每转的负载位移”设置为电动机旋转一周后生产机械所产生的位移。

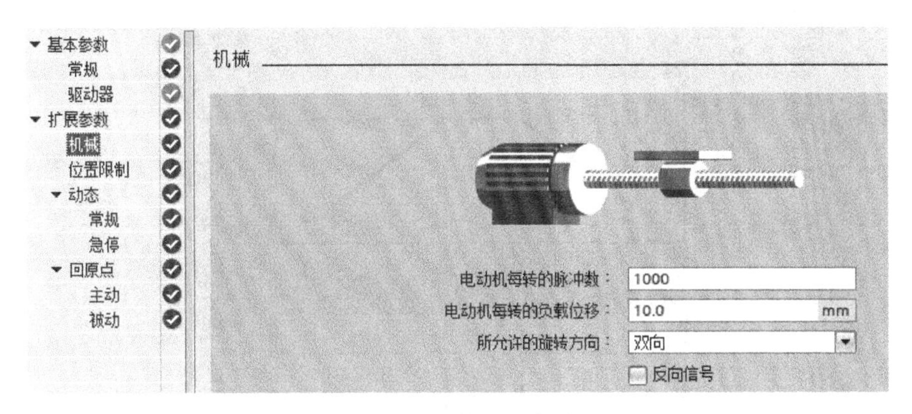

图 6-46　“机械”组态界面

图 6-47 为“位置限制”组态界面，可以设置两种限位，即软件限位和硬件限位，如两者都启用，则必须设置硬件下限位开关输入（这里设置左限位 I0.2）、硬件上限位开关输入（这里设置右限位 I0.3）、激活方式（高电平）、软件下限和软件上限。在达到硬件限位时，“轴”将使用急停减速斜坡停车；在达到软件限位时，激活的“运动”将停止，工艺对象报故障，在确认故障后，“轴”可以恢复在原工作范围内运动。

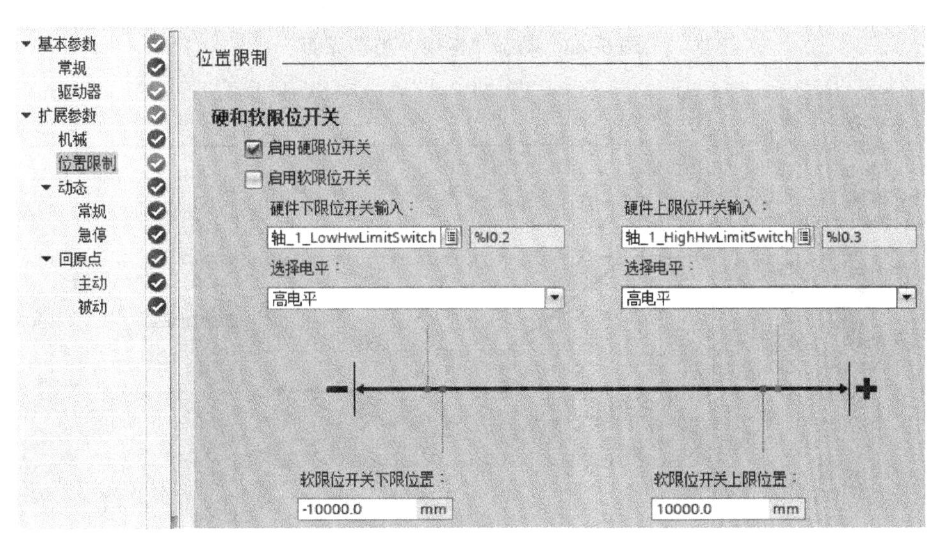

图 6-47　“位置限制”组态界面

图 6-48 为动态“常规”组态界面，包括速度限值的单位、最大转速、启动/停止速度、加速度、减速度、加速与减速时间。加/减速度与加/减速时间这两组数据，只要定义其中任意一组数，系统就会自动计算另外一组数据。

图 6-49 为“急停”组态界面，需要定义一组从最大速度急停减速到启动/停止速度的减速度。

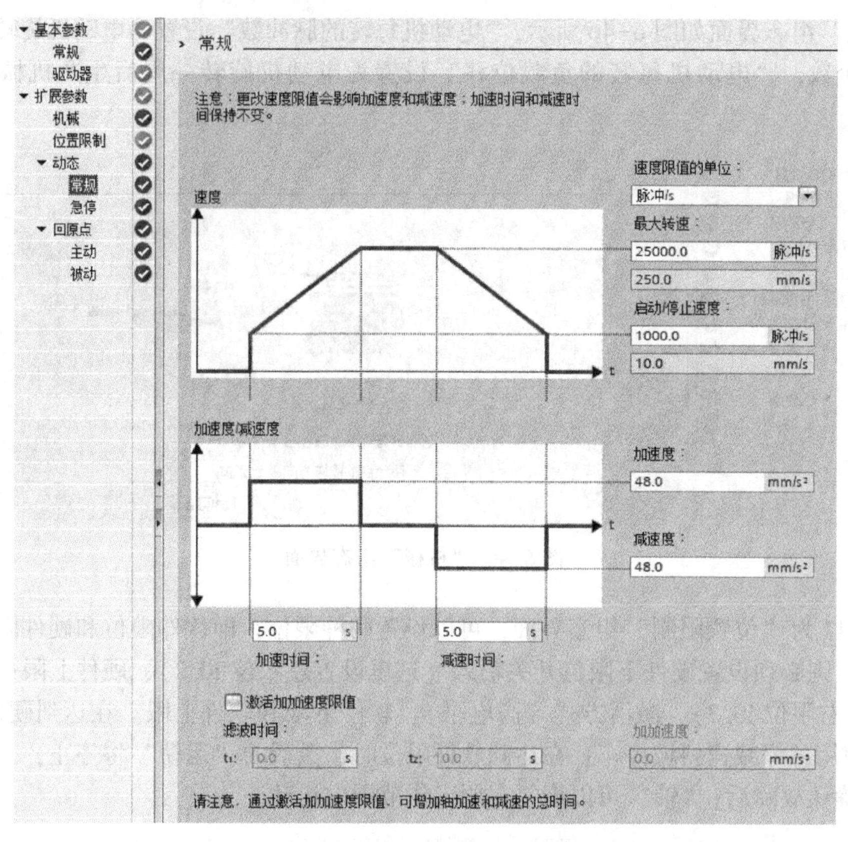

图 6-48　动态“常规”组态界面

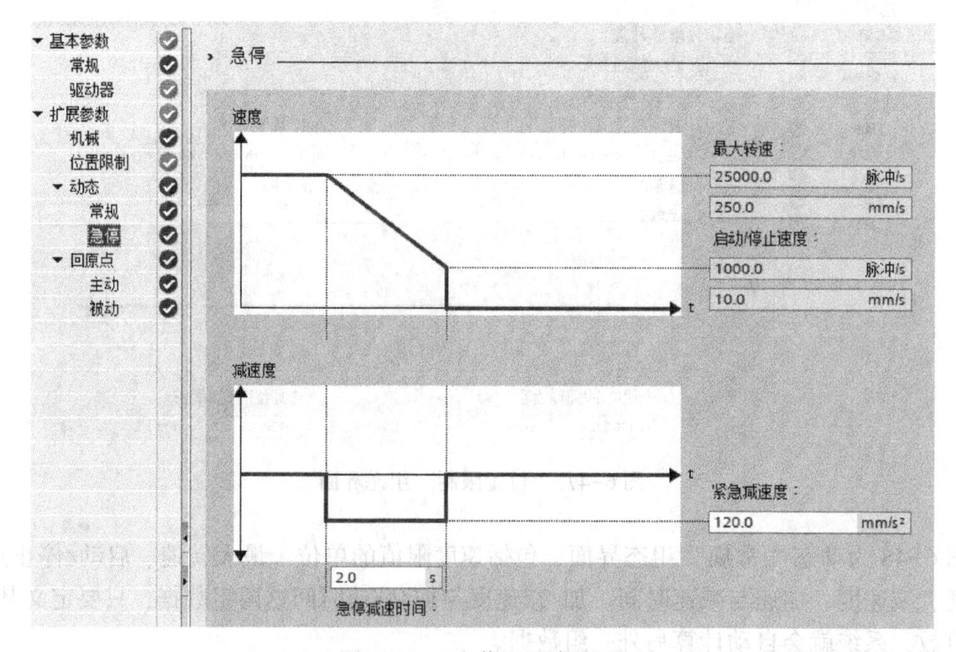

图 6-49　“急停”组态界面

图 6-50 为回原点组态，需要设置参考点开关（本实例选择 I0.6）。使能“允许硬限位开关处自动反转”后，当轴碰到原点之前碰到了硬件限位点时，系统认为原点在反方向，会按组态好的斜坡减速曲线停车并反转，若该功能没有被激活且轴碰到了硬件限位点，则回原点过程会因为错误被取消，并紧急停止。逼近方向定义了在执行原点过程中的初始方向，包括正逼近速度和负逼近速度。逼近速度为进入原点区域时的速度。回原点速度为到原点位置时的速度。起始位置偏移量是当原点开关位置和原点实际位置有差别时，在此输入与原点的偏移量。

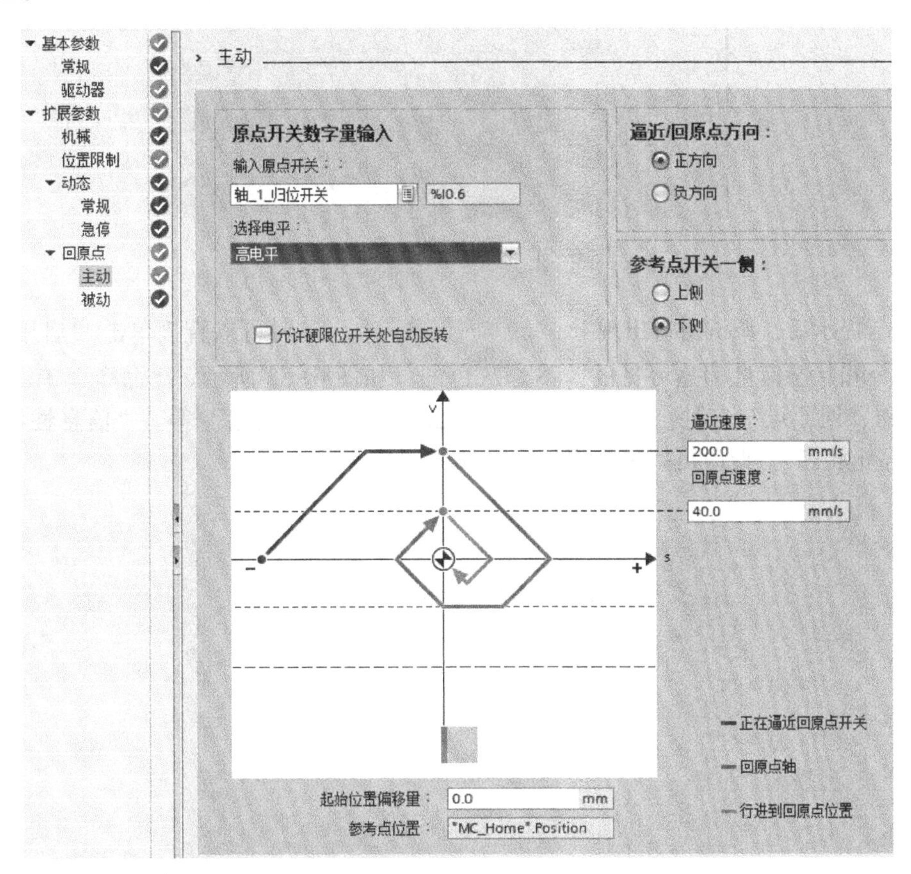

图 6-50　回原点组态

步骤 3：工艺对象“轴”的调试

在组态工艺“轴”后，将 PLC 的硬件配置和软件全部下载到实体 PLC，用户即可选择“调试”功能，使用控制面板调试步进电动机及驱动器，以测试轴的实际运行功能。“轴控制面板”界面如图 6-51 所示。图中显示了选择调试功能后控制面板的最初状态，除了“激活”指令，所有指令都是灰色的。如果错误消息返回“正常”，则可以进行调试。需要注意的是，为了确保调试正常，建议清除主程序，但需要保留工艺对象“轴”。

在“轴控制面板”中，选择主控制：激活，会弹出提示窗口，提醒用户在采用主控制前，先要确认是否已经采取了适当的安全预防措施，同时设置一定的监视时间，如 3000ms，如果未动作，则轴处于未启用状态，需重新“启用”。

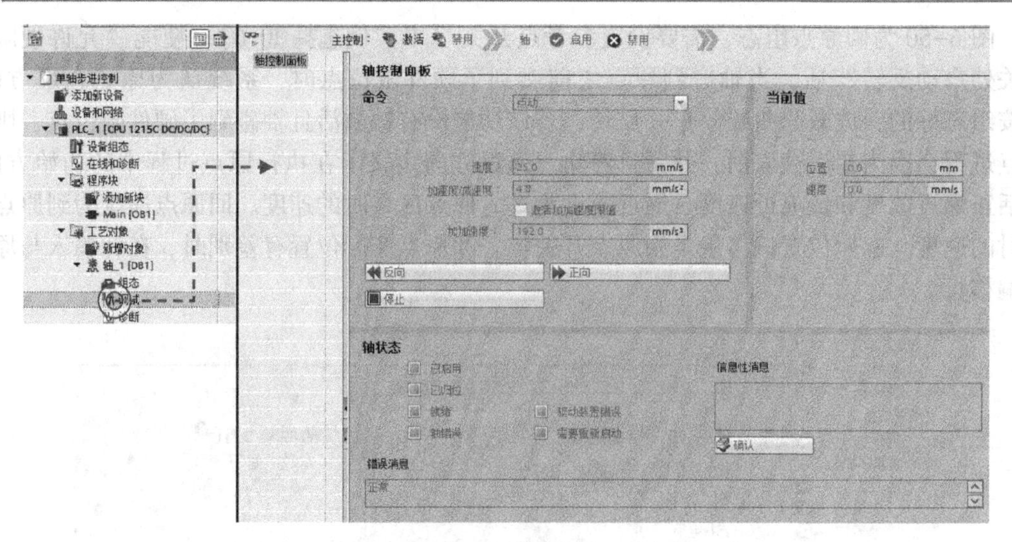

图 6-51 “轴控制面板”界面

在安全提示后，调试窗口出现轴： 启用 禁用，这时可以直接单击“启用”，会出现所有命令和状态信息都是可见的，不是灰色的，如图 6-52 所示。“命令”有“点动”、“定位”和“回原点”三种。“轴状态”有“已启用”和“就绪”等。“信息性消息”有“轴处于停止状态”。此时可以根据提示进行相关调试。

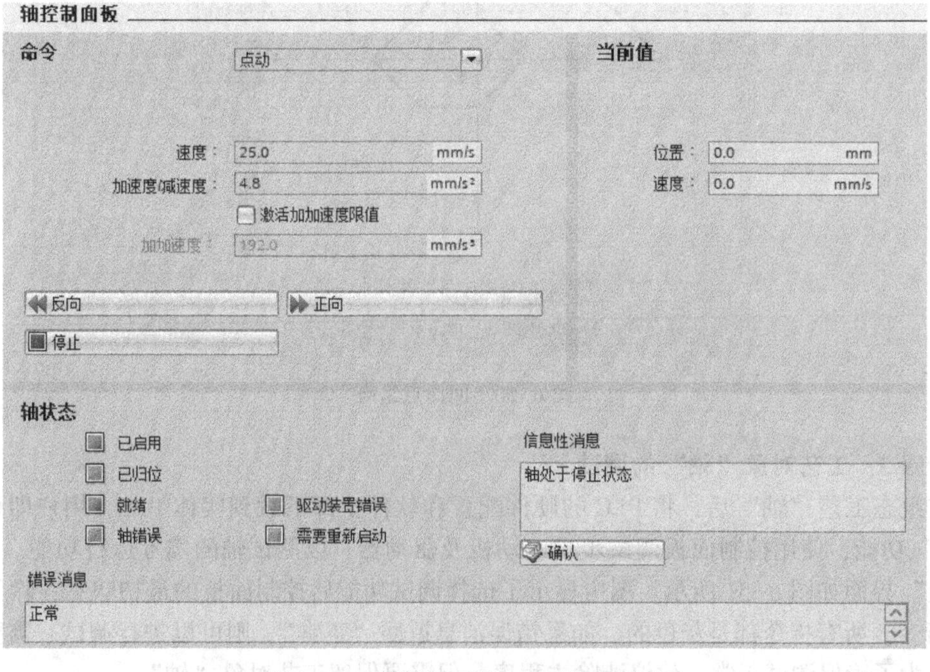

轴控制面板
命令
点动
当前值
速度：25.0 mm/s
加速度/减速度：4.8 mm/s²
激活加加速度限值
加加速度：192.0 mm/s³
位置：0.0 mm
速度：0.0 mm/s
反向
正向
停止
轴状态
已启用
已归位
就绪
轴错误
驱动装置错误
需要重新启动
信息性消息
轴处于停止状态
确认
错误消息
正常

图 6-52 “轴控制面板”处于就绪状态

步骤 4：主程序编程。

图 6-53 为 PLC 梯形图。

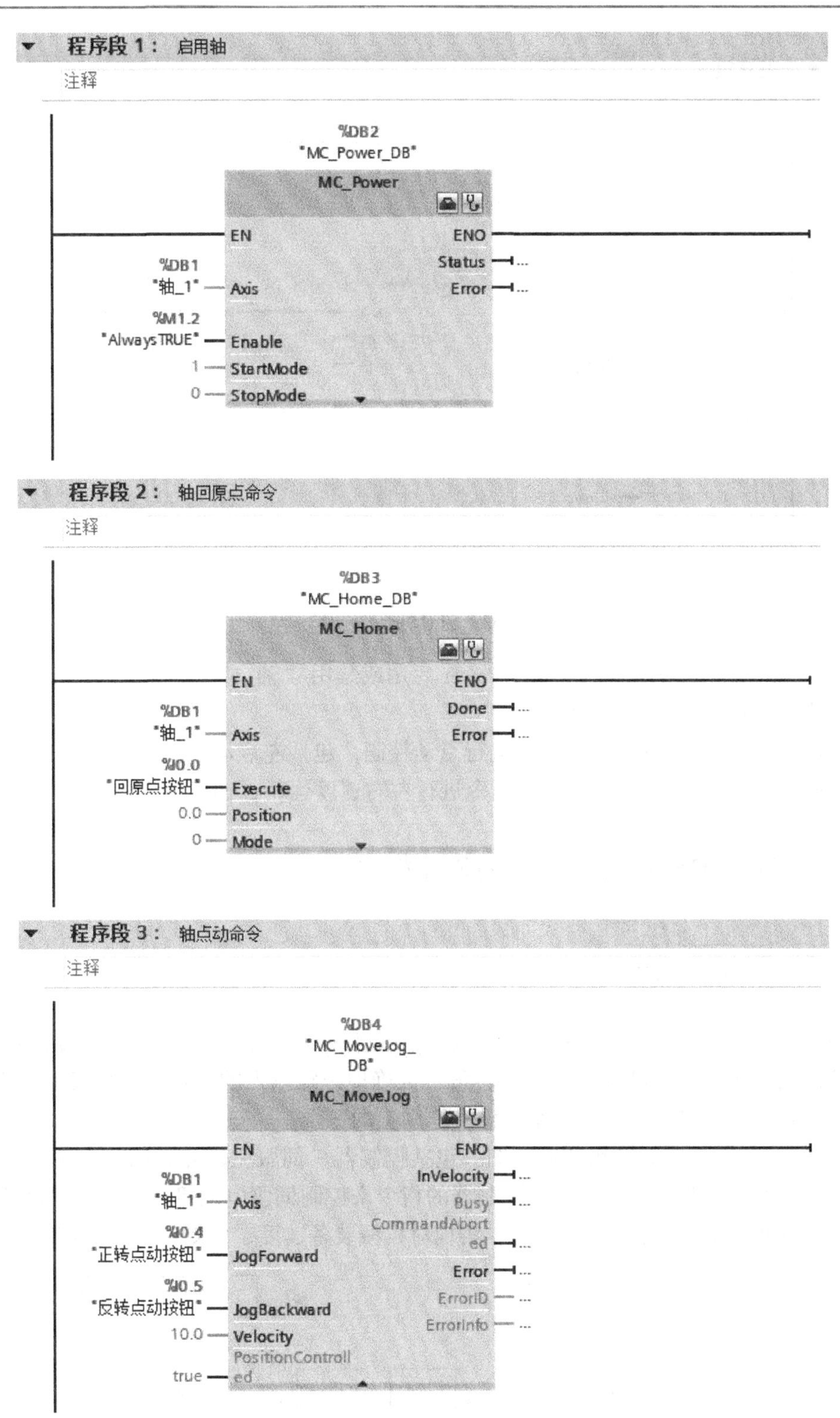

程序段 1： 启用轴
注释
%DB2
"MC_Power_DB"
MC_Power
EN
ENO
Status
Error
%DB1
"轴_1"
Axis
%M1.2
"AlwaysTRUE"
Enable
1
StartMode
0
StopMode
程序段 2： 轴回原点命令
注释
%DB3
"MC_Home_DB"
MC_Home
EN
ENO
Done
Error
%DB1
"轴_1"
Axis
%I0.0
"回原点按钮"
Execute
0.0
Position
0
Mode
程序段 3： 轴点动命令
注释
%DB4
"MC_MoveJog_
DB"
MC_MoveJog
EN
ENO
InVelocity
Busy
CommandAbort
ed
Error
ErrorID
ErrorInfo
%DB1
"轴_1"
Axis
%I0.4
"正转点动按钮"
JogForward
%I0.5
"反转点动按钮"
JogBackward
10.0
Velocity
PositionControll
ed
true

图 6-53　PLC 梯形图

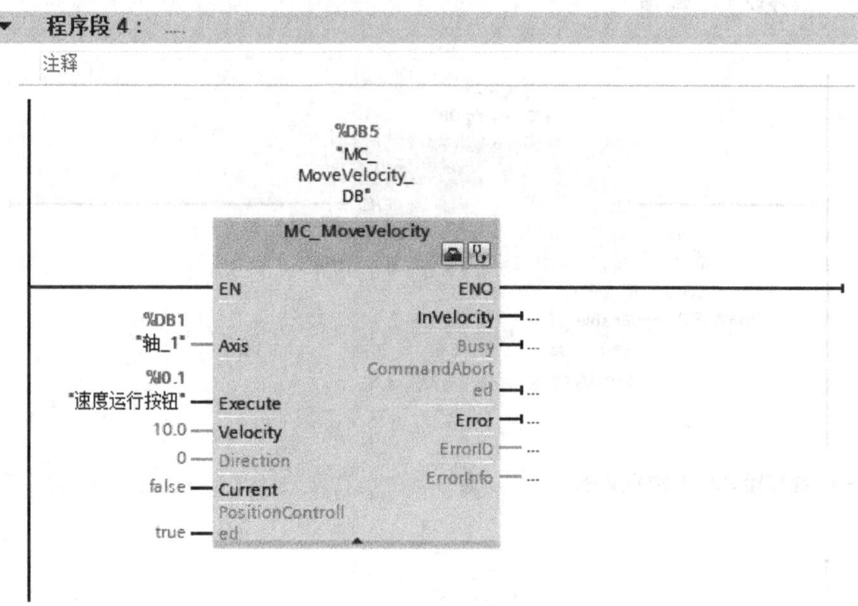

图 6-53　PLC 梯形图（续）

程序段 1：调用运动控制指令 MC_Power 启用或禁用“轴_1”。
程序段 2：调用 MC_Home 回原点。
程序段 3：调用 MC_MoveJog 指令进行点动控制，包括左点动、右点动、点动速度。
程序段 4：调用 MC_MoveVelocity 指令进行左右速度运行，速度值可以正、负表示。

 6.4　V90 PN 伺服的运动控制模式

6.4.1　伺服系统概述

伺服系统专指被控制量（系统的输出量）是机械位移或位移速度、加速度的反馈控制系统，其作用是使输出的机械位移（或转角）准确地跟踪输入的位移（或转角）。伺服系统的结构组成和其他形式的反馈控制系统没有原则上的区别。

图 6-54 为伺服控制系统组成原理图，包括控制器、伺服驱动器、伺服电动机及位置检测反馈元件等。伺服驱动器通过执行控制器的指令来控制伺服电动机，进而驱动机械装备的运动部件（这里指的是丝杠、工作台），实现对机械装备速度、转矩和位置的控制。

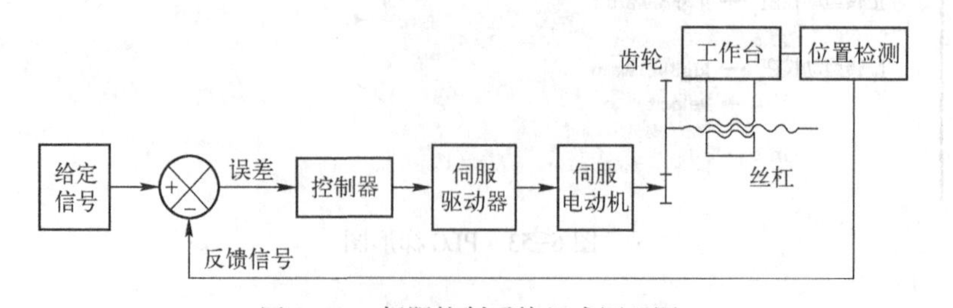

图 6-54　伺服控制系统组成原理图

从自动控制理论的角度来分析，伺服控制系统一般包括控制器、被控对象、执行环节、检测环节、比较环节等五部分。

（1）比较环节

比较环节是将输入的指令信号与系统的反馈信号进行比较，以获得输出与输入间的偏差信号，通常由专门的电路或计算机来实现。

（2）控制器

控制器通常是 PLC、计算机或 PID 控制电路，主要任务是对比较元件输出的偏差信号进行变换处理，控制执行元件按要求动作。

（3）执行环节

执行环节的作用是按控制信号的要求，将输入各种形式的能量转化成机械能，驱动被控对象工作。这里一般指各种电动机、液压、气动伺服机构等。

（4）被控对象

被控对象包括位移、速度、加速度、力、力矩等。

（5）检测环节

检测环节是指能够对输出进行测量并转换成比较环节所需量纲的装置，一般包括传感器和转换电路。

6.4.2　伺服电动机与驱动器的结构

1. 伺服电动机的结构

伺服电动机与步进电动机不同的是，伺服电动机是将输入的电压信号变换成转轴的角位移或角速度输出，控制速度和位置精度非常准确。

按使用的电源性质不同，伺服电动机可以分为直流伺服电动机和交流伺服电动机。直流伺服电动机由于存在如下缺点：电枢绕组在转子上不利于散热；绕组在转子上，转子惯量较大，不利于高速响应；电刷和换向器易磨损需要经常维护、限制速度、换向时会产生电火花等。因此，直流伺服电动机慢慢地被交流伺服电动机替代。

交流伺服电动机一般是指永磁同步型电动机，主要由定子、转子及测量转子的位置传感器构成。定子与一般三相感应电动机的定子类似，采用三相对称绕组结构。其轴线在空间彼此相差 120°，如图 6-55 所示。转子贴有磁性体，一般有两对以上的磁极；位置传感器一般为光电编码器或旋转变压器。

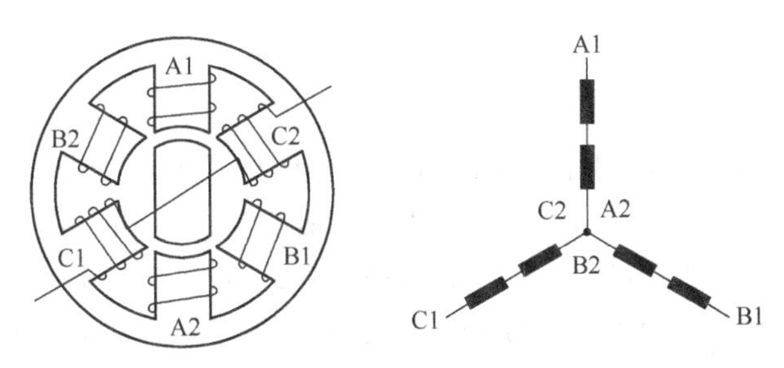

图 6-55　永磁同步型交流伺服电动机的定子结构

在实际应用中，伺服电动机的结构通常会采用如图 6-56 所示的方式，包括定子、转子、轴承、编码器、编码器连接线、伺服电动机连接线等。

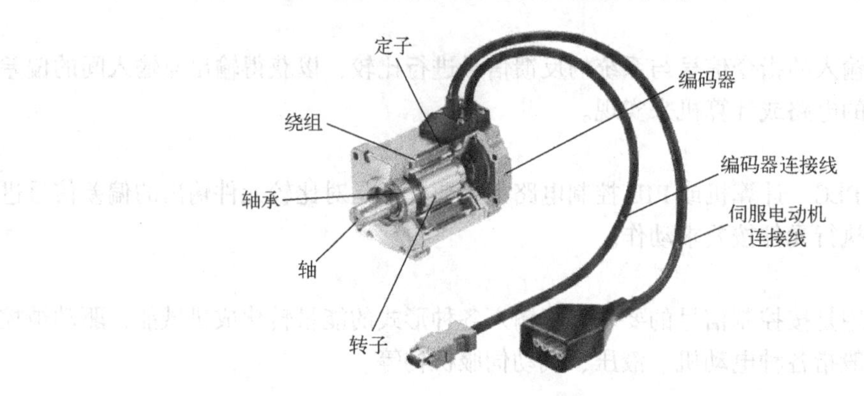

图 6-56　伺服电动机的通用结构

2. 伺服驱动器的结构

伺服驱动器又称功率放大器，用于将工频交流电源转换成幅度和频率均可变的交流电源提供给伺服电动机，内部结构如图 6-57 所示，主要包括主电路和控制电路。

伺服驱动器的主电路包括整流电路、充电保护电路、滤波电路、再生制动电路（能耗制动电路）、逆变电路和动态制动电路，比变频器的主电路增加了动态制动电路，即在逆变电路基极断路时，在伺服电动机和端子间加上适当的电阻器进行制动。电流检测器用于检测伺服驱动器输出电流的大小，并通过电流电测电路反馈给 DSP 控制电路。有些伺服电动机除了编码器，还带有电磁制动器，在制动线圈未通电时，伺服电动机抱闸，线圈通电后，抱闸松开，伺服电动机方可正常运行。

控制电路有单独的控制电路电源，除了可为 DSP 及检测保护等电路提供电源外，对于大功率伺服驱动器来说，还可为散热风机提供电源。

3. 西门子 V90 PN 伺服驱动器的结构

西门子 V90 PN 伺服驱动器具有 200V 和 400V 两种类型。图 6-58 为 400V 级的 V90 PN 外观示意。图 6-59 为与之配套的 S-1FL6 伺服电动机外观。

6.4.3 【实例 6-3】丝杠机构的 V90 PN 伺服控制

实例说明

图 6-60 为由触摸屏和 PLC 共同控制 V90 PN 伺服驱动丝杠滑台运行示意，要求能在触摸屏上实现如下功能：（1）组态手动/自动切换、故障复位、轴停止、轴回零、正向点动、反向点动、绝对定位、速度模式手动启动等按钮；（2）设定点动速度、绝对定位速度、绝对定位位置、速度模式指定速度、速度模式指定方向等参数；（3）显示轴错误、轴使能、到达上限位（正向限位）、到达下限位（反向限位）、轴回零完成、绝对定位完成、轴当前位置、轴当前速度等。

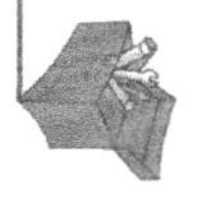

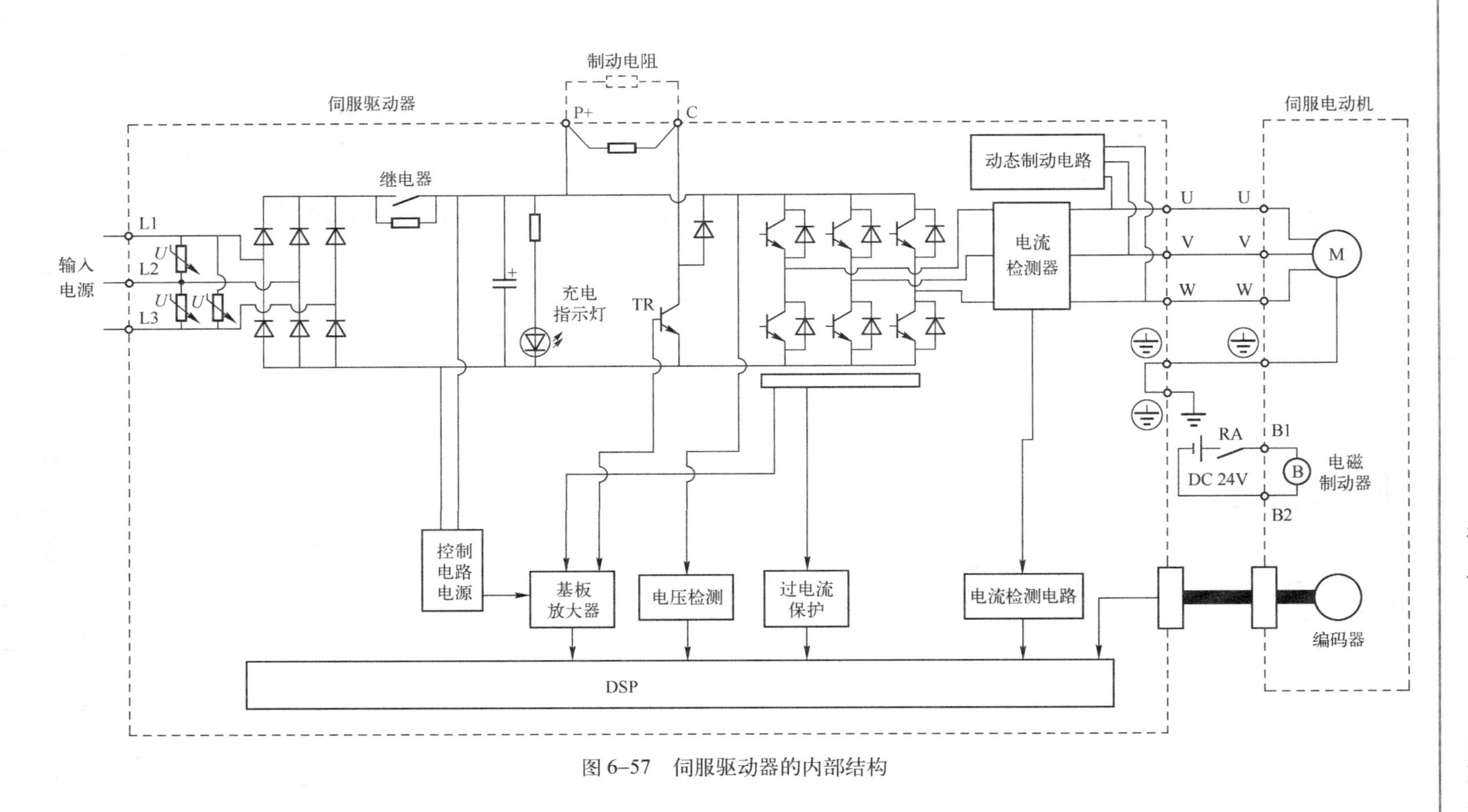

图 6-57　伺服驱动器的内部结构

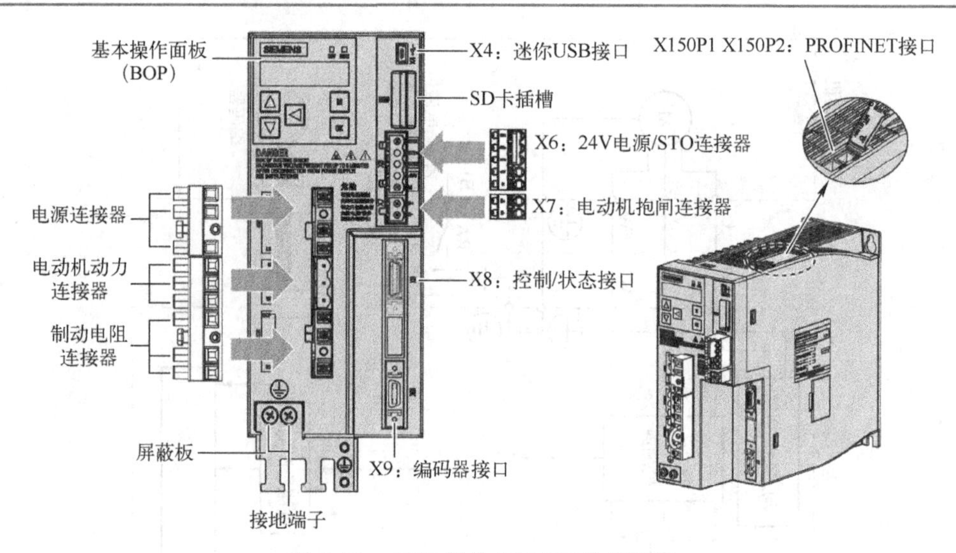

图 6-58　400V 级的 V90 PN 外观示意

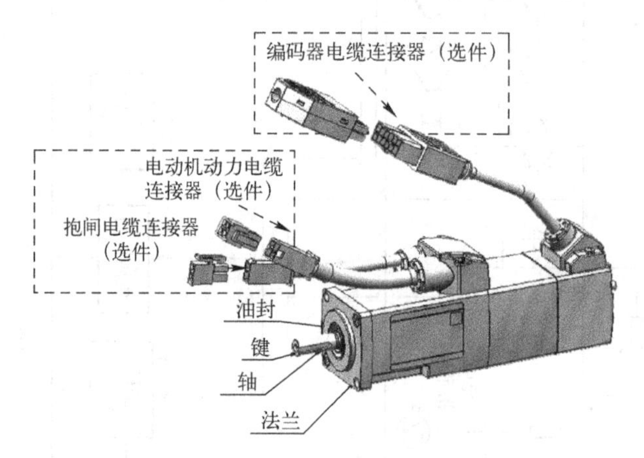

图 6-59　S-1FL6 伺服电动机外观

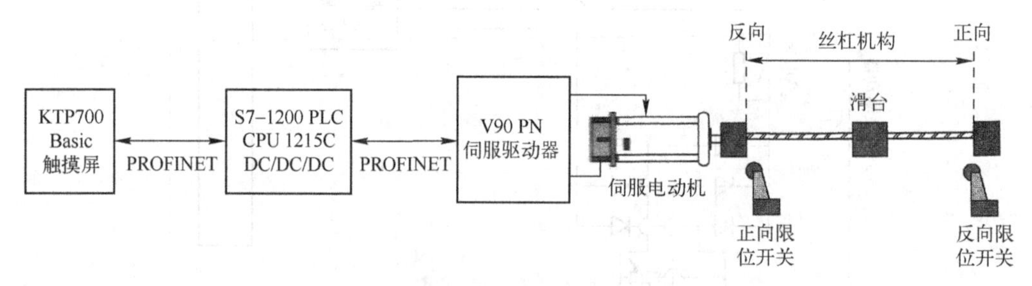

图 6-60　控制示意

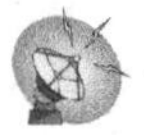

实施步骤

步骤 1：电气接线和输入定义

本实例选择 V90 PN 伺服驱动器（订货号为 6SL3210-5FE10-8UF0）和 S-1FL6 伺服电动机（订货号为 1FL6044-1AF61-2LB1），触摸屏、PLC 和伺服驱动器之间采用 PROFINET 相连。图 6-61 为电气原理图。表 6-7 为输入定义。

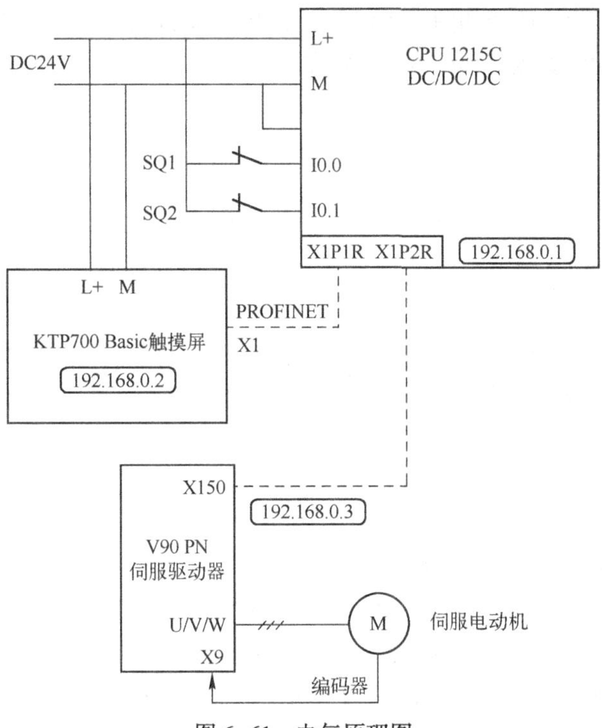

图 6-61　电气原理图

表 6-7　输入定义

	PLC 软元件	元件符号/名称
输入	I0. 0	SQ1/上限位（正向）
	I0. 1	SQ2/下限位（反向）

步骤 2：PROFINET 连接配置

选择配置好 PLC 和触摸屏，并设置好 IP 地址后，在如图 6-62 所示中，单击“硬件目录”→“Other field devices”→“PROFINET IO”→“Drives”→“SIEMENS AG”→“SINAMICS”→“SINAMICS V90 PN V1. 0”，将 SINAMICS V90 PN V1. 0 拖入设备与网络视图，完成后如图 6-63 所示。

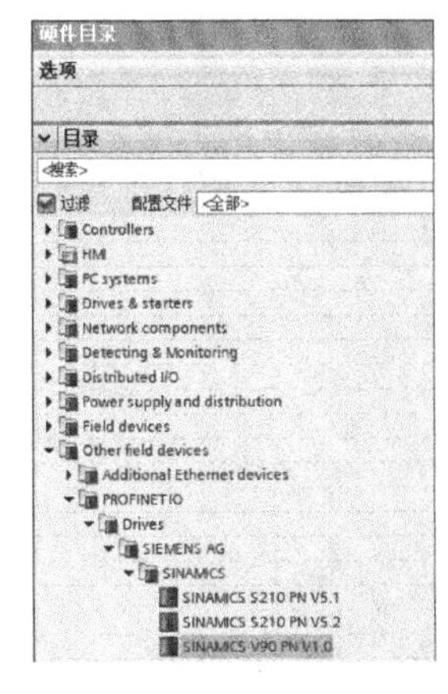

图 6-62　“硬件目录”界面

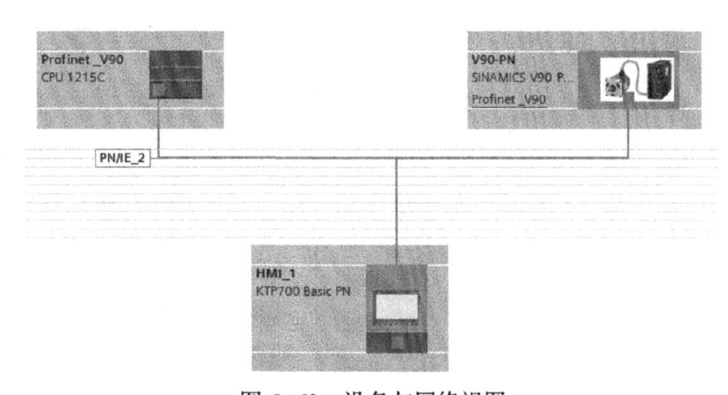

图 6-63　设备与网络视图

双击“V90-PN”后，选择如图 6-64 所示的“Submodules”→“标准报文 3，PZD-5/9”，完成后的 V90 PN 驱动设备概览如图 6-65 所示。

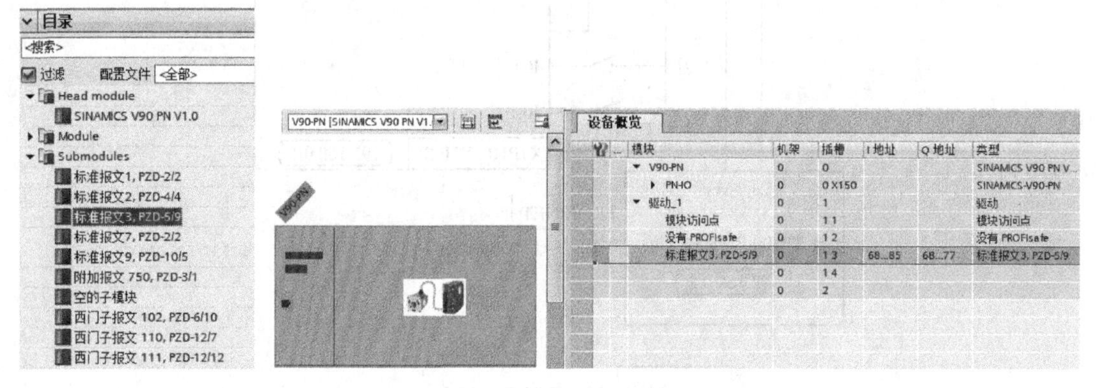

图 6-64　选择标准报文 3　　　　图 6-65　“设备概览”界面

步骤 3：运动控制工艺对象组态

图 6-66 为运动控制“工艺对象”组态。与【实例 6-2】不同的是，驱动器选择的是“PROFIdrive”（见图 6-67）。驱动器设置为“标准报文 3”（见图 6-68）。“编码器”设置如图 6-69 所示。“位置限制”设置如图 6-70 所示。“主动”回原点设置如图 6-71 所示。

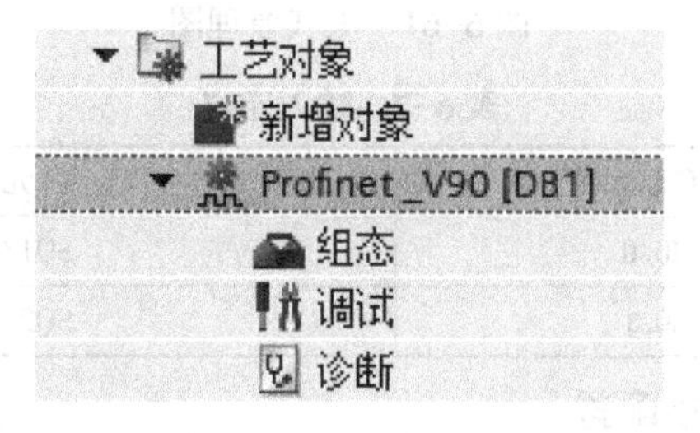

图 6-66　“工艺对象”组态

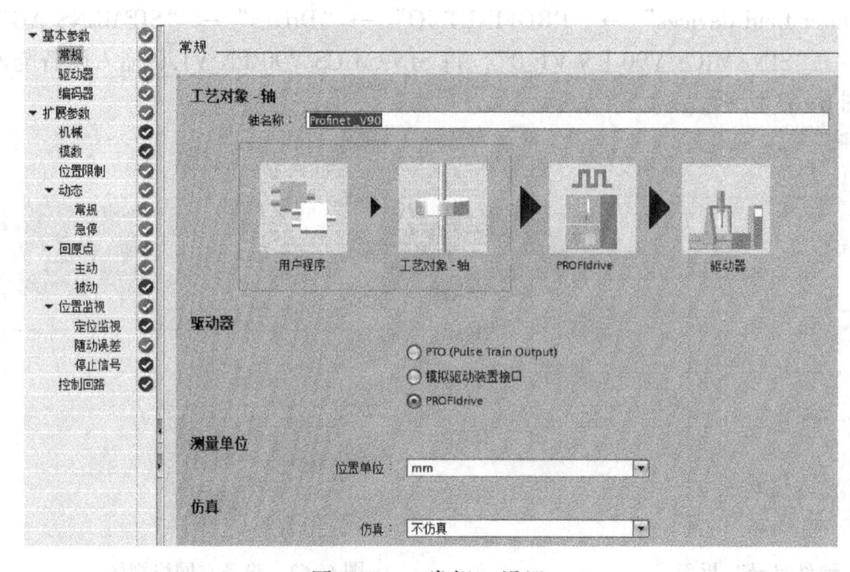

图 6-67　“常规”设置

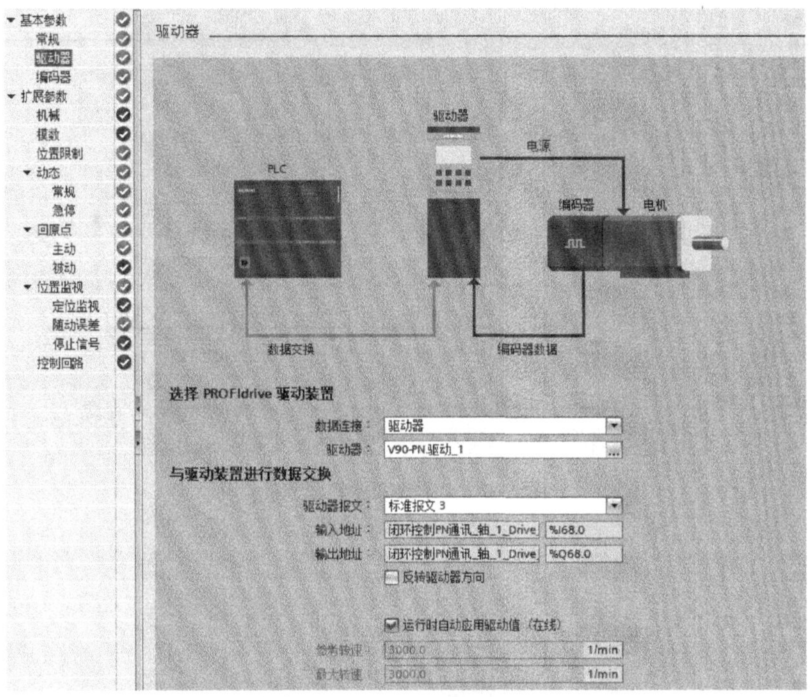

图 6-68　“驱动器”设置

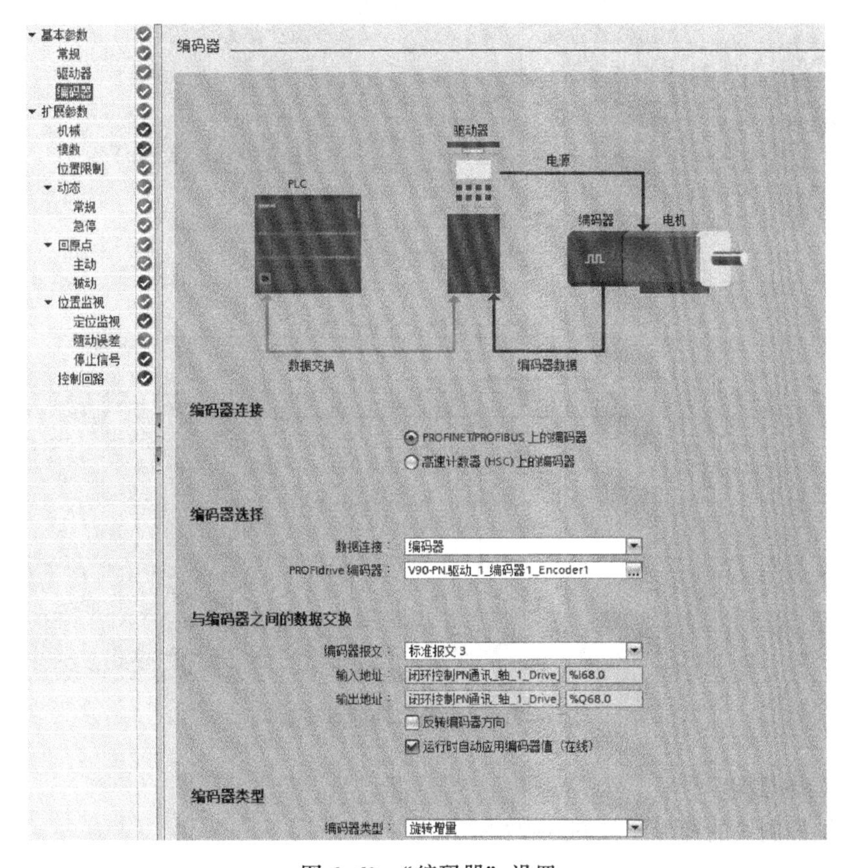

图 6-69　“编码器”设置

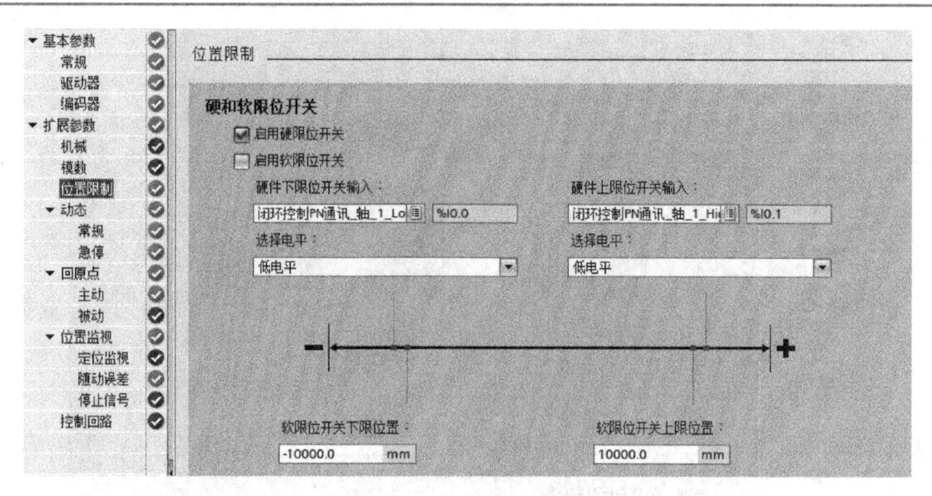

图 6-70 “位置限制”设置

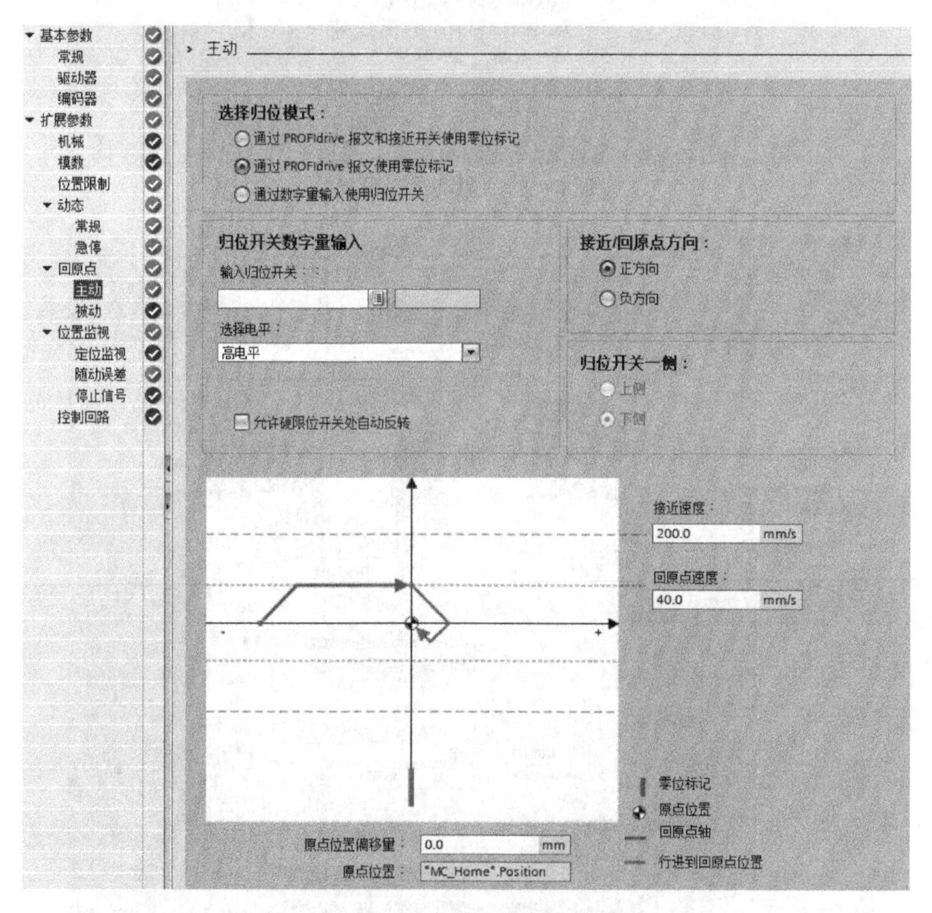

图 6-71 “主动”回原点设置

步骤 4：FB 编程

FB510 轴控制块的梯形图如图 6-72 所示。

▼ 程序段 1： 手动/自动状态

注释

#"手/自动" —| |— #手动状态 —( )—

#"手/自动" —|/|— #自动状态 —( )—

▼ 程序段 2： 轴使能

注释

#MC_Power_Instance

MC_Power

EN / ENO

#Axis — Axis　Status — #"1轴使能状态"

#轴使能 — Enable　Busy — #"1轴启用中"

1 — StartMode　Error — #"1轴启用发生错误"

0 — StopMode　ErrorID — #"1轴启用错误ID"

ErrorInfo — #"1轴启用错误信息"

▼ 程序段 3： 轴复位

注释

#Axis_positioningaxis.StatusBits.Error —| |— (并联 #伺服报警 —| |—) — #轴故障复位 —| |— #"1轴复位" —( )—

#MC_Reset_Instance

MC_Reset

EN / ENO

#Axis — Axis　Done — #"1轴复位完成"

#"1轴复位" — Execute　Busy — #"1轴复位中"

Error — #"1轴复位发生错误"

ErrorID — #"1轴复位错误ID"

ErrorInfo — #"1轴复位错误信息"

#"1轴复位完成" —| |— #"1轴复位发生错误" —|/|— #轴故障清除 —( )—

▼ 程序段 4： 轴参数更改（加速时间、减速时间、急停减速时间、平滑时间）

注释

#更改轴动态参数 —| |— #"1轴参数更改完成" —|/|— #"1轴参数更改错误" —|/|— #手动状态 —| |— #伺服报警 —| |— #Axis_positioningaxis.StatusBits.Standstill —| |— #Axis_positioningaxis.StatusBits.Error —|/|— #"1更改加速时间" —( )—; #"1更改减速时间" —( )—; #"1更改急停减速时间" —( )—; #"1更改平滑时间" —( )—; #"1轴参数更改" —( )—

#MC_ChangeDynamic_Instance

MC_ChangeDynamic

EN / ENO

#Axis_SpeedAxis — Axis

#"1轴参数更改" — Execute　Done — #"1轴参数更改完成"

#"1更改加速时间" — ChangeRampUp　Error — #"1轴参数更改错误"

#加速时间 — RampUpTime

#"1更改减速时间" — ChangeRampDown　ErrorID — #"1轴参数更改错误ID"

#减速时间 — RampDownTime　ErrorInfo — #"1轴参数更改错误信息"

#"1更改急停减速时间" — ChangeEmergency

#急停减速时间 — EmergencyRampTime

false — ChangeJerkTime

0.25 — JerkTime

图 6-72　FB510 轴控制块的梯形图

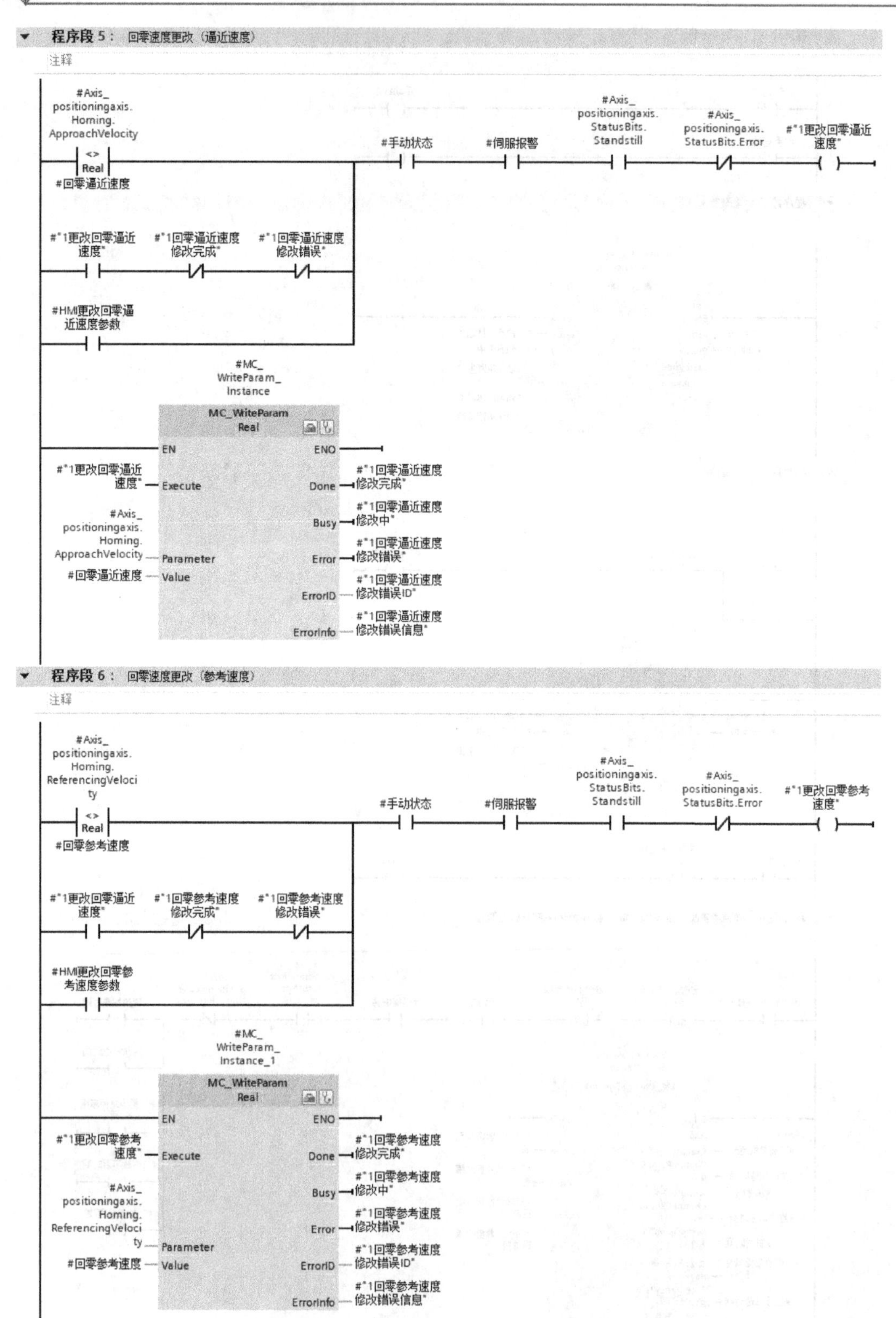

图 6-72　FB510 轴控制块的梯形图（续）

图 6-72　FB510 轴控制块的梯形图（续）

▼ **程序段 9：** JOG点动__通过运动控制指令"MC_MoveJog"，在点动模式下以指定的速度连续移动轴。

注释

#手动状态 #伺服报警 #"JOG+" #"JOG-" #Axis_positioningaxis.StatusBits.HWLimitMaxActive #"1正向点动"

#"JOG-" #"JOG+" #Axis_positioningaxis.StatusBits.HWLimitMinActive #"1负向点动"

#"JOG+" #"JOG-" MOVE EN ENO #点动速度 IN OUT1 #"1点动速度"

#"JOG+" #"JOG-" MOVE EN ENO 0.0 IN OUT1 #"1点动速度"

#MC_MoveJog_Instance

MC_MoveJog

EN ENO

#Axis_SpeedAxis Axis InVelocity #"1点动速度达到"

#"1正向点动" JogForward Busy #"1点动执行中"

#"1负向点动" JogBackward CommandAborted #"1点动被中断"

#"1点动速度" Velocity Error #"1点动发生错误"

ErrorID #"1点动错误ID"

ErrorInfo #"1点动错误信息"

▼ **程序段 10：** 绝对定位__运动控制指令"MC_MoveAbsolute"启动轴定位运动，将轴移动到某个绝对位置。

注释

#MC_MoveAbsolute_Instance

MC_MoveAbsolute

EN ENO

Done #"1轴定位到达"

#Axis_positioningaxis Axis Busy #"1轴定位进行中"

CommandAborted #"1轴定位被中断"

#自动状态 #自动绝对定位启动 Execute Error #"1轴定位错误"

#绝对位置 Position ErrorID #"1轴定位错误ID"

#手动状态 #手动绝对定位启动 #绝对速度 Velocity

1 Direction ErrorInfo #"1轴定位错误信息"

#"1轴定位到达" #轴绝对定位完成

#"1轴定位进行中" #轴绝对定位中

图 6-72 FB510 轴控制块的梯形图（续）

▼ 程序段 11： 相对定位_通过运动控制指令"MC_MoveRelative"，启动相对于起始位置的定位运动。

注释

#MC_
MoveRelative_
Instance

MC_MoveRelative

EN ENO

#Axis_
positioningaxis — Axis

Done —#轴相对定位完成

Busy —#轴相对定位中

#自动状态 #自动相对定位启动

CommandAborted —#"1轴相对定位被中断"

Execute

#相对位置 — Distance

Error —#"1轴相对定位错误"

#相对速度 — Velocity

#手动状态 #手动相对定位启动

ErrorID — #"1轴相对定位错误ID"

ErrorInfo — #"1轴相对定位错误信息"

▼ 程序段 12： 速度模式_通过运动控制指令"MC_MoveVelocity"，根据指定的速度连续移动轴。

注释

#MC_
MoveVelocity_
Instance

MC_MoveVelocity

EN ENO

#Axis_SpeedAxis — Axis

InVelocity —#速度模式达到指定的速度

#自动状态 #速度模式自动启动

Execute Busy —#速度模式命令正在执行

#速度模式指定速度 — Velocity

CommandAborted —#速度模式被命令中止

#手动状态 #速度模式手动启动

Error —#速度模式错误

#速度模式指定方向 — Direction

ErrorID — #速度模式错误ID

false — Current

ErrorInfo — #速度模式错误信息

▼ 程序段 13： 输出

注释

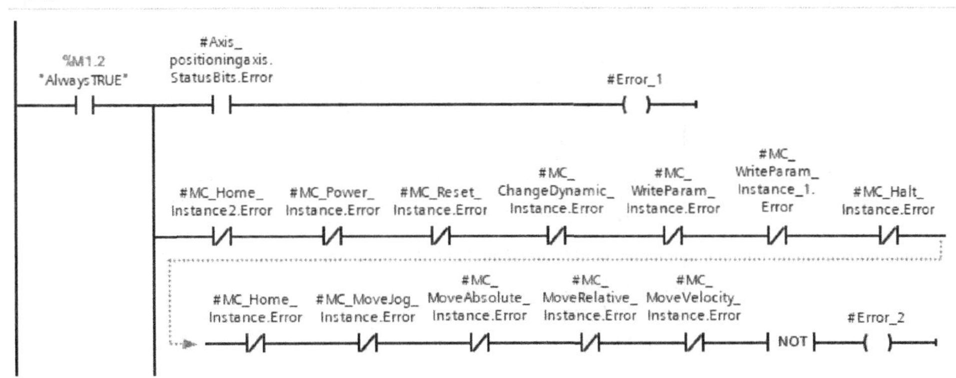

图 6-72 FB510 轴控制块的梯形图（续）

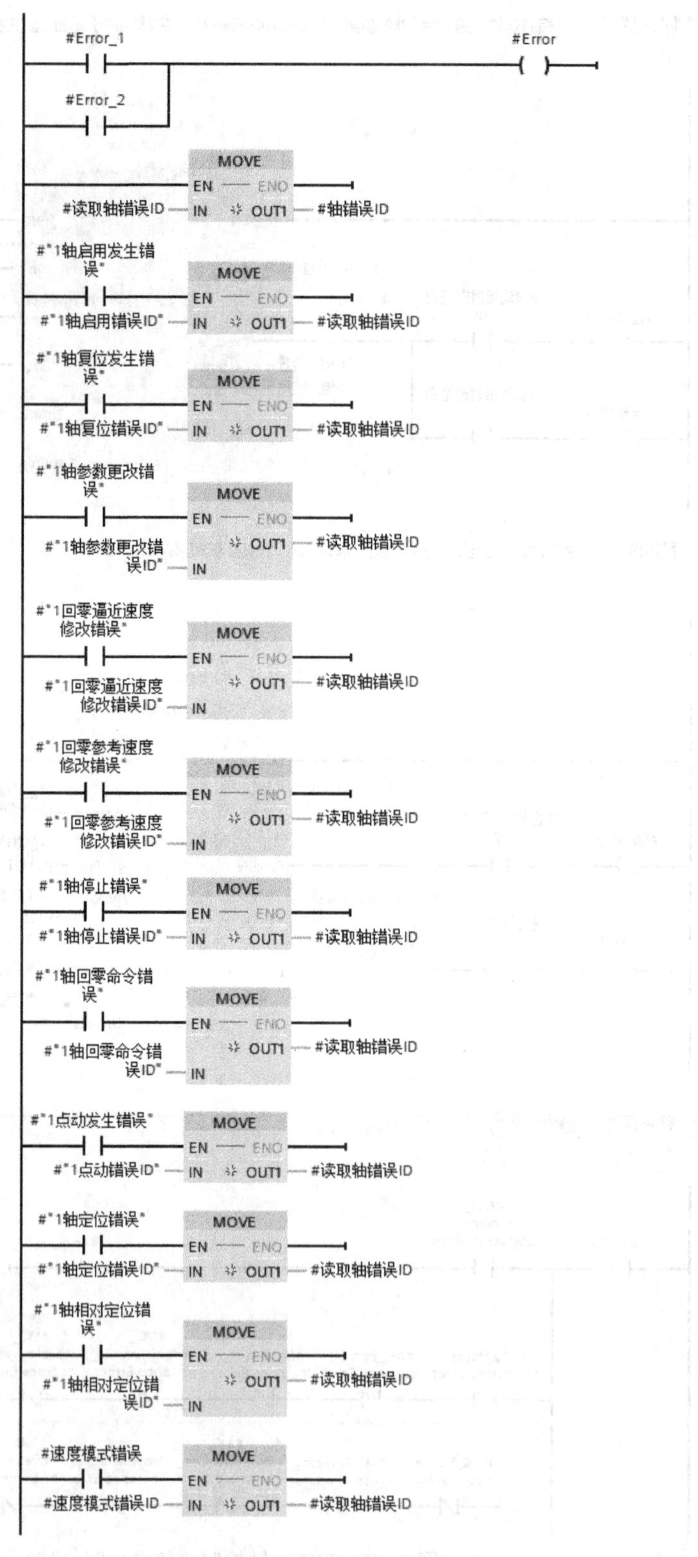

图 6-72　FB510 轴控制块的梯形图（续）

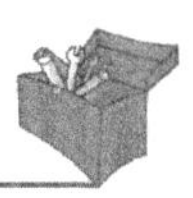

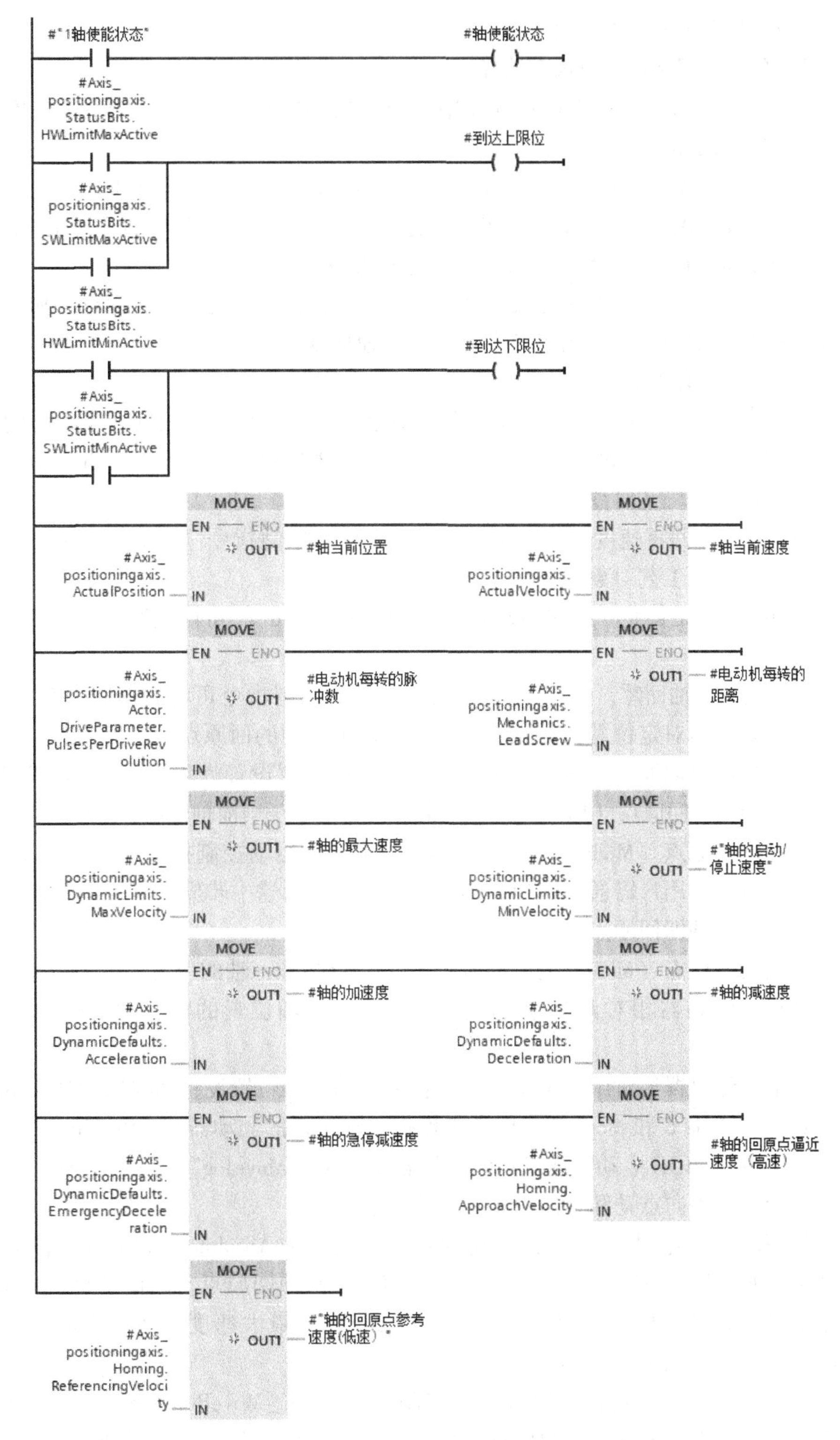

图 6-72　FB510 轴控制块的梯形图（续）

图 6-72 的具体解释如下。

程序段 1：手动/自动状态选择。

程序段 2：轴使能，必须在程序中一直调用 MC_Power 指令，并保证 MC_Power 指令在其他 Motion Control 指令的前面调用。

其中，StartMode=0：速度控制；StartMode=1：位置控制（默认）。

StopMode=0：紧急停止，按照轴工艺对象参数中的“急停”速度停止轴。

StopMode=1：立即停止，PLC 立即停止发脉冲。

StopMode=2：带有加速度变化率控制的紧急停止，如果用户组态了加速度变化率，则轴在减速时会把加速度变化率考虑在内，减速曲线变得平滑。

程序段 3：轴复位。

程序段 4：轴参数更改（加速时间、减速时间、急停减速时间、平滑时间）。

程序段 5：回零速度更改（逼近速度）。运动控制指令“MC_WriteParam”可在用户程序中写入定位轴工艺对象的变量。

程序段 6：回零速度更改（参考速度）。运动控制指令“MC_WriteParam”可在用户程序中写入定位轴工艺对象的变量。

程序段 7：轴停止。通过运动控制指令“MC_Halt”，可停止所有运动并以组态的减速度停止轴。

程序段 8：轴回零。使用“MC_Home”运动控制指令可将轴坐标与实际物理驱动器位置匹配。轴的绝对定位需要回原点。可执行以下类型的回原点：

※直接绝对回原点（Mode=0）：将当前的轴位置设置为参数“Position”的值。

※直接相对回原点（Mode=1）：当前轴位置值等于当前轴位置 + 参数“Position”的值。

※被动回原点（Mode=2）：被动回原点期间，运动控制指令“MC_Home”不会执行任何回原点运动。用户需通过其他运动控制指令，执行这一步骤中所需的行进移动。检测到回原点开关时，轴即回原点。

※主动回原点（Mode=3）：自动执行回原点步骤，轴的位置值为参数“Position”的值。

※绝对编码器相对调节（Mode=6）：将当前轴位置的偏移值设置为参数“Position”的值。

※绝对编码器绝对调节（Mode=7）：将当前的轴位置设置为参数“Position”的值。

其中，Mode 6 和 Mode 7 仅用于带模拟驱动接口的驱动器和 PROFIdrive 驱动器。

程序段 9：JOG 点动。通过运动控制指令“MC_MoveJog”，在点动模式下以指定的速度连续移动轴。正向点动和负向点动不能同时触发。

程序段 10：绝对定位。运动控制指令“MC_MoveAbsolute”启动轴定位运动，将轴移动到某个绝对位置。在使能绝对位置指令之前，轴必须回原点。因此“MC_MoveAbsolute”指令之前必须有 MC_Home 指令。速度“Velocity”≤最大速度。运动方向“Direction”仅在“模数”已启用的情况下生效。

程序段 11：相对定位。通过运动控制指令“MC_MoveRelative”，启动相对于起始位置的定位运动。不需要轴执行回原点命令。速度“Velocity”≤最大速度。

程序段 12：速度模式。通过运动控制指令“MC_MoveVelocity”，根据指定的速度连续移动轴。

Direction：

Direction=0：旋转方向取决于参数“Velocity”值的符号。

Direction=1：正方向旋转，忽略参数“Velocity”值的符号。

Direction=2：负方向旋转，忽略参数“Velocity”值的符号。

Current：

Current=0：轴按照参数“Velocity”和“Direction”值运行。

Current=1：轴忽略参数“Velocity”和“Direction”值，以当前速度运行。

注意：可以设定“Velocity”数值为 0.0，触发指令后，轴会以组态的减速度停止运行，相当于执行“MC_Halt”指令。

程序段 13：输出各种信号。

步骤 5：FC500 和 OB1 编程

FC500 梯形图如图 6-73 所示。

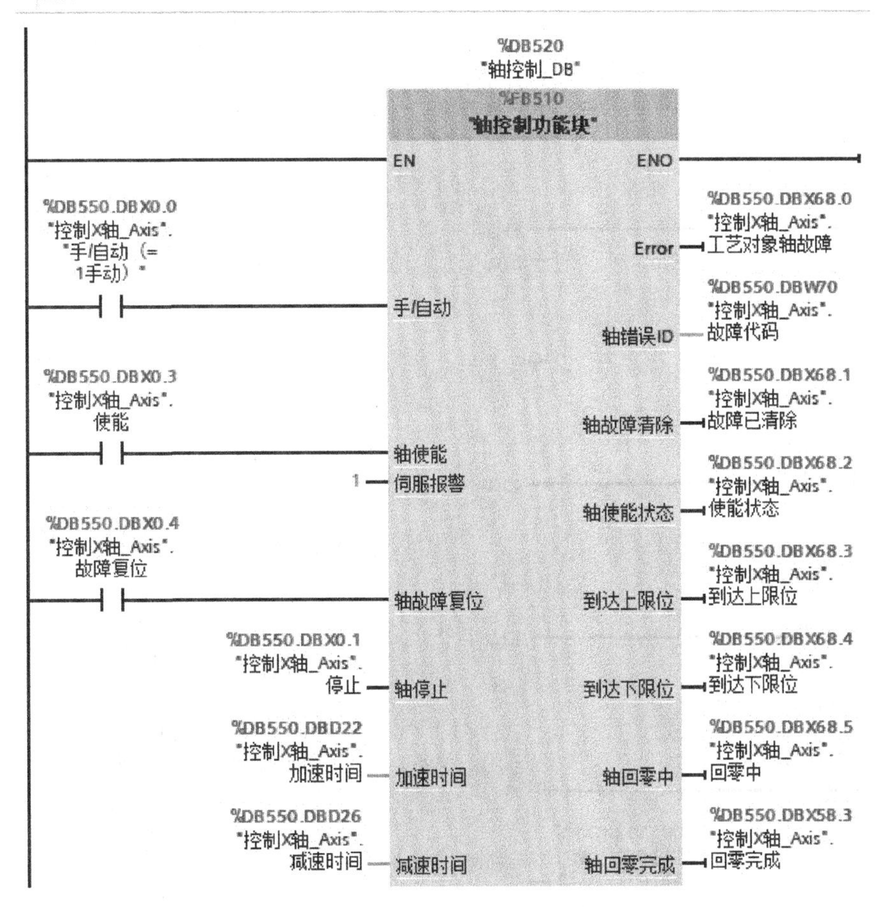

图 6-73　FC500 梯形图

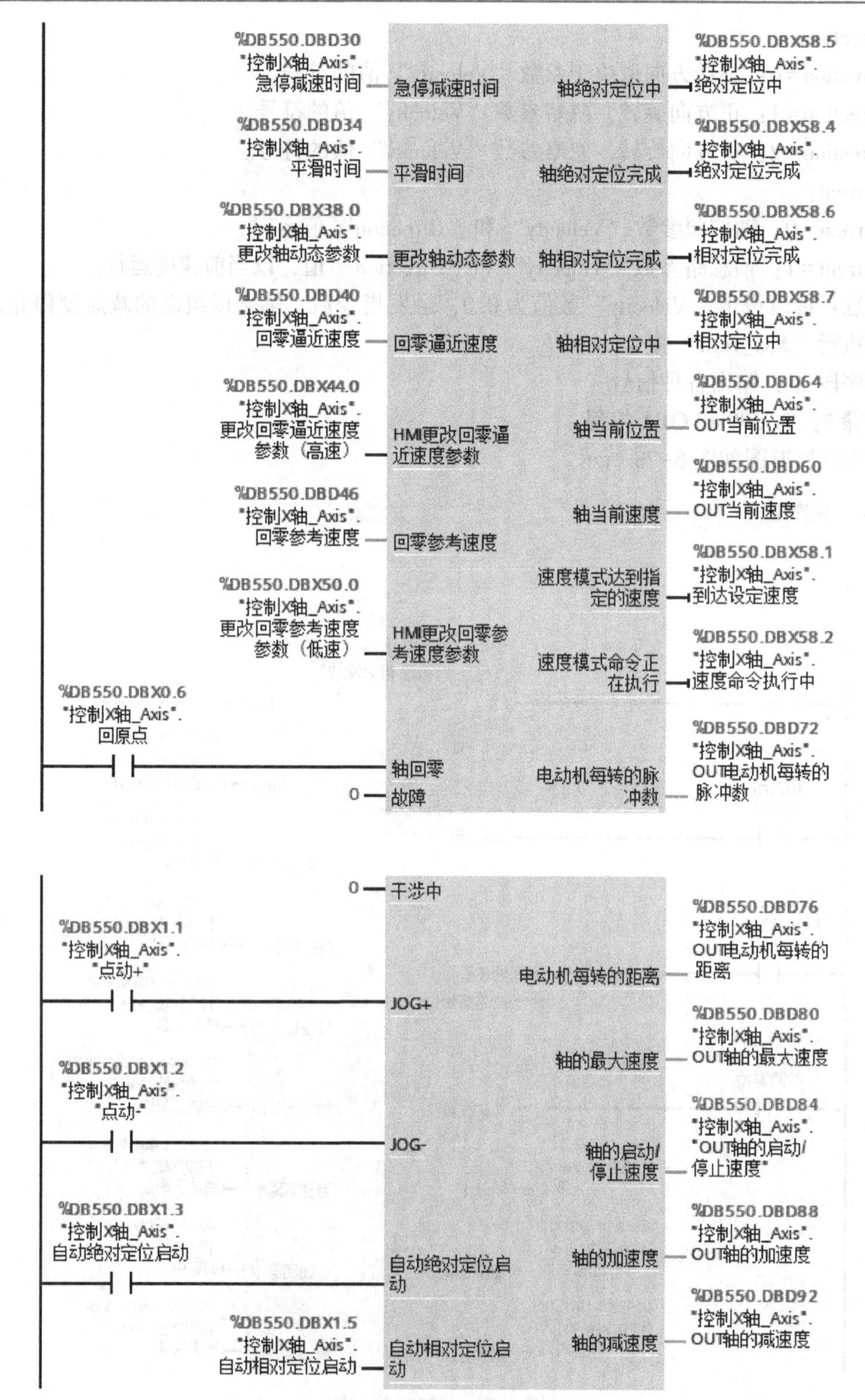

图 6-73　FC500 梯形图（续）

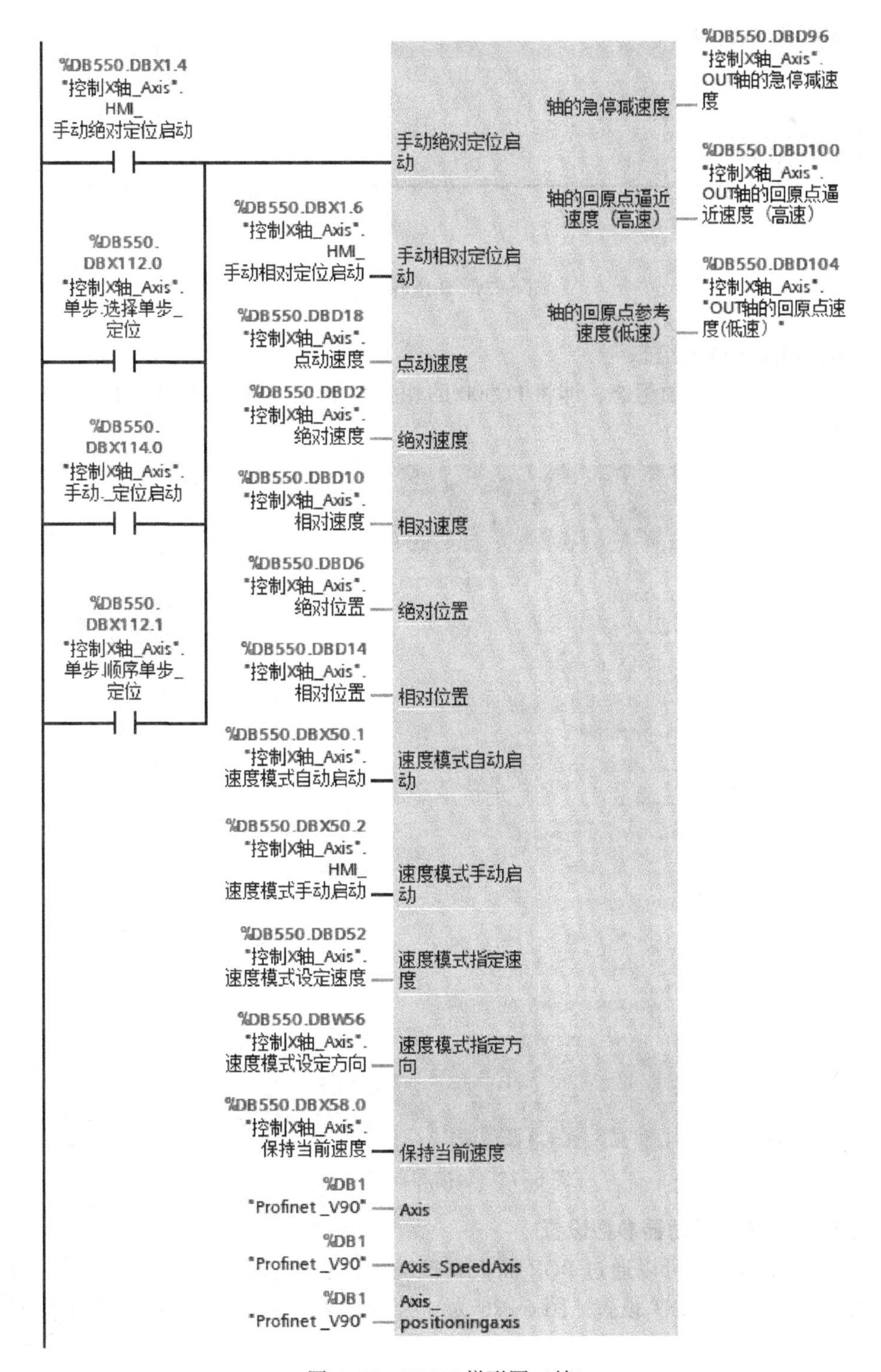

图 6-73　FC500 梯形图（续）

OB1 梯形图如图 6-74 所示。

▼ 程序段 1： 调用FC500

注释

%FC500
"轴控状态"
EN ENO

图 6-74 OB1 梯形图

步骤 6：触摸屏画面组态

图 6-75 为触摸屏画面组态，即将 FC500 的相关参数与触摸屏的按钮动作、I/O 域、显示结合起来。

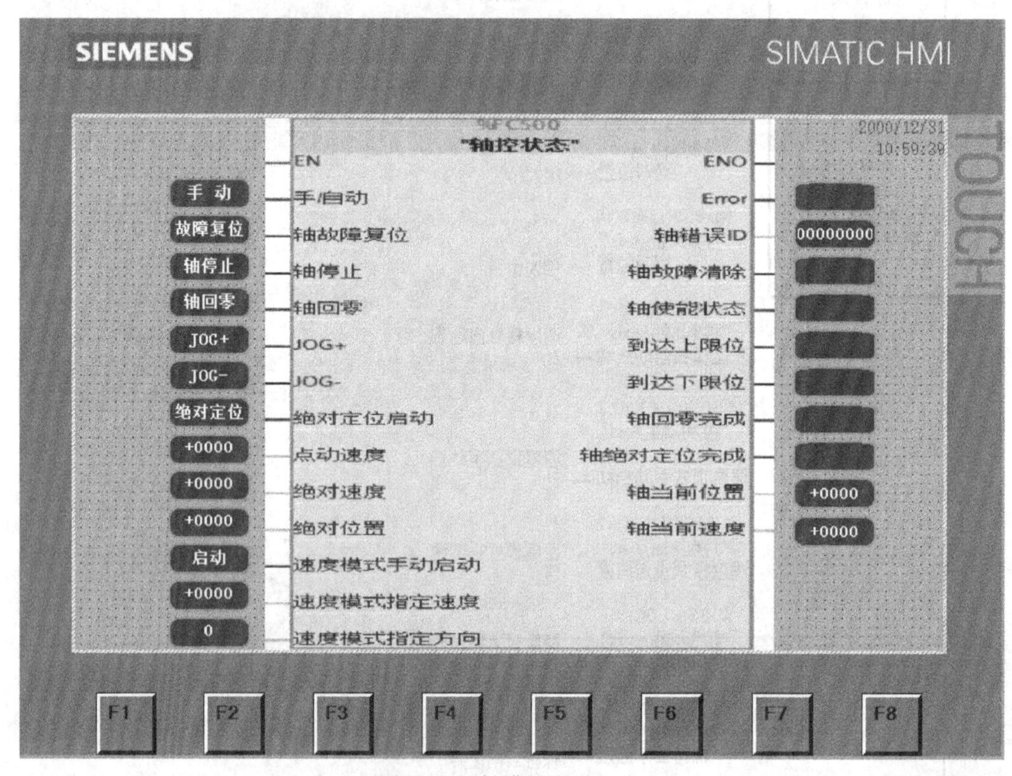

图 6-75 触摸屏画面组态

步骤 7：V90 PN 驱动器参数设置

V90 PN 驱动器参数可以通过 BOP 面板直接输入，也可以采用调试软件 SINAMICS V-ASSISTANT 设置。图 6-76 为“控制模式”选择。这里选择“速度控制（S）”。

图 6-77 为“选择报文”界面。这里选择“3：标准报文 3：PZD-5/9”。

配置网络 IP 协议如图 6-78 所示，包括 IP 地址 192.168.0.2、子网掩码 255.255.255.0 等，PN 站名一定要与 S7-1200 PLC 项目中的配置相同。

以上步骤设置完成后，需要重启 V90 PN 驱动器参数设置才能生效。

图 6-76　“控制模式”选择

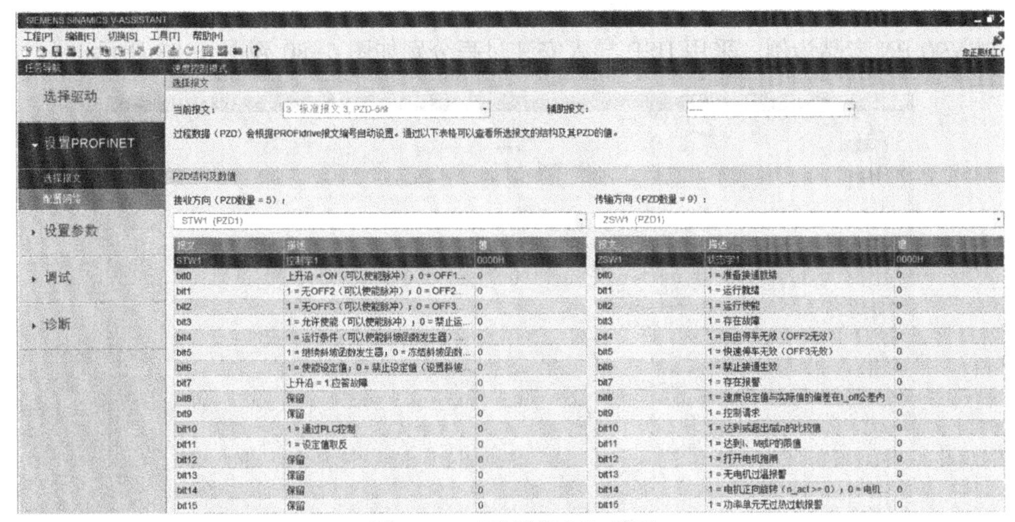

图 6-77　“选择报文”界面

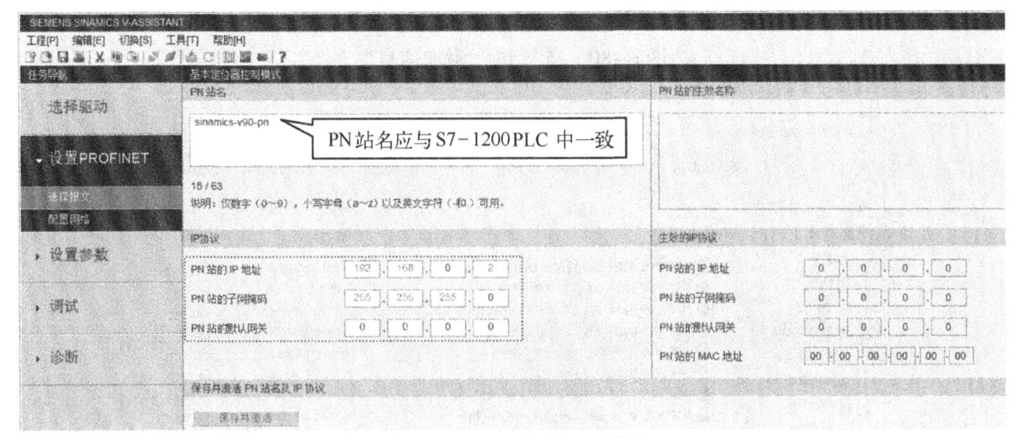

图 6-78　配置网络 IP 协议

小贴士

由于西门子产品更新速度快，经常需要在硬件目录中更新，以 PROFINET 产品为例，有两种方法可以更新：一种是下载 GSD 文件后导入“管理通用站描述文件”；另一种是采用

HSP（Hardware Support Packet）导入“支持包”，如图 6-79 所示。两者的区别在于 GSD 是单个硬件的识别和配置文件，HSP 相当于很多 GSD 文件的结合。

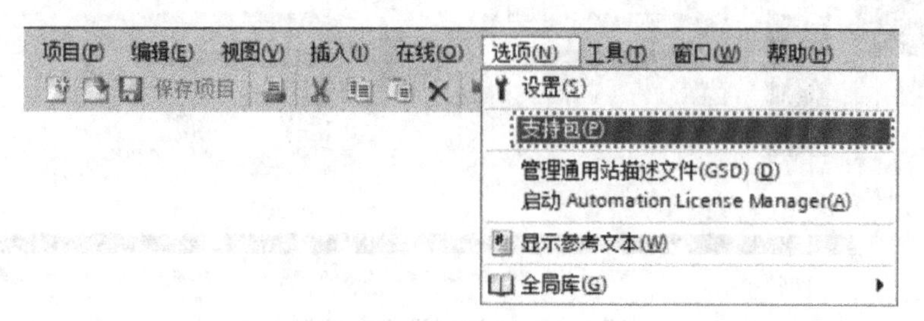

图 6-79　导入“支持包”

以 V90 PN 产品为例，采用 HSP 导入安装过程分别如图 6-80 到图 6-83 所示。

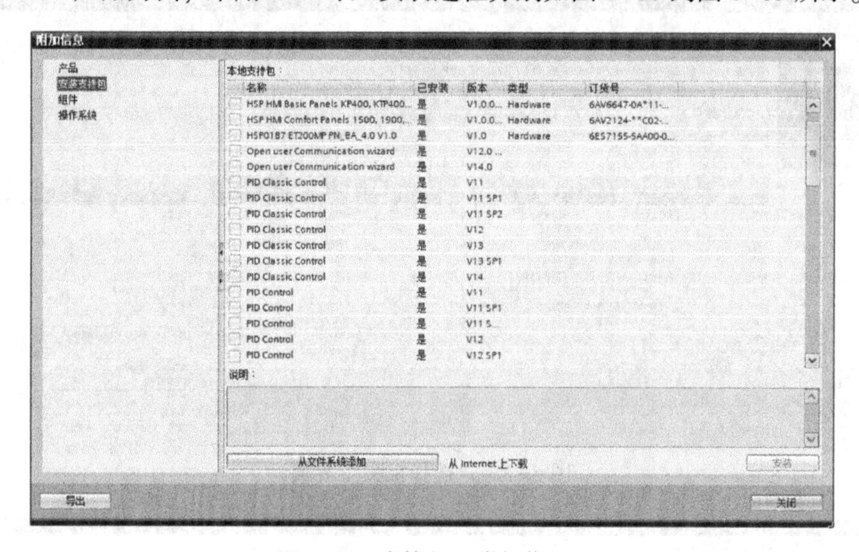

图 6-80　支持包“附加信息”

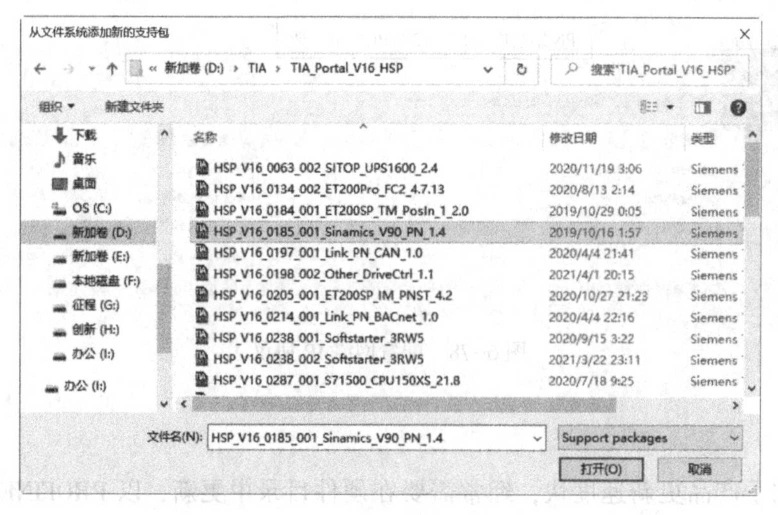

图 6-81　“从文件添加新的支持包”界面

图 6-82　HSP 安装提示一

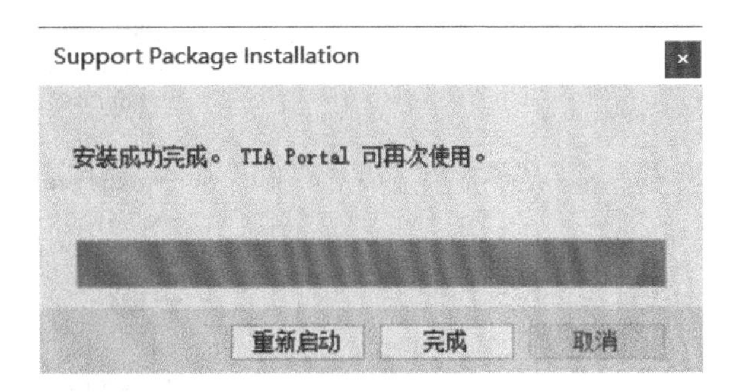

图 6-83　HSP 安装提示二

6.5　V90 PN 伺服的 EPOS 控制模式

6.5.1　FB284 指令概述

当 V90 PN 驱动器通过 PROFINET 与 S7-1200 PLC 相连时，通过西门子提供的驱动库文件指令 FB284 可实现 V90 PN 的基本定位控制（EPOS），用于直线轴或旋转轴的绝对和相对定位。FB284 文件指令的获得有两种方法，可选择其中一种：

（1）安装 Startdrive 软件，在 TIA Portal 软件中会自动安装驱动库文件指令。

（2）在 TIA Portal 中安装 SINAMICS Blocks DriveLib。

图 6-84 是安装完成的驱动库文件指令，其中就包括 SinaPos（FB284）文件指令。FB284 文件指令示意如图 6-85 所示。FB284 可在循环组织块 OB1 或循环中断组织块（如 OB32）中调用，配合 SINAMICS 驱动中的基本定位功能。需注意，在驱动侧必须激活基本定位功能，并使用西门子 111 通信报文。FB284 的输入参数描述见表 6-8。FB284 的输出参数描述见表 6-9。

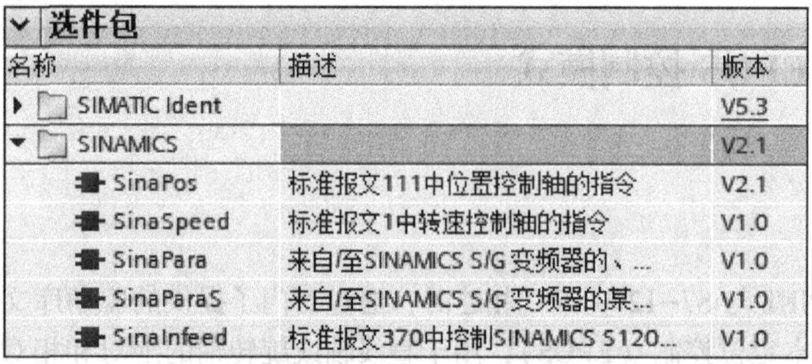

✓ 选件包

名称	描述	版本
▶ SIMATIC Ident		V5.3
▼ SINAMICS		V2.1
SinaPos	标准报文111中位置控制轴的指令	V2.1
SinaSpeed	标准报文1中转速控制轴的指令	V1.0
SinaPara	来自/至SINAMICS S/G 变频器的、...	V1.0
SinaParaS	来自/至SINAMICS S/G 变频器的某...	V1.0
SinaInfeed	标准报文370中控制SINAMICS S120...	V1.0

图 6-84　驱动库文件指令

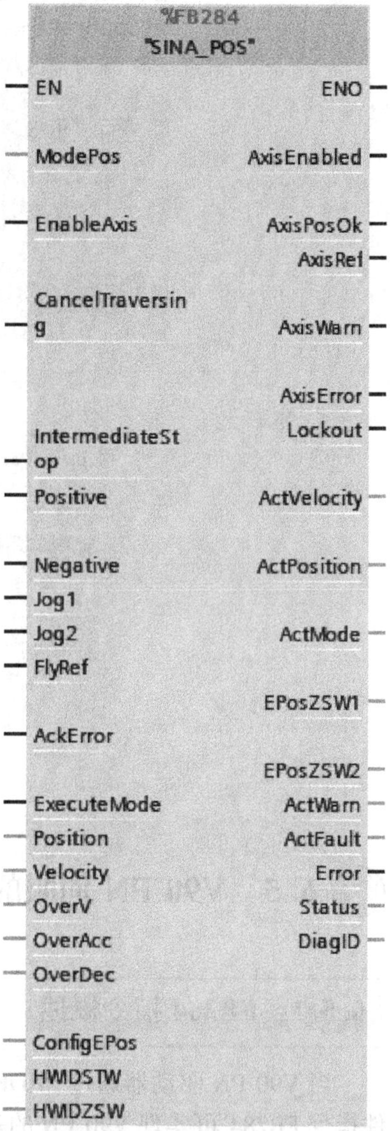

%FB284
"SINA_POS"

输入	输出
EN	ENO
ModePos	AxisEnabled
EnableAxis	AxisPosOk
	AxisRef
CancelTraversing	AxisWarn
	AxisError
IntermediateStop	Lockout
Positive	ActVelocity
Negative	ActPosition
Jog1	
Jog2	ActMode
FlyRef	
	EPosZSW1
AckError	
	EPosZSW2
ExecuteMode	ActWarn
Position	ActFault
Velocity	Error
OverV	Status
OverAcc	DiagID
OverDec	
ConfigEPos	
HWIDSTW	
HWIDZSW	

图 6-85　FB284 文件指令示意

表 6-8　FB284 的输入参数描述

输入参数	类型	默认值	描　述
ModePos	Int	0	运行模式： 1=相对定位； 2=绝对定位； 3=连续运行模式（按指定速度运行）； 4=主动回零； 5=直接设置回零位置； 6=运行程序段 0~15； 7=按指定速度点动； 8=按指定距离点动

续表

<table>
<tr><th>输入参数</th><th>类型</th><th>默认值</th><th>描　　述</th></tr>
<tr><td>EnableAxis</td><td>Bool</td><td>0</td><td>伺服运行命令：
0=停止（OFF1）；
1=启动</td></tr>
<tr><td>CancelTraversing</td><td>Bool</td><td>1</td><td>0=取消当前的运行任务；
1=不取消当前的运行任务</td></tr>
<tr><td>IntermediateStop</td><td>Bool</td><td>1</td><td>暂停任务运行：
0=暂停当前运行任务；
1=不暂停当前运行任务</td></tr>
<tr><td>Positive</td><td>Bool</td><td>0</td><td>正方向</td></tr>
<tr><td>Negative</td><td>Bool</td><td>0</td><td>负方向</td></tr>
<tr><td>Jog1</td><td>Bool</td><td>0</td><td>点动信号 1</td></tr>
<tr><td>Jog2</td><td>Bool</td><td>0</td><td>点动信号 2</td></tr>
<tr><td>FlyRef</td><td>Bool</td><td>0</td><td>此输入对 V90 PN 无效</td></tr>
<tr><td>AckError</td><td>Bool</td><td>0</td><td>故障复位</td></tr>
<tr><td>ExecuteMode</td><td>Bool</td><td>0</td><td>激活请求模式</td></tr>
<tr><td>Position</td><td>DInt</td><td>0[LU]</td><td>ModePos=1 或 2 时的位置设定值；
ModePos=6 时的程序段号</td></tr>
<tr><td>Velocity</td><td>DInt</td><td>0
[1000LU/min]</td><td>ModePos=1、2、3 时的速度设定值</td></tr>
<tr><td>OverV</td><td>Int</td><td>100[%]</td><td>设定速度百分比 0~199%</td></tr>
<tr><td>OverAcc</td><td>Int</td><td>100[%]</td><td>ModePos=1、2、3 时的设定加速度百分比 0~100%</td></tr>
<tr><td>OverDec</td><td>Int</td><td>100[%]</td><td>ModePos=1、2、3 时的设定减速度百分比 0~100%</td></tr>
<tr><td>ConfigEPos</td><td>DWord</td><td>0</td><td>可以控制基本定位的相关功能，位的对应关系如下：
<table>
<tr><th>ConfigEPos 位</th><th>功能说明</th></tr>
<tr><td>ConfigEPos. %X0</td><td>OFF2 停止</td></tr>
<tr><td>ConfigEPos. %X1</td><td>OFF3 停止</td></tr>
<tr><td>ConfigEPos. %X2</td><td>激活软件限位</td></tr>
<tr><td>ConfigEPos. %X3</td><td>激活硬件限位</td></tr>
<tr><td>ConfigEPos. %X6</td><td>零点开关信号</td></tr>
<tr><td>ConfigEPos. %X7</td><td>外部程序块切换</td></tr>
<tr><td>ConfigEPos. %X8</td><td>ModePos=2、3 时支持设定值的连续改变并且立即生效</td></tr>
</table>
注意：如果在程序中进行了变量分配，则必须保证初始数值为 3（ConfigEPos. %X0 和 ConfigEPos. %X1 等于 1，不激活则 OFF2 和 OFF3 停止始终生效）</td></tr>
<tr><td>HWIDSTW</td><td>HW_IO</td><td>0</td><td>V90 PN 设备视图中报文 111 的硬件标识符</td></tr>
<tr><td>HWIDZSW</td><td>HW_IO</td><td>0</td><td>V90 PN 设备视图中报文 111 的硬件标识符</td></tr>
</table>

表 6-9　FB284 的输出参数描述

输出参数	类型	默认值	描　述
AxisEnabled	Bool	0	驱动已使能
AxisPosOk	Bool	0	目标位置到达
AxisRef	Bool	0	已设置参考点
AxisWarn	Bool	0	驱动报警
AxisError	Bool	0	驱动故障
Lockout	Bool	0	驱动处于禁止接通状态，检查 ConfigEPos 控制位中的第 0 位和第 1 位是否置 1
ActVelocity	DInt	0	实际速度［十六进制的 40000000h 对应 P2000 参数设置的转速］
ActPosition	DInt	0[LU]	当前位置 LU
ActMode	Int	0	当前激活的运行模式
EPosZSW1	Word	0	EPOS ZSW1 的状态
EPosZSW2	Word	0	EPOS ZSW2 的状态
ActWarn	Word	0	驱动器当前的报警代码
ActFault	Word	0	驱动器当前的故障代码
Error	Bool	0	1=存在错误
Status	Word	0	16#7002：没错误，功能块正在执行； 16#8401：驱动错误； 16#8402：驱动禁止启动； 16#8403：运行中回零不能开始； 16#8600：DPRD_DAT 错误； 16#8601：DPWR_DAT 错误； 16#8202：不正确的运行模式选择； 16#8203：不正确的设定值参数； 16#8204：选择了不正确的程序段号
DiagID	Word	0	通信错误，在执行 SFB 调用时发生错误

6.5.2 【实例 6-4】用 FB284 实现伺服定位控制

实例说明

某特种设备旋转角度定位控制系统采用故障安全型 PLC CPU 1214C FC DC/DC/DC 对 V90 PN 伺服驱动器（订货号为 6SL3210-5FE10-8UF0）和 S-1FL6 伺服电动机（订货号为 1FL6044-1AF61-2LB1）进行控制，要求如下：通过外部启动按钮和停止按钮进行启、停控制；启动后，伺服电动机抱闸打开，进入 KTP900 Basic 触摸屏操作，包括伺服手动回零、伺服手动点动正转、伺服手动点动反转、绝对位置定位（包括位置设定）及显示是否原点位置、当前具体位置信息等。

实施步骤

步骤 1：电气接线

图 6-86 为电气原理图。图中，CPU 1214C FC DC/DC/DC 通过交换机与 KTP900 Basic 触摸屏、V90 PN 驱动器进行 PROFINET 连接，IP 地址如图中所示。表 6-10 为输入/输出定义。

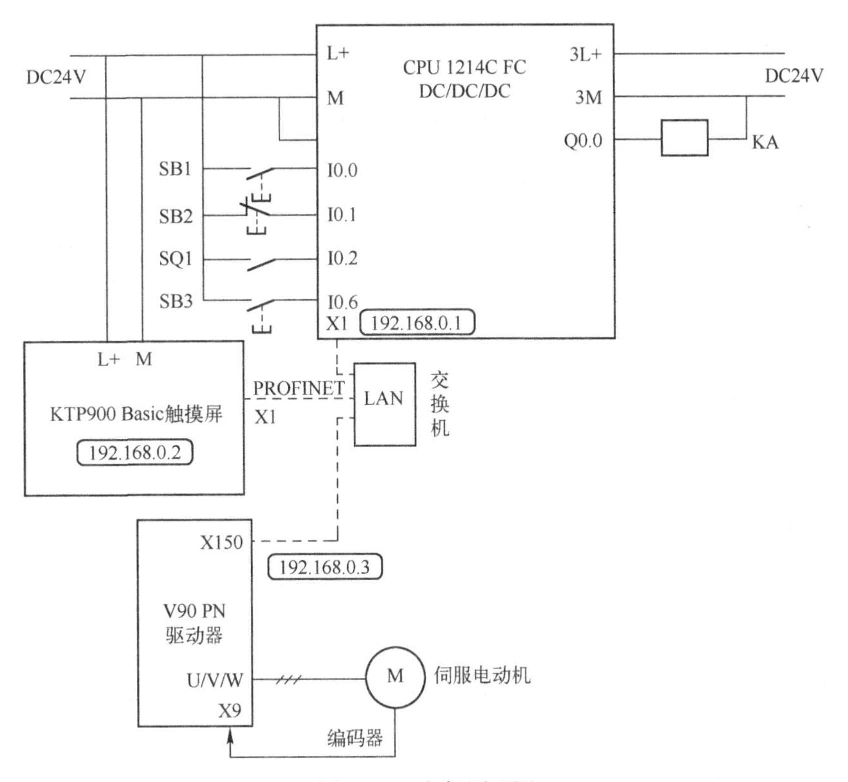

图 6-86 电气原理图

表 6-10 输入/输出定义

	PLC 软元件	元件符号/名称
输入	I0. 0	SB1/启动按钮
	I0. 1	SB2/停止按钮
	I0. 2	SQ1/原点限位
	I0. 6	SB3/复位按钮
输出	Q0. 0	KA/伺服电动机抱闸

步骤 2：PROFINET 连接配置

选择配置好 PLC 和触摸屏，并设置好 IP 地址后，与【实例 6-3】一样，将 SINAMICS V90 PN V1. 0 拖入设备与网络视图，完成后如图 6-87 所示。

双击 SINAMICS V90 PN V1. 0 后，选择"西门子报文 111，PZD-12/12"，"设备概览"界面如图 6-88 所示。

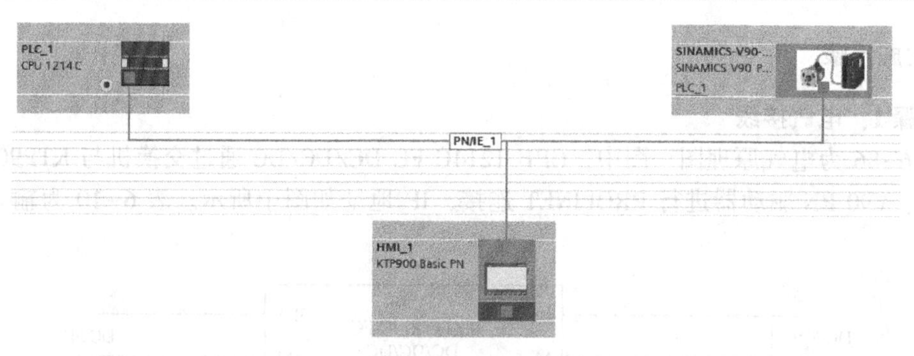

图 6-87　设备与网络视图

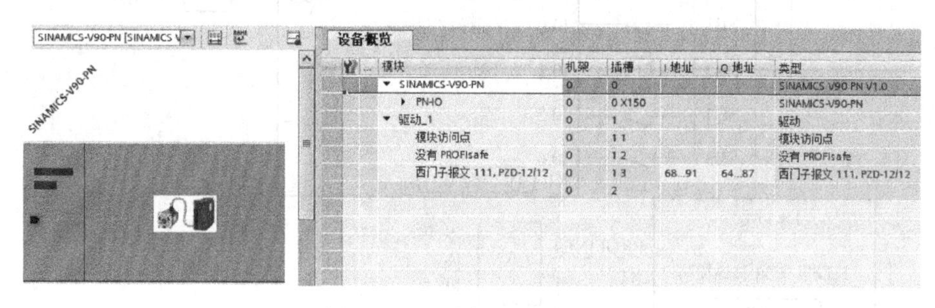

模块	机架	插槽	I 地址	Q 地址	类型
SINAMICS-V90-PN	0	0			SINAMICS V90 PN V1.0
PN-IO	0	0 X150			SINAMICS-V90-PN
驱动_1	0	1			驱动
模块访问点	0	1 1			模块访问点
没有 PROFIsafe	0	1 2			没有 PROFIsafe
西门子报文 111, PZD-12/12	0	1 3	68...91	64...87	西门子报文 111, PZD-12/12
	0	2			

图 6-88　“设备概览”界面

步骤 3：伺服 FB 编程

伺服 FB 编程的基本思路如下：

（1）定义“V90_DB”数据块，用于存放与调用 FB284 相关的定位参数，如图 6-89 所示。

（2）本实例用到 ModePos 运行模式 2（绝对定位）、4（主动回零）、7（按指定速度点动）。

（3）在绝对定位时，输入参数 Position、Velocity，即指定目标位置和速度。

FB 梯形图如图 6-90 所示，具体说明如下：

程序段 1：启动按钮动作，伺服运行命令 EnableAxis 置位；停止按钮动作或输入“安全 DB”.ESTOP 信号，EnableAxis 复位。

程序段 2：当 EnableAxis 为 ON 时，打开伺服电动机抱闸信号。

程序段 3：设备刚启动时，如果未设置参考点，则设定伺服 ModePos 运行模式 4（主动回零）。

程序段 4：触摸屏伺服回零按钮动作，制定目标位置 Position 为 0。

程序段 5：当前位置为伺服原点时，如果执行主动回零模式，则 ConfigEPOS=16#47，即零点开关信号、激活软件限位、OFF3 停止、OFF2 停止均为 1；如果执行其他模式，则 ConfigEPOS=16#7，即激活软件限位、OFF3 停止、OFF2 停止均为 1。

程序段 6：如果已设置参考点，则触摸屏“绝对定位信号”动作，设置 ModePos 运行模式 2（绝对定位）。

程序段 7：在绝对定位时，设置 Positive 为 ON，即正方向，表示模态轴。需要注意的是，在其他情况下，运行方向按照最短路径运行至目标位置，此时输入参数 Positive 和 Neg-

V90_DB

	名称	数据类型	起始值
1	▼ Static		
2	ModePos	Int	0
3	EnableAxis	Bool	false
4	CancelTransing	Bool	false
5	IntermediateStop	Bool	false
6	Positive	Bool	false
7	Negative	Bool	false
8	Jog1	Bool	false
9	Jog2	Bool	false
10	FlyRef	Bool	false
11	AckError	Bool	false
12	ExecuteMode	Bool	false
13	Position	DInt	0
14	Velocity	DInt	0
15	OverV	Int	0
16	OverAcc	Int	0
17	OverDec	Int	0
18	ConfigEPOS	DWord	16#0
19	Error	Bool	false
20	Status	Word	16#0
21	DiagID	Word	16#0
22	ErrorId	Int	0
23	AxisEnabled	Bool	false
24	AxisError	Bool	false
25	AxisWarn	Bool	false
26	AxisPosOk	Bool	false
27	AxisRef	Bool	false
28	ActVelocity	DInt	0
29	ActPosition	DInt	0
30	ActMode	Int	0
31	EPosZSW1	Word	16#0
32	EPosZSW2	Word	16#0
33	ActWarn	Word	16#0
34	ActFault	Word	16#0

图 6-89　定义“V90_DB”数据块

ative 为 0。

程序段 8：绝对定位时，计算实际位置与设定位置的距离。

程序段 9：绝对定位时，设定速度。

程序段 10：伺服模式激活，即通过 ExecuteMode 的上升沿触发回零运动。回零完成后，“AxisRef”输出为 1。触发 ExecuteMode 的高电平保持时间不能太短，建议保持 10ms 以上，因此这里采用 M0.2（2.5Hz）与触摸屏的“可以移动”开关信号 M40.3 串联。

程序段 11：调用 FB284（SINA_POS）。

程序段 12：复位信号处理。

程序段 13：在触摸屏上进行伺服点动（+、-），即正向、反向，此时设置 ModePos 运行模式 7（按指定速度点动）。

程序段 14：伺服位置设定计算。

程序段 15：伺服位置显示计算。

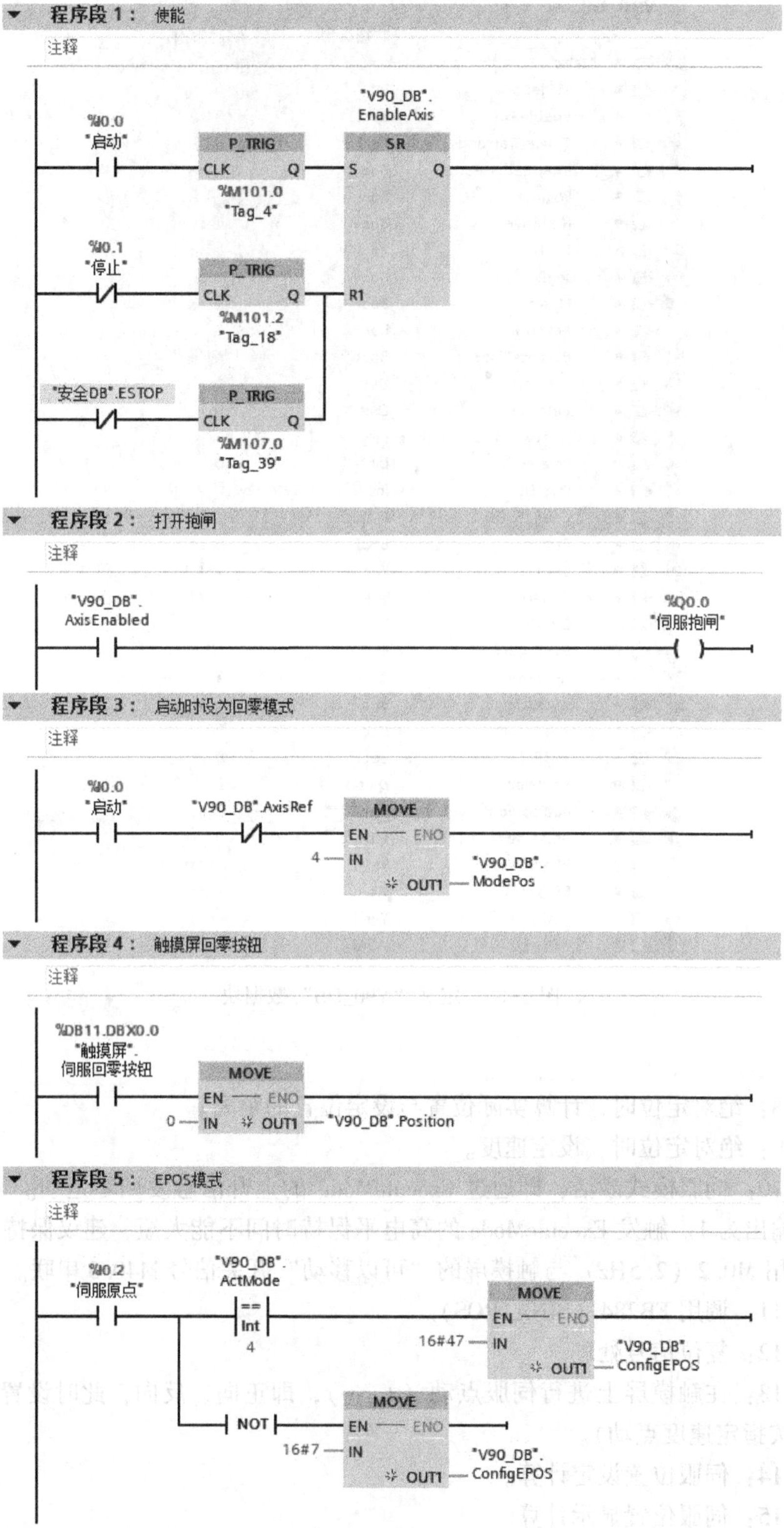

▼ 程序段 1： 使能

注释

%I0.0 "启动"　P_TRIG CLK Q %M101.0 "Tag_4"　"V90_DB".EnableAxis SR S Q

%I0.1 "停止"　P_TRIG CLK Q %M101.2 "Tag_18"　R1

"安全DB".ESTOP　P_TRIG CLK Q %M107.0 "Tag_39"

▼ 程序段 2： 打开抱闸

注释

"V90_DB".AxisEnabled　%Q0.0 "伺服抱闸"

▼ 程序段 3： 启动时设为回零模式

注释

%I0.0 "启动"　"V90_DB".AxisRef　MOVE EN ENO　4 — IN　OUT1 — "V90_DB".ModePos

▼ 程序段 4： 触摸屏回零按钮

注释

%DB11.DBX0.0 "触摸屏".伺服回零按钮　MOVE EN ENO　0 — IN　OUT1 — "V90_DB".Position

▼ 程序段 5： EPOS模式

注释

%I0.2 "伺服原点"　"V90_DB".ActMode == Int 4　MOVE EN ENO　16#47 — IN　OUT1 — "V90_DB".ConfigEPOS

NOT　MOVE EN ENO　16#7 — IN　OUT1 — "V90_DB".ConfigEPOS

图 6-90　FB 梯形图

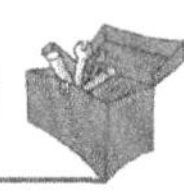

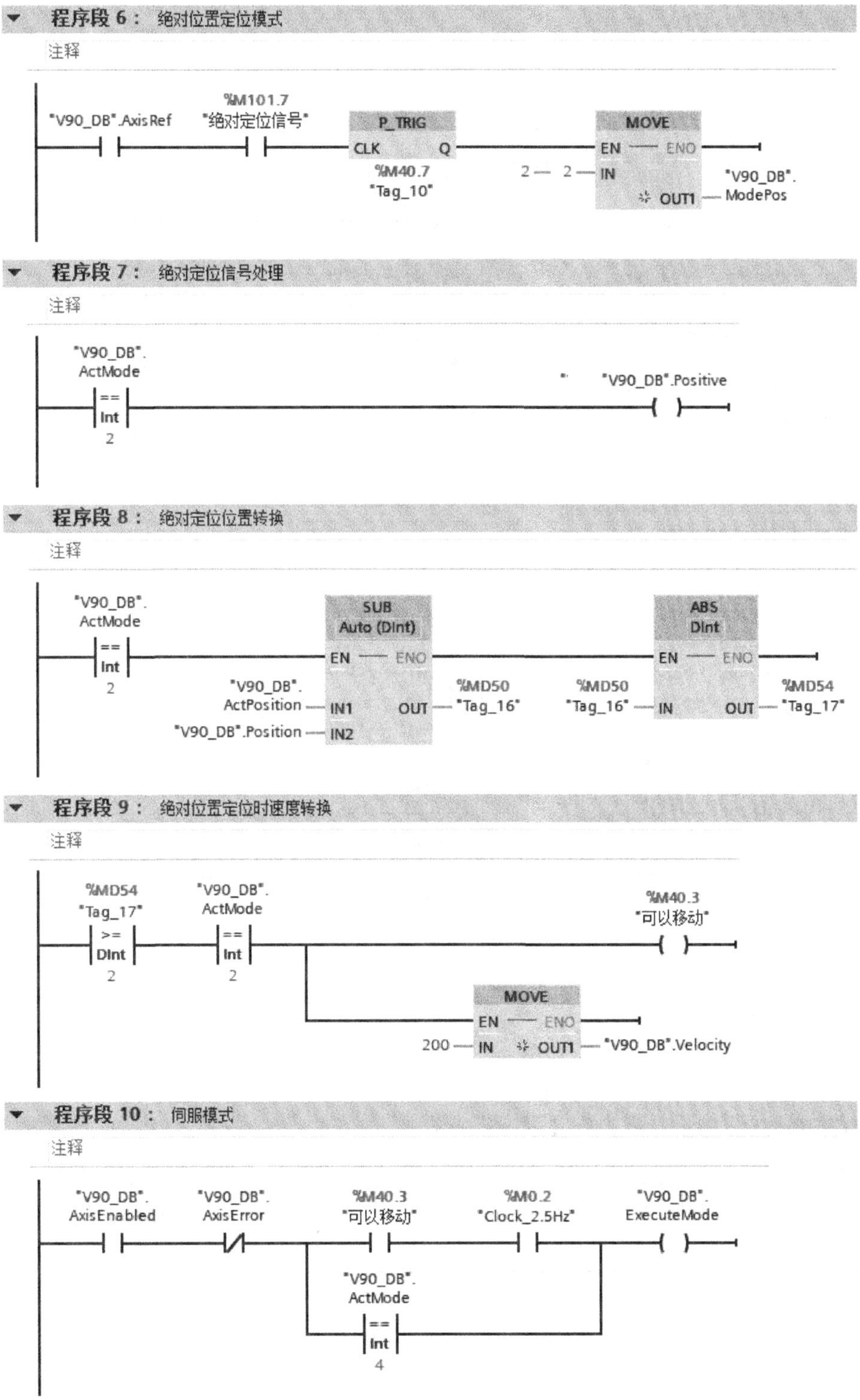

▼ 程序段 6： 绝对位置定位模式

注释

▼ 程序段 7： 绝对定位信号处理

注释

▼ 程序段 8： 绝对定位位置转换

注释

▼ 程序段 9： 绝对位置定位时速度转换

注释

▼ 程序段 10： 伺服模式

注释

图 6-90　FB 梯形图（续）

▼ 程序段 11： 调用FB284

注释

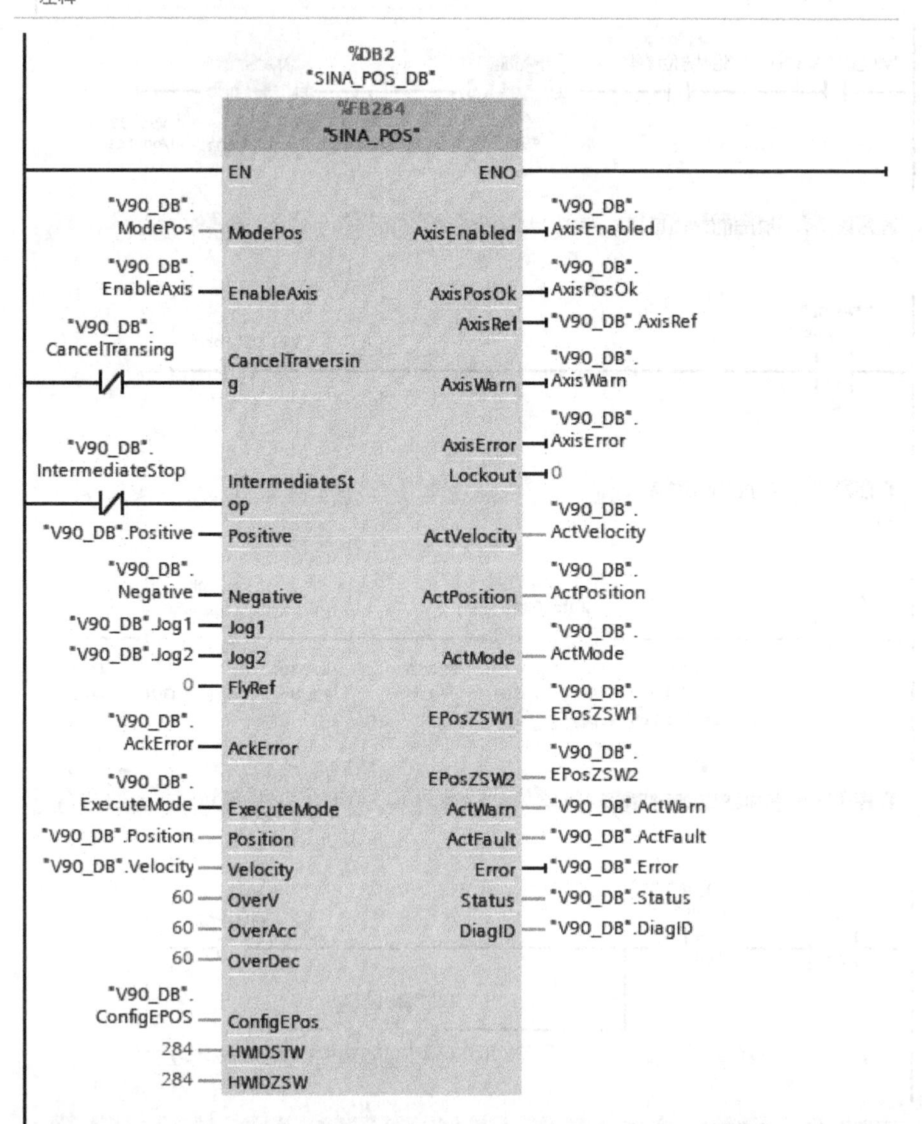

▼ 程序段 12： 复位

注释

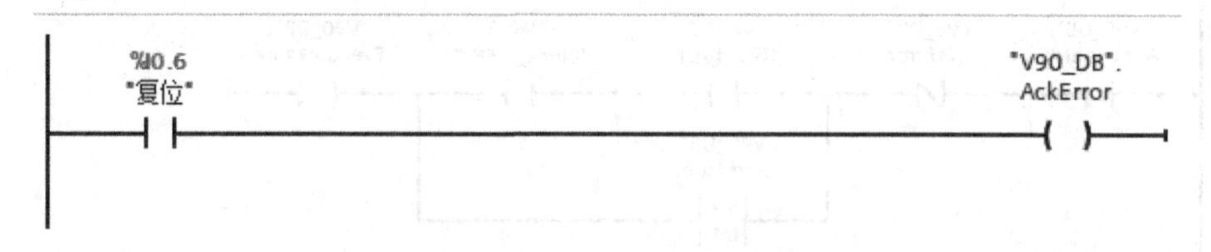

图 6-90 FB 梯形图（续）

▼ 程序段 13： 伺服点动

注释

%M1.2
"AlwaysTRUE"

%DB11.DBX6.1
"触摸屏".
伺服正向点动

"V90_DB".Jog1

P_TRIG
CLK　Q
%M109.4
"Tag_58"

MOVE
EN — ENO
7 — IN
OUT1 — "V90_DB".ModePos

%DB11.DBX6.2
"触摸屏".
伺服反向点动

"V90_DB".Jog2

P_TRIG
CLK　Q
%M109.5
"Tag_54"

MOVE
EN — ENO
7 — IN
OUT1 — "V90_DB".ModePos

▼ 程序段 14： 伺服位置设定计算（设定1度=42LU）

注释

MUL
Auto (DInt)
EN — ENO
OUT — "V90_DB".Position
%MD110
"伺服位置" — IN1
42 — IN2

▼ 程序段 15： 伺服位置显示计算（设定42LU=1度）

注释

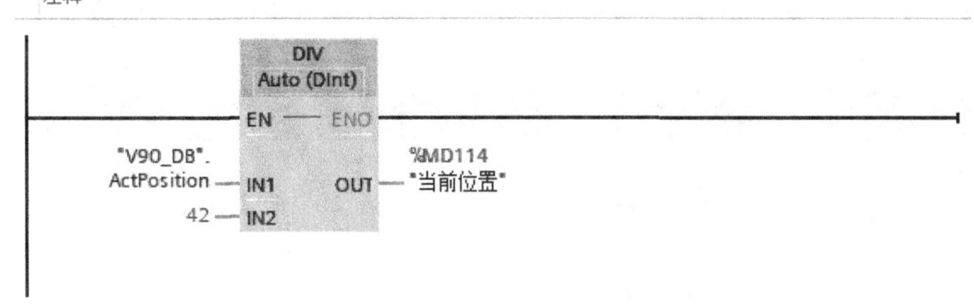

图 6-90　FB 梯形图（续）

步骤 4：OB1 编程

OB1 梯形图如图 6-91 所示。

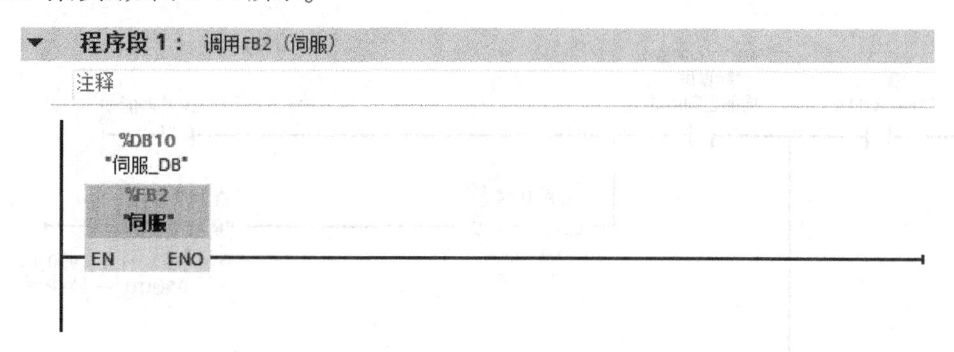

图 6-91　OB1 梯形图

步骤 5：触摸屏画面组态

图 6-92 为 KTP900 Basic 触摸屏画面组态，包括两部分：伺服点动正转+、伺服手动回零、伺服点动反转-、伺服已回原点指示；绝对位置设定值、伺服电动机当前位置、绝对定位按钮。

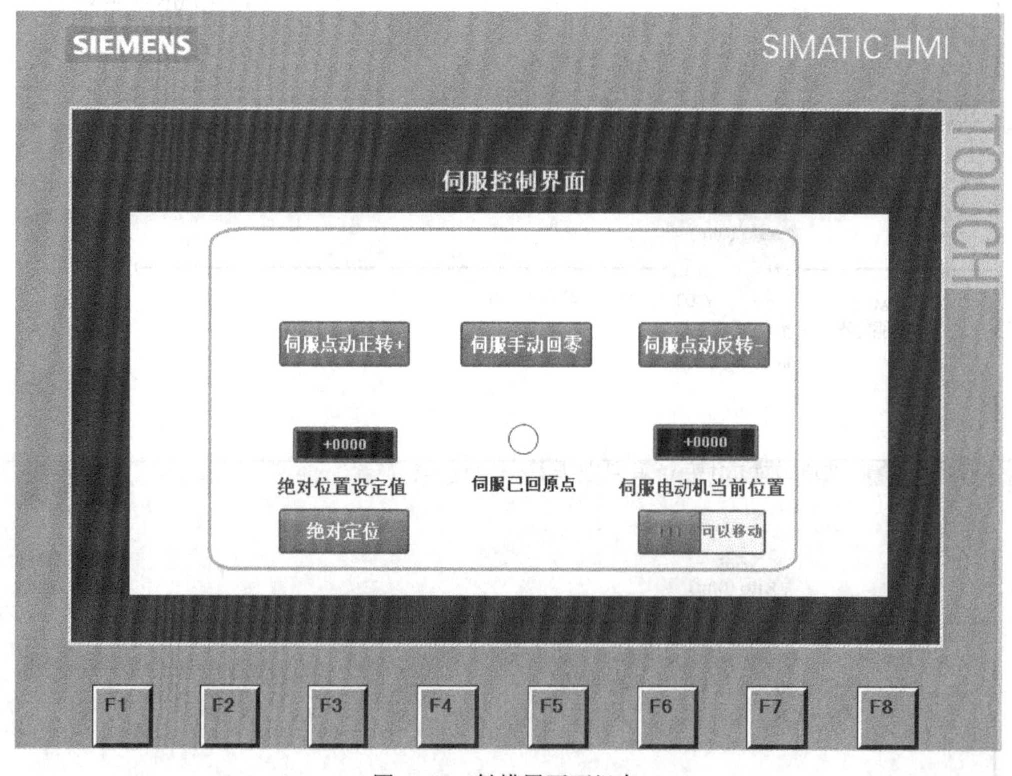

图 6-92　触摸屏画面组态

步骤 6：V90 PN 驱动器设置

V90 PN 驱动器采用 SINAMICS V-ASSISTANT V90 调试软件进行设置，如图 6-93 所示。

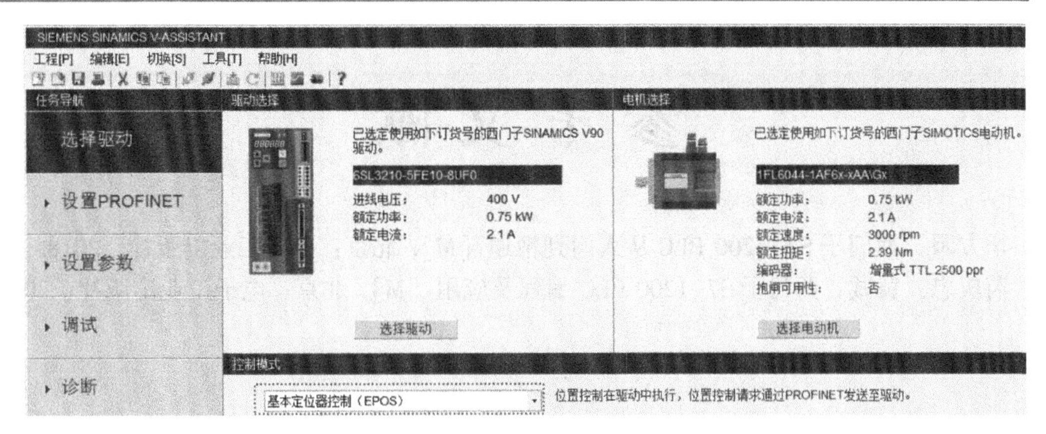

图 6-93　设置“基本定位器控制（EPOS）”

“当前报文”选择如图 6-94 所示。

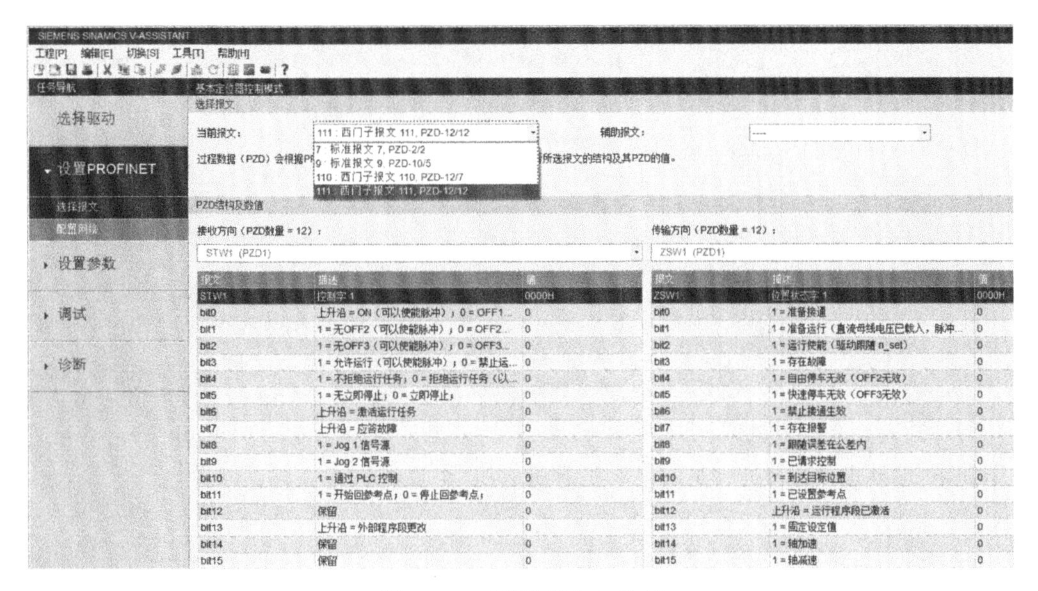

图 6-94　“当前报文”选择

接下来配置网络 IP 协议，包括 IP 地址 192. 168. 0. 2、子网掩码 255. 255. 255. 0 等。

此外还可以设置机械结构相关参数，包括丝杠、圆盘、皮带轮、齿轮齿条、辊式带等。

以上步骤设置完成后，需要重启 V90 PN 驱动器参数设置才能生效。

步骤 7：系统调试

将 PLC 和触摸屏程序编译后下载，按下启动按钮进行轴使能，在触摸屏上进行回零操作、正向和反向点动及绝对定位操作。

参 考 文 献

[1] 李方园．西门子 S7-1200 PLC 从入门到精通 [M]. 北京：电子工业出版社，2018.
[2] 芮庆忠，黄诚．西门子 S7-1200 PLC 编程及应用 [M]. 北京：电子工业出版社，2020.

反侵权盗版声明